HANDBUCH DER MIKROSKOPISCHEN ANATOMIE DES MENSCHEN

BEARBEITET VON

A. BENNINGHOFF · M. BIELSCHOWSKY · S. T. BOK · J. BRODERSEN · H. v. EGGELING
R. GREVING · G. HÄGGQVIST · A. HARTMANN · R. HEISS · T. HELLMAN
G. HERTWIG · H. HOEPKE · A. JAKOB · W. KOLMER · J. LEHNER · A. MAXIMOW †
G. MINGAZZINI † · W. v. MÖLLENDORFF · V. PATZELT · H. PETERSEN · W. PFUHL
H. PLENK · B. ROMEIS · J. SCHAFFER · G. SCHALTENBRAND · R. SCHRÖDER
S. SCHUMACHER · E. SEIFERT · H. SPATZ · H. STIEVE · PH. STÖHR JR. · F. K. STUDNIČKA · E. TSCHOPP · C. VOGT · O. VOGT · F. WASSERMANN · F. WEIDENREICH
K. W. ZIMMERMANN

HERAUSGEGEBEN VON

WILHELM v. MÖLLENDORFF
FREIBURG I. B.

ZWEITER BAND
DIE GEWEBE

DRITTER TEIL

GEWEBE UND SYSTEME DER MUSKULATUR

SPRINGER-VERLAG BERLIN HEIDELBERG GMBH

DIE GEWEBE

DRITTER TEIL

GEWEBE UND SYSTEME DER MUSKULATUR

BEARBEITET VON

Dr. GÖSTA HÄGGQVIST
PROFESSOR AN DER UNIVERSITÄT STOCKHOLM

MIT 137 ZUM TEIL FARBIGEN ABBILDUNGEN

SPRINGER-VERLAG BERLIN HEIDELBERG GMBH

ISBN 978-3-540-01145-3   ISBN 978-3-642-47831-4 (eBook)
DOI 10.1007/978-3-642-47831-4

ALLE RECHTE, INSBESONDERE DAS DER ÜBERSETZUNG
IN FREMDE SPRACHEN, VORBEHALTEN.
COPYRIGHT 1931 BY SPRINGER-VERLAG BERLIN HEIDELBERG
URSPRÜNGLICH ERSCHIENEN BEI JULIUS SPRINGER IN BERLIN 1931.
Softcover reprint of the hardcover 1st edition 1931

Inhaltsverzeichnis.

	Seite
I. Glattes Muskelgewebe	1
A. Geschichtliches	1
B. Bau des glatten Muskelgewebes	6
1. Struktur im Ruhezustand	6
a) Das epitheliale Muskelgewebe	6
Die contractilen Elemente der Schweißdrüsen	6
Musculus dilatator pupillae	8
Musculus sphincter pupillae	15
b) Das mesenchymale glatte Muskelgewebe	15
2. Veränderungen bei der Kontraktion	30
C. Beziehungen zum Bindegewebe	37
D. Entwicklung des glatten Muskelgewebes (des epithelialen und des mesenchymalen)	40
1. Epitheliale, glatte Muskulatur	40
2. Die Entwicklung der mesenchymalen Muskulatur	41
E. Altersveränderungen des glatten Muskelgewebes	45
Literatur	45
II. Herzmuskelgewebe	48
A. Geschichtliches	48
B. Der Bau der Herzmuskulatur	53
1. Struktur im Ruhezustand	53
a) Die Kerne	54
b) Endoplasma	56
c) Mesoplasma	57
d) Exoplasma oder Sarkolemma	60
2. Veränderungen bei der Kontraktion	78
C. Entwicklung des Herzmuskelgewebes	85
D. Altersveränderungen des Herzmuskelgewebes	88
E. PURKINJEsche Fasern	95
Literatur	100
III. Skeletmuskelgewebe	105
A. Geschichtlicher Überblick	105
B. Bau des Skeletmuskelgewebes	125
1. Struktur im Ruhezustande	125
a) Kerne	127
b) Das Cytoplasma	128
α) Das Endoplasma (HOLMGREN, THULIN)	128
β) Das Mesoplasma	129
γ) Segmentierung der Fibrillen und Querstrukturen der Muskelfasern	138
δ) Das Exoplasma (STUDNIČKA) oder Sarkolemma	146
Rote und weiße Fasern	148
Spiralmuskelfasern	149
Übergangsformen zur glatten Muskulatur	150
2. Veränderungen bei der Kontraktion	150
a) Physiologische Bemerkungen	150
b) Morphologie	152
c) Muskeln mit J-Körnern	154
d) Muskeln mit Q-Körnern	157
C. Beziehungen zum Bindegewebe	166
D. Entwicklung	167
E. Altersveränderungen	175
Literatur	176

Inhaltsverzeichnis.

	Seite
IV. Organe des aktiven Bewegungsapparates	184
A. System der glatten Muskulatur	184
1. Anordnung der glatten Muskelfasern zu Muskeln und Muskelmembranen	184
2. Das membranöse Bindegewebe und die Sehnen glatter Muskeln	189
3. Gefäße der glatten Muskeln	194
4. Formveränderungen und Zellverschiebungen bei der Kontraktion	194
B. System des willkürlichen Bewegungsapparates	195
1. Muskeln	195
a) Zusammenfügung der Muskelfasern zu Muskeln	195
b) Das intramuskuläre Bindegewebe	199
c) Muskelfacien	202
d) Gefäße der Muskeln	203
e) Unterschiede im Bau der Muskeln verschiedener Körpergegenden	208
2. Sehnen und Aponeurosen	213
a) Bau der Sehnen	213
b) Bau der Aponeurosen	218
c) Die Gefäße der Sehnen und Aponeurosen	219
d) Sehnenscheiden	220
e) Schleimbeutel (Bursae mucosae)	222
f) Muskelrollen (Trochleae musculares)	223
3. Verbindung von Muskel und Sehnen	223
4. Verbindung von Sehnen und Skeletteilen	233
5. Verbindung von Sehnen mit Weichteilen	234
Literatur	234
Namenverzeichnis	238
Sachverzeichnis	243

I. Glattes Muskelgewebe.
A. Geschichtliches.

Unsere Kenntnisse über die glatte Muskulatur verdanken wir den Forschern der letzten hundert Jahre. Zwar müssen ja schon gewisse Völker der Antike — oder wenigstens deren Priester, welche durch Besichtigung der Eingeweide der geschlachteten Opfer*tiere* Erkenntnis verborgener Dinge suchten — gelegentlich Bewegungen der Darmwände wahrgenommen haben, aber von solchen Beobachtungen, bis zu einem solchen Wissen bezüglich der Gewebe, welche diese Bewegungen verursachen, das Wissenschaft genannt werden kann, ist ein weiter Weg. Auch viel später, als man sich durch systematische Studien von dem allgemeinen Vorkommen von Muskelgewebe in den inneren Organen überzeugt hatte, gab es keine Möglichkeit, diese Muskulatur von der Skeletmuskulatur zu unterscheiden.

Ein Unterschied wurde diesbezüglich zuerst auf physiologischer Grundlage gemacht: nämlich zwischen Muskeln, welche unter dem Einfluß des Willens standen und Muskeln, die nicht vom Willen beherrscht wurden. Die Beobachtung, welche dieser Aufteilung zugrunde lag, führte indes zunächst dazu, daß die ganze viscerale Muskulatur, glatte und quergestreifte, in eine Gruppe zusammengefaßt wurde. Die Verschiedenheiten zwischen Herzmuskulatur und glatter Muskulatur konnten sich ja aus der Konstatierung, daß beide unabhängig vom Willen arbeiteten, nicht ergeben. WINSLÖVs ,,Exposition anatomique de la structure du corps humain" (1732) machte keinen Unterschied zwischen den verschiedenen Arten von Muskulatur. Dieser ist aber erst von BICHAT in seiner ,,Anatomie générale" (1802) durchgeführt. In dieser Arbeit teilt er die Muskulatur in zwei Gruppen auf: ,,système musculaire de la vie animale" und ,,système musculaire de la vie organique". Über letzteres teilt er mit: ,,il est concentrè, 1^0 dans la poitrine où le coeur et l'oesophage lui appartiennent, 2^0 dans le bas-ventre où l'estomac et les intestins sont en partie formès par lui, 3^0 dans le bassin où il concourt à former la vessie et même la matrice ...". BICHAT sagt ferner, daß diese Muskeln sich niemals am Knochen ansetzen oder mit Sehnen versehen sind; die Muskelfasern sind dünner als die Skeletmuskelfasern und röter im Herzen, aber weißer in Darmkanal und Blase. Sie sind niemals lang, aber in der Längsrichtung so hintereinander gereiht, daß das Ende eines Muskelelementes dem Beginn eines anderen anliegt, wodurch dem Aussehen nach lange Fasern gebildet werden können. Kennzeichnend für die organische Muskulatur ist außer der Unabhängigkeit vom Willen, ihre Dehnbarkeit und Kontraktionsfähigkeit sowie in morphologischer Hinsicht die kreuzweise Anordnung der Fasern, welche ihren Höhepunkt in den Herzkammern erreicht, wo ein wirkliches Muskelnetz entsteht.

In ähnlicher Weise ist die Darstellung noch bei ARNOLD (1836). Auch hier werden alle Arten von Muskeln als morphologisch gleichwertige Angehörige einer einheitlichen Gruppe betrachtet. Der Unterschied zwischen den verschiedenen Arten liege nur darin, daß gewisse Muskeln solid sind und unter dem Einfluß des Willens stehen, andere dagegen hohl sind und eine Wandschicht in den inneren Organen bilden. Die Muskeln der letzteren Art unterstehen nicht dem Einflusse des Willens. Betreffs des feineren Baues des Muskelgewebes nach den älteren Forschern verweise ich auf das im geschichtlichen Teil bei Besprechung der Skeletmuskulatur gesagte (S. 106). SCHWANN hielt die verschiedenen Arten von Muskulatur ebenfalls nicht streng auseinander, sondern meinte, daß die visceralen Muskeln morphologisch ,,auf einer tieferen Entwicklungsstufe stehen, als die willkürlichen Muskelfasern".

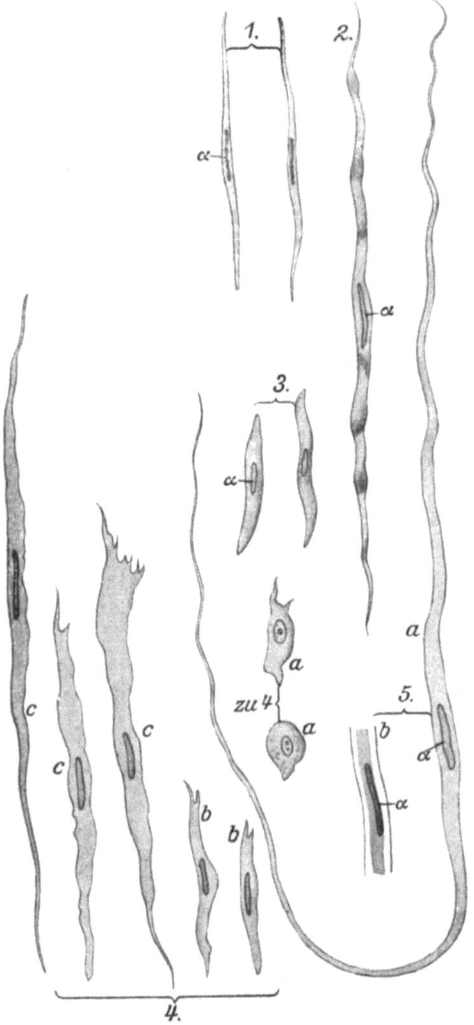

Man nahm indessen an, daß neben diesen Gruppen von Muskulatur noch ein Gewebe vorhanden sei, das in gewissen Fällen contractile Eigenschaften habe, nämlich das Bindegewebe. Dieses ,,contractile Bindegewebe" unterscheide sich von dem gewöhnlichen Bindegewebe [HENLE (1841)] ,,nur durch die Fähigkeit, sich auf Reize zusammenzuziehen". Hierher gehöre die äußere Haut, Tunica dartos, das Balkengewebe der Corpora cavernosa und endlich die Längs- und Ringfaserschicht der Venen und Lymphgefäße. Einen Übergang zwischen diesem contractilen Bindegewebe und der eigentlichen glatten Muskulatur bildet nach HENLE das Gewebe in der Iris.

Der erste große Fortschritt in der Kenntnis des Baues des glatten Muskelgewebes wurde von KOELLIKER gemacht, der in einer 1847 veröffentlichten Arbeit nachwies, daß das Grundelement der glatten Muskulatur aus einer langgestreckten Zelle besteht. Er verwarf auch vollständig den Begriff des contractilen Bindegewebes, indem er nachwies, daß in diesem Bindegewebe stets ,,muskulöse oder contractile Faserzellen", wie er sie nennt, vorhanden sind.

Gleichzeitig hebt er hervor, daß die Elemente der glatten Muskeln nicht, wie man bis dahin angenommen hatte, ,,aus langen, überall gleich breiten, mit vielen Kernen besetzten Bändern, sondern aus verhältnismäßig kurzen, isolierten Fasern bestehen,

Abb. 1. ,,Muskulöse Faserzellen" nach KOELLIKER (1849). 1. aus Duct. cysticus des *Ochsen*; 2. aus dem Dünndarme; 3. aus dem Tensor chorioidea; 4. und 5. aus zwei Uteri gravidar. des *Menschen*. Aus Z. Zool. I (1849).

von denen jede einen Kern enthält." Von diesen Zellen unterscheidet er drei verschiedene Formen (Abb. 1), welche jedoch durch Übergänge miteinander verbunden seien: 1. ,,kurze, rundliche, spindelförmige oder rechteckige Plättchen, manchen Epitheliumplättchen ähnlich"; 2. ,,ziemlich lange Plättchen von unregelmäßig rechteckiger, spindel- oder keulenförmiger Gestalt, mit zackigen oder gefransten Rändern und Enden"; 3. ,,spindelförmige, schmale, drehrunde oder platte Fasern mit geraden oder wellenförmigen, fein auslaufenden

Enden." KOELLIKER berichtet auch über das Vorkommen dieser Muskelfasern in verschiedenen Organen und betont, daß sie viel häufiger sind, als man früher angenommen hatte. Bezüglich ihrer Entstehung gibt er an, daß jede für sich aus einer runden, einkernigen Bildungszelle (Abb. 1:4a) hervorgeht, welche sich verlängert (4b) und „mit Inhalt und Membran in eine homogene, zusammenhängende weiche Faser übergeht". KOELLIKERs Beschreibung und seine Abbildungen (Abb. 1) zeigen, daß ihm die Myofibrillen zu jenem Zeitpunkte unbekannt waren. Eine gewisse Streifung bei den Zellen hatte er jedoch beobachtet, ebenso wie aus den Berichten von SCHWANN (1839) und HENLE (1841) u. a. hervorzugehen scheint, daß diese Forscher schon eine Streifung oder sogar einen Zerfall der glatten Muskelfasern in Fibrillen wahrgenommen haben.

Der erste, der wirklich die Fibrillen in den glatten Muskelzellen beschrieben hat, war ROUGET (1863): „ces stries, comme nous le verrons, ne sont pas autre chose que des fibrilles analogues à celles des faisceaux primitifs de la vie animale, dont elles diffèrent seulement par leur moindre diamètre et l'absence de cette régularité des ondulations qui donne aux fibrilles des muscles striés en travers leur aspect caractéristique." Um den Kern findet sich auf den Abbildungen dieses Verfassers eine körnige Masse, die am reichlichsten in der Verlängerung des Kerns vorhanden ist. Wie er die übrige interfibrilläre Materie auffaßte, ist nicht angegeben.

Die Beobachtungen ROUGETs fanden jedoch wenig Beachtung und die Lehre von der Fibrillierung der glatten Muskulatur drang erst viel später durch, trotzdem eine Reihe bekannter Verfasser ihre Beobachtungen hierüber mitteilten. Unter diesen finden wir WAGENER und RANVIER. Noch 1881 klagt ENGELMANN: „Aber Durchsicht der neuesten Literatur, obenan der gangbaren Lehrbücher der Histologie, Anatomie und Physiologie, zeigt, daß diese Angaben die alte Lehre von der Homogenität der glatten Muskelsubstanz nicht zu erschüttern vermocht haben".

Erst der letzt zitierte Forscher war es, der durch seine Arbeiten die Lehre von der fibrillären Struktur der glatten Muskelzellen auf festen Grund stellte. Ja er ging soweit, daß er die Notwendigkeit und das allgemeine Vorhandensein, von Fibrillen in jeder Art contractiler Materie zu beweisen versuchte, einen Satz, der in den muskelhistologischen Arbeiten seit jener Zeit mit axiomatischer Sicherheit Geltung hatte.

Während also die Kenntnis von dem feineren Bau der glatten Muskulatur durch das Zusammenarbeiten von Histologen und Physiologen immer mehr vertieft wurde, entstand bezüglich der Irismuskulatur eine lebhafte Diskussion Diese galt dem Sphincter, vor allen aber dem Dilatator. Schon im 18. Jahrhundert entstanden Theorien über die Beweglichkeit der Iris, welche mit dem Vorhandensein einer contractilen Materie in dieser rechneten. KOELLIKER, ebenso früher VALENTIN, BRÜCKE u. a. schlossen sich dieser Ansicht an, und HENLE (1841) bezeichnet in seiner Anatomie, wie ich bereits oben erwähnt habe, das Irisstroma als ein Zwischending zwischen glatter Muskulatur und contractilem Bindegewebe. Erst im Jahre 1866 erschien eine Arbeit, in welcher nach eingehender Untersuchung über einen die Pupille erweiternden Muskel berichtet wird. Es ist dies HENLEs Verdienst. Er verlegte diesen Muskel in die vordere Begrenzung des Irisepithels, wo man schon früher eine Membranbildung beobachtet hatte, welche nach ihrem Entdecker BRUCHs Membran genannt wurde. Es würde zu weit führen, hier die Einzelheiten der Diskussion wiederzugeben, die sich hierüber entspann. Sie erstreckt sich bis in das jetzige Jahrhundert, und man kam zu dem Schlußresultat, daß der M. dilatator pupillae eine aus dem vorderen Blatte des Pigmentepithels der Iris entwickelte, glatte Muskulatur darstellt [GRYNFELT (1898), HEERFORDT (1900) und FORSMARK (1904)].

Auch der Sphincter stammt, wie bei genauerer Untersuchung festgestellt wurde, aus dem Pigmentepithel der Iris [NUSSBAUM (1899), v. SZILI (1902) und HERZOG (1902)].

Schon früher (1875) hatte RANVIER darauf hingewiesen, daß die Muskelzellen der Schweißdrüsen, welche zuerst von KOELLIKER beschrieben worden waren, sich wahrscheinlich aus dem Ektoderm entwickeln, eine Anschauung, die später ohne Widerspruch Gültigkeit erlangt hat.

Die glatte Muskulatur beim *Menschen* war also in zwei genetisch getrennte Gruppen: epitheliale und mesenchymale glatte Muskulatur, aufgeteilt worden. Bezüglich der letzteren entstand nun eine lebhafte Diskussion. Die ältesten Verfasser auf diesem wie auf anderen Gebieten nahmen an, daß die Zellen durch eine „Kittsubstanz" verbunden wären. ROUGET war der erste, der in dieser Hinsicht eine abweichende Auffassung vorbrachte (1863). Er behauptete, daß die spindelförmigen Muskelzellen sich hintereinander legen und so Fasern bilden und „dans ces derniers, la direction des fibrilles se continue d'une extrémitées à l'autre á travers les intersections résultant de la juxtaposition des extrémités coupées en biseau, comme si les fibrilles étaient groupées pour constituer un cylindre musculaire unique et continue" (Abb. 2).

Auch von physiologischer Seite wurden indes Beobachtungen mitgeteilt, welche die Annahme von Verbindungen zwischen aneinandergrenzenden glatten Muskelzellen notwendig zu machen schienen. Es war ENGELMANN (1870), der auf Grund seiner Beobachtungen über die Peristaltik in Därmen und Urogenitalorganen diese Ansicht vorlegte. Es konnten sich nämlich Reize anscheinend unabhängig vom Nervensystem durch das Muskelgewebe fortpflanzen. „Unsere Theorie der Peristaltik fordert inzwischen keineswegs die gänzliche Abwesenheit sichtbarer und meßbar breiter Zwischenräume zwischen den einzelnen Zellen, sie fordert keinesweg, daß alle Teile der Zelloberfläche in Kontakt, in physiologischer Kontinuität mit den Nachbarzellen seien. Es genügt ihr für die Erklärung der Leitung von einer Zelle zur anderen, daß an einer oder wenigen Stellen diese physiologische Kontinuität bestehe." Die so vorgebrachten Ansichten wurden bald von anderer Seite bekräftigt. So erklärte KULTSCHIZKY (1887), daß „die sog. Kittsubstanz etwas Mystisches in sich trägt und einen schwachen Punkt der modernen Histologie darstellt." Er machte statt dessen geltend, daß die Zellen untereinander durch Protoplasmabrücken verbunden seien. BUSACHI (1888) und BARFURTH (1891) kamen zu ähnlichen Resultaten, doch meinte der erstere, daß die Verbindung aus feinen Flimmerhaaren bestehe, während letzterer das Vorhandensein von längsverlaufenden, leistenförmigen Verbindungen annahm. Eine weitere große Anzahl Verfasser äußerte sich in derselben Richtung und die Existenz der Zellverbindungen schien, wie HEIDENHAIN (1911) bemerkt, sichergestellt, als in dieser Auffassung ein Umschwung eintrat. DRASCH (1894) bestritt

Abb. 2. Muskelfasern aus glatten Muskelzellen zusammengesetzt. Nach ROUGET, J. of Physiol. 6 (1863).

Geschichtliches.

als erster das Vorhandensein von Protoplasmabrücken. Er behauptete, die Zellen wären vielmehr von einem Netzwerk umsponnen, das dem „Neurokeratin" ähnlich, aber von elastischer Natur sei.

GARNIER (1897) hingegen sprach von einem „reseau conjonctif", zu welchem Resultat auch SCHAFFER (1899) u. a. kamen. Das Bild von Zellbrücken wird teils durch dieses Kollagennetz, teils auch dadurch hervorgerufen, daß die Zellen bei der Untersuchung zusammengeschrumpft sind und eine Art Sternform angenommen haben. HEIDENHAIN erläutert die Lage der Diskussion (1911) in folgender Weise: „Die Bilder, um welche es sich bei dieser eingehenden Diskussion seinerzeit handelte, sind die folgenden. Auf Querschnitten sieht man sehr häufig jede einzelne Zelle, umgeben von einem Kranze feinster protoplasmatischer Stachelchen, welche radiär gestellt sind und mit denen der Nachbarzellen zusammenzuhängen scheinen. Diese Formen entstehen indessen, wie allseitig zugegeben wird, ausschließlich durch Retraktion der Zellenleiber und zwar nicht immer auf die nämliche, sondern, wie es scheint, in verschiedenen Fällen auf verschiedene Weise. Es läßt sich nämlich (vgl. das Schema Abb. 3 bei II) eine Schrumpfung des ganzen Zellenquerschnittes mitsamt seiner verdichteten Oberflächenschicht und eine Schrumpfung des Zellenleibes innerhalb dieser Grenzschicht unterscheiden (Schrumpfung mit der Haut und Schrumpfung in der Haut). Im letzteren Falle haben wir eine Abhebung des Zellkörpers von einer sarkolemmaartigen Umhüllung, also ein reines Artefakt; warum dagegen im ersteren Falle, wenn die Zellenleiber als ein Ganzes durch Schrumpfung auseinandertreten, sie gelegentlich mit Ausziehungen aneinander hängen bleiben, ist nicht recht erklärlich. Hier allein haben wir einen schwachen Hinweis darauf, daß vielleicht dennoch eine intimere Verbindung in der Querrichtung besteht".

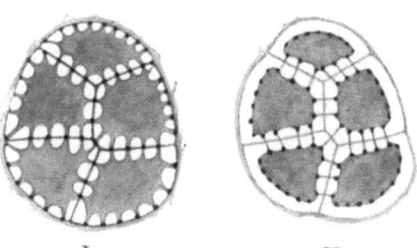

Abb. 3. Schrumpfungsbilder der glatten Muskelzellen im Querschnittsbilde. Schema zum Vergleich der „Schrumpfung in der Haut" I und Schrumpfung mit der „Haut" II. Nach M. HEIDENHAIN: Plasma und Zelle, Bd. 2. 1911.

Auf diesem Punkte ist die Frage bezüglich einer Querverbindung zwischen den Zellen stehen geblieben. Wie aus HEIDENHAINs Worten deutlich hervorgeht, können wir das Problem damit nicht als gelöst ansehen. Weder diejenigen Forscher, welche das Vorhandensein von querlaufenden Zellenbrücken annehmen, noch diejenigen, welche deren Existenz bestreiten, haben eine in jeder Hinsicht zufriedenstellende Erklärung der histologischen Bilder geben können (siehe unten über MC GILL und BENNINGHOFF).

Betreffs der angenommenen Längsverbindungen zwischen den glatten Muskelzellen hat M. HEIDENHAIN wiederholt (1901 und 1911) an die Ansicht ROUGETs erinnert, daß sich die Fibrillen von Zelle zu Zelle fortsetzen. Er hat dabei die Tatsache betont, daß die Zellen in der Längsrichtung intimer zusammenhängen als in der Querrichtung. HEIDENHAIN hat ferner die Fibrillen der glatten Muskelzellen in zwei Gruppen eingeteilt: die gewöhnlichen feinen Fibrillen, welche das Innere der Zellen, außer dem Gebiete in nächster Umgebung des Kernes, ausfüllen und eine gröbere Art von Fibrillen, Grenzfibrillen, welche in spärlicher Menge in der verdichteten Außenschicht der Zellen vorkommen sollten. Diese letzteren sollten sich nach genanntem Forscher und anderen [BENDA (1902), SCHAPER u. a.] jedenfalls von der Zelle fortsetzen und sie zu einer glatten Muskelfaser verbinden.

Man muß jedoch sagen, daß die Diskussion über die glatte Muskulatur infolge der Untersuchungen, welche im Jahre 1908 von CAROLINE MC GILL veröffentlicht wurden, in ein neues Fahrwasser gekommen ist. Diese Forscherin ist die einzige, welche in der letzten Zeit versucht hat, die Entwicklung der glatten Muskulatur zu studieren. Sie kam durch ihre Untersuchungen zu der Auffassung, daß die glatte Muskulatur als ein Syncytium angelegt wird, welchen Charakter sie späterhin beibehält. Ich werde auf diese Frage später zurückkommen.

B. Bau des glatten Muskelgewebes.
1. Struktur im Ruhezustand.

Wie ich schon im historischen Teile hervorgehoben habe, muß die glatte Muskulatur genetisch in zwei Gruppen eingeteilt werden: epitheliale und mesenchymale glatte Muskulatur. Diese Gruppen weisen auch in ihrem Bau charakteristische Verschiedenheiten auf, so daß man bis zu einem gewissen Grade berechtigt sein könnte, bei dem adulten Zustande von einem epithelialen Typus im Unterschied von einem mesenchymalen Typus zu sprechen. Der epitheliale Typus würde dann durch die glatte Muskulatur der Schweißdrüsen sowie durch den M. dilatator pupillae vertreten sein.

Der letztgenannte Muskel zeigt indes in den zuerst von FORSMARK (1904) entdeckten ,,Verstärkungsbändern" eine Übergangsform zu einer Muskulatur, welche wie die mesenchymale gebaut, aber von epithelialer Genese ist, und im M. sphincter pupillae treffen wir einen epithelialen, glatten Muskel, welcher ganz und gar den sonst für die mesenchymale Muskulatur charakteristischen Bau angenommen hat.

Infolge dieses Verhaltens müssen wir annehmen, daß die glatte Muskulatur — ungeachtet ihrer verschiedenen Genese — eine zusammenhängende Serie von Typen, von — ich möchte sagen — verschiedenen Entwicklungsstadien bildet, unter welchen die contractilen Elemente der Schweißdrüsenglomeruli den einfachsten Bau besitzen. Diesen steht der M. dilatator pupillae nahe, der in gewissen Fällen mit Leistenbildungen verstärkt ist, welche Übergänge zum mesenchymalen Typus aufweisen. Zu diesem letztgenannten Typus muß dann Muskulatur, teils epithelialen (M. sphincter pupillae) und teils mesenchymalen Ursprungs gerechnet werden. Ich will bei der Beschreibung der glatten Muskulatur diese in ebenerwähnter Ordnung behandeln und bespreche demgemäß als erste:

a) Das epitheliale Muskelgewebe.

Die contractilen Elemente der Schweißdrüsen. Schon in seiner ersten Arbeit über ,,die contractilen Faserzellen" teilt KOELLIKER (1847) mit, daß in den Schweißdrüsen glatte Muskelzellen vorkommen und er rechnet die Drüsen der Axillae, Scrotal- und Rückenhaut, Labia majora, des Mons veneris und der Gegend des Anus als diejenigen auf, welche im Gegensatz zu anderen mit Muskulatur versehen sind. Nach KRAUSE (1873) und HEYNOLD (1874) soll jedoch eine solche allen Schweißdrüsen zukommen.

KOELLIKER betont, daß die Muskelelemente äußerst leicht zu isolieren sind und beschreibt sie (1850) des weiteren in folgender Weise: ,,Dieselben sind band- oder spindelförmig, meist mit etwas zackigen oder gefransten Enden, messen 0,015—0,04''' in der Länge, 0,002—0,005''', in einzelnen Fällen selbst 0,008''' in der Breite, 0,001—0,0015''' in der Dicke und enthalten jede ohne Ausnahme einen rundlich-länglichen oder länglichen, mäßig langen Kern, der nicht selten mehr seitlich ansitzt und leicht von der Faser sich löst; außerdem zeigen manche Faserzellen, bei gewissen Individuen häufiger als bei anderen, neben dem Kern einige oder ziemlich viele dunkle, selbst gelb und braun gefärbte Fettkörnchen".

Fügt man hierzu, daß diese Muskulatur keine zusammenhängende Schicht bildet, sondern ihre Zellen mehr oder weniger durch angrenzende Epithelzellen voneinander isoliert liegen (RANVIER), so ist eigentlich alles gesagt, was hinsichtlich dieser Muskulatur von Bedeutung ist.

Wenn ich also noch die Aufmerksamkeit meiner Leser für sie in Anspruch nehme, geschieht dies deshalb, weil ich einige Tatsachen hervorzuheben wünsche,

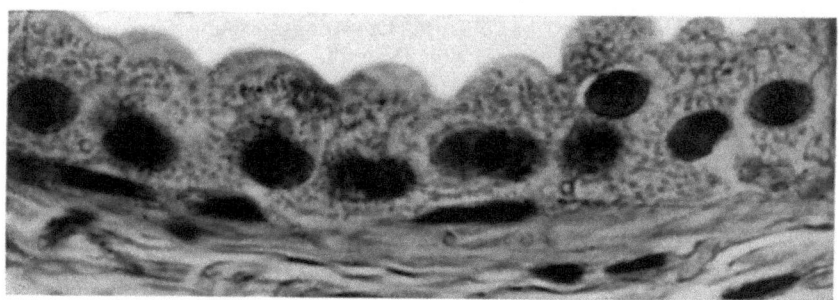

Abb. 4. Epitheliale Muskelzelle einer *menschlichen* Schweißdrüse der Axillarhaut-Formolfixierung. Färbung: EHRLICHS Hämatoxylin-Eosin. Mikrophoto. Vergr. 1250×.

welche von prinzipieller Bedeutung sind, wenn es sich darum handelt, diese Muskulatur in das Gesamtsystem der glatten Muskulatur einzuordnen.

Die contractilen Elemente in den Schweißdrüsen bestehen aus spindel- oder bandförmigen Zellen (Abb. 4), welche mitunter ausgefranste Enden aufweisen, was, wie erwähnt, schon KOELLIKER hervorgehoben hat. Sie liegen alle dicht an der Basalmembran, welcher sie eine lange abgeplattete Fläche zuwenden, während sich die entgegengesetzte Fläche leistenförmig gegen das Lumen hin

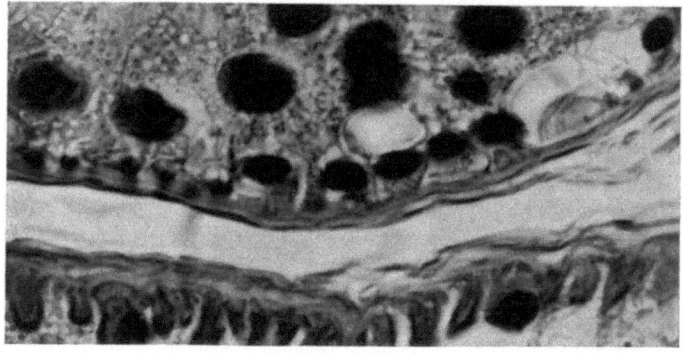

Abb. 5. Quergeschnittene, epitheliale Muskelzellen einer *menschlichen* Axillardrüse. Behandlung und Vergrößerung wie in Abb. 4.

vorbuchtet. Letzteres ist vollständig von den sezernierenden Epithelzellen umgeben. Diese sind breiter als die Muskelzellen und umfassen sie gleichsam mit zwei Füßchen, welche sich auf dem Querschnitt zwischen den contractilen Elementen hinunterschieben, um sich an der Basalmembran anzusetzen (RANVIER). Da aber die Epithelzellen bedeutend kürzer sind als die Muskelzellen, sehen wir, daß eine Reihe der ersteren jede Zelle der letzteren Art deckt.

In den contractilen Zellen können wir einen Fußteil nächst der Basalmembran und einen Kernteil, welcher sich in die Epithelzellreihe einbuchtet, unterscheiden (Abb. 5). Von dem Vorhandensein einer Zellmembran habe ich micht nicht überzeugen können; die Muskelzelle scheint vielmehr durch Zellbrücken mit den sie umgebenden Epithelzellen in intimem Kontakt zu stehen. Diese intime Verbindung ist auch die Ursache, daß bei Desquamation des Epithels der Kernteil oft abgestoßen wird, während der Fußteil an der Basalmembran zurückbleibt.

Im Kernteile selbst findet man den Kern der Zelle und ein körniges Cytoplasma („Endoplasma"). Der Kern ist von seiner Oberfläche gesehen langgestreckt, oval, im Querschnitt rund und im Längsschnitt von spindel- oder stabförmiger Gestalt. Das umgebende Cytoplasma hat körniges Aussehen. Nach KOELLIKERs sollen die Körner von Fett- (Lipoid?) Natur sein und zuweilen Eigenfarbe haben.

Der Fußteil („Mesoplasma") hat ungefähr dieselbe Dicke wie der Kernteil, wo dieser in der Mitte der Zelle am besten entwickelt ist. Er enthält eine Anzahl verhältnismäßig grober, paralleler Fibrillen (Abb. 6), welche durch die ganze Ausdehnung der Zelle ziehen. Sie liegen parallel und anastomosieren nicht miteinander. Ob sie von der einen Zelle in eine andere übergehen können, konnte

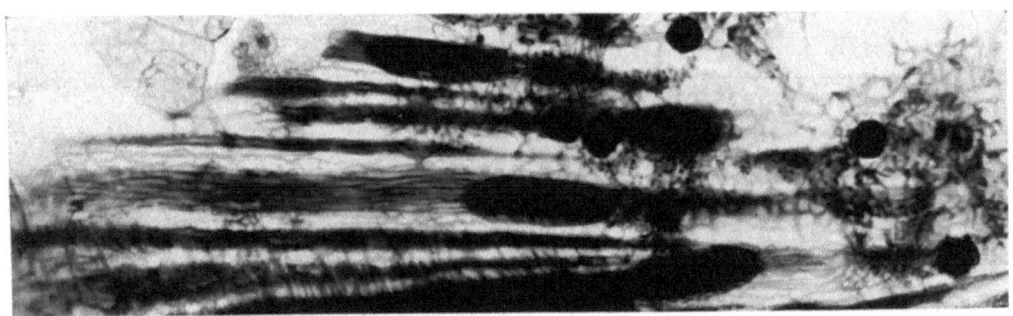

Abb. 6. Tangential geschnittene Muskelzellen einer *menschlichen* Axillardrüse. Formolfixierung. HEIDENHAINS Eisenalaunhämatoxylin. Mikrophoto. Vergr. 1250 ×.

ich nicht entscheiden, doch scheint mir diese Möglichkeit betreffs der Muskulatur der Schweißdrüsen wenig wahrscheinlich, weil die contractilen Elemente nicht einander angrenzen. Die Fibrillen sind am leichtesten nach HEIDENHAINS Eisenalaunhämatoxylinmethode zu färben. Zwischen den Fibrillen wird ein mehr homogenes Cytoplasma (Sarkoplasma) sichtbar, das sich indes durch seine Färbbarkeit von dem Cytoplasma, welches den Kern umgibt, unterscheidet. Bei progressiven Färbemethoden scheinen die Fibrillen dünner zu sein, und ich finde es daher sehr wahrscheinlich, daß die obengenannten, relativ groben Fibrillen eigentlich Bündeln feiner Fibrillen darstellen, die durch den Farbenlack homogen gefärbt wurden.

Musculus dilatator pupillae. Dieser Muskel erstreckt sich als eine zusammenhängende Schicht vom Pupillenrand bis zur Basis der Iris. Von letztgenannter aus können sich Fibrillenbündel in das Irisstroma hinaus fortsetzen und den Muskel mit dem naheliegenden Ciliarmuskel verbinden (FABER, GRUNERT, WIDMARK, BERNER).

Im Muskel kann man eine vordere fibrillenführende Schicht und eine hintere kernhaltige beobachten [GRYNFELTT (1898, 1899), HEERFORDT (1900), FORSMARK (1904)] entsprechend dem fibrillenführenden Fußteile und dem kernhaltigen Innenteil der Schweißdrüsenmuskel. Während sich alle Forscher über den Bau der kernhaltigen Schicht einig sind, welche die Fortsetzung des Pigmentepithels der Retina bildet, gehen die Meinungen bezüglich der fibrillenführenden Schicht weit auseinander.

Wenn ich die älteren Verfasser, deren Diskussion sich ausschließlich um das Vorhandensein oder Fehlen eines pupillenerweiternden Muskels dreht (einerseits z. B. HENLE, MERKEL, JEROPHEEFF, HÜTTENBRENNER u. a. und andererseits GRÜNHAGEN, HAMPELN, SCHWALBE usw.), überspringe, möchte ich mich in erste Reihe bei einer Arbeit von G. RETZIUS (1893) aufhalten, der hinsichtlich der sog. BRUCHschen Membran sagt, sie sei von einem so eigenartigen Bau, daß sie nicht der gewöhnlichen histologischen Begriffe entspreche. Er betont, daß sie aus einer radiärgestreiften Lamelle besteht, auf deren Rückseite ovale, langgestreckte, von pigmentiertem Protoplasma umgebene Kerne liegen. Zu einer ähnlichen Ansicht kam auch GRYNFELTT (1898/99). Er untersuchte sowohl die Entwicklung als auch den Bau der „BRUCHschen Membran" u. a. beim *Menschen* und spricht sich dahin aus, daß sie aus feinen Fibrillen bestehe, welche in eine Zwischensubstanz eingebettet liegen. Eine Aufteilung der Membran in Zellen ist nach seinem Dafürhalten nicht nachweisbar. Bei Versuchen, solche zu isolieren, erhielt er keine cellulären Elemente, sondern nur Fragmente des Dilatators, von welchen ein Teil auf der Rückseite Kerne hatte. Eine Reihe von Forschern war der Meinung, daß der Dilatator aus gewöhnlichen glatten Muskelzellen (vom „mesenchymalen Typus") aufgebaut sei. Zu diesen gehören JULER (1894) und GRUNERT (1898) und WIDMARK (1899). Da es durch spätere Untersuchungen [FORSMARK (1904), dem auch WIDMARKs Präparate zugänglich waren. Ich habe selbst Gelegenheit gehabt, die Sammlungen dieser beiden Forscher zu untersuchen] wahrscheinlich wurde, daß die Beobachtungen nicht den Dilatator selbst betreffen, sondern die Verstärkungsbänder (s. unten), werde ich mich bei diesen Arbeiten nicht aufhalten.

Von größerem Interesse sind die Ansichten von HEERFORDT (1900) und FORSMARK (1904), über welche ich deshalb näher berichten will. Beide sind im Gegensatz zu GRYNFELTT, ohne jedoch mit WIDMARK und seinen Vorgängern übereinzustimmen, der Auffassung, daß der Dilatator einen cellulären Bau habe.

Es gelang nämlich HEERFORDT bei *Kaninchen*, *Kalb* und *Menschen* Element zu isolieren, die in ihrer Form und ihrem sonstigen Aussehen glatten Muskelzellen ähnelten. Sie unterschieden sich aber von solchen in dem wichtigen Umstand, daß sie keine Kerne besaßen. Bei einem Teile der isolierten Elemente war jedoch an jedem eine dem vorderen Blatte der Retina angehörige „Zelle" angeheftet. Er glaubte deshalb, daß diese zwei Teile eine Einheit bildeten und daß der Dilatator aus epithelialen glatten Muskelzellen aufgebaut sei, ähnlich denjenigen, welche KOELLIKER in den Schweißdrüsen oder O. und R. HERTWIG bei den Actinien gefunden haben. Auch auf Tangentialschnitten meinte er einen cellulären Bau feststellen zu können.

FORSMARK versuchte gleichfalls Muskelelemente aus dem Dilatator zu isolieren, erzielte aber keine positiven Resultate, weshalb er erklärte, daß seine diesbezüglichen Versuche „ohne Belang" seien. Da seine Beschreibung nicht ohne Interesse ist, sei das Wesentliche daraus zitiert (S. 47): „In den Präparaten fand ich die Fibrillenschicht als längliche Bruchstücke mit im allgemeinen stumpf abgebrochenen Enden, ohne derartige vorspringende Spitzen, wie sie in Präparaten vom Sphincter derselben Iris vorkamen. Nur ganz ausnahmsweise wurden Teile der Fibrillenschicht angetroffen, die in ihrer Form Sphincterzellen glichen, entweder frei oder an einem der Zellteile der Kernschicht befestigt. Im letzteren Falle boten sie große Ähnlichkeit mit den Zellen dar, die HEERFORDT aus dem Musculus dilatator isoliert hat. Indessen zeigten sich diese Bildungen bei näherer Untersuchung am Rande etwas zerfetzt und an den Enden abgebrochen oder aufgefasert und teils deswegen, teils auf Grund ihrer Seltenheit dürfte man kaum berechtigt sein, sie anders als Fragmente des Dilatators zu betrachten". FORSMARK hält es jedoch aus anderen Gründen für wahrscheinlich, wenn auch nicht für ohne weiteres deutlich, daß man hier mit einem cellulären Bau rechnen müsse.

Bevor ich auf die Gründe eingehe, welche FORSMARK als Stütze für diese Auffassung anführt, scheint es mir notwendig, erst einen Bericht darüber vorauszuschicken, wie er den Bau des Musculus dilatator pupillae auffaßt, um so mehr, als ich durch Studien — an den Präparaten von WIDMARK und FORSMARK — neben solchen an eigenen Präparaten — zu einer Anschauung gekommen bin, welche — abgesehen von dem cellulären Bau und einigen unten besprochenen Details — in allem wesentlichen mit derjenigen FORSMARKs übereinstimmt.

Der genannte Verfasser findet, daß der Dilatator bei Kindern und Erwachsenen in der Hauptsache denselben Bau hat. Bei gewissen Individuen finden sich indes Einzelheiten, welche von der sonst gewöhnlichen Struktur abweichen.

Der Muskel bildet eine dünne Lamelle, welche sich vom Ciliar- bis zum Pupillarrande der Iris erstreckt und vor der Epithelschicht und hinter dem Stroma liegt. Auf Radiärschnitten zeigt er einen geraden Verlauf, auf Tangentialschnitten einen leicht wellenförmigen. Der Muskel besteht, wie bereits GRYNFELTT und HEERFORDT angegeben haben, aus einer vorderen fibrillenführenden Schicht und einer hinteren kernhaltigen. Die erstere ist es, welche HENLE als BRUCHs Membran bezeichnet.

Seine Dicke variiert zwischen 2 und 5 μ, beträgt aber sehr oft 3—4 μ. Die vordere Fläche ist eben und vom Stroma gut abgegrenzt, ab und zu sieht man jedoch Fibrillen in dieses hineintauchen. Zahlreiche Stromazellen liegen dicht an der Fibrillenschicht, ja bisweilen so dicht, daß sich die Kerne in diese einbuchten. Sie können dann leicht als Muskelkerne angesehen werden, weil sie mit ihrer Längenausdehnung radiär gelegen sind. Gegen eine solche Fehldeutung kann man sich aber schützen, wenn man beachtet, daß die Stromakerne von einer runden Zone feinkörnigen Protoplasmas umgeben sind und daß an der Vorderseite der Kerne keine Fibrillen liegen.

Die Fibrillenschicht besteht aus einer radiär gestreiften Substanz, welche sich mit verschiedenen Methoden ebenso wie der Sphincter und der M. ciliaris färbt. In dieser Substanz finden sich verhältnismäßig grobe, scharf umrissene, gerade oder schwach bogenförmig verlaufende Fibrillen. In der Regel verlaufen sie mit der ganzen Schicht parallel, man sieht aber auch solche, welche sich nach hinten in die Kernschicht abbiegen, wo sie in Bogen hinter den Kernen verlaufen. Diese letztgenannten Fibrillen entsprechen nach FORSMARK, HEIDENHAINs „Grenzfibrillen", resp. den „Myogliafibrillen" anderer Verfasser.

Die Kernschicht besteht aus einer einfachen Schicht radiär angeordneter, spindelförmiger oder polygonaler Zellen von bedeutender Länge, deren abgeplattete vordere Fläche „an der Fibrillenschicht angeheftet ist". Das Cytoplasma enthält eine größere oder kleinere Menge Pigmentkörner. Der Kern liegt auf der Rückseite der Fibrillenschicht und ist länglichoval, mitunter stabförmig:. Nach hinten werden die Zellen der Kernschicht von einer mit Säurefuchsin färbbaren Membran abgegrenzt, an welcher „Myogliafibrillen" liegen. Diese beugen sich an den Enden der Zelle nach vorn und tauchen in die Fibrillenschicht ein, wo sie bisweilen bis in die Nähe der vorderen Fläche verfolgt werden können.

FORSMARK mißt diesen „Myogliafibrillen" große Bedeutung bei. Er glaubte bei einem Embryo von 28—30 Wochen konstatieren zu können, daß sie ihrer Lage nach den Grenzen zwischen „Dilatatorzellen" entsprechen und meint infolgedessen, auch beim entwickelten Dilatator auf einen cellulären Bau schließen zu können. Für eine solche Annahme spricht seines Erachtens auch das Vorkommen von glatter Muskulatur gewöhnlicher Typus im Dilatator — eine Sache, auf die ich später zurückkommen werde.

Untersuchen wir dann die Gründe, welche für einen cellulären Bau des Dilatators angeführt worden sind, so muß ich als meine persönliche Ansicht bekennen, daß ich sie nicht überzeugend finde.

Was erstens die Isolierungsversuche betrifft, ist es leicht zu verstehen, daß deren Resultat dasselbe werden muß, wenn wir wie GRYNFELTT voraussetzen, daß der Dilatator eine kontinuierliche Muskelplatte ist. Setzt man eine solche einer so durchgreifenden Behandlung aus, wie sie eine Isolierung immer ist, so muß die Fragmentierung an denjenigen Stelle eintreffen, wo die Widerstandskraft des Protoplasmas am geringsten ist, also entsprechend den Furchen auf der Rückseite zwischen den sog. vorderen Pigmentzellen. Die einzelnen Fragmente werden dann spindelförmig oder langgestreckt polygonal sein und einen fibrillenführenden vorderen Teil sowie einen hinteren Teil mit Pigment und Cytoplasma und einem Kern enthalten. In Übereinstimmung mit GRYNFELTT und FORSMARK kann ich daher nicht umhin, diese Fragmente für die diskutierte Frage als „ohne Belang" zu finden.

Was wiederum die von FORSMARK beobachteten „Myogliafibrillen betrifft, so kann ich deren Beweiskraft nicht anerkennen. Ich habe mich überhaupt nicht davon überzeugen können, daß mehr als eine Art Fibrillen im Dilatator existiert. Diese liegen oft in Bündeln zusammen und werden dann in derselben Weise wie die sog. Grenzfibrillen in gewöhnlicher glatter Muskulatur (vgl. dieses) gefärbt. Ich habe mich auch nicht von dem Vorhandensein von Fibrillen in der Kernschicht hinter dem Kern überzeugen können. Ein ganz ähnliches Bild kommt nämlich zustande, wenn der Schnitt nicht ganz winkelrecht zutrifft, sondern den Dilatator in einer Ebene zwischen der radiären und tangentialen schneidet. Man bekommt dann ein Bild, als ob gewisse Fibrillen zwischen dem Kern und der hinteren Grenzfläche verliefen.

Spricht demnach nichts für einen cellulären Bau des Dilatator, so glaube ich dagegen, daß eine Tatsache, nämlich die Anordnung der Fibrillen, entschieden gegen einen solchen spricht. In den vorderen Partien des Dilatators liegen die Fibrillen in einer gleichmäßigen Schicht verteilt, welche keine Zeichen einer Segmentierung aufweist (FORSMARK). Daß die Fibrillen hier nicht auf eine Art Zellenterritorien begrenzt sind, darin dürften alle einig sein. Da die Myofibrillen ja selbst aus Cytoplasma bestehen und außerdem in einem solchen (Sarkoplasma) eingeschlossen sind, dürften, damit eine solche kontinuierliche Fibrillenschicht existieren kann, keine Intercellulärräume vorkommen können. Solche sind auch nicht beobachtet worden, sondern wir müssen im Anschluß an das früher von GRYNFELTT gesagte das Cytoplasma in den vorderen Teilen als kontinuierlich ansehen.

Weiter nach hinten liegen die Fibrillen in Bündeln geordnet, aber diese Bündel bilden ein dichtes Netzwerk, indem sie reichlich mit einander anastomosieren. Die Maschen sind eng und bilden keine Intercellulärräume, sondern enthalten die sich vorbuchtenden Partien der Kerne und pigmentiertes Cytoplasma. Auch hier kann man meiner Meinung nach keine Aufteilung in Zellen annehmen.

Da also, wie mir scheint, ein cellulärer Aufbau des M. dilatator pupillae äußerst unwahrscheinlich ist, bleibt nichts anderes übrig, als mit RETZIUS und GRYNFELTT anzunehmen, daß er aus einer kontinuierlichen Muskelmembran besteht. Für diese Annahme spricht auch meiner Meinung nach die direkte Beobachtung.

Ich möchte daher meine Auffassung über den Bau des Dilatators folgendermaßen zusammenfassen. Die Zellen im vorderen Retinablatte sind in ihren vordersten dem Stroma zugewendeten Teilen zu einer zusammenhängenden Cytoplasmaschicht, einem Syncytium vereinigt (Abb. 7). Dieses Syncytium hängt nach vorn mit den Fortsätzen aus den verzweigten Stromazellen zusammen, nach hinten ragen die nicht verschmolzenen Teile der Retinazellen als radiär gestellte Leisten gegen das hintere Retinaepithel hinaus. In der Mitte dieser Leisten liegen langgestreckte, ovale bis stabförmige Kerne, welche von einem Pigmentkörner enthaltenden Cytoplasma umgeben sind. Dieser Teil entspricht vollständig der Kernzone in den Muskelzellen der Schweißdrüsen. Die zusammenhängende frontale Protoplasmamasse, welche dem Fußteile der ebenerwähnten Muskelzellen entspricht, ist in eine fibrilläre Masse, die Myofibrillen, und eine interfibrilläre, das Sarkoplasma, differenziert. Die Myofibrillen liegen gleichmäßig verteilt, ganz vorne und können auch in das Stroma hinauslaufen, sowohl auf der vorderen Fläche des Muskels (v. SZILI, v. HÜTTENBRENNER, JULER, FORSMARK, BERNER) als auch an dessen ciliarem Ende (FABER, GRUNERT, WIDMARK, BERNER). In den hinteren Teilen der Muskelplatte biegen die Fibrillen ab und lassen Platz zwischen sich, der mit pigmentiertem Cytoplasma ausgefüllt ist und die frontalsten Partien der Kerne enthält. Auf diese Weise werden sie

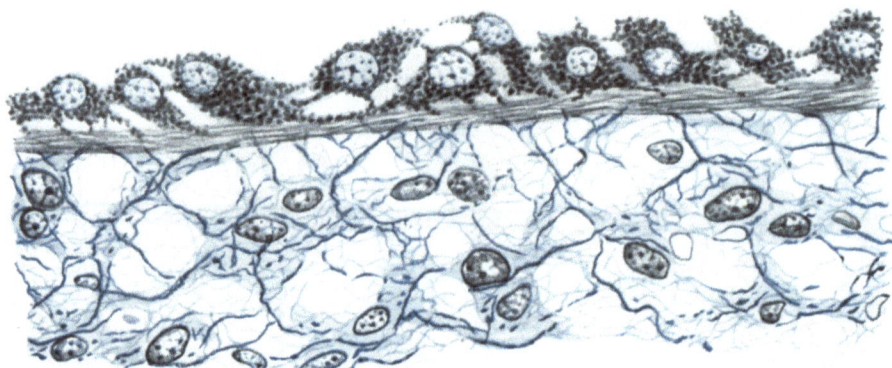

Abb. 7. Musculus dilatator pupillae eines 3tägigen Kindes; Radiärschnitt. Behandlung: Formolsublimat und Eisenchloridhämatoxylin nach HÄGGQVIST. Gez. Obj. 2 mm, Ok. 4×.

zu Bündeln gesammelt, welche untereinander anastomosieren, indem reichlich Fibrillen von dem einen Bündel in das andere hinüberziehen (Abb. 8). Nach hinten werden die Bündel immer dünner, während das pigmenthaltige Cytoplasma zunimmt und in die obenerwähnten Leisten übergeht. In der Hauptsache verlaufen die Fibrillen radiär, oft weisen sie jedoch eine leicht wellenförmige Anordnung auf.

Der Bau der Muskel steht also, wie mir scheint, in völliger Übereinstimmung mit dem der Muskelzellen in den Schweißdrüsen; er besitzt einen fibrillenführenden, dem Bindegewebe zugewendeten Fußteil („Mesoplasma") und einen von diesem abgewendeten Kernteil („Endoplasma"). Der Fußteil ist indes nicht der einer einzelnen, spindelförmigen Zelle, er bildet vielmehr zusammen mit den entsprechenden Teilen der angrenzenden Zellen ein Syncytium, das sich vom Pupillar- bis zum Ciliarrande erstreckt. Die Fibrillen ziehen durch dieses Syncytium von Zellenterritorium zu Zellenterritorium.

„Verstärkungsbänder" (FORSMARK) des Dilatators. Von größtem Interesse für unsere Kenntnisse über das glatte Muskelgewebe sind die von FORSMARK entdeckten Verstärkungsbänder im M. dilatator pupillae. Mit diesem Namen bezeichnet er radiär verlaufende, leistenförmige Verdickungen dieses Muskels, die sich von hinten in das Stroma einbuchten. Sie sind in den meisten Fällen vorhanden, und FORSMARK hält sie für postfetale Bildungen. „Regelmäßig sind sie in der Nähe des äußeren und inneren Randes der Muskelschicht zu finden".

In gewissen Fällen erreichen sie eine bedeutende Entwicklung, so daß die Muskelschicht im Gebiete der Bänder eine Dicke von 10—20 µ bekommt.

Den Bau dieser Bänder beschreibt FORSMARK, wie folgt: „Diese verdickten Partien, die also einen recht bedeutenden Teil der Dilatatorschicht bilden können, waren zum größten Teil aus gewöhnlichen glatten Muskelzellen gebaut. Dies geht deutlich aus Abb. 9 und 10 hervor, die eine derartige Irispartie

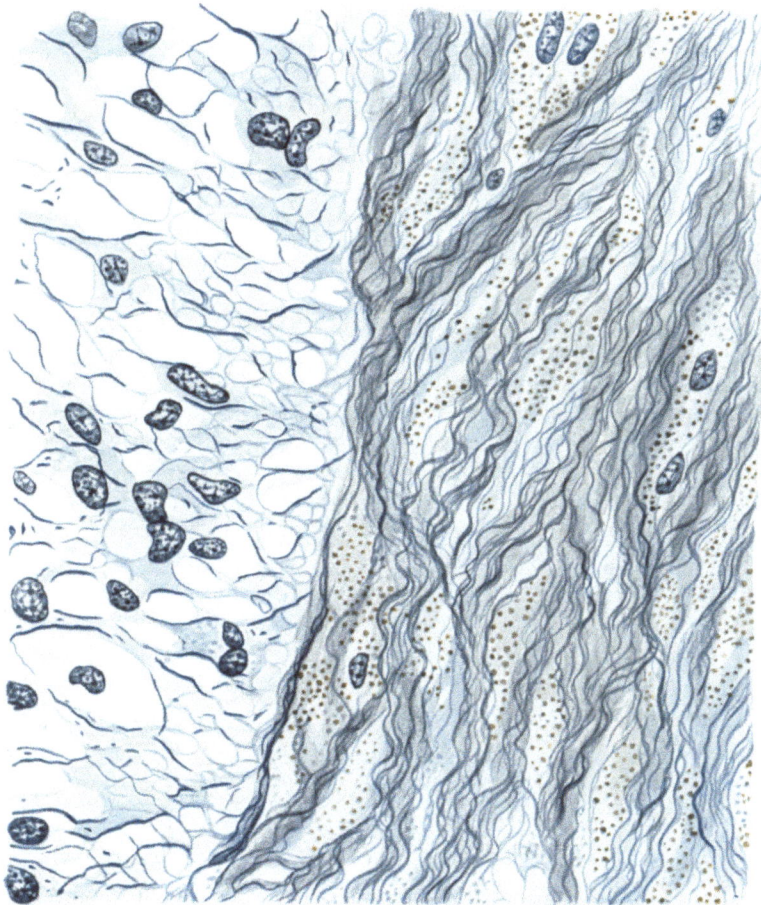

Abb. 8. Frontalschnitt durch Musculus dilatator pupillae eines 3 tägigen Kindes. Links Irisstroma. Behandlung wie bei Abb. 7.

(WIDMARKs Fall 1) in Längs- und Querschnitt wiedergeben". „Die Fibrillenschicht ist hier durch mehrere Schichten spindelförmiger, im Querschnitt runder oder polygonaler Zellen ersetzt."

Wenn wir uns zuerst an Abb. 9 oder an entsprechende Präparate halten, kann ich für meinen Teil keine „spindelförmigen glatten Muskelzellen" wahrnehmen. Das Bild ähnelt auffallend dem hinteren Teile der Dilatatorschicht. Die Verstärkungsbändern werden von einer Verdickung des syncytialen Fußteiles dieser Schicht gebildet. In diese Verdickungen hinein eine Anzahl von einem pigmentierten Cytoplasma umgebenen Kerne verschoben worden. Die Myofibrillen verlaufen in Bündel gesammelt zwischen diesen Kerncytoplasma-(Endoplasma)-Zonen.

Sie sind nicht auf irgendwelche Zellen- oder Kerngebiete begrenzt, sondern können auf weite Strecken hin verfolgt werden. Die Bündel anastomosieren miteinander, indem Fibrillen in wellenförmigem Verlauf von einem Bündel in ein anderes übergehen. Die Haupttrichtung der Fibrillen ist radiär. Die Kerne liegen oft in Gruppen gesammelt, mit kernfreien Bezirken dazwischen (FORSMARK). In

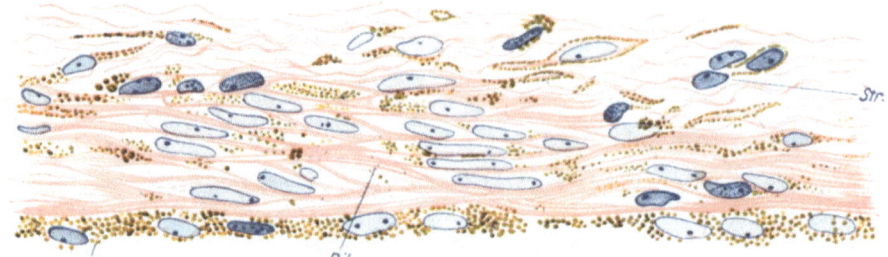

Abb. 9. Radiärschnitt durch ein Verstärkungsband des Dilatators bei einem Erwachsenen (WIDMARKS Fall 1). Nach FORSMARK (1904). Behandlung: Eisenhämatoxylin-Säurefuchsin-Orange. Vergr. 750 ×.
Dil. Dilatator; Kl. Kernlage; Str. Stroma.

den hintersten Teilen der Verstärkungsbänder, zunächst der Dilatatorschicht, fehlen Kerne vollständig.

„Auf dem in Abb. 10 abgebildeten Querschnitt eines Verstärkungsbandes tritt deutlich ein Netzwerk von feinen, roten Linien hervor, in dessen runden oder polygonalen Maschen je eine „Muskelzelle" liegt. Dieses Netzwerk scheint identisch mit den Bindegewebescheiden, die von ROUGET, SCHAFFER und M. HEIDENHAIN in gewöhnlicher glatter Muskulatur nachgewiesen worden sind, zu sein. Die feinen, roten Linien stellen sich nämlich beim Heben und Senken

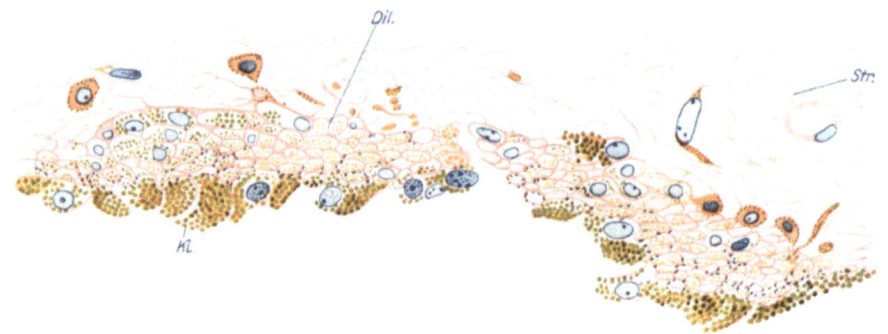

Abb. 10. Schnitt durch ein Verstärkungsband des Dilatators; Fall und Behandlung wie bei Abb. 9.

des Tubus als Querschnitte äußerst feiner Membrane heraus, und mehrere Tatsachen sprechen für die Bindegewebenatur derselben" [FORSMARK (1904)]. FORSMARK bemerkt ferner, daß diese Membranen in den vorderen Teilen der Bänder in Zellen des Stromas übergehen.

„Daß es sich nicht um gefärbte Membranen der Muskelzellen handelte, wurde ferner dadurch bestätigt, daß die Membranellen nicht in den Verstärkungsbändern aller Irides, die solche besaßen, vorkamen, sondern nur bei der zuerst beschriebenen (WIDMARKs Fall 1), was möglicherweise mit der viel stärkeren Entwicklung der Verstärkungsbänder bei dieser Iris zusammenhängt". Auch in den hinteren Teilen der Verstärkungsbänder kommen keine solchen Membranen vor.

FORSMARK äußert sich nicht darüber, wie er sich die Entwicklung dieser Membranen vorstellt. Zwischen den Zeilen scheint man aber lesen zu können, daß er an ein Einwachsen von Bindegewebe zwischen die Zellen denkt, die seiner Ansicht nach die Verstärkungsbänder aufbauen. Die Bänder bestehen indes, wie ich oben hervorgehoben habe, aus einem kern- und fibrillenführenden Syncytium. Andererseits sehen wir nicht, daß zusammen mit den sog. Bindegewebsmembranen auch Bindegewebszellen auftreten. Die ersteren sind vielmehr ausschließlich aus einem feinen Netzwerk von kollagenen und präkollagenen Fibrillen gebildet. Soweit ich verstehen kann, ist dieses Netzwerk, die Membranellen, in der syncytialen Protoplasmamasse ausgebildet, und diese wird dadurch in Gebiete, die einerseits einen von körnigem pigmentiertem Protoplasma („Endoplasma") umgebenen Kern und andererseits Fibrillen enthalten („Mesoplasma"), aufgeteilt:

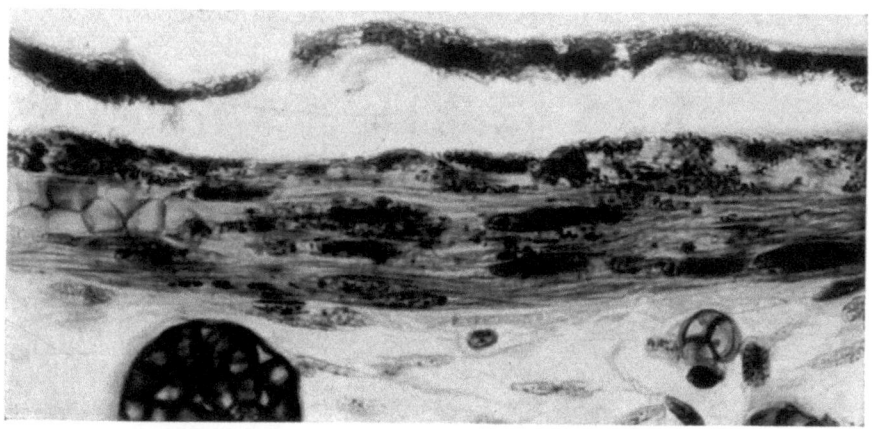

Abb. 11. Musculus sphincter pupillae eines 6monatigen, *menschlichen* Fetus. Behandlung: Formolsublimat nach HÄGGQVIST, HEIDENHAINS Eisenalaunhämatoxylin. Mikrophoto. Vergr. 780×.

mit anderen Worten, in „glatte Muskelzellen". Die Fibrillen verlaufen von Zellterritorium zu Zellterritorium und das Ganze behält immer den Charakter eines Syncytiums.

Ein solcher Aufbau des Muskelgewebes aus Muskelzellenterritorien, die von kollagen-elastischen Membranen begrenzt werden, ist für die mesenchymale glatte Muskulatur charakteristisch. Im M. dilatator pupillae finden wir also alle Übergänge von einem ausgeprägt epithelialen bis zu einem ausgesprochen mesenchymalen Typus von Muskulatur. Der mesenchymale Typus entsteht in den gegen das Stroma am weitesten vorgeschobenen Teilen der Verstärkungsbänder. Ähnliche Übergänge trifft man auch in den „Speichenbündeln" an, radiären Muskelzügen, welche den Dilatator und den Sphincter verbinden. „Sie folgen also dem oben angegebenen Gesetz, daß Dilatatorzellen, die ihre subepitheliale Lage verlassen, einen mesodermalen Typus annehmen (FORSMARK 1904)."

Der Musculus sphincter pupillae stimmt, obgleich er von epithelialer Genese ist, in seinem Bau völlig mit dem mesenchymalen glatten Muskelgewebe überein (Abb. 11), weshalb ich keinen Anlaß habe, ihm aus histologischen Gesichtspunkten eine besondere Beschreibung zu widmen.

b) Das mesenchymale glatte Muskelgewebe

ist es, das gewöhnlich gemeint wird, wenn man von glatter Muskulatur spricht. Seine Grundelemente bestehen aus mehr oder weniger langgestreckter, mitunter

16   Glattes Muskelgewebe.

spindelförmigen (Abb. 1), mitunter verzweigten oder zerfransten Zellen (Abb. 12), den von KOELLIKER (1846) entdeckten sog. ,,contractilen Faserzellen". Soweit dürften alle heutigen Forscher einig sein. Wie diese Zellen sich aber zu einem Gewebe zusammenfügen, das ist eine Frage, die zu verschiedenen Perioden und von verschiedenen Verfassern sehr verschieden beantwortet wurde. Schon im geschichtlichen Teile habe ich angeführt, daß man anfänglich glaubte, die glatten Muskelzellen seien — ebenso wie die meisten anderen Zellenarten — miteinander durch eine Kittsubstanz, ein Zement, verbunden. Bei einem tieferen Einblick in die Mysterien der Muskelhistologie erwies sich aber dieser Gedanke als unhaltbar. An seine Stelle trat eine Theorie über Protoplasmabrücken (KULTSCHIZKY, BUSACHI, BARFURTH u. a.), welche von Zelle zu Zelle verliefen, ungefähr wie die Ausläufer zwischen den Stachelzellen in einem geschichteten Epithel. Doch herrschte keine Einigkeit über die Form der Brücken. Die Ansichten wechselten zwischen cilienähnlichen Gebilden mit oder ohne Bewegungsfähigkeit, gröberen Zellenbrücken und langgestreckten Leistenbildungen. Auch hierüber habe ich bereits oben berichtet und dabei hervorgehoben, wie gerade dann, wenn diese Ansichten die relative Glaubwürdigkeit wissenschaftlicher Wahrheit erlangt zu haben schienen, bald erkannt wurde, daß sie auf unrichtigen Beobachtungen fußten; sie mußten dann einer neuen Anschauung Platz machen, die von DRASCH (1894), GARNIER (1897), SCHAFFER (1899) u. a. inauguriert wurde.

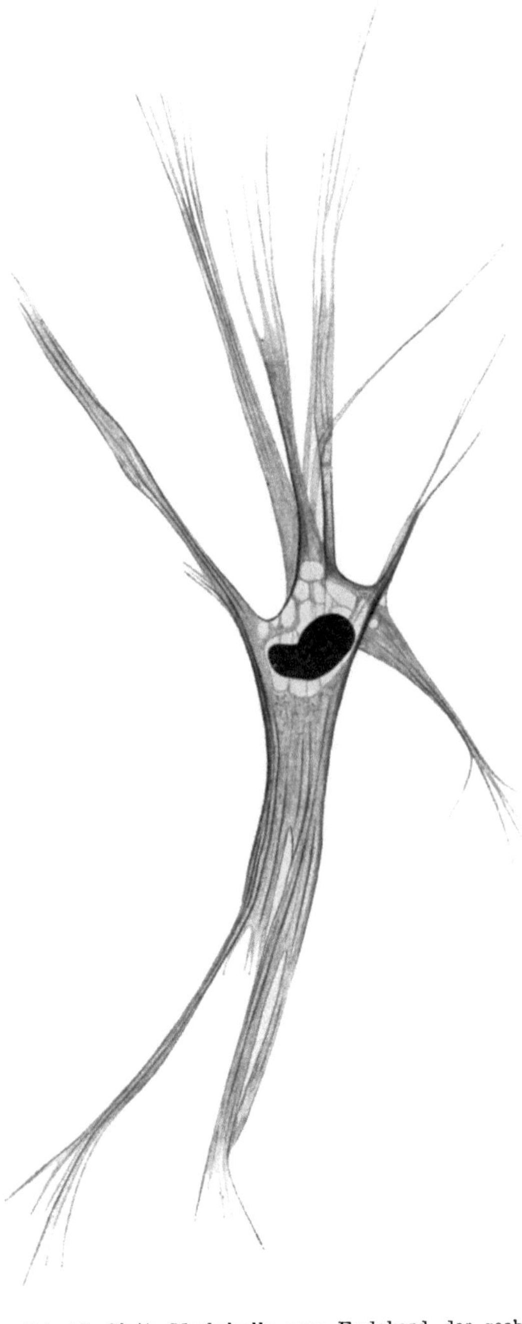

Zur Beleuchtung der Resultate der Diskussion, welche zu Anfang dieses Jahrhunderts über diese Frage geführt wurde,

Abb. 12. Glatte Muskelzelle vom Endokard der rechten Herzkammer (Hingerichteter). Vergr. 1200 ×. Nach BENNINGHOFF (1927). Aus Z. Zellforschg 4.

Resultate, welche bis heute für unsere Auffassung der glatten Muskelgewebe als Norm angesehen wurden, will ich die „übersichtliche Klarstellung der Sachlage", die HEIDENHAIN (1911) gegeben hat, zitieren. „Was das Bindegewebe im Innern der glatten Muskulatur anlangt, so ist soviel sicher, daß es bei verschiedenen Objekten in sehr starkem Grade variiert, also in mannigfachen Spielarten vorkommt. Im allgemeinen läßt sich (für die glatten Muskelhäute der Wirbeltiere und des Menschen) darüber folgendes aussagen. Die Form der Verbündelung der contractilen Faserzellen entspricht zunächst den analogen Verhältnissen bei der willkürlichen Stammuskulatur. Wir haben also ein Gefüge primärer, sekundärer, tertiärer Muskelbündelchen usf. Allein nur in den gröberen Interstitien dürfte das Zwischengewebe fibrillärer Natur sein; innerhalb der primären Bündelchen, also dort, wo die Faserzellen sehr dicht gelagert sind, ist es lamellöser Natur.

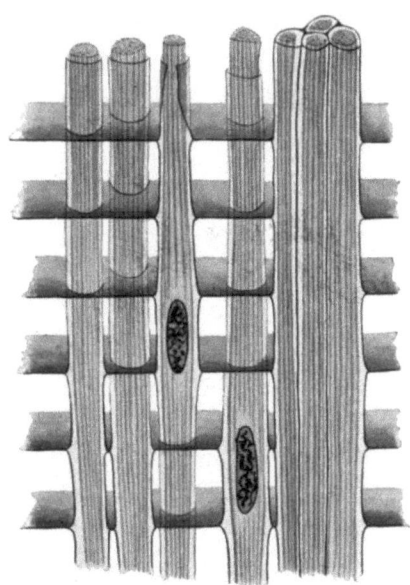

Man unterscheidet röhrige Längsmembranellen, welche hülsenartig die Faserzellen einscheiden, und Quermembranellen, welche mit den ersteren an den Berührungsstellen verschmelzen (s. das Schema Abb. 13). Sind die Interstitien auf ein Minimum beschränkt, so scheinen die Längsmembranellen den Nachbarzellen gemeinsam zu sein (auf der rechten Seite des Schemas); werden hingegen die Interstitien ein wenig breiter, so sind die Längsmembranellen gespalten und

Abb. 13. Schema der Anordnung des Bindegewebes in der glatten Muskulatur. Nach M. HEIDENHAIN aus Erg. Anat. 10 (1900).

zwischen ihnen kommen die Quermembranellen zum Vorschein (links im Schema). Die röhrigen Längsmembranellen entsprechen im übrigen genau den feinen membranösen Scheiden der Herzmuskelfasern (v. EBNER, RENAUT: manchons pellucides); sie enthalten nach HOLMGREN (1904, S. 292) in sich eingebettet querverlaufende, vielfach die einzelnen Faserzellen ringförmig umfassende, elastische Fäserchen, welche von mir schon andeutungsweise gesehen wurden (1901). Die Quermembranellen sind besonders in kontrahierten Muskelhäuten leicht sichtbar und gewähren dann innerhalb der Längsspalten des Gewebes den Anblick leiterartiger Quersprossen". So weit M. HEIDENHAIN.

Aus diesem Bericht ist ersichtlich, daß das glatte Muskelgewebe aus glatten Muskelzellen, welche von einem in Membranen geordneten Bindegewebe umschlossen und zusammengehalten werden, aufgebaut sein sollte. Hier möchte ich nur im Vorbeigehen die Aufmerksamkeit auf die Lücke in dem Gedankengange lenken, welche hier vorliegt: Ein Gewebe kann nicht aus einem anderen Gewebe plus einem spezifischen Bestandteil aufgebaut sein. Der Name Muskelgewebe wäre in diesem Falle nicht adäquat, ebenso wie es unangebracht ist, von einem „lymphoiden Gewebe" zu sprechen. Im ersteren Falle würde es sich da um eine Bindegewebe mit eingelagerten contractilen Elementen handeln, ebenso wie es sich im letzteren Falle um ein Bindegewebe mit eingelagerten Lymphocyten handelt. Die Lücke dürfte darin bestehen, daß man nicht zwischen Bindegewebe und kollagenen, resp. elastischen Fasernetzen

(Membranen) unterschieden hat, was ich weiter unten klarzulegen versuchen werde.

Die meisten Verfasser scheinen indessen die anerkannte Tatsache übersehen zu haben, daß sich diese Art von Muskelgewebe aus Mesenchym entwickelt. Dieses besteht aus stark verzweigten Zellenelementen, deren Ausläufer reichlich miteinander anastomosieren. Man muß sich dann fragen: **Wo sind im adulten Muskelgewebe alle diese Zellenbrücken hingekommen?**

Der einzige Forscher, der die fundamentale Bedeutung eingesehen zu haben scheint, welche diese Frage für unsere Kenntnisse über das glatte Muskelgewebe besitzt, ist CAROLINE MC GILL. Ich werde weiter unten bei Erörterung der Entwicklung der glatten Muskulatur auf ihre Arbeiten zurückkommen und will hier nur anführen, daß ihrer Meinung nach auch in der adulten Muskulatur Zellenbrücken vorkommen. Diese sind jedoch anderer Art wie diejenigen, welche KULTSCHIZKY erwähnt; sie sind so breit, daß man von einem Muskelsyncytium sprechen kann. Sie erklärt die Sache in folgender Weise: „In general it may be said that complete uniformity in the structure of adult smooth muscle in different forms and even in the different organs of the same form does not exist. Adult smooth muscle may show one of two types and possibly three types of structure,

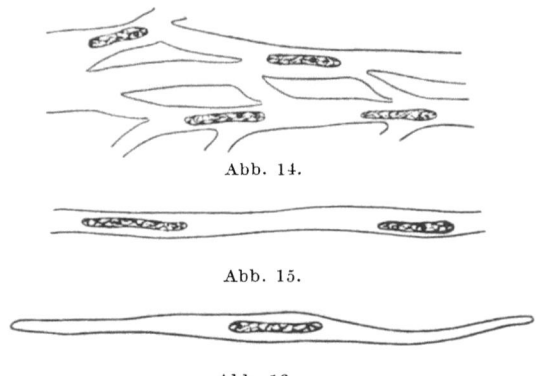

Abb. 14–16. Nach MC GILL (1909). Abb. 14. Glattes Muskelsyncytium vom *Meerschweinchen*darm. Abb. 15. Endanastomose zwischen zwei Muskelzellen. Abb. 16. Isolierte Muskelzelle. Aus Amer. J. Anat. 9 (1909).

(MC GILL 1907). In type 1 there is very distinct syncytial arrangement with both end and side anastomoses of the fibres (s. Abb. 14), which is a persistence of embryonic condition. In type 2 the muscle bundles show few side anastomoses, but end to end union exists either with or without terminal branching of the fibres (s. Abb. 15). There is possibly a third type of smooth muscle. In this type there are apparently no protoplasmic connections between the fibres. Each seems to be an independent spindle-shaped cell (s. Abb. 16). Between these three types there are found all transitions."

„Since syncytium as used in recent anatomical writings is a rather indefinite term its meaning as used in this paper will be explained. By muscle syncytium is meant any tissue where there are well defined protoplasmatic anastomoses between the muscle cells. Where all of the cells are so connected the tissue is described as being a complete syncytium. Where some of the cells are independent, others connected, the term partial syncytium is used."

Das vollständige Syncytium ist nach MC GILL ein Fortbestehen der embryonalen Verhältnisse. Die von ihr beschriebenen Verbindungsbrücken sind kräftig und breit, wodurch sie sich von den durch verschiedene frühere Verfasser geschilderten zackenähnlichen Gebilden unterscheiden, welche sich später als quergehende kollagene Membranellen oder Fasern erwiesen haben. Bei den Endanastomosen stellt sie sich die Mittelpartie der „Zellen" so stark verlängert vor, daß die Verbindungen an den Enden zu liegen kommen. Diese Form der Zellanastomose entspricht meines Erachtens gut den Beobachtungen von ROUGET und SCHAPER.

Betreffs der freien Muskelzellen denkt sie offenbar, daß sich Bindegewebe rund um die spindelförmige Muskelzelle entwickelt habe, die dadurch aus dem Syncytium losgelöst worden sei. Das Bindegewebe spielt also hier eine entscheidende Rolle und die Frage, wie wir den Bau des glatten Muskelgewebes

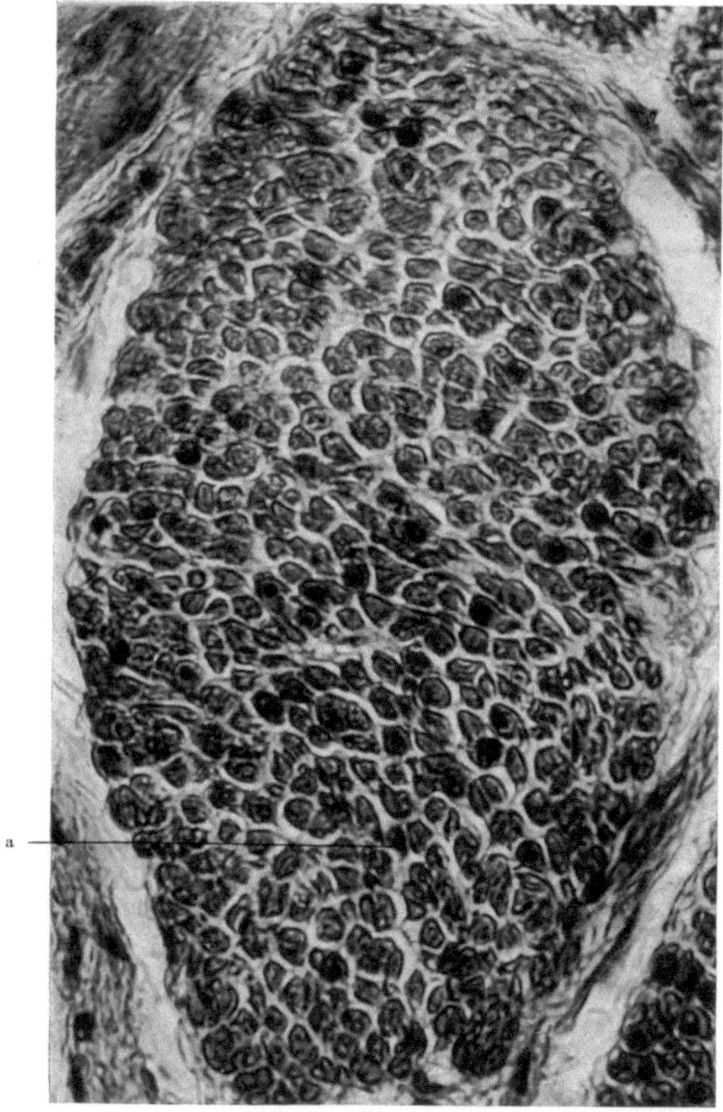

Abb. 17. Muskelbündel aus der Pylorusgegend eines Mannes. Bei a eine „Bindegewebszelle". Mikrophoto. Vergr. 650 ×.

auffassen sollen, wird, wie HEIDENHAIN (1911) die Sache ausdrückt, „untrennbar verquickt mit der Frage nach der Natur des interstitiellen Bindegewebes".

Über die Ansicht Mc GILLs in dieser Frage ist bereits oben berichtet worden. Sie meint, daß das Bindegewebe gewöhnlichen „areolarem" ähnlich sei. Die Zellen im Bindegewebe — scheint sie meinen — behalten ihre Beziehung zum Protoplasmasyncytium bei. In gewissen Fällen, wo die Muskelzellen dicht liegen, könne das Bindegewebe zu Membranen zusammengedrückt werden, wie dies auch HEIDENHAIN beschrieben hat (s. oben). Einige ihrer Angaben bezüglich der intimen Beziehung zwischen Muskelgewebe und Bindegewebe verdienen indessen ganz besondere Beachtung. Sie sagt (1909) über die kollagenen Fibrillen: ,,Here and there in the adult they still appear to run through the protoplasm of the connective tissue cells or even among the myofibrillae" und über die elastischen Fibrillen: ,,Rarely some of them are embedded in the muscle protoplasm among the peripheral myofibrillae". Nach ihrer Ansicht liegt die Erklärung dieser intimen Beziehung darin, daß sich beide aus einem gemeinsamen Syncytium entwickeln.

Hier scheint es mir notwendig, gewisse Begriffe ein wenig auseinander zu halten. Wenn sich kollagene und elastische Fibrillen zusammen mit Myofibrillen in der Weise entwickelt haben, wie dies Mc GILL (1909) mit den Worten ausdrückt: ,,Often in a single protoplasmatic mass connective tissue fibres and myofibrillae differentiate side by side", so können wir nicht von Bindegewebe sprechen. Ein Bindegewebe besteht aus spezifischen Bindegewebszellen und gewissen aus diesen entwickelten Strukturen (kollagene und elastische Fibrillen). In diesem Falle aber haben wir es mit Muskelzellen und aus diesen entwickelten kollagenen und elastischen Fibrillen zu tun. Wir können demnach meiner Meinung nach an diesen Stellen nicht von Bindegewebe sprechen. Nur in den gröberen Interstitien finden wir wirkliches Bindegewebe mit spezifischen Bindegewebszellen. Abb. 17 zeigt einen 10 μ dicken Querschnitt eines glatten Muskelbündels aus der Pylorusgegend des Magens eines 30jährigen Mannes. Wir finden nur bei a eine Bindegewebszelle in einem gröberen Interstitium. Im ganzen übrigen Muskelbündel finden wir das sogenannte membranöse Bindegewebe ohne Zellen ausgebildet. Man könnte sich nun denken, daß das Bindegewebe zwischen die Muskelbündel hineingewachsen ist. Studiert man aber die Entwicklung, so kann man nur zu dem Resultate kommen, das Mc GILL (1909) mit den Worten ausdrückt: ,,the interstitial connective tissue arises in situ," d. h. aus denselben Zellen, welche sich zu glatten Muskelzellen entwickeln. Nur an gewissen Stellen werden Mesenchymzellen in wirkliche Bindegewebszellen umgewandelt, und hier entstehen gröbere Interstitien. Die Relation der contractilen und stützenden Substanz wechselt: in gewissen Fällen reichlich zellenführendes Bindegewebe, in anderen kein Bindegewebe, sondern nur kollagene Membranen, die sich im Muskelgewebe ohne besondere Zellen entwickelt haben. Das letztgenannte Verhalten ist das gewöhnliche, was auch von DE BRUYNE, SCHAFFER u. a. hervorgehoben wird, die jedoch von Bindegewebe sprechen.

Fasse ich demnach den Bau der glatten, mesenchymalen Muskulatur zusammen, so kann ich sie nur als ein zusammenhängendes Syncytium auffassen. Ich meine damit nicht schmale Zellenbrücken, ähnlich denjenigen im Epithel (KULTSCHIZKY u. a.), auch nicht die von Mc GILL beschriebenen groben Verbindungen, über welche bereits oben berichtet wurde, sondern das Ganze bildet eine einzige zusammenhängende Protoplasmamasse, wo sich das Protoplasma über die ganze Fläche der sogenannten, contractilen Faserzellen hin in angrenzende Zellen fortsetzt. In dieser Protoplasmamasse können wir Zonen verschiedener Struktur unterscheiden: 1. eine Zone, die den Kern und granulaführendes Cytoplasma enthält, 2. eine Zone mit Fibrillenstrukturen (Myofibrillen) und 3. eine Zone mit kollagenen, elastischen und präkollagenen Strukturen. Die zwei erstgenannten Zonen bilden die sogenannten contractilen Faserzellen, während die letztgenannte dem sogenannten ,,interstitiellen Bindegewebe" (DE BRUYNE, SCHAFFER) entspricht. Die letztere möchte ich unter

Verwendung der Nomenklatur von HANSEN und STUDNIČKA als Exoplasma bezeichnen, das körnige, kernführende Protoplasma als Endoplasma und das dazwischenliegende fibrillierte als Mesoplasma. Der letzte Name ist — wie auch die ersteren — der Zoologie entnommen und wird von ENGELMANN (1881) im Anschluß an O. A. GRIMM benutzt, um „die niedersten Formen echter Muskelsubstanz bei Infusorien" zu bezeichnen.

Das Endoplasma und der Kern. Die contractilen Faserzellen besitzen immer nur einen einzigen Kern. Eine Angabe von SCHWALBE (1868), daß gewöhnlich zwei Kerne vorhanden seien, scheint nach den Abbildungen zu urteilen, darauf zu beruhen, daß er faltige oder spiralig gedrehte Kerne beobachtet hat. Der Kern wird von alters her als ein stabförmiges Gebilde beschrieben. M. HEIDENHAIN nennt ihn „walzenartig" und betont, daß er meist etwas, aber nicht viel, gegen die Enden zuläuft, wo er schön abgerundet schließt. Oft sieht man ihn jedoch jäher, wie abgehackt, endigen. Seine Länge erreicht nach SCHULTZ im Magen des Menschen bis 21 μ, bei der *Taube* bis 13 μ und beim *Salamander* bis 43 μ. V. LENHOSSEK gibt an, daß er bei *Katzen* 15—45 μ mißt, meist aber 30 μ, und M. HEIDENHAIN findet im Darm bei *Proteus* eine Größe von 72—84 μ. Im Verhältnis zum Querdurchschnitt der Zelle liegt der Kern exzentrisch, niemals in der Achse (v. LENHOSSEK) und in gewissen Fällen kann er so verschoben sein, daß er an die „Seitenwand" der Zelle, d. h. an das Exoplasma, angrenzt. Auf Schnitten zeigt er oft mehr oder weniger tiefe Einkerbungen, welche in gewissen Fällen an amitotische Teilungen erinnern können. Nach v. LENHOSSEK handelt es sich hier meist um Artefakte. Die Einbuchtung, in welcher der Zentralkörper liegt, darf jedoch nicht zu diesen gerechnet werden (s. unten). Nach SCHWALBE (1868) ist der Kern auch oft nach dem einen Ende der Zelle hin verschoben, so daß er in dieser Beziehung gleichfalls etwas exzentrisch liegt.

Das Chromatin wird von M. HEIDENHAIN (1900) in folgender Weise geschildert: „Ihrer Struktur nach stellen die Kerne wunderbar schöne Gebilde vor, was, wie mir scheint, noch nicht allgemein bekannt sein dürfte. Diese Kerne gehören (bei *Amphibien*, *Proteus* und besonders beim *Salamander*) zu jenen, welche das Chromatin der Autoren (Basichromatin) wesentlich an der inneren Oberfläche der Kernmembran anhäufen, was schon von P. SCHULTZ erwähnt wurde. Hier bildet das Basichromatin sehr feine Netze, welche vielfache häutchenartige Verbreiterungen zeigen, so daß bei einer entsprechend guten Färbung der Kern wie von einer gegitterten Kapsel umhüllt erscheint. Dieses periphere Gitterwerk wurde von den Autoren bekanntlich hier und da als chromatische Kernmembran bezeichnet im Gegensatz zu der achromatischen Kernmembran, welche den Kern vollständig nach außen hin abschließt. Nirgends nun, bei keiner anderen Sorte von Kernen, habe ich diese „chromatische Kernmembran" schöner ausgebildet gefunden als bei den glatten Muskelkernen. Das Innere des Kerns ist wesentlich oxychromatischer Natur. Es enthalten die Kerne ein sehr feines Liningerüste, in welches Oxychromatin und Nucleolen eingelagert sind". Die letztgenannten scheinen zuerst von FRANKENHÄUSER (1866) beobachtet worden zu sein, und seiner Angabe nach gäbe es ihrer einen oder zwei. HEIDENHAIN erklärt diese Zahl jedoch als zu niedrig angegeben, was darauf beruhe, daß die Verfasser die kleineren Nucleolen übersehen haben. Mit FRANKENHÄUSERs Auffassung scheint mir die Angabe von SCHWALBE (1868) zu stimmen, daß in jedem Kerne ein oder zwei Kernkörper zu finden sind.

Das Endoplasma umgibt den Kern wie ein in der Längsrichtung der Zelle ausgedehnter, dünner Mantel. In der periphersten Umgebung des Kernes ist es am dünnsten, dagegen dicker auf der Seite des Kernes, welche dem Zellenzentrum zugewendet ist, wo das Mesoplasma zwischen sich und dem Kerne einen größeren Platz läßt. Rund um die Längsseiten des Kernes zeigt es ein homogenes, glasartiges Aussehen (SCHWALBE, v. LENHOSSEK). An den abgerundeten Enden des Kernes nimmt es einen körnigen Charakter an und verlängert sich hier in einen ,,axialen", gegen die Enden der Zelle zugespitzten ,,Strang", den Cytoplasmarest der älteren Autoren. Dieser reicht jedoch nicht bis in die Enden der Zelle hinaus. H. MARCUS (1913) fand bei Hirudineen reichlich Glykogen unter den Körnern.

Auf derjenigen Seite der Kerne, welche der größten Cytoplasmamasse (im Querschnitt der Zelle gerechnet) zugewendet ist, liegt der Zentralkörper ungefähr in der Längenmitte des Kernes (Abb. 18). Er scheint zuerst von ZIMMERMANN

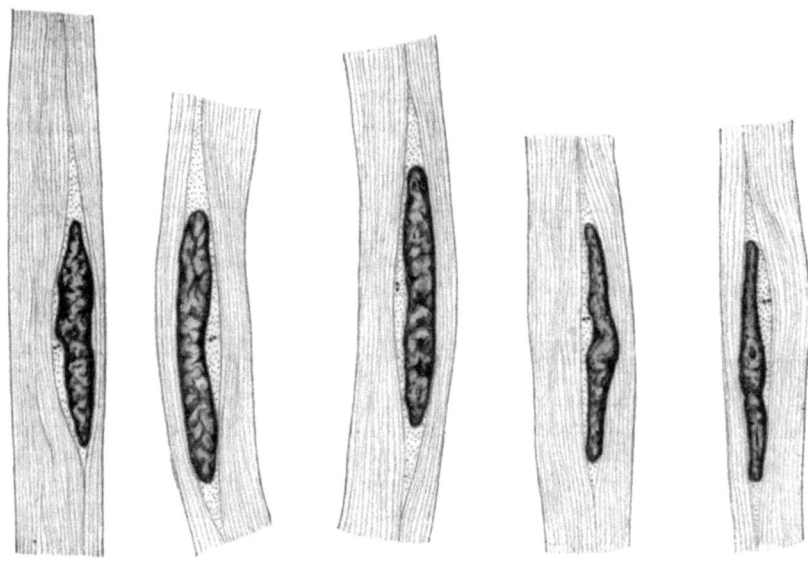

a   b   c   d   e

Abb. 18. Glatte Muskelzellen aus der zirkulären Muskelschicht des Darms der *Katze*. a und b zeigen das häufigste Verhalten der Zentralkörper; in c ist die Stellung der beiden Zentralkörper etwas ungewöhnlich; in d und e erscheint das Mikrozentrum von der Mitte des Kerns etwas gegen den einen Kernpol verschoben. [Nach v. LENHOSSEK: Anat. Anz. 16 (1899).]

(1898) beobachtet worden zu sein; genau beschrieben wurde er aber erst von v. LENHOSSEK (1899). Der Kern weist hier eine Einbuchtung auf, entweder von mehr flacher Form oder eine steilere ,,wie mit dem Nagel geschnittene Einkerbung". Der Zentralkörper besteht aus zwei Zentriolen, welche durch ein ,,Zentrodesmos" verbunden und von einer ,,Sphäre" umgeben sind, die aus einem klaren, homogenen Cytoplasma besteht (v. LENHOSSEK). Ist nur ein Zentriol sichtbar, so beruht dies nach ebengenanntem Autor gewöhnlich darauf, daß das andere in der gleichen optischen Achse liegt. Die Verbindungslinie zwischen den Zentriolen liegt meist winkelrecht oder nahezu winkelrecht zur Ausdehnung der Zelle, selten parallel oder nahezu parallel mit dieser.

Das Mesoplasma besteht aus feinen, in eine mehr homogene Substanz eingebetteten Fibrillen. Es muß als die für das glatte Muskelgewebe spezifische Struktur angesehen werden und wird oft als die contractile Substanz bezeichnet. Gewisse Verfasser, wie z. B. APATHY, haben geltend machen wollen, daß nur derjenige Teil der glatten Muskelzelle, der hier als Endoplasma bezeichnet worden ist, wirkliches Protoplasma sei. M. HEIDENHAIN (1900) nimmt mit Recht entschieden von einer solchen Auffassung Abstand, indem er betont, daß die Fibrillen nichts anderes sind als lebendes Cytoplasma. Sie haben jedoch zum Unterschied von anderem Cytoplasma eine beinahe mathematisch durchgeführte Orientierung ihrer Teile. Als Stütze für diese Auffassung führt er an, daß die contractile Substanz einen lebhaften und genau studierten Stoffwechsel besitzt, ferner daß sich alle Übergänge von der contractilen Substanz der Muskelzellen bis zu derjenigen der Leukocyten finden, und endlich, daß sich die nahestehenden Fibrillen des quergestreiften Muskelgewebes assimilieren und teilen.

Diese Gründe scheinen mir für die cytoplasmatische Natur des Mesoplasmas entscheidend. Wir können weder die Fibrillen selbst noch die sie umschließende Substanz lediglich als Zellprodukt, als ein Paraplasma, ansehen, wir müssen vielmehr an ihrer Eigenschaft als wirklich lebende Substanz festhalten.

Bei den Fibrillen haben verschiedene Verfasser gröbere und feinere Formen unterschieden. M. HEIDENHAIN (1900) teilte sie zuerst in „Binnenfibrillen" und „Grenzfibrillen" ein. Die letzteren wurden ursprünglich als gröbere Gebilde beschrieben, welche in der Peripherie der Zellen verlaufen und intim mit einer dort vorhandenen Grenzschicht, einem Sarkolemma, verbunden sind (s. unten). Mit diesen scheinen wahrscheinlich die gröberen Fibrillenbildungen analog zu sein, welche 1902 von BENDA geschildert und von ihm als „Myogliafibrillen" bezeichnet wurden. Diese sollen aber hier und da zwischen den feineren Fibrillen zerstreut liegen.

Die letztgenannten — HEIDENHAINs Binnenfibrillen — sind sehr feine, anscheinend homogene Fasergebilde, welche sich miteinander parallel verlaufend, in der Längsrichtung der Zelle durch diese erstrecken. Ihrer Lichtbrechbarkeit nach unterscheiden sie sich kaum von der interfibrillären Substanz. Ihre Dicke im *Frosch*magen wurde von ENGELMANN auf 0,3 μ berechnet. Bei den glatten Muskelzellen der *Säugetiere* fand P. SCHULTZ eine Fibrillendicke von $^3/_4$—1 μ. Es erscheint kaum wahrscheinlich, daß mit diesen Massen dieselben Gebilde gemeint sind. Das letztgenannte Maß scheint entschieden zu groß. Andererseits liegt, wie M. HEIDENHAIN (1900) hervorhebt, das erstgenannte Maß so nahe der unteren Grenze derjenigen Größen, die wir mit einem guten Mikroskop deutlich wahrnehmen können, daß wir betreffs ihrer Richtigkeit nicht sicher sein können. Nach ROUGET sollen die Fibrillen durch mehrere von den Zellen hintereinander laufen, die sich mit ihren abgeschrägten Enden dicht aneinanderlagern und einen „cordon musculaire" bilden. BENDA nahm dies nur für die Myogliafibrillen an, während die feineren auf eine einzige Zelle beschränkt sein sollten. Von späteren Verfassern behauptete CAROLINE MC GILL, daß sich die Fibrillen durch die von ihr beobachteten Anastomosen zwischen den Zellelementen durch mehrere solche sollten fortsetzen können, und H. MARCUS (1913) schließt sich nach Untersuchungen an Hirudineen der Auffassung ROUGETs an.

Ich selbst bin bei menschlichen Embryonen (Dünndarm) entschieden zu der Auffassung gekommen, daß sich die Fibrillen durch mehrere Zellenterritorien erstrecken. Bei der fertigentwickelten Muskulatur habe ich nicht so dezidiert zu dieser Auffassung kommen können. Doch scheint es mir wahrscheinlich, daß sich die Fibrillen auch hier von Zelle zu Zelle fortsetzen. Daß ein Abbruch der ursprünglich einheitlichen Fibrillen stattfinden sollte, muß ja von vornherein als wenig wahrscheinlich angesehen werden. Die Menge der feinen Fibrillen kann in den verschiedenen Arten von Muskulatur bedeutend variieren. Die Muskelzellen der feinen Arterien und der inneren Schicht des Vas deferens sind arm an Fibrillen (BENDA, HEIDENHAIN). Reich an Fibrillen sind die Muskelzellen des *Amphibien*darmes (HEIDENHAIN).

Bei den groben Fibrillen müssen wir in bezug auf ihre Lage zwei verschiedene Arten unterscheiden, teils solche, welche in der Peripherie der Zelle in ziemlich regelmäßigen Abständen voneinander liegen — HEIDENHAINs Grenzfibrillen — und teils solche, welche ohne gesetzmäßige Ordnung in demjenigen Teile der

Muskelzelle liegen, den ich als Mesoplasma bezeichnet habe, BENDAS Myogliafibrillen, mit welchen die von SCHAPER und MC GILL beschriebenen groben Fibrillen identisch zu sein scheinen. Ob zwischen diesen Fibrillenarten wirklich eine funktionelle oder chemische Differenz existiert, läßt sich gegenwärtig nicht entscheiden, doch scheint mir dies unwahrscheinlich. SCHAPER schätzt die von ihm beobachteten Fibrillen auf etwa 1 μ Dicke (bei *Amphibien*), eine Ziffer, die bemerkenswert gut mit derjenigen übereinstimmt, die P. SCHULTZ für Myofibrillen in glatter Muskulatur der *Säugetiere* angegeben hat.

HEIDENHAIN empfiehlt zum Nachweis von Grenzfibrillen seine Eisenalaunhämatoxylinmethode, und dieses Verfahren wurde auch von den übrigen Autoren zum Nachweis der von ihnen beschriebenen Fibrillenformen benutzt. BENDA empfiehlt außerdem besonders seine Modifikation der WEIGERTschen Neurogliamethode. Letztgenannter Verfasser weist auf die Schwierigkeit hin, die groben und die feinen Fibrillenarten gleichzeitig zu färben, was ihm jedoch unter gewissen Voraussetzungen gelungen ist. Nach MC GILL sollten die dicken Fibrillen eine primitivere Form sein, welche sich früher entwickelt und sich später in feine Fibrillen spaltet. Nur an gewissen Stellen sollte die Spaltung ausbleiben können, in welchem Falle „Myogliafibrillen" in der adulten Muskulatur auftreten. Auch BENDA behauptet, daß die Myogliafibrillen in verschiedenen Arten von glatter Muskulatur in sehr wechselnder Menge und Anordnung vorkommen. „In den meisten Muskelzellen nehmen sie in einem einfachen Kranz die Peripherie der Zelle ein. So sah ich sie besonders an der Darmmuskulatur und in größeren Arterien. Eine größere Mächtigkeit lassen sie in der äußeren longitudinalen Schicht des Vas deferens und in der äußeren Muskelschicht der Tuba uterina erkennen, wo sie besonders reichlich, durch den ganzen Zelleib zerstreut, und, wie mir scheint, auch erheblich dicker als in allen anderen Organen ausgebildet sind".

Hinsichtlich des Verlaufes der groben Fibrillen spricht sich HEIDENHAIN nicht bestimmt aus. Doch scheint er — nach seiner starken Betonung der Auffassung ROUGETs zu urteilen — zu der Ansicht zu neigen, daß sie kontinuierlich durch mehrere Zellelemente fortlaufen. BENDA, ebenso wie auch SCHAPER und MC GILL sprechen sich bestimmt für diese Ansicht aus. HEIDENHAIN schreibt den Fibrillen contractile Eigenschaften zu und führt als Stütze hierfür an, daß sie auch in kontrahierter Muskulatur gestreckt verlaufen. Außerdem scheint er ihnen eine reizleitende Fähigkeit zuschreiben zu wollen und er findet also in ihnen die Erklärung zu der im historischen Rückblick erwähnten Beobachtung ENGELMANNs, daß sich Reize ohne Mitwirkung des Nervensystems von Zelle zu Zelle fortpflanzen können. BENDA dagegen sieht in den Fibrillen eine stützende Struktur mit derselben Bedeutung für das glatte Muskelgewebe, wie sie die Glia für das Nervengewebe hat, was er auch mit dem Namen „Myoglia" hervorheben will. Er spricht den groben Fibrillen contractile Eigenschaften ab, teilt ihnen aber stattdessen eine gewisse Steifheit zu. Er hält es für wahrscheinlich, daß sie nicht ohne Bedeutung sind, wenn es sich darum handelt, die Muskelzelle nach Kontraktion wieder in das Ruhestadium zurückzuführen. Gegen diese Auffassung bringt SCHAPER eine Reihe schwerwiegender Gründe vor, von welchen einige hier angeführt sein mögen. So betrachtet er die Steifheit der Myogliafibrillen für nicht bewiesen. Hinsichtlich der Elastizität der Fibrillen, welche für die Verlängerung der Muskelfasern nach der Zusammenziehung von Bedeutung sein sollte, sagt er, man müßte sich dann ebenso denken, daß die Fibrillen auch der Kontraktion einen entsprechenden Widerstand entgegensetzen. Erwägen wir nun dieses Problem, so müssen wir vor allem dessen eingedenk sein, daß die Zusammenziehung des Muskels ebenso wie sein Erschlaffen auf einem chemischen Prozeß beruht. Wir können also den Fibrillen kaum eine grobmechanische Rolle bei der Erschlaffung beimessen.

Überhaupt scheint mir das Vorhandensein von Grenz- und Myogliafibrillen — trotz der ausgezeichneten Forscher, die sich mit der Frage beschäftigt haben — nicht sichergestellt. Es ist wahr, daß man mit HEIDENHAINS Eisenalaunhämatoxylin Gebilde gefärbt bekommt, welche seiner Beschreibung entsprechen, wie man auch da und dort im Innern dickere Fibrillen zwischen den feineren sieht. Man muß sich jedoch fragen, ob diese dicken Fibrillen nicht in Wirklichkeit Bündel von feineren sind. Bei Eisenalaunhämatoxylinfärbung wird oft der Farbenlack in sehr launenhafter Weise zurückbehalten, was u. a. auch aus den Beschreibungen von SCHAPER hervorgeht. Dieser Verfasser schildert (s. seine Abb. 5), daß die Interfibrillärsubstanz zwischen zwei Fibrillen in gewissen Fällen so gefärbt wird, daß diese zusammen ein dunkles Band bilden, in anderen Fällen werden die groben Fibrillen völlig entfärbt. Benutzt man andererseits eine progressive Färbungsmethode, wie HANSENS Eisentrioxyhämateinfärbung, so sieht man keine groben Fibrillen. Man kann aber auch beobachten, daß feine Fibrillen mitunter zusammengepreßt liegen, so daß es schwierig wird, die verschiedenen Elemente ohne die allergrößte Sorgfalt bei der Untersuchung zu unterscheiden. An anderen Stellen wiederum breiten sie sich aus und können leicht auseinander gehalten werden. Hier sei auf die vollständige Übereinstimmung mit MC GILLS Beobachtungen hingewiesen. Sie fand — nach Eisenalaunhämatoxylinfärbung — die dicken Fibrillen in der Mitte homogen, aber zerfetzt an den Enden, wo sie in feine Fibrillen zerfielen, welche den übrigen von feinem Kaliber glichen. Meines Erachtens ist es wahrscheinlich, daß eine Eisentrioxyhämateinfärbung klargelegt gemacht hätte, daß das ganze Gebilde hier aus einem Bündel feiner Fibrillen bestehe.

Die interfibrilläre Substanz hängt mit dem Cytoplasma zusammen, das den Kern umgibt und das hier Endoplasma genannt wurde. Beide vereint pflegt man oft als das Sarkoplasma der Muskelzelle im Gegensatz zum fibrillären Protoplasma zu bezeichnen. SCHULTZ beschreibt die interfibrilläre Substanz als „eine weiche Zwischensubstanz, welche offenbar ein nahezu gleiches Lichtbrechungsvermögen besitzt wie die Fibrillen selbst". Er spricht auch im Anschluß an ARNOLD davon, daß sie Körnerbildungen enthalten könne. Auch KÖLLIKER erwähnt 1882 die interfibrilläre Substanz, welche er „eine helle, gleichartige Zwischensubstanz" nennt.

Gegen die Annahme einer besonderen interfibrillären Substanz richtet HEIDENHAIN (1900) eine Kritik, indem er erklärt, das Cytoplasma sei selbst fibrillär differenziert und „daher brauchen wir zwischen den Fibrillen nicht nochmals ein besonderes Protoplasma oder Sarkoplasma". „Wenn überhaupt etwas (!)" zwischen den Fibrillen vorhanden ist, so sei es das, was man sonst Zellsaft (Interfilarsubstanz) nennt.

Hierzu sei bemerkt, daß man auch bei Anerkennung der Protoplasmanatur der Fibrillen doch nicht annehmen kann, daß diese in einem absolut leeren Raum schweben. Zwischen ihnen findet sich eine Substanz, die man gerne Zellsaft oder wie man sonst will nennen mag, über deren eigentliche Natur wir aber nichts wissen. Wir wissen nicht, ob sie den Charakter des Protoplasmas hat oder lediglich eine Salzlösung ist, doch dürfte uns nichts hindern, sie als Sarkoplasma zu bezeichnen. Wahrscheinlich besteht sie jedoch ebenso wie die Fibrillen aus lebender Materie.

Eine Reihe der älteren Autoren, welche die Histologie des glatten Muskelgewebes behandelt haben, diskutiert auch das Vorhandensein einer äußeren Begrenzung, einer Membran um die glatten Muskelzellen. Die meisten scheinen sich einem solchen Gedanken gegenüber, wenigstens für die höheren *Tier*formen, abweisend zu verhalten (RANVIER, SCHWALBE, KÖLLIKER, SCHULTZ u. a.). Einen anderen Standpunkt nimmt HEIDENHAIN (1900) ein. Er meint, daß in der

Periphere der Muskelzelle eine Grenzschicht vorhanden ist, welche ebenso wie das entsprechende Gebilde im quergestreiften Muskel seiner Ansicht nach als Sarkolemma zu bezeichnen ist. In diesem Zusammenhang erinnert er an die

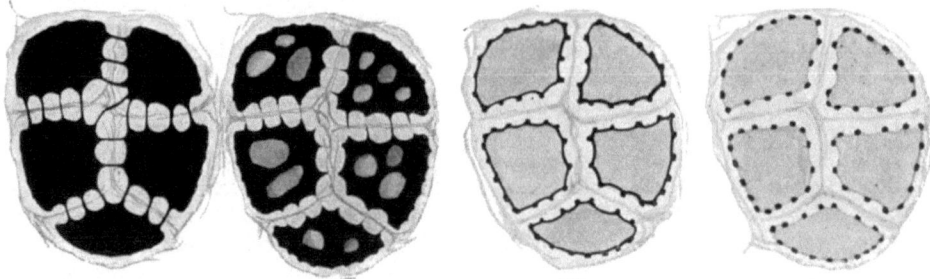

Abb. 19. Schema der Extraktion des Eisenhämatoxylins in vier Stadien; entworfen nach Präparaten von der Gebärmuttermuskulatur des *Kaninchens*. [Nach HEIDENHAIN, M.: Erg. Anat. 10 (1900).]

Auffassung von ROLLETT, daß dieses Gebilde in der letztgenannten Muskulatur „eine erhärtete Grenzschicht des Sarkoplasmas, eine Crusta ist". Mit diesem Sarkolemma sind die Grenzfibrillen intim vereinigt. HEIDENHAIN stützt seine Auffassung auf gewisse Bilder, welche man bei Eisenalaunhämatoxylinfärbung bekommt. Färbt man nämlich glatte Muskulatur mittels dieser Methode, so werden die Zellen von dem Farbenlack schwarz (Abb. 19 I). Bei der Differenzierung hellen sie sich im Zentrum allmählich auf (Abb. 19 II). Dieses helle Zentrum breitet sich mehr und mehr aus, so daß der periphere dunkle Rand immer mehr an Dicke abnimmt. Schließlich bekommt man (III) nur einen schmalen schwarzen Rand, an welchem die Grenzfibrillen liegen. Dieser Rand entspricht offenbar HEIDENHAINS Sarkolemma. Bei fortgesetzter Differenzierung blaßt auch dieser Rand ab, so daß nur die Grenzfibrillen gefärbt zurückbleiben (IV).

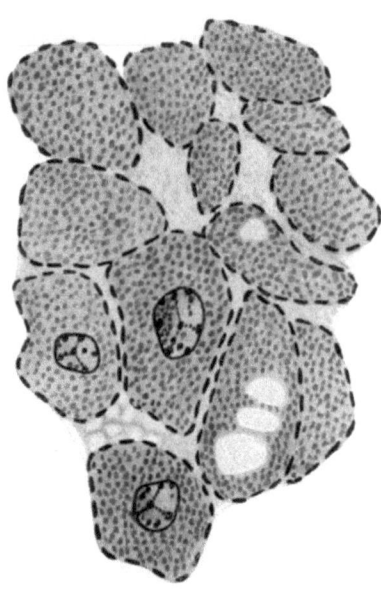

Abb. 20. Uterusmuskulatur von einem graviden *Kaninchen*. Zwischen den „Zellen" sieht man das Exoplasma. Die schwarzen Punkte sind quer- und schiefgeschnittene kollagene Fäserchen des Netzes[1]. M. HEIDENHAINS Eisenalaunhämatoxylin. Vergr. 1700×.

Für meinen Teil kann ich nicht umhin, es einigermaßen willkürlich zu finden, daß man auf diese Weise die Differenzierung in einem gewissen Stadium unterbricht und annimmt, daß eben das zu diesem Zeitpunkt vorhandene Bild dann der wirklichen Struktur entspricht. Geschieht die Unterbrechung früher, so erhält man ein dickeres Sarkolemma, macht man sie später, bekommt man ein dünneres oder gar keines. Man muß sich da fragen; wie dick ist dieses Sarkolemma eigentlich? Meiner Meinung nach müssen wir den Differenzierungsprozeß als ein Ganzes ansehen. Wir können dann, wenn wir wollen, auf eine vom Zentrum der Zelle gegen die Peripherie hin steigende Dichte schließen, aber nicht auf eine besondere Grenzschicht.

---

[1] Leider sind diese Fäserchen bei der Umzeichnung der Abbildung zu schematisch gezeichnet worden.

Im übrigen muß man sich fragen, woraus diese verdichtete Grenzschicht von HEIDENHAINS Standpunkt aus besteht. Ich habe im vorhergehenden über die Ansicht dieses Forschers berichtet und seine Abneigung hervorgehoben, das Vorhandensein einer interfibrillären Substanz in anderer Form als möglicherweise als „Zellsaft" anzuerkennen. Dieser kann doch wohl in der Peripherie nicht erhärtet werden. Er nimmt auch nicht das Vorhandensein einer dichteren Fibrillenschicht an dieser Stelle an. Der Standpunkt HEIDENHAINS scheint mir demnach schwer verständlich. Aus dem Studium sorgfältig fixierten und nicht geschrumpften Präparaten scheint meines Erachtens vielmehr hervorzugehen, daß sich das Sarkoplasma in der Peripherie der Zelle direkt in die Substanz fortsetzt, die ich oben als das Exoplasma des glatten Muskelgewebes bezeichnet habe, und zwar, ohne daß wir dort eine besondere Grenzmembran wahrnehmen können.

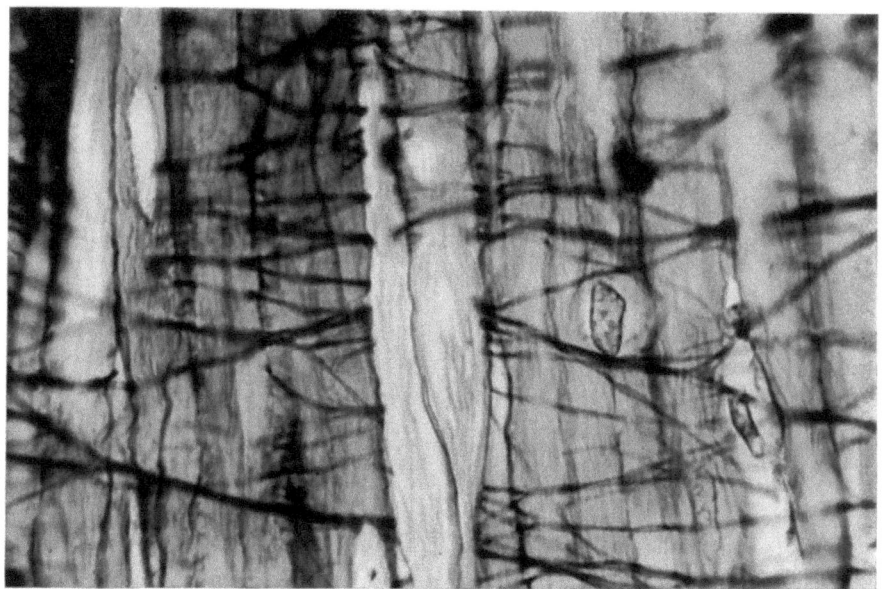

Abb. 21. Elastische Fasernetze der glatten Muskulatur eines *Katzen*darmes. Mikrophoto.

Das Exoplasma. Zwischen den sogenannten glatten Muskelzellen finden wir das sogenannte „membranöse Bindegewebe". Wie ich bereits hervorgehoben habe, ist es im großen ganzen unrichtig, hier von Bindegewebe zu sprechen. Nur an gewissen Stellen sind wirkliche Bindegewebszellen ausdifferenziert. An den meisten Stellen sieht man statt dessen ein glasklares, durchsichtiges, nur schwer färbbares Cytoplasma, das die „glatten Muskelzellen" vereinigt (Abb. 20). In diesem Cytoplasma ist ein äußerst feinfaseriges Netz von präkollagenen, kollagenen und elastischen Fibrillen ausdifferenziert. Dieses Netz ist an manchen Stellen so dicht, daß es den Eindruck von homogenen, kollagenen Membranen macht, in welche die elastischen Fibrillen, die meist ein etwas gröberes Kaliber haben, eingelagert sind (Abb. 21). Diese Netze sind jedoch nicht überall gleich stark entwickelt. Sie bestehen ja aus passiv kraftübertragenden Strukturen, und diese sind an den Stellen, wo Druck und Zugkraft am stärksten sind, kräftiger entwickelt, schwächer hingegen dort, wo diese formativen Kräfte fehlen. Wir finden daher Bezirke, in welchen die kollagenen Membranen gänzlich fehlen.

Hier sehen wir, wie sich das Protoplasma in Form der groben Brücken, die CAROLINE MC GILL beschrieben hat, fortsetzt. Andererseits kommen bei Wegdigerieren des Cytoplasmas, so daß nur die kollagenen Netze zurückbleiben, wie dies HENNEBERG (1900) getan hat, entsprechend diesen Cytoplasmabrücken Öffnungen in den kollagenen Netzen zum Vorschein. Diese wurden auch von HENNEBERG beobachtet. Wie ich betont habe, ist aber das Cytoplasma nicht nur auf diese Anastomosen begrenzt, sondern setzt sich längs der sogenannten Zellen fort, und die kollagenen, präkollagenen und elastischen Netze sind in ihm entwickelt. An denjenigen Stellen, an welchen Mesenchymzellen während der Entwicklung zu wirklichem Bindegewebe differenziert worden sind, geht das Exoplasma direkt ohne Grenzen in dieses über. Dem kollagentragenden Exoplasma entspricht das Sarkolemma der quergestreiften Muskelfasern.

 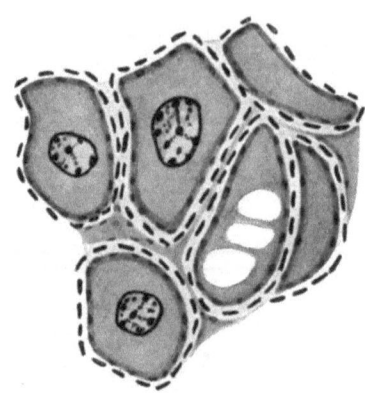

A B

Abb. 22. Schema über die Schrumpfungsbilder der glatten Muskulatur nach der Abb. 20 gezeichnet. Bei A bleiben noch verdichtete „Verbindungsbrücken" zwischen den kollagenen Fasern zurück, während sich das Protoplasma von diesen Fasern zurückgezogen hat. Bei B ist die Schrumpfung weitergegangen und die „Brücken" zerrissen; die „Muskelzellen" liegen isoliert in kollagenen Kästchen.

Die glatten Muskelzellen sind also meiner Meinung nach keine morphologischen Einheiten, sondern sind Teile eines zusammenhängenden Ganzen, eines Muskelsyncytiums, das aus dem Mesenchymgewebe dadurch entstanden ist, daß die sternförmigen Zellen, wie ich unten bei der Beschreibung der Entwicklung besprechen werde, zu einer einheitlichen Cytoplasmamasse zusammengeflossen sind. Nur an denjenigen Stellen, an welchen sich wirkliches Bindegewebe entwickelt hat, tritt eine Aufteilung dieser Masse ein. Man muß sich da fragen: wie hat die Lehre von den isolierten, in Bindegewebsfächern eingelagerten Muskelelementen entstehen können? „Wie in jeder Zelle der Bienenwabe eine Larve oder Puppe liegen kann, so hat, was sich aus dem Vergleich von Verdauungs- und VAN GIESON-Präparaten ohne weiteres ergiebt, je eine glatte Muskelfaser in jedem dieser Bindegewebskästen gelegen" (HENNEBERG). Eine solche Auffassung dürfte darauf beruhen, daß die führenden Autoren auf diesem Gebiete entweder Isolierungspräparate (von „Zellen" oder von „Bindegewebe") studiert haben, wo ja der natürliche Zusammenhang im Gewebe völlig zerstört ist, oder wurde ihre Argumentation allzusehr auf geschrumpfte Präparate aufgebaut, wo eine geringere, aber doch noch beträchtliche Störung des Zusammenhanges stattgefunden hat. Auch die Lehre vom Kollagen als Intercellularsubstanz dürfte dem Gedanken an eine cytoplasmatische Kontinuität durch die Bindegewebsmembranen im Wege gestanden haben.

Von gewissen chemischen, weniger eingreifenden — aber deshalb keineswegs indifferenten — Mitteln, wie schwache Essig- oder Salicylsäurelösungen usw. abgesehen, finden wir, daß zur Isolierung der glatten Muskelzellen 20% Salpetersäure (REICHERT), 5% Königswasser (ROUGET) oder 33% Kalilauge (MOLESCHOTT) empfohlen worden ist. Trotz aller Hochachtung gegenüber den hervorragenden Verdiensten dieser Forscher muß doch wohl der Umstand, daß das Gewebe

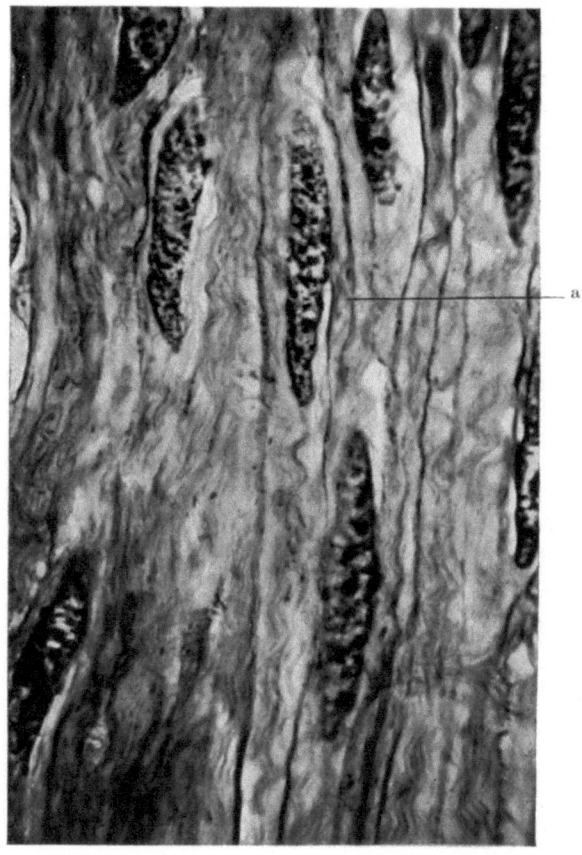

Abb. 23. Längsgeschnittene, glatte „Muskelzellen" vom *Salamander*darm. Bei a eine Anastomose der „Zellen". Mikrophoto. Vergr. 750 ×. (Nach E. HOLMGREN.)

von diesen Reagenzien nicht vollständig aufgelöst worden ist, in erster Reihe unser Erstaunen erwecken. Zwar sind durch diese und ähnliche Methoden wertvolle Fakta zutage gebracht worden, aber wir dürfen mit den auf sie aufgebauten Schlüssen doch nicht allzu weit gehen. Worin besteht der Vorgang bei der Isolierung oder Schrumpfung? Doch wohl darin, daß gewisse Gewebsbestandteile aufgelöst oder so zerrissen werden, daß das Ganze zerfällt. Damit ist aber keineswegs gesagt, daß das, was auf diese Weise getrennt wird, auch im Leben wirklich getrennt war. Ich erinnere nur an den schon von KÖLLIKER in seinen frühesten Arbeiten über das glatte Muskelgewebe verzeichneten Umstand, daß sich beim Isolieren der contractilen Faserzellen in den Schweißdrüsen der Kernteil meist vom Fußteile loslöst. Hier werden demnach sicher zusammengehörende Strukturen getrennt. Das Gewebe besteht aus einer Menge chemisch und physikalisch verschiedenartiger Substanzen, die teilweise in einem wahrnehmbaren gegenseitigen Verhältnis — Strukturen — angeordnet sind. Werden diese chemischen Reagenzien ausgesetzt, so verhalten sie sich verschiedenartig, und es kann leicht vorkommen, daß dadurch Zerreißungen entstehen. Gewisse Teile schrumpfen beim Fixieren, andere wiederum schwellen. Es scheint mir daher ganz natürlich, daß sich das kollagen-elastische Netz von dem Mes-Endoplasma loslöst. Dabei kann das letztere in gewissen Fällen dennoch mit dem Protoplasma (Exoplasma), in welchem die kollagenen Fibrillen liegen, in Verbindung bleiben und wir finden hierin — neben der üblichen — eine Erklärung für die Zellenbrücken, welche mehrere Verfasser beobachtet haben. Hierin dürfte auch die Erklärung für die von HEIDENHAIN beschriebenen Ausläufer und Zacken liegen, die bisweilen die kollagenen Netze durchsetzen (Abb. 22 A; vgl. auch Abb. 3, S. 5). Aber unter anderen Verhältnissen, wenn die Schrumpfung noch stärker ist, zerreißen auch diese Brücken und die „Zellen" liegen frei (Abb. 22 B) in „kollagenen Fächern" (vgl. HENNEBERG, SCHAFFER u. a.).

Ganz anderer Art sind die Zellbrücken, über die MC GILL und — in einer kürzlich erschienenen Arbeit — BENNINGHOFF sprechen. In diesen Fällen handelt es sich um breite Kommunikationen zwischen den im obigen als „mesoplasmatisch" bezeichneten Gebieten (Abb. 23). In diesen verlaufen die Fibrillen von einem Zellterritorium zum andern und außerdem können Kerne und Endoplasma in die Brücken hineinragen (BENNINGHOFF). In gewissen Fällen gehen die gestreckten Zellen direkt ineinander über, so daß zwei Kerne in weitem Abstand voneinander wahrzunehmen sind. BENNINGHOFF konnte im *menschlichen* Endocardium, dessen glatte Muskelzellen er untersuchte, kein kollagenes Netz beobachten, das die glatten Muskelzellen umsponnen hätte. Werden die Muskelzellen dagegen dichter geschichtet, wie z. B. in den Därmen, so treten solche Netze auf, die einerseits von den Faserzellen herrühren und anderseits vom Bindegewebe in den Interstitien. Sie bilden dann, wie aus HEIDENHAINs Schema (Abb. 13) hervorgeht, um jede einzelne Muskelzelle Membranen, die in deren Exoplasma entwickelt sind, aber in enger Verbindung mit dem kollagenen elastischen Netz des Bindegewebes stehen. Bei besonders dichter Schichtung der Zellen fließen die Exoplasmagebiete der aneinanderstoßenden Zellen zusammen, und die Membranen werden für zwei aneinandergrenzende Zellterritorien gemeinsam. (Vgl. auch Abb. 112, S. 186.)

3. Veränderungen bei der Kontraktion.

Physiologische Bemerkungen. Charakteristisch ist für die glatte Muskulatur, daß sie sich nach adäquater Reizung zusammenzieht. Das Zusammenziehen erfolgt nicht unmittelbar nach Einsetzen der Reizung, sondern — ebenso wie bei der Skeletmuskulatur — erst nachdem eine gewisse Latenzzeit verflossen ist. Diese ist für das glatte Muskelgewebe länger als für die Skeletmuskulatur. Die Zusammenziehung erfolgt langsam, wonach der Muskel lange in verkürztem Zustande verbleibt. Dieser löst sich, wenn der Muskel nicht einer großen Belastung ausgesetzt ist, nur allmählich und unvollständig.

Das Verhalten des glatten Muskels zu verschiedenen Reizmitteln ist schwer zu untersuchen, weil der Muskulatur oft nervöse Elemente beigemengt sind. P. SCHULTZ versuchte, diese durch Atropinisierung außer Funktion zu setzen. Es ist aber die Frage, ob hierbei nicht auch die Muskelsubstanz beeinflußt wird. An solchen Präparaten zeigte sich die Muskulatur äußerst empfindlich gegen mechanische Reizung wie schwache Berührungen, Pinselstriche, Gasblasen usw. Von größtem Interesse ist, daß eine kurzdauernde, nicht zu starke Dehnung erregend wirkt (R. DU BOIS-REYMOND 1905). In der Wärme verlängert sich die atropinisierte glatte Muskulatur, um sich bei Abkühlung wieder zu verkürzen; dies gilt sowohl für warm- wie kaltblütige *Tiere* (DU BOIS-REYMOND).

Licht hat gewöhnlich keine Einwirkung auf die glatte Muskulatur. Eine Ausnahme scheint der Sphincter pupilae zu bilden (GUTH 1901), was auf dem Pigment beruhen soll, das in ihm vorhanden ist. Das Verhalten gegen chemische Reizmittel ist verschieden (P. SCHULTZ). Manche Säuren töten den glatten Muskel, ohne ihn zur Kontraktion zu reizen, Alkalien dagegen wirken stark erregend; manche Salze sind ohne Wirkung. Dasselbe soll nach SCHULTZ auch für Sekale, Koloquinten, Ricinus- und Krotonöl, Physostigmin, Atropin und Nicotin gelten, welche Substanzen dagegen stark auf den Nervenapparat in der glatten Muskulatur einwirken. Elektrische Reizung von kurzer Dauer muß große Stromstärke haben, ja bei sehr kurz anhaltender so große, daß Brandschäden am Muskel entstehen (FENN 1925). Auffallend ist ferner die Disproportion zwischen der Energiemenge, die zur Reizung erforderlich ist, und derjenigen, die durch die Tätigkeit der Muskulatur gewonnen wird. Nach DU BOIS-REYMOND können zur Erregung glatter Muskulatur 25,502 Erg erforderlich sein, während sich die durch ihre Kontraktion verrichtete Arbeit nur auf 638 Erg beläuft. Bei gleicher Stromstärke ist für den glatten Muskel eine längere Durchströmungszeit erforderlich als für den quergestreiften.

Die funktionellen Veränderungen, welche sich im glatten Muskel bei adäquater Reizung abspielen, sind nach NOYONS und VON UEXKÜLL von zweierlei Art: 1. Verkürzung resp. Verlängerung und 2. Sperrung oder Versteifung. Letztere wird von RIESSER (1925) als das Interessantere und Wichtigere bezeichnet. Sie wird von letztgenanntem Verfasser (l. c. S. 194) als „ein Zustand des glatten Muskels" definiert, „der ihn befähigt, einem gewissen Zuge dauernd und ohne innere Arbeitsleistung, also ohne Verbrauch an Energie, das Gleichgewicht zu halten". „Die Sperrung ist unermüdbar. Auch steht sie in keiner Beziehung zur jeweiligen Länge des Muskels, der in der Tat bei jeder Länge sowohl gesperrt wie auch entsperrt sein kann."

Bei langdauernder Kontraktion zeigt der glatte Muskel keinen gesteigerten O-Verbrauch (PARNAS 1910, BETHE 1911) ebensowenig wie eine Steigerung der CO_2-Ausscheidung (PARNAS 1910). BETHE (1911) konnte auch keine Gewichtsverminderung bei Adductormuskeln der Teichmuscheln feststellen, welche Muskeln viele Tage lang eine Belastung von 500 g auszuhalten hatten und in dieser Zeit von jeder Nahrungszufuhr abgeschnitten waren. Die glatte Muskulatur kann also bei jedem beliebigen Verkürzungsgrade in vollständiger Ruhe sein und sich in bezug auf den Stoffwechsel wie ein „toter Strang" verhalten, „lebendig nur insofern, als er seine Spannung zu wechseln vermag" (RIESSER).

Von der Sperrung gibt es zwei verschiedene Typen: Maximale und gleitende Sperrung (NOYONS und v. UEXKÜLL). Ein klassisches Beispiel für die maximale Sperrung bieten (in ihrem weißen Anteil) die Schließmuskeln der Muscheln. Diese entwickeln immer ihre maximale Sperrfunktion. Bei Muskeln mit einer gleitenden Sperrung findet man eine Anpassung der Sperrung an den Widerstand, der zu überwinden ist. Die Regulierung der Sperrung, welchen Vorgang NOYONS und v. UEXKÜLL als „Erregungssteuerung" bezeichneten, soll nach diesen Verfassern eine nervöse Funktion sein. Sie ist jedoch kein Reflex; der motorische Zustand, den der glatte Muskel während der Einwirkung des Nervensystems einnahm, bleibt bestehen, auch wenn das nervöse Zentralorgan entfernt wird. Ich führe nach den letztgenannten Verfassern folgendes an (l. c. S. 160):

„Die Fähigkeit der glatten Muskeln, die Sperrung zu bewahren, auch nach ihrer Abtrennung vom Zentrum, ermöglicht es, die Beziehungen von Sperrung zu Verkürzung zu untersuchen ohne Einmischung des Zentralnervensystems. Das geeignetste Objekt für diese Untersuchungen ist der Hautmuskelsack des Sipunkulus, den man nach Abschneiden des Vorderendes und Entfernung des Bauchstranges an ein Steigrohr bindet, mit Wasser füllt und ins Wasser taucht.

Dann zeigt sich, daß im Steigrohr der Meniskus immer um gleichviel höher steht als die Oberfläche des übrigen Wassers. Zieht man das Steigrohr in die Höhe und belastet dadurch den Muskelsack, so geben die Muskeln nach, der Sack dehnt sich aus, bis der Meniskus wieder in der alten Höhe stehen bleibt. Senkt man das Steigrohr hinab, so entlastet man den Muskelsack, die Muskeln verkürzen sich und der Sack verkleinert so lange, bis die alte Höhe des Meniskus erreicht ist.

Dieser Versuch ist in vieler Beziehung lehrreich. Erstens belehrt er uns auf die einfachste Weise über die *Höhe der Sperrschwelle* des gesamten Muskelsackes. Sie wird einfach durch den Überdruck im Steigrohr gemessen. Zweitens offenbart sich die Unabhängigkeit der Länge der Muskeln von ihrer Sperrung auf das deutlichste, da bei stets gleichbleibender Sperrung die Länge sich beliebig ändern kann. Drittens läßt sich das Spiel der Steuerung und Rücksteuerung in geradezu klassischer Weise beobachten: Nimmt die Belastung ab, so fließt die Erregung dem Bewegungsapparate zu, und die Muskeln beginnen sich zu verkürzen. Bei der Verkürzung laden sich die Muskeln die alte Last allmählich wieder auf, dann hört die Verkürzung auf, und die Sperrapparate treten wieder in Tätigkeit. So wird die Erregung bald dahin, bald dorthin gesteuert. Und das geschieht ganz ohne Zutun des Zentralnervensystems. Steuerung und Rücksteuerung sind beim Sipunkulus ein peripherer Vorgang.

Daß es wirklich die Erregung ist, welche den regelmäßigen Wechsel in der Tätigkeit der beiden Funktionen bedingt, läßt sich leicht beweisen. Man hat es nämlich vor Entfernung des Zentralnervensystems völlig in der Hand, durch geringere oder stärkere Reizung auf reflektorischem Wege wenig oder viel Erregung in die Muskeln zu treiben. Bei starker Hautreizung wird viel Erregung erzeugt und die Sperrschwelle ist hoch, bei wenig Erregung bleibt sie niedrig".

Die oben wiedergegebenen Experimente zeigen schön die Rolle des Nervensystems bei gleitender Sperrung sowie das Verhalten zwischen Sperrung und Muskellänge. Durch die vom Nervensystem übertragene Reizung wird die Muskulatur in ein bestimmtes Stadium von Sperrfunktion gebracht. Dieses wird dann beibehalten, bis ein neuer nervöser Impuls kommt. Die Stärke der Sperrung entspricht einem gewissen Widerstand, einer gewissen Belastung, die der Muskel zu kompensieren hat. Wird dieser Widerstand vermindert, so kontrahiert sich der Muskel bis zur Erreichung des vom Nervensystem bestimmten Maßes; wird der Widerstand erhöht, so verlängert sich der Muskel im entsprechenden Grade.

Morphologie. Wenn wir nach dieser Exkursion auf das Arbeitsfeld der Physiologie zur Frage der morphologischen Veränderungen im Zusammenhang mit der Kontraktion übergehen, so ist es zunächst deutlich, daß das Problem, welches durch den so formulierten Satz umgrenzt ist, nicht die ganze Frage umfaßt, die uns interessiert. Das Wort Kontraktion zielt nämlich nur auf den mehr oder weniger ausgedehnten Zustand des Muskels. Aber die Fähigkeit des glatten Muskels, sich zu verkürzen resp. zu verlängern, ist, wie oben gezeigt wurde, nur die eine Art von funktionellen Veränderungen, denen er unterliegen kann. Die andere ist die Sperrfunktion. Es gibt indes gar keine Arbeiten, welche die Frage der Veränderungen bei Sperrung und Entsperrung behandeln.

In der bereits mehrmals erwähnten Arbeit von NOYONS und v. UEXKÜLL wird dieses Problem jedoch wenigstens gestreift. Diese Verfasser werfen die Frage auf, ob die Sperrfunktion nicht an die von GRÜTZNER entdeckten, an anderer Stelle (S. 194) referierten Zellverschiebungen gebunden sei, die bei der Kontraktion auftreten. Bei Besprechung dieser Verschiebungen heben sie nämlich hervor (l. c. S. 144): „Dieser Umstand legt es nahe, anzunehmen, daß die

Verkürzung durch eine innere Tätigkeit der einzelnen Zellen erfolgt, die Sperrung aber durch eine äußere Wirkung von Zelle zu Zelle".

Ohne näher auf dieses Problem einzugehen, über das wir ja überhaupt nichts Bestimmtes wissen, will ich nur sagen, daß es mir schwer fällt, mich in diesem Punkte dem Gedankengang von NOYONS und v. UEXKÜLL anzuschließen. Die Sperrung kann in jedem beliebigen Stadium eintreten, ob Magen oder Blase — die genannten Verfasser arbeiteten mit diesen Organen — ausgedehnt oder kontrahiert sind; ob die Muskelschicht dick oder dünn ist, ist für diese Funktion gleichgültig. Ein solches Verhalten scheint mir am ehesten auf eine in der „Muskelzelle" vor sich gehende Veränderung zu deuten, die von der Form der „Zelle" und ihrem Verhalten zur Umgebung unabhängig ist. Alles Theoretisieren über diesen Punkt ist jedoch bei der Mangelhaftigkeit unserer Kenntnisse gegenwärtig wertlos.

Da der Mangel an Untersuchungen es uns also unmöglich macht, die morphologischen Veränderungen zu analysieren, die Sperrung und Entsperrung begleiten, erübrigt, nur hier über das zu berichten, was wir über die Veränderungen wissen, die bei der Kontraktion der glatten Muskulatur auftreten. Sie waren lange Gegenstand des Interesses der Histologen und Physiologen.

Die ältesten Verfasser, welchen die großen Verschiedenheiten unbekannt waren, die zwischen glatter und quergestreifter Muskulatur bestehen, waren der Ansicht, daß der Kontraktionsprozeß in beiden identisch verlaufe. VERHEYEN, WINSLÖW u. a. meinten, daß die Muskelfasern bei Kontraktion sich im Zickzack falteten, eine Auffassung, der sich PREVOST und DUMAS und sogar R. WAGNER (1835) anschlossen. Der letztgenannte Verfasser machte seine Beobachtungen am Schwanzmuskel von Distoma duplicatum. REMAK (1843) berichtet u. a., daß er sowohl in „willkürlichen" wie in „unwillkürlichen" Muskeln bei mehreren *Säugetieren* und *Vögeln* eine kriechende, wurmförmige oder im Zickzack gehende Bewegung nach Reizung sah. KÖLLIKER (1849) sagt bezüglich der glatten Muskelzellen im Darm bei *Menschen* und *Kaninchen* (S. 56): „Sie zeichnen sich durch ein eigentümliches knotiges Ansehen aus, ferner dadurch, daß die Enden oft sehr fein auslaufen und nicht selten auf lange Strecken zierlich spiralig gewunden sind. Die Knoten anbelangend, so zeigen sich dieselben entweder als mehr längliche Anschwellungen, die oft durch bedeutend verengte Stellen zusammenhängen oder als schmälere, mehr wie Runzeln sich ausnehmende Querstreifen, die durch ihre oft ziemlich regelmäßige Lagerung den Faserzellen ein ganz eigentümliches Ansehen geben. Woher diese Anschwellungen, die zu 6—12 und mehr an einer Faserzelle vorkommen und auch an ganzen Bündeln leicht zu erkennen sind, eigentlich rühren, habe ich nicht bestimmt ausfindig machen können, doch möchte die Annahme nicht so unwahrscheinlich sein, daß dieselben zusammengezogene und daher dickere Stellen der Fasern sind". ROBIN soll nach LEBERT (1850) Kontraktionen der glatten Hautmuskulatur bei Nereis nuncia beobachtet haben, die er folgendermaßen beschreibt (S. 177): „tantôt le diamètre de la fibre ne change pas, elle ne fait que se rider finement en travers, et ses bordes deviennent dentelés; tantôt alors la fibre reste droite, tantôt elle devient onduleuse. Souvent, au contraire, la fibre devient deux à trois fois plus large qu'elle n'est ordinairement sur un point ou deux de sa longeur, et forme ainsi une plaque ovale quatre à huite fois plus longue que large, régulièrement ridée en travers, comme la surface du corps des Hirudinées les plus simples; les bords des fibres sont alors regulièrement pourvus de petites dentelures arrondies, correspondent à chaque ride. Les portions, qui, sur chaque fibre séparent les parties élargies et ridées, sont toujours rétrécies et cylindriques et s'infléchissent souvent l'une sur l'autre en différénts sens, de manière à se raccourcir considérablement sans changer de volume".

Meissner (1858) fand in der kontrahierten Harnblase des *Kaninchens* und der *Katze* sowie in den gleicherweise zusammengezogenen Milztrabekeln des *Hundes* und *Hammels* Zellen, die entweder zur Gänze oder nur teilweise ein quergestreiftes Aussehen aufwiesen. Die gestreiften Gebiete, die er als kontrahiert deutete, waren breiter als die nicht zusammengezogenen. An den isolierten Zellen konnte er feststellen, daß die Querstreifung nur auf einer Oberfläche der Zelle vorkam, die dadurch im Profil ein gezähntes Aussehen erhalten konnte. Auch R. Heidenhain (1861) beobachtete im Zickzack gefaltete, glatte Muskelzellen von der Harnblase bei *Schweinen* und *Kälbern*, sowie im Darm von diesen *Tieren* und *Hunden*. Bei gewisser Einstellung sahen die Zellen spiralig gewunden aus, und er nimmt an, daß es ähnliche Bilder waren, die Kölliker irreführten (siehe oben). Er hält es jedoch für fraglich, ob wirklich die faltigen oder nicht vielmehr die gestreckten Zellen die kontrahierten, in Funktion befindlichen sind. Um diese Frage zu entscheiden, studierte er die Verhältmisse in isolierten Hautmuskeln des *Blutegels* direkt unter dem Mikroskop in 2,5%iger Lösung von phosphorsaurem Natron. Er fand in den isolierten Zellen oder in Bündeln von solchen zwei Veränderungen, die seiner Ansicht nach mit aktiven Kontraktionsprozessen zusammenhängen. In gewissen Zellen entsteht nämlich eine Verbreiterung, während sich der übrige Teil der Zelle zusammenzieht. Diese Verbreiterung, die Verfasser mit einem Wellenberg vergleicht, pflanzt sich in einer Richtung längs der Zelle fort, wie eine peristaltische Welle sich längs des Darmes bewegt. Vor und hinter der Welle ist die Zelle mehr oder weniger zusammengezogen. In Zellen, die aneinandergrenzen, können sich die peristaltischen Wellen in entgegengesetzter Richtung bewegen. Im Innern der Zellen sieht Heidenhain Körner, die in den kontrahierten Gebieten dichter gelagert und und in Querreihen angeordnet sind, so daß dunklere Querlinien hervortreten. In manchen Zellen entstehen mehrere Kontraktionswellen hintereinander, die durch eingeschnürte Gebiete getrennt sind. Diese Zellen erhalten hierdurch ein rosenkranzartiges Aussehen. Heidenhain beobachtete wie gesagt auch Zellen, die faltig, zickzackartig usw. waren, meint aber, daß diese Bilder nichts mit der aktiven Kontraktion zu tun haben.

Weiterhin erörtert Heidenhain die Frage, ob die peristaltischen Veränderungen den Verhältnissen in vivo entsprechen oder als Zeichen einer herabgesetzten Vitalität der Muskeln zu deuten wären. Die Antwort auf diese Frage glaubt er durch das Studium der Muskulatur in den Blutgefäßen des *Igels* zu bekommen. Er sieht hier, wie die Zellen sich gleichzeitig und gleichmäßig in allen Teilen kontrahieren. So verhält es sich auch bezüglich der Borstenmuskeln bei den *Naiden*.

Rouget beobachtete schon im Jahre 1863 an glatten Muskelzellen von *Evertebraten* und *Menschen* eine eigentümliche Querstreifung, worüber er im Jahre 1881 näheres mitteilt. Die Querstreifen treten bei der Kontraktion auf und erinnern an die quergestreiften Muskeln. Sie bestehen aus abwechselnd dunklen und hellen Bändern von $2-3\,\mu$ Breite. Er ist der Ansicht, daß sie auf einer Faltung der Muskelzellen beruhen.

Ähnliche Querstreifen werden auch von Drasch (1894) in seiner Untersuchung über die Giftdrüse des fleckigen *Salamanders* beschrieben. Sie treten in Gebieten der Muskelhaut auf, wo diese kontrahiert ist. Der Kontraktionsprozeß geht nicht gleichzeitig in allen Zellen vor sich, es sind vielmehr einige maximal, andere überhaupt nicht kontrahiert; auch Übergangsstadien sind zu beobachten. Die Muskelzellen sind in zusammengezogenem Zustande dichter gelagert. Die Querstreifung soll darauf beruhen, daß die Muskelzellen auf der Seite, die gegen die Membrana propria gewendet ist, mit Einkerbungen versehen sind.

KLECKI (1891) bildet in seiner Dissertationsabhandlung gewisse dunkler gefärbte Zellen in kontrahierten Darmstücken vom *Hunde* ab. Ähnliche Abbildungen bringt auch BARFURTH (1891). P. SCHULTZ (1895) untersuchte am *Salamander* Muskelzellen, die er unter dem Mikroskop elektrisch reizte. Er konnte dabei sehen, wie die kontrahierten Gebiete sich verkürzten und verdickten. Wenn die Faser nach der Kontraktion erschlaffte, erhielt sie — sofern sie nicht belastet war — nicht ihre frühere Länge wieder, sondern legte sich in Falten, ähnlich den von HEIDENHAIN beobachteten. Während der Kontraktion nimmt die Doppelbrechung ab. SCHAFFER schließt sich nach seinen Beobachtungen (1899) bezüglich der Muskelzellen mit einem oder mehreren kontrahierten Gebieten an R. HEIDENHAIN an. Er bezeichnet die letzteren als ,,Verdichtungsknoten" und hebt hervor, daß die Muskelzelle an diesen Stellen oft dünner wird. Er unterscheidet deshalb 2 Kontraktionstypen, mit Kontraktionsbäuchen und mit Verschmälerungen, und betrachtet die Bezeichnung ,,Schrumpfkontraktion" (ROLLET) als einen geeigneten Namen für den letzteren Prozeß. Ferner erwähnt er — wie früher SCHULTZ — Zellen mit faltigen Kernen. Auch HENNEBERG (1901) hat solche gesehen. Dieser Forscher untersuchte die A. carotis des Rindes in kontrahiertem und schlaffem Zustande und beobachtete in ihrer Wand sowohl helle, spindelförmige Zellen mit deutlichen Fibrillen und ,,dick stäbchenförmigem" Kern, als auch dunkler färbbare Zellen mit homogenem Protoplasma und schmalem stäbchenförmigem Kern. Die ersteren Zellen hält HENNEBERG für kontrahiert, die letzteren für ruhend. Außerdem finden sich Übergangsformen zwischen beiden. Dieser Verfasser sah gleichfalls faltige Zellen, seiner Ansicht nach ruhende, die durch die Kontraktion des angrenzenden Muskelelementes verhindert werden, ihre normale Ruhelänge wieder einzunehmen. Auch faltige oder geschlängelte Kerne findet er. Sie treten sowohl in ruhenden wie in tätigen Zellen auf. Im ersten Falle sind auch die Zellen faltig, im letzteren nimmt Verfasser an, daß die Kontraktion so rasch einsetzte, daß der Kern nicht Zeit hatte sich anzupassen. HEIDERICH (1901) untersuchte die Bilder von Muskelzellen in verschiedenen Organen von *Kaninchen*, *Hunden* und *Katzen*, bei welchen er experimentell Kontraktionen hervorrief. Er findet die kontrahierten Zellen im Gegensatz zu HENNEBERG dunkler färbbar, homogen, während die ruhenden heller und fibrilliert sind. Die ersteren sind in kontrahierten Partien verdickt. Die Schrumpfungskontraktion, wie sie von SCHAFFER beobachtet worden war, findet er, sei sekundär, durch die spätere histologische Behandlung entstanden. Von Kontraktionen gebe es solche, die vollständig seien, d. h. die ganze Zelle umfassend, und solche, die sich peristaltisch in einem Zellterritorium fortpflanzen. Die letzteren sah er im Gegensatz zu den ersteren auf benachbarte Zellen übergreifen. Der Kern wird bei der Kontraktion rundlich und verkürzt. Der Kontraktionsprozeß ist nach Ansicht HEIDERICHs dadurch verursacht, daß die Fibrillen bei Nervenimpulsen interfibrilläres Material aufnehmen, dadurch in der Querrichtung anschwellen und sich verkürzen.

LILLIE (1906) nahm an, daß die Kontraktionen in der glatten Muskulatur von Koagulationsprozessen in den Zellen begleitet sind, eine Ansicht, die in späteren Beobachtungen von STÜBEL (1913) keine Stütze erhielt.

MC GILL (1907) fand bei *Necturus*, *Hund*, *Katze*, *Schwein* und *Menschen* die glatten Muskelzellen in den kontrahierten Gebieten verdickt. Diese färben sich intensiver; die Myofibrillen sind jedoch auch hier zu beobachten. Die Kerne in den kontrahierten Zellen werden kürzer und rundlicher; die spiralig gewundenen gehören passiv verkürzten Zellen an (Abb. 24). Schrumpfung der kontrahierten Partien, wie SCHAFFER sie beschrieb, kann die Verfasserin nicht konstatieren.

MEIGS (1908) und 1912 ist der Ansicht, daß die kontrahierten glatten Muskelzellen im Querschnitt ungefähr ebenso groß sind wie die schlaffen, auch wenn sie bis zur Hälfte ihrer Ruhelänge verkürzt sind. Er meint deshalb, daß die Kontraktion mit einem Übertreten von Flüssigkeit aus den Muskelzellen in das interstitielle Bindegewebe einhergeht. Auch die Färbungsresultate deuten seiner Ansicht nach in diese Richtung. Die Bindegewebsinterstitien zwischen den Muskelzellen sind in der kontrahierten Muskulatur beträchtlich breiter als in der ruhenden, was er auch experimentell gezeigt zu haben glaubt.

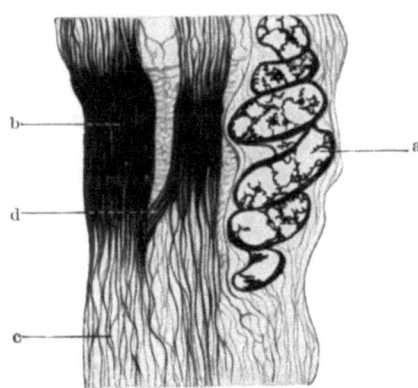

Abb. 24. Glatte Muskelzellen vom Darm von Necturus mit Kontraktionsknoten b, und einem Spiralkern a. Bei c nichtkontrahierte Partie der Zelle und bei d eine Zellanastomose.
[Nach MC GILL: Anat. Anz. 30 (1907).]

STÜBEL (1913) nahm die Frage in Behandlung, ob die Kontraktion im glatten Muskel von Koagulationsphänomen begleitet sei. Er fand ein geeignetes Untersuchungsmaterial im „Laternenmuskel der *Seeigel*" und im Stielmuskel der Vorticellen. Er untersuchte diese im Dunkelfeld, konnte aber keine Zeichen von Koagulation konstatieren.

V. FÜRTH (1919) behandelt in seiner großen Monographie über die Kolloidchemie der Muskeln die glatte Muskulatur sehr kurz. Er findet jedoch die Annahme von MEIGS unwahrscheinlich, u. a. im Hinblick auf MC GILLs Beobachtungen.

ROSKIN endlich (1923) unterscheidet in den glatten Muskelzellen eine Rindenschicht von Kinoplasma und ein Mark von Sarkoplasma. Die Kontraktilität komme nur dem Kinoplasma zu, das flüssig ist; die Form der Kontraktion wird von der elastischen Hülle bedingt, die das Kinoplasma bedeckt. Außerdem können festere „Skeletfasern" von elastischer Natur vorkommen. Die Natur der Fibrillen kann das Verhalten erklären, daß glatte Muskelzellen in gewissen Fällen an Bindegewebszellen erinnern. Ich brauche wohl nicht hervorzuheben, daß ROSKINs Darstellung schwer mit den Erfahrungen der Histologie und Physiologie in Übereinstimmung zu bringen sein dürfte.

Aus dem oben Gesagten scheint mir als ziemlich sichergestellt hervorzugehen, daß glatte Muskelzellen bei ihrer Kontraktion kürzer und dicker werden (MEISSNER, HEIDERICH). Der Kontraktionsprozeß scheint jedoch nicht immer alle Zellen eines Muskels gleichzeitig zu betreffen, es können vielmehr zusammengezogene, vollständig unkontrahierte und mehr oder weniger kontrahierte abwechseln (R. HEIDENHAIN, DRASCH). In den kontrahierten Zellen verdichtet sich das Protoplasma; sie werden intensiver färbbar (HEIDERICH) und die Fibrillen sind schwerer zu beobachten. Sie können jedoch durch eine geeignete weitgehende Differentierung der Färbung (MC GILL) sichtbar gemacht werden. Der Kern wird kürzer und dicker. Koagulationsprozesse konnten in den Zellen nicht festgestellt werden (STÜBEL), und es ist uns nicht bekannt, was im Protoplasma der glatten Muskelzellen bei der Kontraktion vor sich geht.

Ein Teil der nichtkontrahierten Zellen wird bei der Zusammenziehung passiv verkürzt und faltig (R. HEIDENHAIN). Ihre Kerne werden gleichfalls verkürzt und faltig oder spiralig gewunden (MC GILL), dagegen nicht verdickt (Abb. 24).

Möglicherweise existiert außer der oben genannten Kontraktionsform auch noch eine andere (KÖLLIKER, R. HEIDENHAIN, SCHAFFER, HEIDERICH). Bei dieser Form sollen nur eine oder mehrere Partien des Zellterritoriums kontrahiert sein, die zwischenliegenden dagegen nicht in Tätigkeit sein. Die zusammengezogenen Gebiete sind verdichtet und verdickt sowie intensiver färbbar. Die dazwischenliegenden Partien können verdünnt sein. Der Kontraktionsprozeß schreitet wie eine peristaltische Welle längs des Zellterritoriums fort und pflanzt sich auf angrenzende Territorien fort. Die Kontraktionswellen können in einander benachbarten Zellen verschiedene Richtung haben (HEIDERICH).

R. HEIDENHAIN hält diese Kontraktionsform für ein Zeichen des Absterbens der Zellen.

Bei der Kontraktion tritt oft bei gewissen von den glatten Mukelzellen eine feine Querstreifung hervor (MEISSNER, ROUGET, DRASCH); diese scheint auf Faltenbildung passiv kontrahierter Zellen beruhen zu können (R. HEIDENHAIN), muß zum Teil aber sicherlich auf Rechnung der kollagenen und querlaufenden elastischen Fasernetze geschrieben werden.

C. Beziehungen zum Bindegewebe.

Oben habe ich beim Bericht über die geschichtliche Entwicklung unserer Kenntnis über die Histologie der glatten Muskulatur betont, daß die ältesten Verfasser annahmen, eine Kittsubstanz füge die glatten Muskelzellen zusammen, daß diese aber in Wirklichkeit nach den späteren Untersuchungen von DRASCH, SCHAFFER und HENNEBERG wahrscheinlich von Bindegewebsmembranen umgeben seien, welche die einzelnen Muskelzellen nach HENNEBERG in derselben Weise umgäben wie die Wände in einer Bienenwabe die Larven (Abb. 115). Ich habe auch beim Bericht über die Struktur der ruhenden, glatten, mesenchymalen Muskulatur hervorgehoben, daß diese Membranen aus kollagenen und präkollagenen Netzen bestehen, die nicht von eigenen Zellen begleitet werden, sondern in ein glasklares, hyalines Protoplasma eingebettet liegen, von dem man annehmen muß, daß es zur glatten Muskulatur selbst gehört und sein Exoplasma bildet (Abb. 20).

Grenzt die glatte Muskelzelle an ein wirkliches Bindegewebe, so geht dieses kollagene und präkollagene Netz kontinuierlich in die kollagenen Strukturen des Bindegewebes über. Wo die glatten Muskelzellen aber aneinander grenzen, können sich die Verhältnisse verschieden gestalten. Liegen die glatten Muskelzellen dicht aneinander, so befindet sich zwischen ihnen nur eine schmale für die beiden angrenzenden Muskelzellen gemeinsame Zone von Exoplasma, in der nur ein kollagenes Netz, eine Membran entwickelt ist. Daß diese für beide Zellen gemeinsam ist, darauf wurde schon vor langem (1900) von M. HEIDENHAIN hingewiesen (Abb. 13 rechts). Liegen die contractilen Elemente dagegen weniger dicht, so findet man zwischen ihnen ein reichlicher entwickeltes Exoplasma, und in diesem eine kollagene Membran für jede Muskelzelle (Abb. 13 links). Diese Membranen bestehen aus Netzen von schräg verlaufenden feinen kollagenen und präkollagenen Fasern, die einander teils kreuzen, teils echte Netze bilden. Sie umgeben die glatten Muskelzellen wie ein Strumpf und entsprechen dem, was M. HEIDENHAIN als „Längsmembranellen" bezeichnete. Diese können, wie derselbe Verfasser betonte, durch quergehende Membrangebilde verbunden sein.

Beseitigt man das eigentliche Muskelgewebe durch Digerieren mit Trypsin, so bleiben nur die kollagenen Netze zurück, und es ist dann natürlich, daß sich diese, wie HENNEBERG es beschrieb, als Wände zwischen oblongen — in der Hauptsache allseitig — geschlossene Räume zeigen, die die contractile Materie enthalten hatten (Abb. 115). Dies berechtigt uns jedoch nicht zu der Annahme, daß während des Lebens hier wirkliche Wände vorlagen, die in analoger Weise die glatten Muskelzellen umgaben, wie die Wände der *Bienen*wabe die *Larve* einschließen. Wie nicht geschrumpfte Präparate lehren können, setzt sich die lebende Materie während des Lebens kontinuierlich, wenn auch mit einer in verschiedenen Teilen etwas differenter Struktur, von einem Zellterritorium in ein anderes fort, und erst durch das Digestionsverfahren entsteht das Bild von selbständigen Räumen.

Andererseits scheinen mir die hier beschriebenen Beobachtungen in guter Übereinstimmung mit den Bildern zu stehen, die bei Präparaten auftreten, in welchen die Muskelzellen geschrumpft sind. Um begreiflich zu machen, wie sich die glatte Muskulatur zu Reagenzien verhält, die Schrumpfung hervorrufen, muß ich mich einen Augenblick bei den Strukturen aufhalten, die hier von Interesse sind. Es sind dies das Protoplasma selbst und das kollagene Netz.

Das Cytoplasma ist eine Mischung einer Menge verschiedener Stoffe in verschiedenen Dispersionsstadien. Es kommen Stoffe in ihm vor, die gelöst, also in molekulärer Verteilung und sogar in ionisiertem Zustand sind, sowie Stoffe, die grobdisperse Phasen bilden. Die Dispersion wechselt in verschiedenen Funktionsstadien, im großen ganzen dürfte man aber annehmen können, daß die lebende Materie, wie sie sich im Exoplasma der glatten Muskulatur zeigt, relativ homogen ist. Das kollagene Netz seinerseits bildet eine in sich homogene Struktur einer Materie, die in ihrer Zusammensetzung stark von der des Protoplasmas abweicht. Diese Struktur ist in das Protoplasma, das Exoplasma der Muskelzelle eingelagert.

Es ist deshalb natürlich, daß sich unter dem Einfluß Schrumpfung bewirkenden Reagenzien das Exoplasma anders verhält als das Kollagen. Die bei der Schrumpfung entstehenden Lücken müssen am liebsten dort auftreten, wo Exoplasma und kollagene Fasern einander berühren (Abb. 22A), also mitten vor den kollagenen Fasern; den Maschen des kollagenen Netzes entsprechend setzt sich das Exoplasma kontinuierlich durch das Fasernetz fort. Auf diese Weise entstehen die Protoplasmabrücken, die zahlreiche Verfasser (KULTSCHITZKY, BUSACHI, BARFURTH u. a.) beobachtet hatten.

Durch die Schrumpfung müssen sich die an Lücken grenzenden Partien von Exo- wie vom Mesoplasma verdichten; dies gilt dann natürlich besonders von den „Protoplasmabrücken", in die sich das Mesoplasma einbuchtet. Die hier liegenden Fibrillen lagern sich dichter aneinander, und bei Färben mit HEIDENHAINS Eisenalaunhämatoxylin färben sie sich „en masse". Sie behalten auch die Farbe besser bei Differenzierung und treten als dicke „Fibrillen" hervor, als Grenzfibrillen. Untersucht man dagegen nichtgeschrumpftes Material vom *Salamander*darm oder vom Uterus gravider *Kaninchen* (Abb. 20) — dieses Material verwandte HEIDENHAIN —, so sieht man keine im Mesoplasma liegenden Grenzfibrillen. Dagegen findet man im Exoplasma gelegene, schwarzgefärbte Fibrillenquerschnitte. Diese bilden, wovon man sich auf schräg geschnittenen Präparaten überzeugen kann, feine Netze und gehören den Faserstrukturen der kollagenen Netze — den HEIDENHAINschen Längsmembranellen — an.

Wird die Schrumpfung sehr stark, so zerreißen auch die Cytoplasmabrücken, und die „Zelle" wird vom kollagenen Netz isoliert. Sie kommt dann frei in einen vom kollagenen Netz umgebenen Raum zu liegen, in derselben Weise wie die *Bienen*larve in der Zelle der *Bienen*wabe liegt.

Um das Bündel von glatten Muskelzellen sind gröbere elastische Fibrillen entwickelt (Abb. 21). Diese liegen gleichfalls in Exoplasma. Sie verlaufen zum größten Teil senkrecht auf die Längsrichtung der Muskelzellen und sind, wie es bei der elastischen Materie gewöhnlich der Fall ist, in unregelmäßigen, weitmaschigen Netzen angeordnet. In den Musc. arrectores pilorum strecken sich die elastischen Netze in der Längsrichtung der Muskeln gegen deren Enden und gehen in elastische Sehnen über, die in die Lederhaut ausstrahlen (Abb. 25).

Den elastischen Fibrillen wurde von gewissen Verfassern eine Bedeutung für die Rückkehr der Muskelzellen in den extendierten Zustand nach der Kontraktion zugeschrieben. Wie ich schon oben hervorhob, muß die Kontraktion indes auf chemischen Prozessen in der Muskelzelle beruhen, und es erscheint mir also wenig wahrscheinlich, daß eine so mechanische Betrachtungsweise den tatsächlichen Verhältnissen entsprechen kann.

Zwischen den netzförmig anastomosierenden, syncytial gebauten Bündeln von glatter Muskulatur breitet sich ein wirkliches interstitielles Bindegewebe aus. Dieses hat sich aus demselben Mesenchymgewebe entwickelt wie die glatte Muskulatur. Die kollagenen Netze im Exoplasma der letzteren gehen ohne Unterbrechung in die kollagenen Strukturen im Exoplasma des Bindegewebes über. Wir finden also hier in derselben Weise wie bei der quer gestreiften Muskulatur ein kontinuierliches Netz von kollagenen, mechanisch tragkräftigen Strukturen, die sich vom Inneren des Muskelsyncytiums ins Bindegewebe hinauserstrecken. Im Muskelsyncytium bilden die glatten Muskelzellterritorien die funktionellen Elementarteile. Gewöhnlich wird jedes solche funktionelle Element von einem kollagenen Membrannetz umgeben, in derselben Weise wie die funktionellen Elemente in der quergestreiften Muskulatur, die Muskelkästchen, von den kollagenen Netzen der Grundmembranen (siehe unten) und des Sarkolemmas umgeben werden. Der Unterschied liegt darin, daß in der glatten Muskulatur die contractilen Elemente in der Längsrichtung des Muskelbündels orientiert sind, und daß im selben Querschnitt gewöhnlich viele nebeneinander liegen, während die contractilen Elemente in der quergestreiften Muskulatur scheibenförmig sind und sich über die ganze Quersektion der Muskelfaser erstrecken.

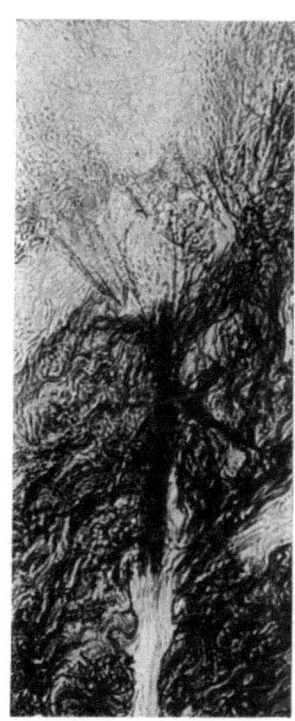

Abb. 25. Elastische Sehne eines Haarmuskels des *Menschen*. Mikrophoto. Vergr. 160 ×.

In beiden Fällen kann der durch die Kontraktion hervorgerufene Zug von jedem beliebigen Teil der Muskelfaser auf das Bindegewebe übertragen werden.

Von größtem Interesse ist das Verhalten des Musc. dilatator pupillae. Gewöhnlich bildet der Muskel eine Platte von syncytialer Natur, in der kein Kollagen entwickelt ist. In den vorderen Partien der zuerst von FORSMARK beschriebenen Verstärkungsbänder können sich jedoch kollagene Netze zu entwickeln beginnen, welche Zellterritorien voneinander abgrenzen. Die ursprüngliche Platte und an diese angrenzende Teile der Verstärkungsbänder erinnern an die glatte mesenchymale Muskulatur in einem frühen Entwicklungsstadium. Aber auch beim erwachsenen *Menschen* kann man mesenchymaler glatter Muskulatur begegnen, in der sich keine Zellterritorien abgrenzen lassen. Dies ist z. B. oft mit der Muskulatur in der Appendix vermiformis der Fall. Dort bildet die Muskelmasse bei vielen Individuen ein kontinuierliches Syncytium, wo keine kollagenen Membranen zu beobachten sind, und wo die Fibrillen die Masse in kontinuierlichem Verlauf durchsetzen. Wahrscheinlich hängt der embryonale Charakter dieser Muskulatur mit der rudimentären Ausbildung des Organes überhaupt zusammen. Die Muskelschicht hat hier nicht eine so wichtige Funktion zu erfüllen wie in den übrigen Darmteilen, und die funktionelle Reizung, die sonst so wichtig für die Ausbildung der kollagenen Strukturen ist, fällt fort. Die Muskulatur gleicht in diesem Falle einer embryonalen in einem frühen Entwicklungsstadium, wie wir im nächsten Kapitel sehen werden.

D. Entwicklung des glatten Muskelgewebes (des epithelialen und des mesenchymalen).

1. Epitheliale, glatte Muskulatur.

Über die Entwicklung der glatten Muskelzellen der Schweißdrüsen existieren, soweit ich finden konnte, keine Spezialuntersuchungen. Dagegen war die epitheliale Irismuskulatur Gegenstand zahlreicher und eingehender Untersuchungen von verschiedenen Verfassern.

Der erste, der den Gedanken vorbrachte, daß der Musc. dilatator pupillae epithelialen Ursprung hätte, war G. RETZIUS (1893). Er untersuchte jedoch die Entwicklung nicht näher.

GRYNFELTT (1899) berichtet eingehend über die Entwicklung des M. dilatator pupillae beim albinotischen *Kaninchen*. Der Muskel beginnt sich erst nach der Geburt zu entwickeln, indem in den vordersten Teilen des vorderen Pigmentepithels Fibrillen auftreten. Die Zellen fließen zusammen und bilden eine kontinuierliche Platte. Zu ähnlichen Resultaten kam HEERFORDT (1900), der die Entwicklung desselben Muskels beim *menschlichen* Fetus untersuchte. Die Umbildung der Epithelzellen geschieht in der 24.—30. Woche des Fetallebens. Die Zellen in der vorderen Pigmentepithelschicht sind hoch, zylindrisch und haben in ihren hinteren Partien die Kerne. Die vorderen Zellenden verschmelzen zu einer Platte, die ihre Kontinuität mit den hinteren, kernhaltigen, nicht verschmolzenen Zellteilen bewahrt. In der Platte treten radiär verlaufende Fibrillen auf, die sich zu Bündeln oder Fasern gruppieren, in welchen das Pigment verschwindet. Die Platte behält auch weiter ihren engen Zusammenhang mit den kernhaltigen Zellteilen, in welchen sich der Kern in radiärer Richtung erstreckt hat. Eine Faser mit dahinter liegender, kernhaltiger Zellpartie bildet nach der Ansicht HEERFORDTs eine typische epitheliale Muskelzelle.

Zu ähnlichen Resultaten wie HEERFORDT kamen DE VRIES (1901) und SZILI (1902). Der letztere verlegt die Entwicklung des Muskels jedoch auf den 7. Embryonalmonat, wo er die Epithelzellen in ihren vorderen Teilen zu einer Platte verschmolzen findet. Hier erfolgt später eine fibrilläre Differenzierung.

HERZOG (1902), der die Entwicklung des Dilatators beim *Kaninchen* und beim *Menschen* untersuchte, findet dagegen keine Verschmelzung der Pigmentzellen. Er meint vielmehr, daß diese sich verlängern und ein oder zwei Fortsätze in radiärer Richtung erhalten. Dadurch, daß die Zellen sich aneinander legen, entsteht die BRUCHsche Membran. Zu einem ähnlichen Resultat kam FORSMARK (1904), der gleichfalls meinte, daß der Dilatator einen zellulären Bau aufweise.

Als in diesem Zusammenhang interessant sei erwähnt, daß HOLTH und BERNER (1922 und 1923) eine Anzahl von Fällen beschrieben haben, in welchen der Dilatator pupillae mangelhaft entwickelt war. In allen diesen Fällen fehlte der periphere Teil dieses Muskels, die Entwicklung seines mittleren Teiles war unvollständig und nur die zentralen Teile des Muskels zeigten normalen Bau.

Mit der Entwicklung des Musc. sphincter pupillae scheint MICHEL (1881) sich als erster beschäftigt zu haben. Er verlegte seine erste Entstehung in den vierten Fetalmonat, entdeckte aber nicht, daß dieser Muskel seinen Ursprung vom Epithel nimmt.

Dies wurde von NUSSBAUM (1899) festgestellt, der die Entwicklung bei weißen *Mäusen* und beim *Menschen* untersuchte. Später studierten v. SZILI (1901), HERZOG (1902) und FORSMARK (1904) dieses Problem näher und bestätigten im großen ganzen die Beobachtungen NUSSBAUMs. Nach allen diesen Verfassern würde sich der Sphincter aus einer Zellproliferation des vorderen Irisepithels entwickeln, die sich abschnürt. Die Epithelzellen strecken sich in die Länge und werden zu spindelförmigen glatten Muskelzellen mit Fibrillen und stäbchenförmigen Kernen. Die ersten Anlagen des Muskels träten im 3. Fetalmonat auf, und im 7. Monat sei der Muskel in der Hauptsache entwickelt.

Soweit ich bei Untersuchung von eigenen und FORSMARKs Präparaten finden konnte, erfolgt eine Verschmelzung der Epithelzellen, so daß sich ein Syncytium bildet. In diesem treten Fibrillen auf, die bei Färbung mit HEIDENHAINs Eisenalaunhämatoxylinmethode das Aussehen grober „Myogliafibrillen" haben, die aber wahrscheinlich aus Bündeln feinerer Fibrillen bestehen (Abb. 11). Von einem zellulären Bau des Sphincters in der Mitte der Graviditätszeit konnte ich mich nicht überzeugen. Die Entwicklung scheint mir in allem Wesentlichen an die Histogenese der mesenchymalen Muskulatur zu erinnern, mit dem Vorbehalt jedoch, daß ich hier keine Gelegenheit hatte, die Bildung der Kollagenmembranen zu untersuchen, die die Zellterritorien voneinander abgrenzen.

2. Die Entwicklung der mesenchymalen Muskulatur.

KÖLLIKER war der Ansicht, daß sich die glatten Muskelzellen aus runden Mutterzellen entwickeln (Abb. 1). Noch im Jahre 1889 betont er, daß solche Elemente, die aus dem Mesenchym stammen, sich im Embryonalleben verlängern und zu contractilen Faserzellen werden. Später sollten sie sich auch aus Zellen entwickeln, die „mit den embryonalen Bindegewebszellen oder mit gewissen Formen der lymphoiden Zellen auf einer Stufe stehen". HERTZ (1869) studierte die Muskelentwicklung im Uterusmyom. Er fand, daß die Mutterzellen sternförmige Elemente seien, die ihre Ausläufer verlieren und allmählich wachsen, so daß sie spindelförmig würden. Das Protoplasma der Mutterzellen sei granuliert und die Körner ordneten sich in Reihen, die zu Fibrillen würden. Eine in gewissem Sinne gleichartige Auffassung vertritt ROULE (1891). Auch er glaubt, daß die Mutterzellen sternförmig sind, mit körnigem Protoplasma. Sie werden nach Verlust der Ausläufer spindelförmig dadurch, daß sich Sarkoplasma um die Mutterzelle herum entwickelt, die zuletzt ganz davon umschlossen wird. Das Sarkoplasma, das anderer Natur ist als das Protoplasma, bildet sich hauptsächlich entsprechend den ausgezogenen Enden der Zellen und wird endlich fibrillär. MARCHESINI und FERRARI (1895) finden, daß jede glatte Muskelzelle aus 2—3 embryonalen Elementen stammt, von welchen nur eines den Kern behält, während die anderen ihn verlieren. Glatte und quergestreifte Muskeln zeigen nach diesen Verfassern die gleiche Entwicklung; die letzteren sind jedoch weiter differenziiert.

RODHE (1905) hebt hervor, daß die embryonalen Zellen ein Syncytium bilden, und daß die Zellbrücken dieser Zellen in der entwickelten Muskulatur bestehen bleiben können. Zum selben Resultat kommt Mc GILL (1908). Diese Verfasserin untersuchte die Muskelentwicklung im Digestionskanal und den Respirationswegen bei *Schweinen*. Sie findet, daß die Muskelzellen dadurch entwickelt werden, daß die sternförmigen Mesenchymzellen unter Erhaltung ihrer Anastomosen sich in die Länge strecken, während ihre Kerne länger werden. Das Protoplasma ist körnig, und die Granula vereinigen sich, indem sie grobe „Myogliafibrillen" bilden. Diese sind nicht auf eine Zelle begrenzt, sondern verlaufen durch die Zellanastomosen von einem Zellterritorium zum andern. Die groben Fibrillen fasern sich allmählich auf und bilden feine Fibrillen, wobei jedoch einzelne gröbere zurückbleiben können. Zwischen den Zellen, die eine solche Entwicklung durchmachen, bleiben embryonale Zellen erhalten, die sich entweder zu Bindegewebszellen entwickeln können oder später neue Muskelzellen erzeugen können. Aus den Bindegewebszellen entwickelt sich das interstitielle Bindegewebe in der glatten Muskulatur. Die kollagenen Fibrillen entstehen „in loco", teils im Protoplasma dieser Zellen, teils auch in den Muskelzellen selbst.

Soweit ich bei einer Untersuchung der Entwicklung der Darmmuskulatur beim *menschlichen* Fetus finden konnte, geht die Entwicklung folgendermaßen

Abb. 26. Entwicklung vom Ringfaserschicht des Darmes von einem 5,6 cm langen *menschlichen* Fetus. Behandlung: Sublimat-Formol; Eisentrioxyhämatein und Säurefuchsin-Pikrinsäure nach HANSEN. Vergr. 1000 ×.

vor sich. Die sternförmigen Mesenchymzellen werden vergrößert. Die Protoplasmaanastomosen werden kürzer, und das Ganze bekommt das Aussehen eines breit zusammenhängenden Syncytiums. Gleichzeitig beginnen sich die Kerne zu verlängern, und zwischen ihnen kommen feine Fibrillen zum Vorschein. Diese haben einen geschlängelten Verlauf; bald sammeln sie sich zu dichten Bündeln, bald breiten sie sich aus. Um die Kerne herum beginnt das Protoplasma ein körniges Aussehen anzunehmen. Die Körner treten hauptsächlich an den Enden der langgestreckten Kerne auf. Abb. 26 zeigt einen Schnitt durch die Darmwand eines 5,6 cm großen *menschlichen* Fetus. Im Mesenchymgewebe ist in der oben beschriebenen Weise eine zusammenhängende fibrillierte Cytoplasmamasse entstanden. Ihre Kerne sind langgestreckt im Gegensatz zu den unregelmäßig rundlichen oder ovalen Kernen der Mesenchymzellen. Das Protoplasma nächst den Kernen — besonders an deren Enden — ist körnig. Die Fibrillen weisen einen welligen Verlauf auf; bald sammeln sie sich zu dichten Bündeln, bald breiten sich die Fibrillen eines solchen Bündels aus und liegen

Entwicklung des glatten Muskelgewebes (des epithelialen und des mesenchymalen). 43

schütterer. Färbt man ein solches Präparat mit HEIDENHAINS Eisenalaunhämatoxylinmethode, statt HANSENS Eisentrioxyhämatein anzuwenden wie im eben beschriebenen Falle, so färben sich die Bündel oft als Ganzes, und man erhält das Bild einer groben Fibrille, die sich gegen die Enden zu in eine Menge feinerer auffasert. Auf diese Weise scheinen mir Mc GILLs Beobachtungen ihre Erklärung zu finden, und ich halte es für wahrscheinlich, daß ihre groben Myogliafibrillen nichts anderes sind als Bündel feiner Myofibrillen, an welchen

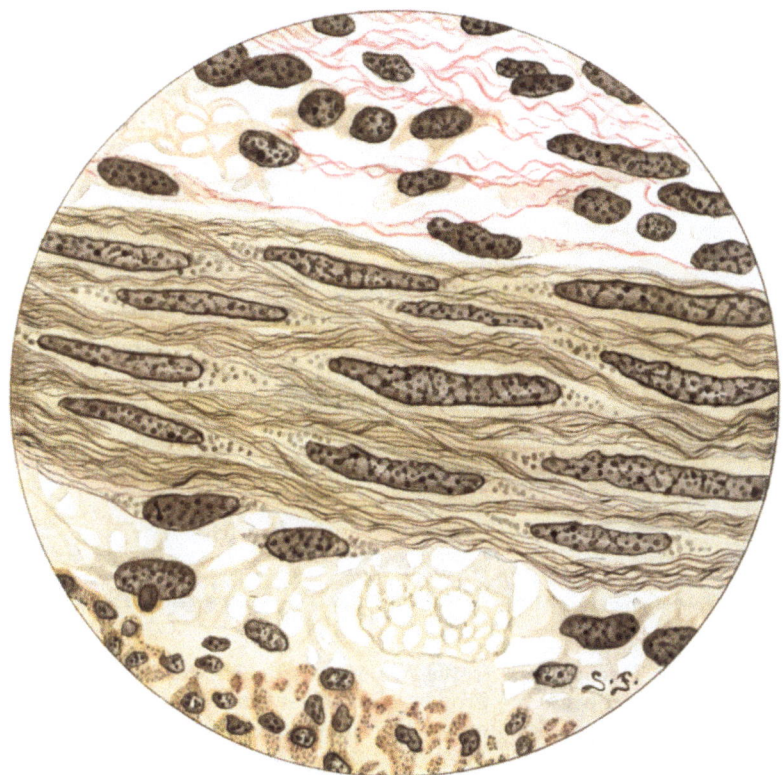

Abb. 27. Von einem 13,5 cm langen, *menschlichen* Fetus. Dieselbe Schicht, Vergrößerung und Behandlung wie in Abb. 26.

eine ausgebreitete Lackfärbung zustande gekommen ist. In der Muskelanlage ist keine Aufteilung in Zellen zu beachten, das Ganze macht vielmehr den Eindruck einer einheitlichen Masse.

Abb. 27 zeigt dieselbe Schicht von einem 13,5 cm langen Fetus (Gesamtlänge). Im Mesenchymgewebe treten zahlreiche kollagene Fibrillen auf, und wir haben hier ein deutlich entwickeltes Bindegewebe. Im Muskelsyncytium sind die Kerne länger geworden und haben begonnen, Stäbchenform anzunehmen. Das Protoplasma an den Enden der Kerne ist immer noch körnig, während es nächst den Langseiten der Kerne mehr homogen ist. Die körnigen und homogenen Protoplasmapartien stellen das dar, was ich oben unter dem Namen Endoplasma besprochen habe. Außerhalb von ihm folgt das Mesoplasma. In diesem finden wir wieder feine wellenförmig verlaufende Fibrillengebilde, die man auf lange Strecken, an mehreren Kernen vorbei, verfolgen kann. Eine Abgrenzung von Zellterritorien ist nicht möglich, sondern das Ganze bildet ein zusammenhängendes Syncytium. Zwischen den Fibrillen kann man ein schwächer gefärbtes, gewöhnlich homogen aussehendes, seltener körniges Protoplasma sehen. Im letztgenannten Falle mußte ich mit der Möglichkeit rechnen, daß eine körnige Endoplasmapartie tangentiell getroffen wurde, und daß die Körnung also mehr scheinbar war als wirklich. Kollagene Membranen innerhalb des Muskelsyncytiums sind noch nicht entwickelt.

Die nächste Abb. 28 zeigt einen Querschnitt der longitudinellen Muskelschicht eines etwa 18 cm langen Fetus. Auch hier sehen wir ein zusammenhängendes Syncytium. Um die Kerne herum ist das Protoplasma hell und homogen. Im

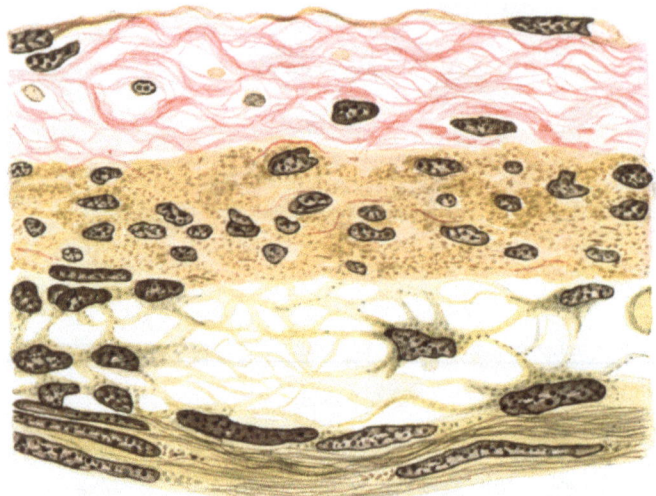

Abb. 28. Längsmuskelschicht des Darmes eines 18 cm langen *menschlichen* Fetus. Behandlung und Vergrößerung wie in Abb. 26.

dunkler gefärbten Mesoplasma treten Querschnitte der Myofibrillen als dunkle Punkte hervor. Sie liegen im großen ganzen diffus verteilt, und Zellgrenzen sind nicht beobachtbar. In diesem Mesoplasma sieht man, wie hie und da kollagene Fibrillen aufzutreten beginnen, die sich mit Säurefuchsin rot färben (die Präparate sind sämtlich in Sublimatformol fixiert und nach HANSENs Methoden mit Eisentrioxyhämatein und Säurefuchsinpikrinsäure gefärbt). Die kollagenen Fibrillen liegen in diesem Fall verstreut und ohne Zusammenhang miteinander. Was für unsere Frage Bedeutung hat, ist, daß sie sich im **Muskelcytoplasma** entwickeln. Fibroblasten kommen hier nicht vor, und von einer Bindegewebsentwicklung in der Muskulatur hinein ist keine Rede.

Später nimmt die Menge der kollagenen Fasern zu, und schließlich fließen sie zu dünnen Netzen zusammen, die einkernige Zellterritorien voneinander abgrenzen. An gewissen Punkten bleibt jedoch die Entwicklung kollagener Netze aus, und hier sieht man dann die breiten Mesoplasmaanastomosen, die schon MC GILL beobachtet hatte. Digeriert man ein solches Präparat, so entsteht hier eine Lücke in der „Membranwand", wie sie HENNEBERG erwähnt hatte.

Das Muskelsyncytium ist jedoch nicht kontinuierlich. Hie und da entwickeln sich aus dem Mesenchymgewebe wirkliche Fibroblasten, und aus diesen geht ein Bindegewebe hervor, welches das Syncytium in Bündel aufteilt. Die in den Bündeln entwickelten kollagenen Fibrillen gehen, wie erwähnt, kontinuierlich in kollagene Elemente des Bindegewebes über. Die definitive lappenartige Aufteilung der glatten Muskulatur kommt jedoch erst später zustande, indem sich um die gröberen Gefäßstämme reichlicher Bindegewebe entwickelt.

E. Altersveränderungen des glatten Muskelgewebes.

In der Literatur habe ich keine Angaben über Altersveränderungen der glatten Muskulatur finden können. Um diese Lücke in unserem Wissen auszufüllen, untersuchte ich die Muskulatur des *menschlichen* Blinddarms von Individuen im Alter von 8 bis zu 74 Jahren. Ich achtete darauf, daß nur Organe zur Verwendung kamen, an welchen die pathologisch-anatomische Untersuchung keine entzündlichen Veränderungen hatte feststellen können. Solche Blinddärme werden ja an allen chirurgischen Kliniken oft exstirpiert.

Ich mußte jedoch leider konstatieren, daß meine Untersuchung ein negatives Resultat ergab. Ich konnte keine sicheren histologischen Differenzen feststellen. Vielleicht hängt dies mit der rudimentären Beschaffenheit des untersuchten Organs zusammen. Seine Muskulatur dürfte eine sehr unbedeutende Funktion zu erfüllen haben. Vielleicht kann ein Studium eines Organs mit wirksamer Muskulatur ein positiveres Resultat ergeben.

Literatur.

Apathy, St.: Nach welcher Richtung hin soll die Nervenlehre reformiert werden? Biol. Zbl. **9** (1890). — Contractile und leitende Primitivfibrillen. Mitt. e. d. zool. Station zu Neapel **12** (1891) — Über die Muskelfasern von *Ascaris*. Z. Mikrosk. **10** (1893). — **Arnold, J.:** Gewebe der organischen Muskeln. Strickers Handbuch Leipzig 1871. — **Athanasiu, J. et Dragoiu, J. te Chinea, G.:** Sur le tissu élastique des muscles lisses. C. r. Soc. Biol. Paris **68** (1910).
Balli, Ruggero: Sul connettivo di sostegro dei muscoli lisci dello stomaco degli ucelli. Monit. zool. ital. **18, 19** (1907). — **Barfurth:** Über Zellbrücken glatter Muskelfasern. Arch. mikrosk. Anat. **38** (1891). — **Beccari, Nello:** Sullo sviluppo delle ghiandole sudoripare e sebacee nella pecora. Arch. ital. Anat. **8,** 271 (1909). — **Benda:** Über den feineren Bau der glatten Muskelfasern des *Menschen*. Verh. anat. Ges. **1902**. — **Benninghoff, Alfred:** Über die Formenreihe der glatten Muskulatur und die Bedeutung der Rougetschen Zellen an den Capillaren. Z. Zellforschg **4,** 125 (1927). — **Bethe, A.:** Die Dauerverkürzung der Muskeln. Pflügers Arch. **142,** 291 (1911). — Spannung und Verkürzung des Muskels bei contracturerzeugenden Eingriffen im Vergleich zur Tetanusspannung und Tetanusverkürzung. Pflügers Arch. **199,** 491 (1923). — Aktive und passive Kraft *menschlicher* Muskeln. Erg. Physiol **24,** 71 (1925). — **Bichat, X.:** Anatomie générale. Paris 1802. — **Biedermann:** Elektrofysiologie. — **Bohemann, H.:** Intercellularbrücken und Spalträume der glatten Muskulatur. Anat. Anz. **10** (1895). — **du Bois-Raymond, R.:** Allgemeine Physiologie der glatten Muskeln. Nagels Handbuch **4,** 545 (1905). — **Bruyne, C. de:** Contribution à l'étude de l'union intime des fibres musculaires lisses. Arch. de Biol. **12** (1892). — Berichtigung zu H. Bohemanns vorläufiger Mitteilung über Intercellularbrücken und Safträume der glatten Muskulatur. Anat. Anz. **10** (1895). — **Busachi:** Über die Neubildung von glattem Muskelgewebe. Beitr. path. Anat. **4** (1888). — Über Neubildung von glattem Muskelgewebe. Beitr. path. Anat. **4,** 111 (1889). — **Butschli, O.:** Über den feineren Bau der contractilen Substanz der Muskelzellen von *Ascaris*. Festschrift für Lenckart. Leipzig: Wilh. Engelmann 1892.
Diem, Franz: Beiträge zur Entwicklung, der Schweißdrüsen an der behaarten Haut der *Säugetiere*. Anat. H. **34,** 187 (1907). — **Drasch:** Der Bau der Giftdrüsen des gefleckten *Salamanders*. Arch. Anat. **1894**. — **Dubreuil, G.:** Importance physiologique du tissu conjonctif situè entre les fibres musculaires lisses et strieès (Manchons pellu-cides) dans la Contractions du muscle. Bibliogr. Anat. **22** 113.
Engelmann, Th. W.: Betr. allg. Muskel- u. Nervenphysiol. **4,** 3 (1871). — Über den faserigen Bau der contractilen Substanzen. Pflügers Arch. **25,** 538 (1881).
Fenn, Wallace, O.: Der zeitliche Verlauf der Muskelkontraktion. Handbuch der normalen und pathologischen Physiologie. **8,** 166. Berlin: Julius Springer 1925. — **Flemming, W.:** Zelle. Erg. Anat. **6** (1896). — **Forsmark, Ernst:** Zur Kenntnis der Irismuskulatur des *Menschen*; ihr Bau und ihre Entwicklung. Akad. Abh. Stockholm. Jena: Gustav

Fischer 1904. — **Forssell, G.:** Über die Beziehung der Röntgenbilder des *menschlichen* Magens und seinem anatomischen Bau. Fortschr. Röntgenstrahlen. Erg. **30** (1913). **Frankenhäuser:** Die Nervenendigungen in den glatten Muskelfasern. Med. Zbl. **1866**, 865. Die Nerven der Gebärmutter und ihre Endigung in den glatten Muskelfasern. Jena 1687. **Frazer, J. E.:** Anmerkung über den Bau und die Entwicklung der Sehne des Flexor longus pollici. Arch. f. Anat. **1907**, 225—226. — **Fredericq, L.:** Generation et structure du tissu musculaire. Memoire consonneè. Bruxelles 1875. — **v. Fürth, O.:** Die Kololoidchemie des Muskels und ihre Beziehungen zu den Problemen der Kontraktion und der Starre. Erg. Physiol. **17**, 363 (1919).

Garnier, Ch.: Sur l'apparence des ponts intercellulaires produites entre les fibres musculaires lisses par la présence d'un réseau conjonctif. J. de Anat. et Physiol. **33** (1897). — **Grynfeltt:** Le muscle dilateur de la pupille chez les mammifèr. Thèse de Montpellier **1899**. — **Grützner, P.:** Die glatten Muskeln. Erg. Physiol. 3 (1904). — **Guth, E.:** Untersuchungen über die direkte motorische Wirkung des Lichtes auf den Sphincter pupillae des *Aal-* und *Frosch*augen. Pflügers Arch. **85**, 118 (1901). — **Heerfordt, C. F.:** Studien über den Musculus dilatator pupillae samt Angabe von gemeinschaftlichen Kennzeichen einiger Fälle epithelialer Muskulatur. Anat. H. **14**, 487 (1900). — **Heidenhain, M.:** Struktur der contractilen Materie. Erg. Anat. **8** (1893). — Struktur der contractilen Materie. 2. Abschnitt. Erg. Anat. **10** (1900). — Plasma und Zelle, 2. Lief. Jena 1911. — **Heidenhain, R.:** Zur Frage nach der Form der contractilen Faserzellen. Stud. physiol. Inst. Breslau **1861**, H. 1. — Gerinnung des Inhaltes der contractilen Faserzellen nach dem Tode. Stud. physiol. Breslau **1861**, 199. — Zur Frage nach der Form der contractilen Faserzellen während ihrer Tätigkeit. Stud. physiol. Inst. Breslau **1861**, H. 1, 177. — **Heiderich, F.:** Glatte Muskelfasern im ruhenden und tätigen Zustande. Anat. Anz. **20**, 192 (1901). — Glatte Muskelfasern im ruhenden und tätigen Zustande. Anat. H. **19**, 451 (1902). — **Henneberg, B.:** Das Bindegewebe in der glatten Muskulatur und die sog. Intercellulärbrücken. Anat. H. **14** (1900). — Ruhende und tätige Muskelzellen in der Arterienwand. Anat. H. **17**, 427 (1901). — **Hertz, H.:** Zur Struktur der glatten Muskelfasern usw. Virchows Arch. **46**, 235 (1869). — **Herzog, H.:** Über die Entwicklung der Binnenmuskulatur des Auges. Arch. mikrosk. Anat. **40**, 517 (1902). — **Hesse:** Zur Kenntnis der Hautdrüsen und ihrer Muskeln. Z. Anat. **1876**, 274. — **Höhl, E.:** Über das Verhältnis des Bindegewebes zur Muskulatur. Anat. Anz. **14**. — **Holmgren, E.:** Zur Kenntnis der zylindrischen Epithelzellen. Arch. mikrosk. Anat. **65** (1905). — **Holth, S. and O. Berner,:** Miosis congenita seu microcoria famillaris — ex aplasia musculi dilatatoris pupillae. Videnskapselkapets Skrifter I. Math.-Naturwiss. Kl. **1922**. — Congenital Miosis or Pinhole Pupils owing to Developmental Faults of the Dilatator muscle. Brit. J. Ophthal. **1923**, 401 bis 419. — Another Case of Congenital Miosis or Pinhole Pupils owing to Hypoplasia of the Dilatator Muscle. Videnskapselskapets Skrifter I. Math.-Naturwiss. Kl. **1923**. — **Home:** .... Philos, Trans. **1822**, 76.

Jarrisch, E.: Über den Ursprung der glatten Muskelzellen in der Haut der Anuren. Anat. Anz. **54**, 185.

Kalbermatten, J. de: Beobachtungen über Glykogen in der glatten Muskulatur. Virchows Arch. **219**, 455—475 (1913). — **Kazakoff, W.:** Zur Frage von dem Bau des Mitteldarmes bei Crinaceus europaeus. Anat. Anz. **41**, 33 (1912). — **Kilian:** Die Struktur des Uterus bei *Tieren*. Z. rat. Med. 8, 53 (1849). — **Klecki, C.:** Experimentelle Untersuchungen über die Zellbrücken in der Darmmuskulatur der *Raubtiere*. Diss. Dorpat 1891. — **Klein, E.:** Observations of the structure of cells and nuclei. J. of microsc. Sci. **18**, 315 (1878). — **v. Kölliker, A.:** Über die Struktur und die Verbreitung der glatten oder unwillkürlichen Muskeln. Zürich. Mitt. 1 (1846). — Beiträge zur Kenntnis der glatten Muskeln. Z. Zool. **1** (1849). — Mikroskopiche Anatomie. **2** (1852). — Contractile Faserzellen mit fibrillärem Bau beim *Menschen*. Würzburg. Sitzgsber. **1882**. — Gewebelehre 1889. — **Kolossow:** Eine Untersuchungsmethode des Epithelgewebes, besonders der Drüsenepithelien und die erhaltenen Resultate. Arch. mikrosk. Anat. **52**, (1898). — **Kornfeld, W.:** Über die Entwicklung der Hautdrüsenmuskulatur bei *Amphibien*. Anat. Anz. **55**, 513. — Über die Entwicklung der glatten Muskelfasern in der Haut der *Anuren* und über ihre Beziehungen zu Epidermis. Anat. Anz. **53**, 140 (1920). — **Kotzenberg:** Zur Entwicklung der Ringenmuskelschicht an den Bronchien der *Säugetiere*. Arch. mikrosk. Anat. **60** (1902). — **Kultschizky:** Über die Art der Verbindung der glatten Muskelfasern miteinander. Biol. Zbl. **7**, 572 (1888).

Lebert: Recherches sur la formation des muscles dans les animaux vertébrés et sur la structure de la fibre musculaire dans diverses classes d'animaux. 2me memoire. Ann. des Sci. natur 3me Seine **1**, 13 (1850). — **v. Lenhossék, M.:** Das Mikrozentrum der glatten Muskeln. Anat. Anz. **16**. — **Lillie, R. S.:** The Relation between Contractility and Coagulation of the Colloids in the ctenophore Swimming-Plate. Amer. J. Physiol. **16**, 117 (1906).

Mc Gill, C.: The structure of smooth muscle of the intestine in the contracted condition. Anat. Anz. **30** (1907). — The histogenesis of smooth muscle in the alimentary canal and respira-tory tract of the pig. Internat. Mschr. 24 (1907). — The structure of smooth muscle in the resting and in the contracted condition. Amer. J. Anat. 9 (1908). — Fibroglia fibrils in the intestinal wall of Necturus and their relation to myofibrils. Internat. Mschr. 25 (1908). — **Marchesini, Ferrari:** Untersuchungen über die glatten und die gestreiften Muskelfasern. Anat. Anz. 11 (1895). — **Marcus, H.:** Über die Struktur einer glatten Muskelzelle und ihre Veränderung bei der Kontraktion. Anat. Anz. 44, 241 (1913). — **Marshall, F.:** Observations of the structure an distribution of striped and unstriped muscle in the animal kingdom. Quart. J. microsc. Sci. 28, 75 (1887). — **Maunoir:** Mémoire sur l'organis, de iris. Paris 1812. — **Meigs, E. B.:** The Application of Mc. Dougalls Theory of Contraction to smooth Muscle. Amer. J. Physiol. 22, 477 (1908). — Microscopic Studies of living smooth Muscle. Amer. J. Physiol. 29, 317 (1912) — Contributions to the general Physiology of smooth ans striated Muscle. J. comp. Zool. 13, 497 (1913). — **Meißner, G.:** Über das Verhalten der muskulösen Faserzellen im kontrahierten Zustande. Z. rat. Med. 3. Reihe, 2, 316 (1858). — **Michel, J.:** Über Iris und Iritis. Arch. f. Ophthalm. 27, 183 (1881). — **Minot:** Human Embryology 1892. — **Moleschott, J.:** Ein Beitrag zur Kenntnis der glatten Muskeln. Untersuchungen zur Naturlehre. 6 (1859). — **Muller, Erik:** Studien über den Ursprung der Gefäßmuskulatur. Arch. Anat. u. Physiol. 12, 124 (1888).

Nicolas, A.: Notes sur les pontes intercellulaires des fibres musculaires lisses. Bull. Soc. Sci. Nancy. — **Noyons** und **v. Uexküll:** Die Härte der Muskeln. Z. Biol. 56, 139 (1911). — **Nußbaum, M.:** Entwicklungsgeschichte des *menschlichen* Auges. Graefe-Saemischs Handbuch der gesamten Augenheilkunde, 2. Aufl. 1899. — Die Entwicklung der Binnenmuskeln des Auges der *Wirbeltiere*. Arch. mikrosk. Anat. 58 (1902).

Parnas, Jakob: Energetik glatter Muskeln. Pflügers Arch. 134, 441 (1910). — **Prevost, et Dumas:** Memoire sur les phénomènes qui accompagnent la contraction de la fibre musculaire. Magendie, J. de Physiol. 3, 301 (1823).

Ranvier, L.: Lecons etc. sur le systéme musculaire. Paris 1880. — Traité Technique d'Histologie. Paris 1875 u. 1889. — Observation de la contraction des fibres musculaires vivantes, lisses et stries. J. Microgr. 14, 330 (1890). — **Reichert, K. B.:** Die glatten Muskelfasern in den Blutgefäßen. Müllers Arch. 1849. — **Remak, B.:** Über die Zusammenziehung der Muskelprimitivbündel. Müllers Arch. 1843, 181. — **Renaut, J.:** Filiation connective directe et développement des cellules musculaires lisses des artères. C. r. Acad. Sci. 155, 1539 (1912). — **Renaut, J.** et **Dubreuil, G.:** Origine conjonctive des cellules musculaires lisses des artères. etc. Arch. d'Anat. microsc. 14, 577 (1913). — **Retzius, G.:** Zur Kenntnis vom Bau der Iris. Biol. Untersuch., N. F. 5, 43 (1893). — **Rießer, Otto:** Der Muskeltonus. Handbuch der normalen und pathologischen Physiologie 8, 192. Berlin: Julius Springer 1925. — **Rollet, A.:** Muskel. Eulenburgs Realenzyklopädie, 3. Aufl., 16, 139. Wien 1898. — **Roskin, Gr.:** Die Cytologie der Kontrakion der glatten Muskelzellen. Arch. Zellforschg 17, 368—381 (1923). — Über den feineren Bau der Epithelmuskelzellen von Hydn grisea und fusca. Anat. Anz. 56, 158. — **Rouget, Chatrles:** Mèmoire sur les tissus contractiles et la contractilité. J. Physiol. publ. par. Brown-Séquard. 6 (1863). — Mémoire sur le développment, le structure et les propriétés physiologiques des capillares sanguèns et lymphatiques. Arch. Physiol. nom. et Pathol. 5 (1873). — Note sur le développement de la tunique contractile des vaisseaux. C. r. Acad. Sci. 79 (1874). — Sur la contractilité des capillaire sanguins. C. r. Acad. Sci. 88 (1879). — Phénomène microscopiques de la contraction musculaire, Striction transversale de fibres lisses. C. r. 92 (1881). — **Roule, L.:** Etude sur la structure et de developpement du tissue musculaire. Diss. med. Paris 1891.

Schaffer, Josef: Zur Kenntnis der glatten Muskelzellen, insbesondere ihre Verbindung. Z. Zool. 66, 214 (1899). — **Schaper, A.:** Über contractile Fibrillen in den glatten Muskelfasern des Mesenteriums der *Urodelen*. Anat. Anz. 22 (1902). — **Schmidt, W. J.:** Zur Ontogeni der Muskelzellen in der *Anurenhaut*. Anat. Anz. 54, 78. — Über die Beziehungen der glatten Muskelzellen in der Haut vom *Laubfrosch* zum Epithel. Anat. Anz. 51, 289. — Die Ontogeni der glatten Muskelzellen in der *Froschhaut*, ein Beispiel für die Differentierung der Epidermis durch Muskelzug. Z. Physiol. 18, 318 (1920). — **Schultz, P.:** Die glatte Muskulatur der *Wirbeltiere*. Arch. Anat. u. Physiol. 1895, 517. — **Schultze, F.E.:** Die Lungen. Strickers Handbuch der Lehre von dem Gewebe des *Menschen* und der *Tiere* 464. Leipzig 1871. — **Schumacher, S.:** Über das Glomus coccygeum des *Menschen* und die Glomeruli caudales der *Säugetiere*. Arch. mikrosk. Anat. 71 (1907). — Arterio-venöse Anastomosen in den Zehen der *Vögel*. Arch. mikrosk. Anat. 87 (1915). — **Schwalbe, G.:** Beiträge zur Kenntnis der glatten Muskelfasern. Arch. mikrosk. Anat. 42 (1868). — Über den feineren Bau der Muskelfasern wirbelloser *Tiere*. Arch. mikrosk. Anat. 5 (1869). — **Stilling, H.** und **W. Pfitzner:** Über die Regeneration der glatten Muskeln. Arch. mikrosk. Anat. 28, 396 (1886). — **Stock, W.:** Ein Beitrag zur Frage des „Dilatator iridis". Klin. Mbl. Augenheilk. 40, 57 (1902). — **Stübel, H.:** Ultramikroskopische Beobachtungen an Muskel- und Geißelzellen. Pflügers Arch. 151, 115 (1913). — **Szili:** Zur Anatomie und Entwicklungsgeschichte der hinteren Irisschichten. Anat. Anz. 20 (1901). — **v. Szili, A.:** Beitrag

zur Kenntnis der Anatomie und Entwicklungsgeschichte der hinteren Irisschichten, mit besonderer Berücksichtigung des Musculus sphincter pupillae des *Menschen*. Arch. f. Opthalm. **53**, 459 (1902).
Triepel, H.: Zu den Zellbrücken in der glatten Muskulatur. Anat. Anz. **13** (1897).
Valentin, G.: .... Wagners Handwörterbuch 1, 787. — .... Reportorium **2**, 147 (1837). — **Vimtrup, B. J.:** Beiträge zur Anatomie der Capillaren. Kopenhagen: Nielson u. Lydiche 1922. — **Verzar, Fr.:** Über die Anordnung der glatten Muskelzellen im Amnion des *Hühnchens*. Internat. Mschr. **24** (1907). — **de Vries:** .... Nederl. Tijdschr. Geneesk. **1901**.
Wagner, R.: Über die Anwendung histologischer Charaktere auf die zoologische Systematik. Müllers Arch. **1835**, 319. — Über die Muskelfasern der *Evertebraten*. Müllers Arch. **1863**, 211. — Über die Entwicklung und den Bau der quergestreiften und glatten Muskelfasern. Sitzgsber. Ges. Naturwiss. Marburg **1869**, Nr 10. — **Walter, C. R.:** Nonnulla de musculis laevibus. Diss. Lips 1851. — **Werner, G.:** Zur Histologie der glatten Muskulatur. Diss. med. Dorpat 1894. — **Wimpfheimer, G.:** Zur Entwicklung der Schweißdrüsen der behaarten Haut. Anat. H. **34**, 429. — **Winslow, J. B.:** Exposition anatomique de la structure du corps humain. Paris 1732.
Zimmermann, K. W.: Beiträge zur Kenntnis einiger Drüsen und Epithelien. Arch. mikrosk. Anat. **52**, 552 (1898).

II. Herzmuskelgewebe.

A. Geschichtliches.

Wie ich schon bei Besprechung der Entwicklung unserer Kenntnis über die Histologie der glatten Muskulatur hervorhob, machten die Anatomen älterer Zeiten keinen Unterschied zwischen den verschiedenen Arten von Muskulatur, und als eine solche Unterscheidung allmählich Eingang fand, wurde zunächst nur eine Aufteilung im Hinblick auf die Abhängigkeit der verschiedenen Muskelarten vom Willen vorgenommen. Die Folge davon war, daß die Herzmuskulatur mit der glatten Muskulatur zu einer Gruppe der „Muskeln des organischen Lebens" zusammengestellt wurde (BICHAT), die vom Willen unabhängig sind. Derselbe Verfasser betont jedoch, daß die Herzmuskelfasern intensiver rot sind als z. B. die Muskulatur des Darmkanals, und daß sie in den Herzkammern ein wirkliches Muskelnetz bilden, während die Muskelfasern in den Därmen einen kreuzweisen Verlauf nehmen. Die netzförmige Anordnung der Herzmuskulatur scheint jedoch schon weit früher von LEEUWENHOEK (1694) beobachtet worden zu sein. Er

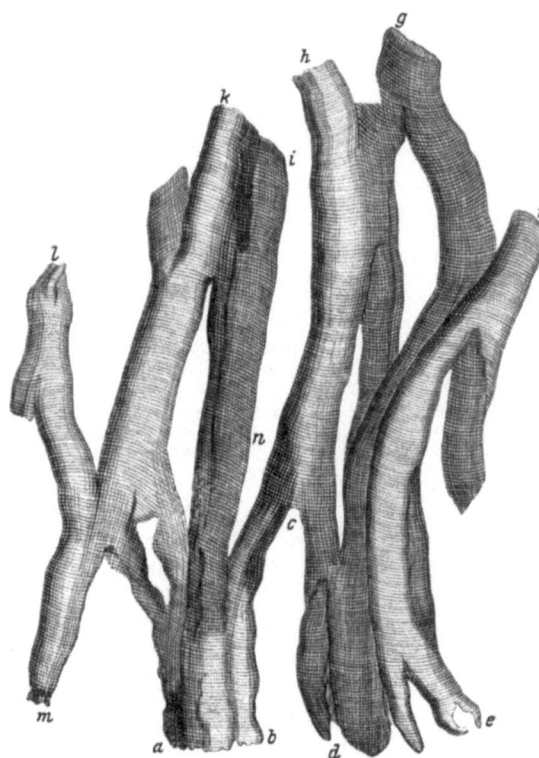

Abb. 29. „a, b, c, d, e, f, g, h, i, k, l, m repraesentat minutissimam particulam cordis anatis." (Nach LEEUWENHOEK aus Arcana naturae 1694.) Auf ³/₄ verkleinert.

sagt nämlich in „Arcana naturae", daß er am Herzen von *Rindern, Schafen* und *Enten* die Elemente so fest miteinander vereinigt gefunden habe, daß sie sich nicht voneinander trennen lassen ohne zu zerreißen. Aus zwei Abbildungen der Muskulatur vom *Enten*herzen, die er beifügt, geht auch hervor, daß LEEUWENHOEK sowohl die netzförmige Struktur als auch die Querstreifung beobachtet hatte (Abb. 29 u. 30). Es sollte jedoch noch fast 150 Jahre dauern, bevor die mikroskopische Anatomie so weit kam, daß seine Beobachtungen bestätigt wurden.

Noch im Jahre 1836 behauptet ARNOLD, daß die Herzmuskulatur, sowohl in bezug auf das Vorhandensein von Querstreifen als auf die Anordnung der

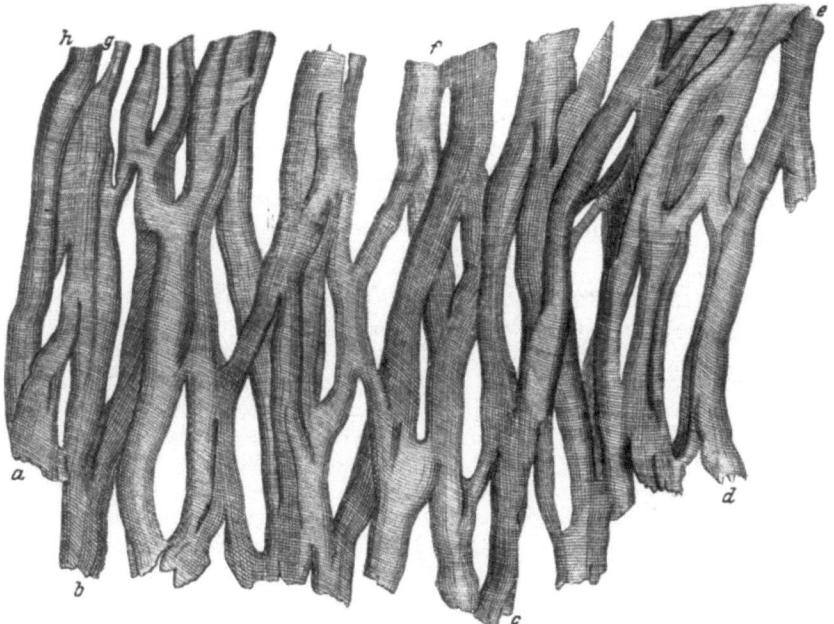

Abb. 30. „a, b, c, d, e, f, g, h repraesentat partem cordis anatis. . . . . . ." (Nach LEEUWENHOEK, aus Arcana naturae 1694.) Verkl. $^3/_4$.

primitiven Fasern zu sekundären Bündeln eine Zwischenstellung zwischen der Visceral- und Skeletmuskulatur einnehme. SEARLE (1836) sagt, daß die Herzmuskelfasern reichlich verflochten sind, erwähnt aber nichts von Anastomosen. VALENTIN (1842) zählt die Herzmuskulatur zur quergestreiften, berichtet aber nichts über ihre Eigentümlichkeiten. Zu dieser Zeit hat man sie offenbar allgemein in bezug auf ihren mikroskopischen Bau mit der Skeletmuskulatur in eine Reihe gestellt.

Die Ehre, die netzförmige Anordnung der Herzmuskulatur wieder entdeckt zu haben, scheint KÖLLIKER zuzukommen. Seine erste Mitteilung hierüber war mir jedoch nicht zugänglich. Im Jahre 1852 hebt er in der ersten Auflage seines „Handbuches der Gewebelehre" hervor, daß die Anastomosen der Herzmuskelprimitivfasern schon LEEUWENHOEK bekannt gewesen seien, sowie daß er (KÖLLIKER) dieses Verhalten im Herzen des *Frosches* wieder entdeckt habe. Bei der Beschreibung des Herzens teilt er folgendes mit: „Die Muskelfasern des Herzens sind rot und quergestreift, weichen jedoch in manchen Beziehungen von denen der willkürlichen Muskeln ab, ... Die einzelnen Fasern selbst sind durchschnittlich um $1/3$ dünner (von 0,004—0,01'''), häufig deutlicher der Länge als der Quere nach gestreift und ziemlich leicht in Fibrillen und kleine Stückchen (Sarcous elements BOWMAN) zerfallend; ihr Sarkolemma ist sehr zart oder selbst gar nicht nachzuweisen, und in den Fasern finden sich fast regelmäßig kleine Fettkörnchen, die häufig mit den Kernen reihenweise in der Achse derselben eingelagert sind und bei entarteter Muskulatur meist ungemein vermehrt und auch gefärbt erscheinen. Mehr noch als hierdurch zeichnet sich aber die Herzmuskulatur aus durch die innige Vereinigung ihrer Elemente, welche nicht nur — abgesehen von der inneren Herzoberfläche — nirgends deutlich unterschiedene Bündel bilden, vielmehr nur durch spärliches Bindegewebe gesondert überall dicht aneinander sich lagern, wie schon LEEUWENHOEK entdeckte, und ich wieder fand, in ihren Elementen direkt miteinander sich vereinen". In den folgenden Auflagen des Handbuches wiederholt KÖLLIKER dieselbe Beschreibung.

REMAK, der im Jahre 1850 darauf hinweist, daß die Muskelfasern im Herzen miteinander anastomosieren, unterscheidet parallel verlaufende Hauptfasern und Zwischenfasern, die diese untereinander verbinden. Seine Untersuchungen gründen sich, außer auf *menschliches* Material, auf Beobachtungen am Herzen von *Ochsen, Schweinen* und *Kaninchen*. Er hebt besonders hervor, daß die Verzweigung und Netzbildung in der Kammerwand des *Menschen* stark ausgesprochen ist.

WEISMANN (1861) ist der Ansicht, daß man für die Herzmuskelfasern nicht die Bezeichnung „Primitivbündel" anwenden kann, weil sie anastomosieren und endlos sind. Im *Amphibien*herzen sind sie aus langgestreckten, spindelförmigen Zellen aufgebaut, deren Grenzen man durch Behandlung mit Essigsäure sichtbar machen kann. Mit Hilfe von 35%iger Kalilauge können die Zellen voneinander isoliert werden und erweisen sich dann als einkernig mit quergestreiftem Inhalt. Bei den *Reptilien* verschmelzen die Zellen während der Entwicklung teilweise miteinander, und bei *Vögeln* und *Säugetieren* ist die Verschmelzung im adulten Zustand so vollständig, daß sich netzförmige anastomosierende Bündel gebildet haben, in welchen die Entstehung aus einzelnen Zellen nur andeutungsweise merklich ist. Bei der embryonalen Herzmuskulatur von hierhergehörenden Tierformen lassen sich solche jedoch isolieren. In einer späteren Arbeit vom Jahre 1862 kommt WEISMANN im Vorbeigehen auf die Herzmuskulatur zurück. Er macht nämlich geltend, daß man in bezug auf die Genese zwei Muskeltypen unterscheiden kann, solche, wo sich die Muskelfasern aus einer Zelle entwickeln, und solche, wo sie aus mehreren Zellen entstehen. Zu der letzteren Gruppe würde, außer den Muskeln einer Serie niedrigerer *Tier*formen, die Herzmuskulatur von *Reptilien, Vögeln* und *Säugetieren* gehören. GASTALDI (1862), der bei KÖLLIKER arbeitete, versucht — im Gegensatz zu WEISMANN —, hauptsächlich auf Grund theoretischer Spekulationen, geltend zu machen, daß auch die einzelnen Herzmuskelfasern sich aus einer Zelle entwickeln und also „Primitivbündel" genannt werden können. AEBY kam im Jahre 1863 auf Grund von Untersuchungen über die Herzmuskelfasern bei *Hunden, Schafen* und *Ziegen* zu dem Schluß, daß sie durch Verschmelzung nacheinander gelagerter — nicht nebeneinander geordneter Zellen (WEISMANN) — entstehen. Die Grenzen zwischen ihnen sind anfangs deutlich, verschwinden aber später. Auch beim *Menschen* beobachtete er im Kindesalter solche Grenzen; sie können in gewissen Fällen beim Erwachsenen bestehen bleiben. In der 4. und 5. Auflage seiner „Gewebelehre" vertritt auch KÖLLIKER den Gedanken an einen cellulären Bau der Herzmuskulatur, deren Fasern sich aus in Reihen geordneten Zellen mit 1—2 Kernen aufbauen sollten. Die Breite der Zellen entspricht seiner Ansicht nach derjenigen der Muskelfasern.

Wenn die celluläre Genese der Herzmuskelfasern in der Mitte der sechziger Jahre auch schon auf Grund der angeführten Arbeiten als gesichert betrachtet werden konnte, so erhielten die Anhänger dieser Lehre im Jahre 1866 doch durch eine Arbeit von EBERTH nicht nur eine sehr starke Stütze; dieser Forscher ging vielmehr noch weiter als seine Vorgänger. Diese hatten geltend gemacht, daß die Herzmuskelfasern bei *Reptilien, Vögeln* und *Säugetieren* allerdings aus Zellen aufgebaut werden, daß sie aber in der Entwicklung mehr oder weniger vollständig miteinander verschmolzen waren. EBERTH dagegen bestreitet, daß eine Verschmelzung stattfindet. Er stützt seine Auffassung auf eine Untersuchung am normalen und pathologischen menschlichen Herzen, sowie am Herzen von *Kalb, Rind, Pferd, Schaf, Hund, Kaninchen, Katze, Sperling, Taube, Huhn, Ente, Coluber natrix, Frosch* und *Flußkrebs*. Die Untersuchungstechnik bestand einerseits aus Imprägnierung mit Lapislösung, die zu dieser Zeit ihren Ruf als Reagens auf Kittsubstanz zu bekommen begann, anderseits auch aus Isolierungsversuchen mit Kali-, Baryt- und Kalklösungen. Mit dem ersteren Reagens glaubte er in jeder Herzmuskulatur die Grenzen zwischen ein- bis zweikernigen Zellelementen, die die Muskelfasern zusammensetzen, schwärzen zu können, während er mit den letzteren Reagenzien diese Zellen isoliert, wobei er konstatieren kann, daß die Bruchstücke dieselbe Form haben wie die durch Silberimprägnierung abgegrenzten Zellen. EBERTH versuchte auch, die Zellen in schon lapisbehandelter Muskulatur zu isolieren, und konnte dabei konstatieren, daß die Auflösung den geschwärzten Kittlinien folgte. WEISMANNs abweichende Resultate erklärt er als Folge unvollständiger Kaliwirkung. EBERTH bestreitet ferner das Vorkommen von Anastomosen zwischen den Zellen; diese seien nur breit zu gröberen Balken zusammengefügt. In der im Jahre 1867 erschienenen Auflage seines Handbuches ist KÖLLIKER schon recht stark von der neuen Auffassung beeinflußt, indem er zugibt, daß die Verschmelzung zwischen den Muskelzellen nicht so vollständig sei, wie er früher angenommen hatte; er meint jedoch, daß die Verbindung bei den höheren *Tier*formen enger ist als z. B. beim *Frosch*, und er hält seine Ansicht insofern aufrecht, als er meint, daß eine wirkliche Verschmelzung hier und da vorkommen könne. In zwei Arbeiten aus den Jahren 1865 und 1867 vertritt WINKLER im Gegensatz hierzu die Ansicht, daß sich die Herzmuskulatur nur durch die Anastomosen von der Skeletmuskulatur unterscheidet. SCHWEIGGER-SEIDEL dagegen schließt sich vollständig der Auffassung EBERTHs an und ist der Ansicht, daß die Herzmuskelfasern Ketten von 50 bis 70 μ langen Zellen sind, die 15—25 μ breit sind, und ungefähr 14 μ lange und 7 μ breite Kerne besitzen. Dieser Forscher scheint mir der erste zu sein, der die sog. Kittlinien exakter abbildet. Auch LANGERHANS (1873), RANVIER (1880 und 1888), CHIARUGI (1887), BROWICZ (1889), PRZEWOSKI (1893), HOCHE (1897), MINERVINI (1898) und HOYER (1899) schließen sich auf verschiedene Weise dem Gedanken an einen cellulären Bau der Herzmuskelfasern an.

Aber auch der Annahme eines netzförmigen syncytialen Baues der Herzmuskulatur fehlte es in dieser Zeit nicht ganz an Anhängern. Schon im Jahre 1872 verficht WAGNER diesen älteren Standpunkt auf Grund von Untersuchungen an *Hühner*embryonen. Bei diesen kann er nicht einmal in früheren Stadien einen cellulären Bau finden. In gewissen Fällen findet er an alkoholgehärtetem oder frischem Material Querkonturen oder Strukturen, die den von SCHWEIGGER-SEIDEL abgebildeten gleichen, diese hält er aber für mehr oder weniger vollständig ausgebildete Kontraktionswellen. Zu einem ähnlichen Resultat will FLEMMING (1897) bei jungen *Salamander*larven gekommen sein. Er findet bei ihren Herzmuskelfasern keine Aufteilung in Zellen.

Erst durch zwei Arbeiten von v. EBNER (1900) und M. HEIDENHAIN (1901) kam jedoch die Lehre über den cellulären Bau der Herzmuskulatur wirklich ins Schwanken. Diese beiden Forscher kamen aber nicht zu übereinstimmenden Resultaten.

v. EBNER ist der Ansicht, daß die Bilder von Kittlinien auf zweierlei Weise entstehen können. Teils beruhen sie auf gewissen, während des Absterbens entstehenden „Verdichtungsstreifen", ähnlich denen, wie man sie in Skeletmuskeln und glatter Muskulatur sieht, teils sind sie nur abgerissene, perimysiale Bindegewebsmembranen, die — vor allem nach Silberimprägnierung — als dunkelfarbige Querlinien hervortreten. Auch sind es keine Zellen, die durch diese Linien abgegrenzt werden. Meistens treten sie allerdings zwischen zwei Kernen auf, dies aber nicht ausnahmslos. Mitunter sieht man auch ein kernloses Stück Muskelfaser zwischen zwei solchen Linien eingeschlossen. Außer diesen Gründen bringt v. EBNER solche physiologischer Natur vor; es würde den inneren Widerstand des Herzmuskels in hohem Grade erhöhen, wenn die Kittlinien die Muskelfasern aufteilen würden. Da es sich hier um einen Muskel handelt, der vom ersten Entstehen des Kreislaufes bis zum Tode arbeitet, liegt kein Grund zur Annahme vor, daß er weniger zweckmäßig beschaffen wäre als alle anderen Muskeln.

HEIDENHAIN macht eine äußerst genaue Analyse der sog. Kittlinien und gibt die erste eingehende Beschreibung über sie und ihre Orientierung. Da ich bei dem Bericht über den Bau der Herzmuskulatur auf diesen Punkt zurückkomme, gehe ich hier nicht weiter darauf ein. Auf Grund seiner Analyse kommt HEIDENHAIN zu dem Schluß, daß diese Kittlinien unmöglich Zellgrenzen oder intercelluläre Strukturen sein können, und er bestreitet infolgedessen den cellulären Bau der Herzmuskelfasern. Er glaubt aus guten Gründen annehmen zu können, daß diese Lehre auf falsche Schematisierungen basiert ist, die frühere Verfasser gemacht haben.

In Arbeiten aus den Jahren 1901 und 1902 untersuchten HOYER und GODLEWSKI die Entwicklung der Herzmuskulatur und kamen zu dem Schluß, daß sie in einem frühen Fetalstadium aus einem an Mesenchymgewebe erinnernden Syncytium bestehe, und daß in diesem Myofibrillen auftreten, ohne auf Zellterritorien begrenzt zu sein. Auch MARCEAU (1902), MORIYA (1904) und RENAUT und MOLLARD (1905) nehmen Abstand von der Lehre eines cellulären Aufbaues der Herzmuskelfasern. Die Untersucher konzentrieren ihre Aufmerksamkeit statt dessen auf das Problem der Natur der sog. Kittlinien, eine Frage, auf die ich beim Bericht über den Bau der Herzmuskulatur zurückkomme. Noch im Jahre 1910 tritt jedoch ZIMMERMANN mit seinen Schülerinnen IRENE VON PALCZEWSKA und MARIE WERNER für die celluläre Theorie ein. Sonst scheinen alle Verfasser späterer Jahre, z. B. BRUNO (1922), PASCUAL (1924), NIEUWENHUIJSE (1926), GALIANO (1926), CHLOPKOW (1926) von der syncytialen Natur der Herzmuskulatur überzeugt zu sein.

Eine andere die Histologie der Herzmuskulatur betreffende Frage, die Gegenstand geteilter Meinungen war, ist das Fehlen oder Vorhandensein eines Sarkolemma, d. h. einer äußersten Begrenzungsschicht um die Muskelfasern. KÖLLIKER drückt sich in seinen früheren Arbeiten über diesen Punkt etwas unbestimmt aus, indem er sagt: „ihr Sarkolemma ist sehr zart oder selbst gar nicht nachzuweisen . . . .", welchen Standpunkt er später dahin änderte, daß die Herzmuskelfasern kein Sarkolemma besäßen (1889). WEISMANN (1861), AEBY (1863), WINKLER (1867), HOCHE (1897) u. a. glaubten jedoch das Vorhandensein eines solchen Gebildes konstatieren zu können, während EBERTH (1866), SCHWEIGGER-SEIDEL (1871), v. EBNER (1900) und zuletzt MARCUS (1925) ein solches bestreiten. HEIDENHAIN (1905 und 1911), HOLMGREN (1907), ZIMMERMANN und PALCZEWSKA (1910) sowie mehrere Verfasser aus den letzten Jahren, z. B. QUAST (1925), CHLOPKOW (1926) und BRUNO (1926) schließen sich der ersteren Gruppe an.

CAJAL (1888), OESTREICH (1894), GLASER (1898) sowie RENAUT und MOLLARD (1904) nehmen in gewissem Maße eine Zwischenstellung ein. Diese Verfasser geben zu, daß die Herzmuskelfaser mit einer besonders strukturierten, peripheren Zone versehen ist. Diese kann jedoch dem Sarkolemma der Skeletmuskulatur nicht völlig gleichgestellt werden; RENAUT und MOLLARD schlagen den Namen Exosarkoplasma vor.

In Lehrbüchern aus der letzteren Zeit schwanken die Ansichten beträchtlich, und man kann — wenn man nach der Zahl der Anhänger gehen will —, die Frage nicht in der einen oder anderen Richtung als entschieden betrachten. Es scheint mir jedoch, als ob die meisten, die der Frage ein besonderes Studium widmeten, nunmehr das Vorhandensein eines Sarkolemma anerkennen würden.

B. Der Bau der Herzmuskulatur.

1. Struktur im Ruhezustand.

Die Herzmuskulatur ist aus quergestreiften Muskelfasern aufgebaut, die, wie schon LEEUWENHOEK beobachtete und später KÖLLIKER und REMAK wieder entdeckten, miteinander zu einem Netz verbunden sind. Die Maschen des Netzes sind spaltenförmig, und in ihnen liegen in spärliches Bindegewebe eingebettete Blutgefäße.

Die einzelnen Muskelfasern sind von etwas variierender Dicke, nach v. EBNER (1902) haben sie beim *Menschen* 9—22 μ im Durchmesser. Sie sind also durchschnittlich bedeutend dünner als die Skeletmuskelfasern. Hierbei ist jedoch nicht zu vergessen, daß die Höhe des unteren Grenzwertes in hohem Grade dadurch bedingt ist, wie man das „Zwischensarkolemma" (HEIDENHAIN) auffaßt. MARCEAU (1904) gibt Werte von 5—40 μ an, im Durchschnitt 20 μ. S. ferner die Untersuchungen von SCHIEFFERDECKER (S. 89).

MARCEAU gibt in seiner Arbeit auch für eine Menge von *Säugetieren, Vögeln* und niedrigeren *Tieren* entsprechende Werte an, bezüglich derer ich auf die Originalarbeit verweise.

Nur rein lokal kann man eigentlich von „einer Muskelfaser" sprechen, d. h. entsprechend einem Querschnitt von ihr, wo

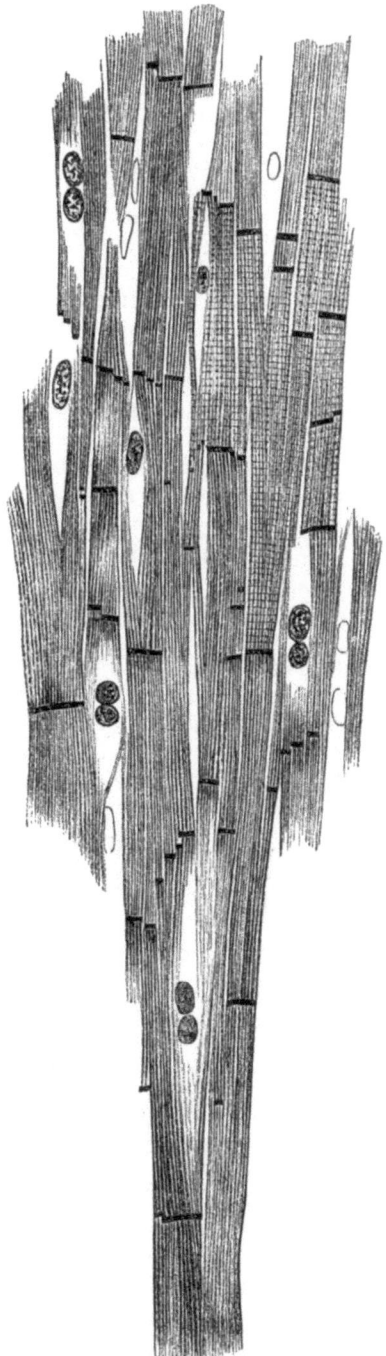

Abb. 31. Faserstruktur des *menschlichen* Herzens. Man beachte die verschiedene Größe der Schaltstücke und die plexusartige Anordnung der Faserbündel. Behandlung: Sublimat—Thiazinrot+Toluidinblau. (Nach HEIDENHAIN, aus Plasma und Zelle 1911.)

man ein mehr oder weniger unregelmäßiges Gebilde findet, das von der Umgebung abgegrenzt ist. Untersucht man dagegen einen Längsschnitt, so wird man sehen, daß sich die Gebilde, die man auf Querschnitten vielleicht als einzelne Fasern gedeutet hätte, mit benachbarten Gebilden gleichartiger Beschaffenheit durch „breite seitliche Verschmelzungen" vereinigen (HEIDENHAIN). Von diesen Verhältnissen gibt Abb. 31 (nach HEIDENHAIN) eine gute Vorstellung. Dieser Forscher führt bezüglich des Bildes folgendes an: „Bei der Zeichnung dieser Figur ging ich in der Art vor, daß ich bei einer einzelnen Faser (unten!) begann und diese durch das Präparat hindurch zu verfolgen suchte, um festzustellen, was aus dem ursprünglich gegebenen Fibrillenbündel schließlich wird. Folgt man nun der Faserung in der Richtung nach aufwärts, so sieht man, wie das Bündel gleichsam in viele Teilfasern auseinanderfährt, die ihrerseits wiederum mit anderen Fasern in seitlicher Richtung zusammenhängen. Diese letzteren, das Bild in seitlicher Richtung begrenzenden Fasern habe ich dann wiederum ein Stück weiter nach abwärts verfolgt. Auf diese Weise wird die Plexusbildung durchaus deutlich und man begreift, daß die scheinbare Ausbreitung der ursprünglichen Faser nur dadurch zustande kommen kann, daß aus anderen Ebenen, welche in dem sehr dünnen Schnitt nicht enthalten sind, bedeutende Fasermassen in das erstgegebene Bündel übertreten."

Man ist also am ehesten berechtigt, den Herzmuskel als einen Syncytium aufzufassen, der durch gefäßhaltiges Bindegewebe in größerer oder geringerer Menge in ein Netz zersplittert wird. Seine spaltförmigen Maschen enthalten Bindegewebe, während die dazwischenliegenden Teile des Syncytiums die von SCHAFFER u. a. angegebene Dicke besitzen. Die Querschnittfläche betrug nach SCHIEFFERDECKER bei zwei Männern im Alter von 22 und 24 Jahren und bei einer 27 jährigen Frau im Durchschnitt 261 μ^2. Er hält diese Zahl jedoch wegen des kleinen Materials nicht für definitiv und nimmt ferner an, daß ein Unterschied zwischen Städte- und Bergbewohnern besteht usw. MARCEAU gibt für den *Menschen* Werte von 12—550 μ^2 an; im Durchschnitt 190 μ^2.

In den Balken kann man je nach der verschiedenen Differenzierung des Cytoplasmas verschiedene Teile unterscheiden: Im Zentrum oder nahe an ihm liegen die Kerne, von einem körnigen Cytoplasma, dem Endoplasma umgeben; nach außen davon befindet sich ein Cytoplasma, das zum Teil in Fibrillen differenziert ist, das Mesoplasma, und schließlich findet man zu äußerst, gegen das Bindegewebe zu, eine dünne Begrenzungsschicht, das Sarkolemma oder Exoplasma.

a) Die Kerne.

Die Kerne sind mehr oder weniger axial, niemals dicht unter dem Sarkolemma, in den Protoplasmabalken gelegen [HEIDENHAIN (1902), RENAUT und MOLLARD (1904) u. a.], sie können jedoch stark exzentrisch liegen. Mitunter liegen sie einzeln, oft zwei und zwei nacheinander in der Längsrichtung des Balkens, mitunter aber, besonders bei jüngeren Inividuen in langen Reihen [SOLGER (1891)], was als Zeichen einer abgelaufenen direkten Kernteilung ausgelegt wurde (SOLGER, SCHIEFFERDECKER u. a.).

Die Form ist meistens oval, mit der Längsachse in der Richtung des Balkens, man sieht jedoch auch nierenförmige oder leicht gelappte Kerne (RENAUT und MOLLARD). MARCEAU gibt die Kernlänge beim *Menschen* im Durchschnitt mit 12,5 μ, den Kerndurchmesser mit 6,5 μ, das Volumen mit 267,5 μ^2 an. SCHIEFFERDECKER fand bei den obenerwähnten Individuen im 22. bis 27. Lebensjahre eine Kernlänge, die, zwischen 28 und 5,8 μ variierend, im Durchschnitt 11,7 μ

betrug und bei einer 52jährigen deutschen Frau zwischen 26—10 μ resp. im Durchschnitt 16,97). Bei einem 21jährigen Kamerunneger betrugen die entsprechenden Ziffern 17,47; 6,99 μ und 11,09 μ, während ein 30jähriger Chinese

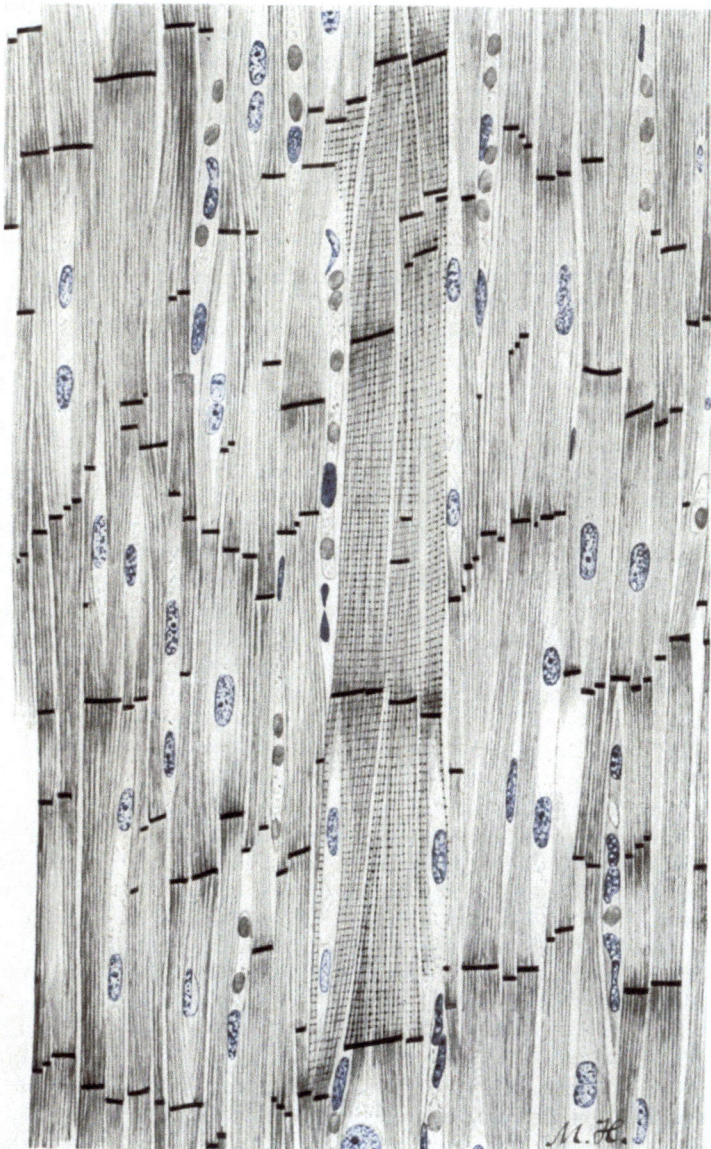

Abb. 32. Übersichtsbild über die *menschliche* Herzmuskulatur. (Nach HEIDENHAIN, aus Plasma und Zelle 1911). Vergr. 540 ×.

Kernlängen zwischen 20,97 μ und 9,32 μ mit einer Durchschnittslänge von 13,56 μ aufwies. Das Kernvolumen — durch Multiplikation der Kernlänge mit dem durchschnittlichen Kernquerschnitt erhalten — betrug bei diesen Gruppen 200, 212, 196 resp. 296 Kubikmikra.

Die Kerne sind von einer deutlichen Membran umgeben, enthalten ein Chromatinnetz und Nucleolen. Das Chromatin wechselt in seinem Aussehen; mitunter liegt es hauptsächlich dicht um die Kernmembran gesammelt, so daß der Kern ein vesiculöses Aussehen bekommt, mitunter bildet es ein Netz, das den Kern durchsetzt, und in welchem gröbere und feinere Chromatinstränge auftreten. Die Kerne enthalten kein Glykogen [ARNOLD (1909)]. Auch scheinen sie keine mit Silber imprägnierbare Substanz zu enthalten [SAGUCHI (1928)]. AMORIN (1922) färbte mittels CAJALs Uransilbermethode perinucleäre Spiralfasern im Herzen von *Schafen*, *Schweinen* und *Meerschweinehen*. Er hält diese Fasern für identisch mit HORTEGA-GORRIZs entsprechender Struktur bei *Fröschen*. Sie sollen eine Differenzierung in der Kernmembran sein.

b) Endoplasma.

Die Kerne sind von einer Säule von Sarkoplasma umgeben, in welcher grobe, basophile Granula auftreten (HEIDENHAIN). Nach SCHIEFFERDECKER (1916) sind diese Endoplasma-,,Höfe" bei jüngeren Individuen bis zum Alter von 15 Jahren schwer zu sehen, um später, bei zunehmendem Alter, immer größer und deutlicher zu werden. Das Endoplasma ist am reichlichsten um den Kern oder die Kerne, wenn mehrere nahe aneinander liegen. Wenn die Kerne weit auseinander liegen, verschmälert sich das Endoplasma zwischen ihnen spindelförmig zu einem schmalen Strang (RENAUT und MOLLARD), oder es kann auch ganz unterbrochen sein, so daß die verschiedenen Endoplasmagebiete keine Verbindung aufweisen. Bei älteren Individuen wird das Endoplasma reichlicher (RENAUT und MOLLARD, SCHIEFFERDECKER), und es enthält dann Körnerbildungen verschiedener Art in zunehmender Menge.

Am meisten hervorstechend sind Pigmentkörner von einem gelbbraunen bis dunkler braunen Farbton. Sie sind verschieden große, rundliche, stark lichtbrechende Gebilde, die sich mit HEIDENHAINs Eisenalaunhämatoxylin stark färben. Sie werden dagegen von Osmium nicht geschwärzt, und sind unlöslich in Äther. Wie RANVIER (1880) sowie RENAUT und MOLLARD (1893 und 1904) hervorheben, ist es deshalb schwer verständlich, weshalb MAAS meinte, sie seien von Fettnatur, eine Ansicht, die später unter Anatomen und Pathologen weit verbreitet war. Es dürften jedoch normalerweise auch einzelne Fetttropfen und Lecithingranula im Endoplasma auftreten können (SCHAFFER). KÖNIG (1926) fand, daß sich in der Herzmuskulatur nach Bleichen mit Wasserstoffsuperoxyd Pigmentgranula mit Scharlachrot und Nilblau färben lassen. Die letztgenannte Farbenreaktion ist seiner Ansicht nach zum Pigmentkorn selbst gebunden. PASCUAL (1924) nahm an, daß die Kerne eine gewisse Rolle bei der Pigmentbildung spielen, indem sie Eisen lieferten; sonst soll das Pigment Albumin und Lipoide enthalten.

Über die Bedeutung der Pigmentkörner wissen wir in Wirklichkeit sehr wenig. RENAUT und MOLLARD geben an, daß sie beim *Menschen* im Alter von 10 Jahren aufzutreten beginnen; vorher fehlen sie, sowie sie auch bei jungen *Säugetieren* nicht zu finden sind. Noch in den zwanziger Jahren sind sie klein und spärlich, nehmen aber mit steigendem Alter an Menge und Größe zu, um bei alten Individuen das Endoplasma sowohl um die Kerne wie in den internuclearen Strängen auszufüllen, und sogar in das Mesoplasmagebiet überzugreifen. RANVIER (1880) nahm an, daß sie aus dem Hämoglobin stammen und einen Abfall bei der Tätigkeit des Protoplasmas bilden. MAAS hielt sie für Stoffwechselprodukte sekundärer Natur, während RENAUT und MOLLARD nur ihre Beziehung zur Länge der Tätigkeit und zur Ermüdung der Muskeln hervorheben.

Außerdem finden sich im Endoplasma reichlich Glykogenkörner [ARNOLD (1908, 1909)], die sicher von der größten Bedeutung für die Tätigkeit des Muskels sind (s. die Skeletmuskulatur). HEIDENHAIN (1902) erwähnt, daß beim *Menschen* ebenso wie bei *Triton* in der zentralen Protoplasmasäule grobe basophile Granula in Gruppen auftreten können. Außerdem beschrieb REGAUD (1910) Mitochondrien im Endoplasma von *Kaninchen* und *Hunden*. Sie sind rundlich, tropfen- oder bacillenförmig und treten besonders reichlich an den Kernenden auf. Die verschiedenartigen endoplasmatischen Körner werden von vielen Verfassern Sarkosome genannt (HOLMGREN, ARNOLD, THULIN u. a.).

c) Mesoplasma[1].

Das Mesoplasma bildet den Hauptteil der Masse der Herzmuskelbalken und bildet, ebenso wie in der glatten Muskulatur, den spezifischen Bestandteil des Herzmuskels. In ihm können wir einerseits in Bündel oder Gruppen geordnete Fibrillen beobachten, anderseits zwischen diesen ein körnerhaltiges, nicht fibrillär differenziertes Sarkoplasma. Überdies erstrecken sich membranöse Gebilde vom Sarkolemm, die Grundmembranen oder Telophragmen, quer durch das Mesoplasma bis zu den Endoplasmasäulen, so daß sie die contractile Materie in regelmäßige Segmente aufteilen, die Muskelfächer (KRAUSE), Segment contractile (RENAUT). In diesen Beziehungen gleichen die Herzmuskelbalken vollständig denen der Skeletmuskulatur. Ein Unterschied scheint darin zu liegen, daß sich die Grundmembranen nicht durch die Endoplasmagebiete erstrecken, wie es in den Skeletmuskeln außerhalb des Horizontes der Kerne in der Regel der Fall ist.

Das Mesoplasma ist quergestreift und zeigt in dieser Beziehung dieselbe Differentiierung wie die Skeletmuskelfasern.

Die Fibrillen setzten sich anscheinend kontinuierlich durch das Muskelnetz fort, so daß man in diesem beim entwickelten Herzen niemals Fibrillenenden sieht. Nur in den Spitzen der Papillenmuskeln und beim Ursprung von den Anuli fibrosi, wo die Herzmuskelbalken als Ganzes schließen resp. beginnen, findet man solche Enden. Die Fibrillen liegen bei niedrigeren *Vertebraten* in einer einfachen Schicht geordnet, in der Peripherie der Fasern [MARCEAU (1904)], bei höheren *Tier*formen aber bilden sie größere Massen. Dabei sind sie nicht diffus über die Balken verteilt, sondern, wie ein Querschnitt deutlich zeigt, in Bündel oder Gruppen von etwas variierendem Aussehen angeordnet. Nach MARCEAU und nach RENAUT und MOLLARD können die Fibrillen in den Bündeln entweder ringförmig oder kompakt angeordnet sein. Im ersteren Falle sind sie auf dem Querschnitt in Ringe geordnet, in welchen ein feiner Strang von Sarkoplasma besonderen Aussehens (RENAUT und MOLLARD) gelegen ist. Im letzteren liegen sie, unregelmäßig gruppiert, „tout comme les traits d'un faisceau de javelots". Der erstere Typus soll beim *Pferd* vorkommen, während sich der letztere ausgeprägt bei der *Kuh* findet. Der Herzmuskel des *Menschen* scheint vom ersteren Typus zu sein. Die einzelnen Fibrillengruppen werden von diesen Verfassern LEYDIGsche Zylinder genannt, und entsprechen wohl am ehesten dem, was andere Verfasser gewöhnlich Pfeiler oder Säulen nennen. Der Querschnitt dieser kleinen Säulen verschiedener Ordnung bilden die COHNHEIMschen Felder. Diese sind in der Herzmuskulatur durch gröbere und feinere Septa von nicht fibrillärem Sarkoplasma geschieden, RENAUTS und MOLLARDS „protoplasma intercontractile", über welches weiter unten die Rede sein soll.

---

[1] Von HOLMGREN und THULIN Exoplasma genannt; ich halte es jedoch für zweckmäßiger, diesen Namen wie bei Bindesubstanzgeweben für das passive mechanische Strukturen enthaltende Plasma zu reservieren.

Was die Differenzierung des Mesoplasmas in verschiedene Querstreifen betrifft, so entspricht sie vollständig der Querstreifung in der Skeletmuskulatur, und ich verweise in der Hauptsache auf dieses Kapitel, da es mir unnötig erscheint, die Beobachtungen hierüber an zwei Stellen eingehend zu behandeln. Ich will hier nur kurz die verschiedenen Segmente aufzählen, da ihre Kenntnis für das Verständnis der Veränderungen während der Kontraktion wichtig ist.

Dicht an der Grundmembran (KRAUSE), dem Telophragma (HEIDENHAIN), disque mince (AMICI), der Zwischenscheibe (Z) (ROLLET) liegt in jedem Muskelfach ein isotroper Faserabschnitt (I. ROLLET, Bande claire Bc.). Danach folgt eine doppelbrechende Partie, Querscheibe (BOWMAN, Q. ROLLET), Disque epais (De). Diese letztere wird dann durch den HENSENschen Streifen (Qh) in der Mitte geteilt, und in der Mitte von diesem, der optisch einfachbrechend ist, kommt die Mittelmembran (M. HEIDENHAIN). Auf der anderen Seite von Q folgt dann ein neues J und dann Z.

Die Reihenfolge ist also folgende: Z
I
$$Q \begin{cases} \frac{1}{2}\ Q \\ \frac{1}{2}\ Qh \\ M \\ \frac{1}{2}\ Qh \\ \frac{1}{2}\ Q \end{cases}$$
I
Z.

Alle älteren Verfasser haben es für wahrscheinlich gehalten, daß die Fibrillen Träger der Querstreifung seien. Hier muß jedoch erwähnt werden, daß mehrere Verfasser die Ansicht aussprachen, die Fibrillen seien in ihrer ganzen Ausdehnung gleichförmig gebaut, und die Querstreifung sei auf die Strukturverhältnisse des Sarkoplasmas zurückzuführen (v. EBNER, MARCUS). Auf diesen Punkt gehe ich hier nicht ein, sondern komme darauf bei Besprechung der Skeletmuskulatur zurück. Dort will ich auch über die Ansichten betreffs der Dicke der Fibrillen berichten.

Als Höhe der Muskelfächer im Ruhezustand maß HEIDENHAIN (1901) und MARCEAU (1902) an der *menschlichen* Herzmuskulatur 2 μ, während die von I + Z + I nach dem ersteren ungefähr 0,6 μ betrug. Q würde also ungefähr 1,4 μ messen. Nach MARCEAU mißt Q 1,2 μ und I + Z + I 0,8 μ. Die Grundmembran (Z) wird auf höchstens 0,2 μ geschätzt, welches Maß also auch für I gelten würde. Wie HEIDENHAIN richtig bemerkt, streift diese Zahl jedoch bereits die untere Grenze der „Leistungsfähigkeit" des Mikroskops, weshalb man nicht wissen kann, ob die in Rede stehenden Strukturen nicht noch feiner sind. Dagegen müssen die Angaben über die Höhe der Muskelfächer als exakt, und der Wert der Dicke von Q als ungefähr zutreffend angesehen werden. Sie stimmen auch gut mit einer Anzahl von mir vorgenommener Messungen überein.

Das Sarkoplasma oder das interfibrilläre Cytoplasma, das RENAUT und MOLLARD auch als „Protoplasma intercontractile" bezeichnen, ist in den Herzmuskelbalken sehr reichlich vorhanden. Es hängt mit der zentralen Endoplasmasäule zusammen und breitet sich von ihr in Form von gröberen und feineren Septen zwischen den Säulen und Gruppen dgl. aus, um schließlich in sie einzudringen und die Zwischenräume zwischen den einzelnen Fibrillen auszufüllen. Überhaupt scheint der Herzmuskel zu den sarkoplasmareichsten Muskeln des *menschlichen* Körpers zu gehören, und er ist, wie alle Muskeln mit anhaltender Arbeit, zunächst zur Gruppe der roten Muskeln zu rechnen. Ebenso wie das Sarkoplasma der Skeletmuskulatur enthält auch das des Herzmuskels einen rötlichen, mit dem Blutfarbstoff nahe verwandten Farbstoff, das Myoglobin oder Myochrom [K. MÖRNER (1897)]. MAC MUNN behauptete, daß auch ein anderer, mit dem Hämochromogen verwandter Farbstoff, das Myohämatin, in den Muskeln vorhanden sei, was jedoch von MÖRNER u. a. bestritten wird. Das Myoglobin kommt — schon bei Neugeborenen — besonders reichlich in der Herzmuskulatur vor, und seine Menge nimmt während des Lebens nur wenig zu. LEHMANN (1904), der Untersuchungen hierüber machte, gibt an, daß das Herz der untersuchten *Säugetiere* zu den myoglobinreichsten Organen des Körpers gehört. Er nennt für *Kaninchen* die Zahl 0,95; für *Kälber* 1,6; *Rinder* 2,1; *Pferde* 2,5; *Schweine* 2,3; *Katzen* 1,38 usw. Die Zahlen (X) sind Durchschnittswerte, in *Rinder*blut umgerechnet: „der Muskel ist gefärbt, als ob er X$^0/_0$ Blut enthielte". An *menschlichen* Leichen konnte er konstatieren, daß sich auch hier das Herz durch einen hohen Myoglobingehalt auszeichnet; ziffermäßig wird der Wert für dieses Organ jedoch

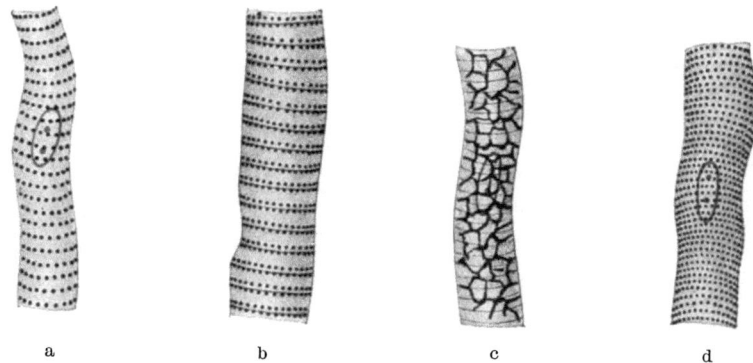

Abb. 33. a—c Herz vom *Kaninchen*. d Herz vom *Hammel*. Granularreihen und Netze von Glykogen. BESTS Carminfärbung. (Nach ARNOLD 1909.)

nicht besonders angegeben. Das Sarkoplasma enthält im Gebiete des Mesoplasmas auch Körnerbildungen. RENAUT und MOLLARD geben allerdings an, daß es „a perdu la constitution granuleuse et s'est condensé en une substance sans structure apparente, translucide, homogene et tenace comme le serait un verre fluid". Andere Verfasser wiesen indes in ihm das Vorhandensein verschiedener Arten granulöser Strukturen nach.

Dazu ist zunächst zu bemerken, daß Glykogen im Herzmuskel in Form von Granula auftritt. Ihre Anordnung wurde vor allem von ARNOLD (1909) sowohl an kalt- wie an warmblütigen *Tieren* untersucht. Er findet die Anordnung, was die gewöhnlichen Herzmuskelfasern betrifft, bei beiden Gruppen gleich. Je nach der Sarkoplasma- bzw. Glykogenmenge wechseln schmalere und breitere longitudinale Reihen von glykogenhaltigen Granula oder die Muskelsäulen umspinnenden Netze (Abb. 33). Die transversalen Glykogengranula liegen in Reihen auf beiden Seiten von den Grundmembranen, eine Lage, die dem Platz der I-Körner entspricht (s. Kap. Skeletmuskulatur), weshalb ARNOLD meint, daß die Glykogenkörner durch Assimilation des Glykogens durch die I-Körner entstehen. Hierzu ist zu sagen, daß HOLMGREN keine I-Körner in der Herzmuskulatur finden konnte. Das Glykogen ist sicherlich für die Tätigkeit der Herzmuskulatur wie der Skeletmuskulatur von sehr großer Bedeutung. Da sie in bezug auf diese Muskelart nicht näher studiert ist, gehe ich jedoch hier nicht näher auf die Frage ein, sondern verweise auf das betreffs der Skeletmuskelfasern Gesagte.

Im Jahre 1907 wies E. HOLMGREN zwischen „den Säulchen" der Herzmuskulatur Kornbildungen im Sarkoplasma auf (Abb. 34). Diese Körner liegen im Niveau der Querscheiben und ihr Durchmesser entspricht deren Dicke. In „flüssigkeitsreicheren" Muskelfasern haben sie eine rundliche Form, und es liegt ein Korn zwischen zwei benachbarten „Säulchenmetameren". Bei Kontraktionszuständen mit dichterer Stellung der Säulen können sie flügelähnliche Fortsätze bekommen, so daß sie Querbänder zu bilden scheinen, die das Gebiet zwischen zwei aneinander grenzenden Grundmembranen ausfüllen. Bei Fasern in Extension sind die Körner kleiner und weisen in ihrer Mitte eine hantelförmige Einschnürung auf. Diesen Korngebilden, die HOLMGREN als Sarkosomen oder wegen ihrer Lage als Q-Körner bezeichnet, schreibt er, worüber im nachstehenden berichtet werden soll, große Bedeutung für die Funktion der Muskeln zu. Sie entsprechen, wie er hervorhebt, den Q-Körnern in gewissen Arten der Skeletmuskulatur und bestehen nicht aus Glykogen; er nimmt vielmehr an, daß sie aus einer eiweißartigen Materie bestehen. Diese Körner wurden auch von

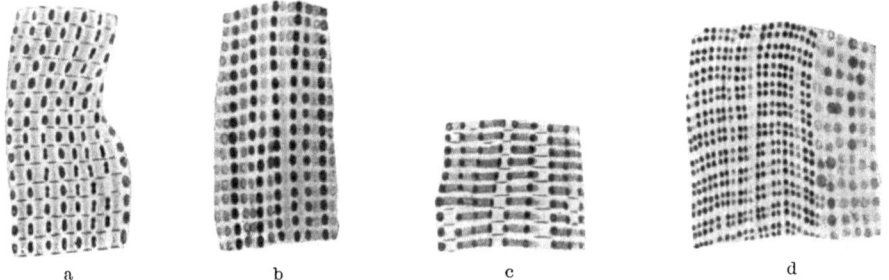

Abb. 34 a—d. Längsschnitte durch Herzmuskelfasern von *Mus decumanus*. In a—c sind die Q-Körner gefärbt; c zeigt einen Kontraktionszustand; d zeigt links eine Färbung von Q mit deutlichem Qh, rechts treten die Q-Körner hervor. (Nach E. HOLMGREN 1907.)

THULIN und MARCUS beobachtet. An derselben Stelle, wo HOLMGREN u. a. Q-Körner beobachtet hatten, glaubte REGAUT (1910) bei *Hunden* und *Kaninchen* das Vorhandensein von Mitochondrien konstatieren zu können. Diese sollen zwischen den Säulen gelagert, blattförmig und von derselben Höhe sein wie die Querscheibe. Er meint, daß sie für die Glykogenablagerung von Bedeutung sind; über ihr Verhalten zu den Q-Körnern äußert er sich nicht.

d) Exoplasma oder Sarkolemma.

Wie ich schon oben beim Bericht über die Entwicklung unserer Kenntnisse über den Bau der Herzmuskulatur erwähnt habe, variierten die Ansichten über das Vorhandensein oder Fehlen eines Sarkolemmas bei verschiedenen Verfassern bis in die letzte Zeit. Ich will hier nicht detailliert über die Ansichten aller Verfasser berichten, sondern mich damit begnügen, die wichtigsten und einige von den letzten zu nennen.

HEIDENHAIN (1902 und 1911) konstatiert, daß die Herzmuskelfasern „durchgehends von einem gut darstellbaren Sarkolemma bekleidet werden" und schließt sich hierin an HOCHE an. Dieses Sarkolemma steht mit den Grundmembranen in Verbindung und wird wie diese mit Vanadiumhämatoxylin elektiv gefärbt. Mittels der elektiven Färbung gelang es ihm nachzuweisen, daß die Gebilde, die man früher als Herzmuskelfasern aufgefaßt hatte, durch feine bindegewebsfreie Spalträume in Unterfaszikeln aufgeteilt würden, die gegen die Spalte zu gleichfalls von einem Sarkolemma bekleidet wären. Solche im Inneren der Muskelfasern befindliche Sarkolemmagebilde nennt er „Zwischensarkolemme".

Sie stünden in einer bestimmten Beziehung zu den im geschichtlichen Überblick erwähnten Kittlinien, indem sie überall auftreten, wo solche übereinander ,,Rand auf Rand" stehen. In ihrer einfachsten Form seien diese Zwischensarkolemme einfach, sie könnten sich aber später spalten und doppelt werden, mit einer bindegewebsfreien Spalte zwischen ihnen. Auf diese Weise würde eine Längsspaltung der Herzmuskelsegmente auftreten, also eine Art Zellteilung, dem eigentümlichen Bau und der Funktion des Herzmuskels angepaßt.

Was das Aussehen des Sarkolemmas betrifft, beschreibt HEIDENHAIN es (1902) als ein scharf differentiiertes, dichtes, protoplasmatisches ,,Häutchen, welchem jene eigenartige, beinahe chitinöse, elastische Oberflächenschicht, wie man sie überall am Sarkolemma der Skeletmuskeln trifft, vollständig fehlt". Das Herzmuskelsarkolemma, heißt es bei diesem Verfasser weiter, behält den Charakter einer protoplasmatischen Grenzmembran, während das Sarkolemma der Skeletmuskelfasern auf der Oberfläche erstarrt unter Bildung eines elastischen ,,Häutchens", das jedoch mit der protoplasmatischen Unterlage in Verbindung bleibt. Sonst verhalten sich die beiden Gebilde in bezug auf die Verbindung mit der Grundmembran gleich. Man findet hier dasselbe Verhalten, wie man es bei Insektenmuskeln beobachten kann: das Sarkolemma ,,hebt sich" meistens ,,in zierlichen Bögen von der Unterlage ab", unter Bildung von ,,Arkaden" oder ,,Festons", wie HOCHE (1897) betreffs des Verhaltens beim Herzen sagte, und es zuerst von CAJAL (1888) beschrieben worden war. MARCEAU sowie RENAUT und MOLLARD schließen sich ganz der Auffassung HEIDENHAINs betreffs des Sarkolemmas und Zwischensarkolemmas an; die letztgenannten finden jedoch den Namen ,,Exosarcoplasma" und ,,exosarcoplasma intermediaire" geeigneter. Sie halten diese Gebilde in den Herzmuskelfasern für eine Art embryonalen Sarkolemme, aus welchen sich in den Skeletmuskelfasern sekundär ein wirkliches Sarkolemma entwickelt. Auch ZIMMERMANN-PALCZEWSKA (1910) schließen sich ganz der Ansicht HEIDENHAINs an. An den Schaltstücken konnten diese Verfasser jedoch kein Sarkolemma beobachten.

Von späteren Verfassern ist TANDLER (1913) allerdings der Ansicht, daß die Herzmuskelfaser ein Sarkolemma besitze, daß es aber nicht dem der Skeletmuskelfasern homolog sei, während BRUNO (1926) meint, daß es sich nicht von dem letzteren unterscheidet. CHLOPKOW (1925) schließlich findet im Anschluß an gewisse Arbeiten über die Skeletmuskulatur, daß das Herzmuskelsarkolemma ein rein kollagenes Gebilde sei.

Im Gegensatz zu diesen Verfassern meint v. EBNER (1920), es könne kein Zweifel darüber herrschen, daß die Herzmuskelfasern kein Sarkolemma besitzen. Im Anschluß an ROLLET betont er, daß die Fibrillen allerdings von einer oberflächlichen Cytoplasmaschicht bedeckt sind, meint aber, daß es verwirrend sei, wenn man für sie den Namen Sarkolemma anwendet, der für die oberflächliche Bekleidung der Skeletmuskelfasern reserviert werden sollte. Der Umstand, daß die Oberflächenschicht der Herzmuskelfasern bei Anwendung von Vanadiumhämatoxylinfärbung nach HEIDENHAIN anders gefärbt wird als das nach innen davon liegende Sarkoplasma, hält er nicht für ausreichend, um diese Schicht als ein Sarkolemma zu bezeichnen, weil freie Flächen stets ,,Besonderheiten der Adsorbtion zeigen, die sich bei Färbungsversuchen oft in sehr störender Weise geltend machen". HEIDENHAINs Beobachtungen über ,,Zwischensarkolemma" findet er danach angetan, den Zweifel zu bestärken, da man in geschrumpften Präparaten nicht selten ,,abgehobene Sarkoplasmahäutchen" findet, die sich in bezug auf die Färbung anders verhalten als das dicht zusammengeschlossene Sarkoplasma. Er meint, eine ähnliche Färbung von Bruchflächen an der Muskelfaser konstatiert haben zu können, und betont mit Recht, daß man auf Querschnitten mehr oder weniger tiefe Einbuchtungen in die Muskelfasern beobachtet, die mit deren netzförmiger Teilung zusammenhängen, Einbuchtungen, die so beschaffen sind, daß sie in ihren tiefsten Teilen

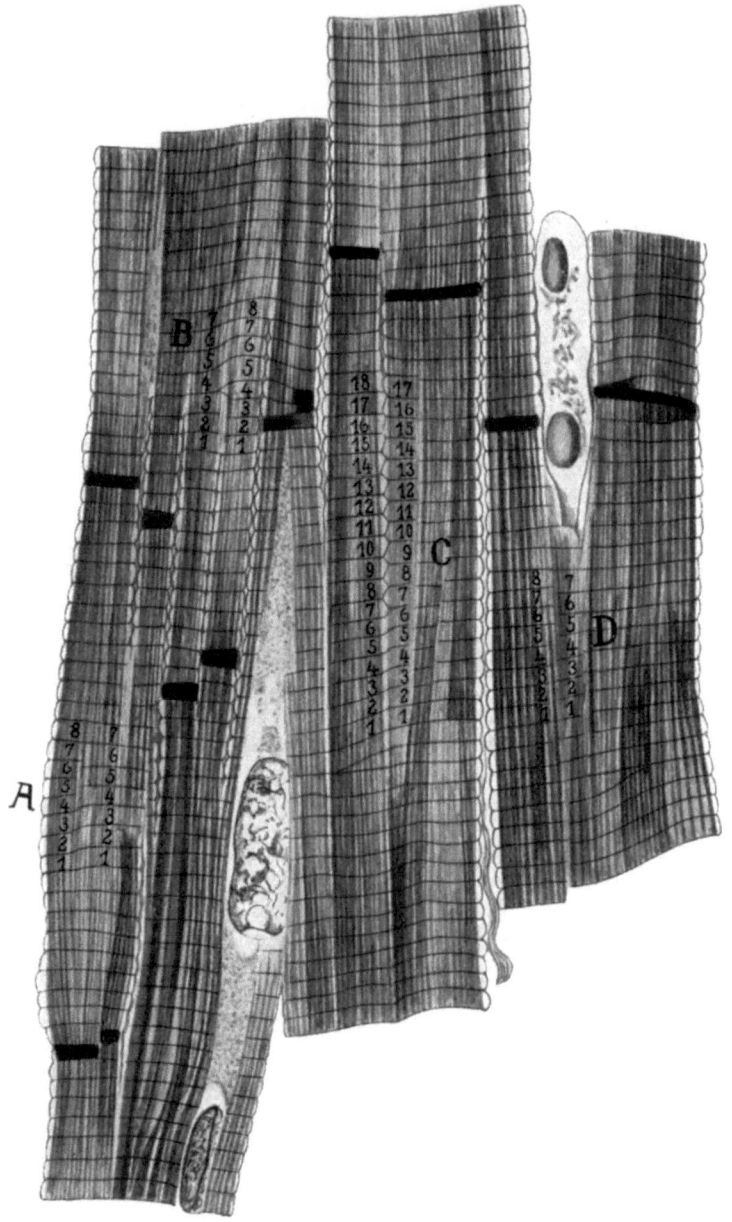

Abb. 35. *Menschlicher* Herzmuskel. Darstellung der Zwischensarkolemme und Tochterfascikel. (Nach Heidenhain 1902.)

auf Längsschnitten das Bild eines einfachen oder doppelten „Zwischensarkolemmas" geben können. Er hält deshalb den Namen „Pseudosarkolemma" für eine geeignetere Bezeichnung.

In den Jahren 1924—1925 äußert sich MARCUS über diese Frage in zwei verschiedenen Aufsätzen, die sich jedoch anscheinend auf dasselbe Material gründen. Im ersten von ihnen erklärt er, daß er am Rande der Muskelfasern eine dunkle, scharfe Kontur sieht; in dieser Begrenzungsschicht gehe das Neurilemma eines Nervenfasers über, und man dürfte sie deshalb als ein Sarkolemma bezeichnen können. In der „Kontroverse HEIDENHAIN-v. EBNER" bildet die Beobachtung seiner Ansicht nach eine Stütze für die Ansichten des ersteren. Etwas später (1925) kommt er eingehender auf die Frage zurück und erklärt nun, daß er „im Laufe weiterer Untersuchungen jetzt v. EBNER restlos beipflichten muß".

Die Meinungsverschiedenheiten, über welche im obigen berichtet wurde, und für deren Hauptrepräsentanten man HEIDENHAIN und v. EBNER betrachten kann, scheinen auf den ersten Blick unvereinbar zu sein. Bei näherer Betrachtung dürfte man jedoch finden, daß der Unterschied in den Ansichten wenigstens zum Teil nur in einer verschiedenen Auffassung über den Inhalt des Wortes „Sarkolemma" liegt. Beide Hauptverfasser sind der Ansicht, daß der Fibrillen enthaltende Teil des Muskelprotoplasmas — hier Mesoplasma genannt — von einer dünnen Schicht fibrillenfreien Protoplasmas gedeckt wird. v. EBNER (1902) beschreibt sie als eine Fortsetzung des interfibrillären Sarkoplasmas, „das unmittelbar an der Oberfläche noch eine besondere zusammenhängende, dünne Schicht bildet, die am innigsten mit dem Z-Streifen verbunden ist usw.". Er fährt fort: „Ein wahres Sarkolemma in Form einer, jeder Muskelfaser zukommenden besonderen, glashellen Membran, wie bei den willkürlichen Skeletmuskeln, fehlt, . . .". HEIDENHAIN andererseits hebt hervor: „Demnach hätten wir einen typischen Unterschied zwischen dem Sarkolemma der Skeletmuskeln und dem der Herzmuskelfasern. Das letztere bleibt auf der Stufe einer protoplasmatischen Grenzmembran stehen, das erstere erstarrt an der Oberfläche zur Bildung eines elastischen Häutchens, welches indessen noch immer mit der protoplasmatischen Unterlage kontinuierlich ist".

v. EBNER gibt also zu, daß sich auf der Oberfläche „eine besondere dünne Schicht" befindet, im Zusammenhang mit dem darunterliegenden Sarkoplasma, während HEIDENHAIN das Vorhandensein „einer protoplasmatischen Grenzmembran" annimmt. Hierauf beschränkt sich, abgesehen vom Namen, die ganze Diskussion. HEIDENHAIN will diese Außenschicht Sarkolemma nennen, v. EBNER hält diesen Namen für unberechtigt; beide sind jedoch der Ansicht, daß die äußerste Schicht der Herzmuskelfaser anderen Charakters ist als die der Skeletmuskelfaser, während zahlreiche andere Verfasser, zuletzt BRUNO, erklären, daß zwischen beiden kein Unterschied besteht. Es scheint mir also, als ob die Diskusion zwischen HEIDENHAIN und v. EBNER sich tatsächlich auf einen Streit um einen Namen beschränkt, und daß größere Meinungsverschiedenheiten zwischen diesen Forschern einerseits und einer Anzahl anderer andererseits herrschen, von welchen jedoch keiner dem Problem auch nur annähernd ein so eingehendes Studium gewidmet hat.

Wenn es mir also ziemlich bedeutungslos erscheint, welchen Standpunkt man in der Namensfrage — der sog. „v. EBNER-HEIDENHAINschen Kontroverse" — einnimmt, so müssen wir daran festhalten, daß es außerhalb des Fibrillen enthaltenden Mesoplasmas eine Schicht von einem besonders strukturierten Cytoplasma gibt, die die Muskelbalken überall bekleidet und sie gegen das interstitielle Bindegewebe abgrenzt. Diese Cytoplasmaschicht ist von hyaliner, glasklarer Beschaffenheit und ohne Kornbildungen. Sie besitzt also denselben morphologischen Charakter wie das Exoplasma in den Bindesubstanzgeweben und denselben wie derjenige Teil des glatten Muskelzellverbandes, den ich im vorhergehenden als Exoplasma bezeichnet habe. Es erscheint mir deshalb berechtigt, auch diese Muskelcytoplasmaschicht mit dem Namen Exoplasma zu bezeichnen, und ich schließe mich dabei an RENAUT und MOLLARD an, welche die Schicht, wie oben erwähnt, „Exosarkoplasma" nannten.

Diese Schicht zeigt, mit dem Sarkolemma der Skeletmuskelfasern verglichen, gewisse Verschiedenheiten und gewisse Ähnlichkeiten. Das letztere grenzt sich vom interfibrillären Sarkoplasma ab und zeigt sich als eine doppelt konturierte Membranbildung, während sich in der Herzmuskulatur keine solche Abgrenzung findet. Das Verhältnis zwischen den in Rede stehenden Gebilden scheint also dasselbe zu sein wie das zwischen einer Pellikula und einer Kruste. HEIDENHAIN hebt als einen weiteren Unterschied hervor, daß das Sarkolemma der Skeletmuskelfasern eine „fast chitinöse" Oberflächenschicht besitze, während die der Herzmuskelfasern in einem cytoplasmatischen Stadium verbleibe. Hierzu muß ich bemerken, daß mir der Gedanke vollständig fremd ist, daß Muskelfasern in eine Hülle eingeschlossen sein sollen, die in ihrer Konsistenz an Chitin erinnert. Eine solche Hülle würde der Muskelarbeit einen beträchtlichen Widerstand entgegensetzen, und nichts berechtigt uns zur Annahme des Vorhandenseins einer solchen Struktur.

Als Ähnlichkeit mag hervorgehoben werden, daß die Skeletmuskelfasern (s. dieses Kapitel) in entwickeltem Stadium im Inneren des Sarkolemmas eine netzförmige Struktur aufweisen, die sich in jeder Beziehung wie Kollagen verhält. Das Exoplasma der Herzmuskelfasern gibt in seiner Außenschicht mit gewissen Färbungsmitteln, z. B. Vanadiumhämatoxylin, dieselben Reaktionen wie Kollagen. Ob hier wirklich eine kollagene Struktur vorliegt oder nicht, ist noch nicht zufriedenstellend festgestellt, es spricht aber vieles dafür. Diese eventuelle kollagene Außenschicht der Herzmuskelfaser ist jedenfalls dünner als das Kollagennetz des Sarkolemmas in der Skeletmuskulatur. Kennzeichnend für diese beiden Strukturen ist ferner der enge Zusammenhang mit den Grundmembranen. Diese geben in der Skeletmuskulatur, wie ich gezeigt habe, in jeder Beziehung dieselben Reaktionen wie Kollagen, und das Kollagennetz des Sarkolemmas in den Skeletmuskelfasern scheint eine direkte Fortsetzung des Kollagennetzes der Grundmembranen zu sein. Ebenso scheint die Oberflächenschicht des Exoplasmas in der Herzmuskulatur eine direkte Fortsetzung der Grundmembranen zu sein, die in dieser Muskulatur gleichfalls die Farbenreaktionen des Kollagens geben.

v. EBNER meint, daß die Färbbarkeit mit Vanadiumhämatoxylin nur ein Zeichen der besonderen Adsorptionsverhältnisse der Cytoplasmaoberfläche im Vergleich zum Sarkoplasma im Inneren der Muskelfaser sei. Hierzu kann man bemerken, daß auch die Grundmembranen, die ja innen im Mesoplasma liegen, dieselbe Färbbarkeit zeigen wie die Außenschicht und sich gleich dieser durch ihre elektive Farbreaktion vom ganzen Cytoplasma in der Muskelfaser unterscheiden.

Es scheint mir also viel dafür zu sprechen, daß die Herzmuskelbalken auf analoge, wenn auch nicht vollständig identische Weise begrenzt sind wie die Skeletmuskelfasern, und daß es sich wohl rechtfertigen läßt, wenn wir diese Grenzschicht mit dem Namen Sarkolemma bezeichnen. Bei den Skeletmuskelfasern schrieb ich dem Sarkolemma eine wichtige mechanische Funktion bei der Übertragung der Zugwirkung auf die Sehne zu. In der Herzmuskulatur liegen die Verhältnisse weit unklarer. Nur in den Papillarmuskeln und bei den Enden an den Anuli fibrosi scheinen entsprechende Verhältnisse vorliegen zu können wie in der Skeletmuskulatur. Sonst hat der Herzmuskel den Charakter eines netzförmigen Zellverbandes, in dessen Maschen Bindegewebe eingelagert ist. Zu entscheiden, welche Rolle die eine oder andere Struktur bei der Kraftübertragung haben kann, scheint mir gegenwärtig noch lange nicht möglich.

Augenfällig ist dagegen, daß die Verhältnisse von denen bei der Skeletmuskulatur verschieden sind, und daß wir also einen gewissen Unterschied im Bau des Sarkolemmas erwarten müssen.

Es scheint mir notwendig, hier ein wenig auf gewisse Begriffsdefinitionen einzugehen.

In seiner Arbeit über die Herzmuskulatur führt MARCUS nämlich, mich zitierend, an: „Das primäre Sarkolemma ist nur embryonal nachweisbar als deutliche doppelkonturierte strukturlose Membran". Diese klare Aussage wird aber umgeworfen durch die Definition: „Der Begriff Membran ist hier nicht dahin zu verstehen, daß es sich bei der betreffenden Bildung um eine feste Haut (also Membran) handelt, es ist hier vielmehr nur von einer Ausdifferenzierung innerhalb der Grenzschicht der Myoblasten die Rede, deren Dichtigkeit von derjenigen des im Inneren der Myoblasten vorkommenden Protoplasmas

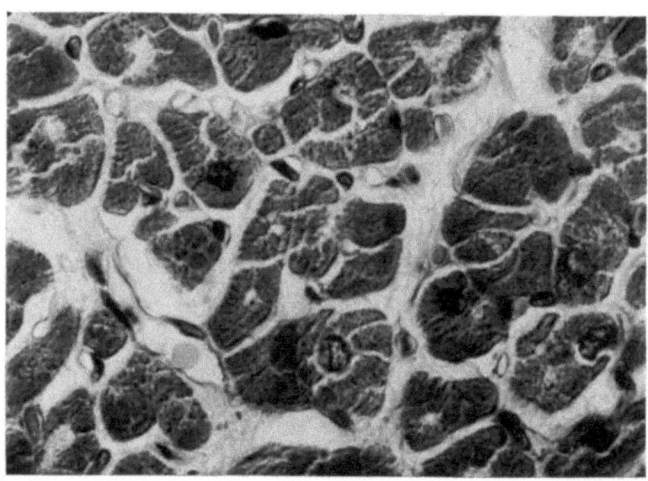

Abb. 36. Querschnitt eines Papillarmuskel vom *Menschen*. Mikrophoto. Vergr. 710 ×.

verschieden ist." Dabei wird also die Oberflächenschicht als Membran und primäres Sarkolemma bezeichnet und dabei betont, daß es eben keine Membran und also auch kein Sarkolemma, sondern ein Pseudosarkolemma sei".

Die Paranthese im obenstehenden rührt ebenso wie die Reflexionen von MARCUS her, was hätte angegeben werden sollen, wodurch es deutlich geworden wäre, wo die Unklarheit liegt. Es ist also MARCUS, der zwischen „feste Haut" und „Membran" das Gleichheitszeichen stellt; ich habe es niemals gemacht. Dies dürfte eine jetzt etwas veraltete Auffassung des Membranbegriffes sein. Ich erinnere an die lange Zeit und allgemein angenommene Auffassung einer „Lipoidmembran" um Zellen verschiedener Art. Niemand dürfte sich diese als eine feste Haut[1] vorgestellt haben. Der letztere Begriff stammt aus der makroskopischen Anatomie und war wohl in der Kindheit der Zellehre das, was man in den Begriff Zellmembran legte. Meine Auffassung vom Sarkolemma als Membran, aber nicht als „feste Haut", birgt also keinen Widerspruch in sich.

In diesem Zusammenhang dürfte es notwendig sein, die Frage des „Zwischensarkolemmas" zu berühren (Abb. 35). Ich habe oben über v. EBNERs Standpunkt in dieser Frage berichtet. Auffallend ist, daß sich HEIDENHAIN bei Aufstellung seiner Theorie über eine Aufteilung der Muskelfasern — eine

---

[1] Auch Flüssigkeiten können Membranen bilden: z. B. in einer Seifenblase.

Art modifizierter Zellteilung — durch das Auftreten des „Zwischensarkolemmas" nur auf Längsschnitte stützt, ohne Berücksichtigung der Querschnittbilder, was schon v. EBNER hervorgehoben hat. Auf den Querschnittbildern haben die Herzmuskelfasern keineswegs immer eine rundliche oder polygonale Form, man sieht vielmehr oft (Abb. 36), wie sich das Sarkolemma unter dem Bilde einer tiefen Furche oder Fissur in die Fasern senkt. Wird eine solche Faser (vgl. Abb. 37, die gestrichelten Linien) dicht am Boden der Furche durch einen Längsschnitt getroffen, so ergibt sich leicht das Bild eines „einfachen Zwischensarkolemmas", und wird die Faser etwas weiter weg vom Boden getroffen (vgl. die ausgezogenen Linien), so entsteht das Bild eines „doppelten Zwischensarkolemmas". Ein sarkolemmaartiges Gebilde im Inneren der Herzmuskelfasern ohne Verbindung mit dem die ganze Muskelfaser umgebenden Sarkolemma

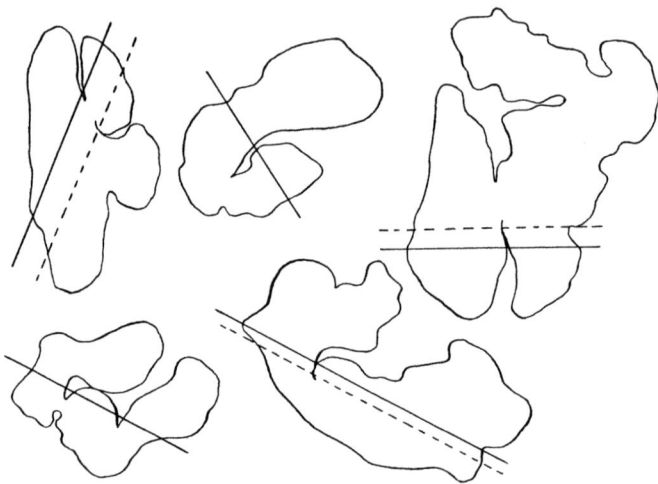

Abb. 37. Umrisse einiger Herzmuskelfasern vom *Menschen*. Werden Längsschnitte im Plane der gestrichelten Linien gemacht, bekommt man Bilder vom „einfachen Zwischensarkolemma", längs der ausgezogenen Linien vom doppelten Zwischensarkolemma.

konnte ich dagegen auf Querschnitten durch die Herzmuskelfasern niemals beobachten, wie es wohl hätte der Fall sein müssen, wenn wirklich ein „Zwischensarkolemma" existiert hätte. In diesem Punkt stelle ich mich also ganz auf den Standpunkt v. EBNERs. Wenn eine Aufteilung der Muskelbalken im Sinne HEIDENHAINs wirklich stattfindet, so dürfte sie durch Eindringen des peripheren Sarkolemmas, des Exoplasmas, sowie des unterstitiellen Bindegewebes in das Innere des Muskelbalkens geschehen, wodurch dieser ja auch zerteilt werden würde. Beobachtungen, die eine solche Annahme stützen, kann ich jedoch gegenwärtig nicht anführen. Vom rein theoretischen Gesichtspunkte scheint mir jedoch vieles dafür zu sprechen.

Querstrukturen. Unter diesem Sammelnamen will ich eine Anzahl von Gebilden behandeln, welche die Herzmuskelbalken als Ganzes dem Quere nach durchsetzen:

1. die Grund- und Mittelmembranen, 2. die „Trophospongien" (HOLMGREN), 3. die „Glanzstreifen" („Kittlinien", „Schaltstücke"), 4. die „Querfadennetze" (RETZIUS); 5. das „Quersarkolemma" (MARCUS).

Die Grundmembranen (Z) in der Herzmuskulatur verhalten sich im großen ganzen ebenso wie die entsprechenden Gebilde in der Skeletmuskulatur. In der Peripherie der Muskelbalken hängen sie mit der äußersten, wie Kollagen färbbaren Schicht des Sarkolemmas zusammen. Diese Schicht weist meistens entsprechend der Insertion der Grundmembranen Einziehungen auf, wodurch die obenerwähnten ,,Feston"-Bilder entstehen. Die Grundmembranen verlaufen dann weiter durch das Mesoplasma, erstrecken sich aber nicht durch die zentrale Endoplasmasäule. Hier liegt ein Unterschied von der Skeletmuskulatur vor, bei der Z in der Regel auch durch das Endoplasma verläuft, nur dort unterbrochen, wo die Kerne liegen. Nach PALCZEWSKA (1910) sollen die Grundmembranen in der Herzmuskulatur mit der Kernmembran verbunden sein, wodurch bei Schrumpfung des Kernes leistenförmige Ausbuchtungen seiner Membran auftreten sollten. Soviel ich sehen konnte, und nach Abbildungen verschiedener Verfasser zu urteilen, reicht jedoch die Grundmembran niemals bis zum Kern, weshalb ich an der Richtigkeit der Beobachtung zweifeln muß. Bezüglich des Verhaltens der Grundmembranen zum Mesoplasma und seinen Fibrillen verweise ich auf den Abschnitt über die Skeletmuskulatur.

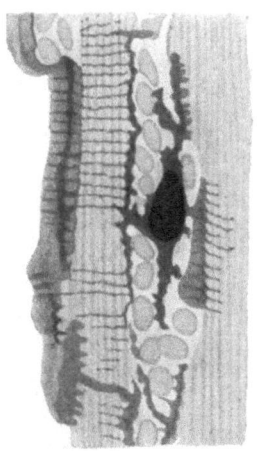

Die Grundmembranen der Herzmuskelbalken verhalten sich in bezug auf die Färbbarkeit in derselben Weise wie die entsprechenden Gebilde in der Skeletmuskulatur. Gleich ihnen sind auch sie optisch doppelbrechend. Bezüglich ihres Verhaltens zu verdünnten Säuren und beim Kochen habe ich keine Versuche angestellt und kann mich deshalb nicht über diese Frage äußern. Was ihre funktionelle Bedeutung betrifft, verweise ich auf das über die Skeletmuskulatur Gesagte. Es soll hier jedoch hervorgehoben werden, daß v. EBNER (1920) das Vorhandensein von Membranen bestreitet, sondern die Entstehung des Strukturbildes auf Kornbildungen zurückführt, die in dieser Ebene gelagert seien.

Die Mittelmembranen (M) verhalten sich, soweit sie sich studieren lassen, analog den Grundmembranen. Sie sind jedoch offenbar viel dünner und deshalb nur selten beobachtbar. Auch bezüglich dieser Gebilde verweise ich auf das im Kapitel über die Skelet-

Abb. 38. Chromsilbergefärbte Herzmuskelfasern von *Mus decumanus*. Trophocyt mit Verzweigungen.
(Nach E. HOLMGREN 1907.)

muskulatur Gesagte. Hier möchte ich nur daran erinnern, daß PALCZEWSKA auch betreffs dieser Gebilde eine Verbindung mit den Kernmembranen annahm.

Trophospongien (HOLMGREN). Im Jahre 1907 beschrieb E. HOLMGREN im interstitiellen Bindegewebe des Myokardiums große verzweigte Zellen, die er zur Gruppe der ,,Klasmatocyten" und Mastzellen rechnete. Diese Zellen, die mit einem großen Kern versehen waren, sollten sich mit gewissen Ausläufern an die im Bindegewebe verlaufenden Blutcapillaren (Abb. 38), mit anderen an das Sarkolemma anschließen. HOLMGREN verwendete Chromsilberfärbungen. Im selben Präparat erhielt er in den Muskelbalken querverlaufende, im Niveau der Grundmembranen liegende Strukturen gefärbt. Diese Querlinien waren durch längsverlaufende Strukturen miteinander verbunden, so daß ein Netz gebildet wurde. HOLMGREN war der Ansicht, daß das intramuskuläre Netz aus Ausläufern von den Zellen im Bindegewebe bestehe. Diese sollen in der Eigenschaft von Trophocyten den Transport von Stoffen aus den Blutcapillaren in das Netz und auf diesem Weg in die Muskelfaser vermitteln, weshalb HOLMGREN das Netz als Trophospongiennetz bezeichnete. Er erinnert in diesem Zusammenhang an gewisse von NYSTRÖM 10 Jahre früher gemachte Beobachtungen über die Herzmuskulatur. Dieser erhielt bei Chromsilberfärbungen Bilder, die vollständig den von HOLMGREN beschriebenen gleichen;

außerdem gelang es ihm aber, durch Stichinjektionen in das interstitielle Bindegewebe Tusche in die Muskulatur zu injizieren. Die Tuschelösung breitete sich offenbar in präformierten Kanälen aus, wodurch Bilder entstanden, die vollständig denjenigen gleichen, die HOLMGREN studiert hatte. Ihm selbst war es nicht gelungen, so vollständige Injektionen des Netzes zu erreichen wie NYSTRÖM, er erhielt aber doch sehr ähnliche Bilder.

Nach HOLMGRENs Ansicht sind Trophospongionnetz und Trophocyten ebenso wie die entsprechenden Gebilde in der Skeletmuskulatur von Bedeutung für die Funktion der Muskelfaser. Ich komme später auf diese Frage zurück.

Die „Glanzstreifen" (v.EBNER),„Schaltstücke" (HEIDENHAIN), „Kittlinien" (EBERTH), „Bandes scalariformes striées (RENAUT und MOLLARD usw.)[1] (Abb. 39). Im geschichtlichen Überblick habe ich die ältesten Auffassungen über den Bau der Herzmuskulatur referiert und in diesem Zusammenhang erwähnt, daß KÖLLIKER anfangs annahm, die Herzmuskelbalken seien aus verschmolzenen Zellen aufgebaut, eine Ansicht, von der er jedoch durch die Beobachtung WEISMANNs (1861), daß man aus der Muskulatur des *Amphibien*herzens spindelförmige Zellen isolieren könne, abzukommen begann. Bei den höheren *Tier*formen nahm dieser Forscher jedoch an, daß eine ziemlich vollständige Verschmelzung der verschiedenen Zellen zustandegekommen sei. Im Jahre 1866 entdeckte EBERTH dann die bekannten Querlinien in der Herzmuskulatur, die den Namen Kittlinien erhielten; damit war der Grundstein für die Lehre vom cellulären Bau der Herzmuskulatur gelegt. Die Querlinien selbst wurden für Zellgrenzen gehalten. In den Jahren 1900 und 1901 riefen jedoch zwei Arbeiten von v. EBNER und HEIDENHAIN einen Umschwung in der Auffassung hervor, und nach dieser Zeit dürfte die Lehre vom cellulären Bau der Herzmuskulatur wenige Anhänger gezählt haben. Außer den

Abb. 39. Längsschnitt eines Papillarmuskels; Homo. Verteilung der Glanzstreifen. Mikrophoto. Vergr. 400 ×.

---

[1] Bei der Benennung dieser Strukturen ist es in Anbetracht der Unvollständigkeit unserer gegenwärtigen Kenntnisse über sie wünschenswert, daß ein indifferenter Name angewendet wird wie „Glanzstreifen", „bande scalariforme" usw.; auch „Querband" dürfte in Frage kommen. „Querscheiben" wäre besser, aber dieser Ausdruck steht schon lange für die doppelbrechende Substanz in Gebrauch.

beiden letztgenannten Forschern gehörte auch MARCEAU durch seine gründliche Darstellung vom Jahre 1904 zu denen, welche hauptsächlich zur Diskussion beitrugen. Allerdings versuchten ZIMMERMANN und seine beiden Schülerinnen PALCZEWSKA und WERNER (1910) in einer größeren Arbeit den WEISMANN-EBERTHschen Standpunkt zu verteidigen, es scheint ihnen aber nicht gelungen zu sein, diese Auffassung durchzusetzen.

Wie ich im geschichtlichen Überblick hervorgehoben habe, hielt v. EBNER (1900) die sog. Kittlinien für ,,Verdichtungsstreifen" ähnlich denen, die man in der Skeletmuskulatur und den glatten Muskeln findet. Die mit Silber imprägnierbaren Querlinien dagegen hielt er für abgeschnittene Teile von perimysialen Membranen.

Im Jahre 1901 unterzog HEIDENHAIN die Frage auf Grund von Beobachtungen an *menschlichem* Material einer eingehenden Behandlung. Er nennt die

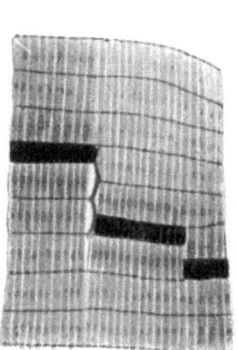 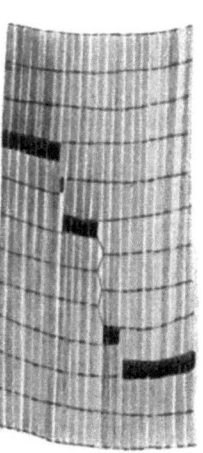

Abb. 40. *Menschliches* Herz. Zwei Treppen; bei der einen ein Treppenabsatz in der Höhe zweier Muskelfächer, sowie zwischen den beiden zugehörigen Stufen eine in Entstehung begriffene Spalte mit Zwischensarkolemma; bei der anderen ein Absatz in der Höhe dreier Muskelfächer, ebenfalls mit Spalte und Zwischensarkolemma. (Nach HEIDENHAIN 1902.)

Kittlinien ,,Schaltstücke" und hebt hervor, daß sie im allgemeinen niedriger sind als die Muskelfächer. Diese sind 2 μ hoch, während die Dicke der ersteren zwischen 1 μ und 1,7 μ variiert. Sie sind verschieden breit, indem sie sich bald durch die ganze Muskelfaser erstrecken, bald nur durch einen gewissen Teil von ihr; viele sind sehr schmal, so daß sie sich nur durch wenige Fibrillen oder sogar nur durch eine einzige erstrecken. Oft sind sie in eigentümlicher Weise zueinander gelagert. Ist nämlich ,,eine erste Platte von geringer Breite und geht sie nicht durch den ganzen Querschnitt der Faser hindurch, so kann sie unmittelbar gefolgt sein von einer zweiten Platte, welche in der Längenausdehnung des Muskels gegen die erste um ein weniges verschoben ist". Der Abstand zwischen den Platten wechselt und hat bald die Größe von einem, bald von zwei oder sogar von mehreren Muskelfächern. Auf die zweite Platte kann, wenn sie nicht die andere Seite der Muskelfaser erreicht, eine dritte usw. folgen, bis die ganze Faser von den Platten überkreuzt ist (Abb. 40). Auf diese Weise treten die Bilder auf, die früher den Namen ,,treppenförmig abgestufte Zellgrenzen" trugen. Es handelt sich jedoch nicht um solche, sondern um eine Reihe solider Platten, die treppenstufenförmig übereinandergeordnet sind. Diese Treppen können höchst variierende Formen haben.

Man kann nicht annehmen, daß die Platten Intercellularstrukturen sind (PRZEWOSKI); dazu sind die begrenzenden Segmente allzu unregelmäßig, bald lang, bald kurz, bald breit, bald schmal und mit allerlei ,,Fortsätzen und Anhängen" versehen. Mitunter liegen zwischen den Schaltstücken nur wenige Muskelfächer oder sogar nur ein einziges. In der Längsrichtung der Fasern können die vermuteten Zellen nur unvollständig voneinander abgegrenzt werden, indem neben den Platten breite Züge von Fibrillen kontinuierlich von Segment zu Segment verlaufen. In querer Richtung verschmilzt eine Faser oft so vollständig mit den Nachbarfasern, daß sie nicht zu scheiden sind. Der Versuch, Zellen abzugrenzen, führt also dazu, daß man verschiedenartige Bruchstücke der Muskulatur abgrenzt. In gewissen Fällen wechselt die Färbbarkeit jedoch von Segment zu Segment, ebenso wie verschiedene Zellen in einem Epithel verschiedene Färbbarkeit aufweisen können, und die Menge der Sarkoplasmakörner in den Segmenten kann variieren.

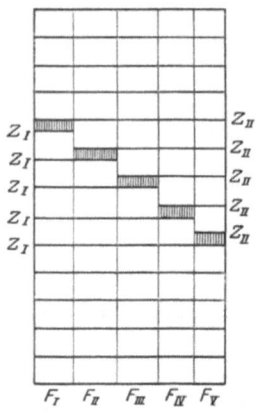

Abb. 41. Schema einer regelmäßig ausgebildeten Treppe zur Verdeutlichung des Verhaltens der Grundmembranen. (Nach HEIDENHAIN 1902.)

Das Schaltstück wird auf beiden Seiten von einer Grundmembran begrenzt und liegt also zwischen den Grundmembranen, die den angrenzenden Muskelfächern angehören. Dem Schaltstück — oder nach der Annahme v. EBNERs der kontrahierten Stelle der Muskelfaser — würde also ein einziges kontrahiertes Muskelfach entsprechen. In der Literatur gab allerdings ENGELMANN an, daß sich ein Muskelfach allein kontrahieren kann, HEIDENHAIN findet aber in seinem Material nur Kontraktionswellen, die mehreren Muskelfächern entsprechen. Man würde sich vielleicht Übergangsstadien zur Kontraktion im Sinne MERKELs vorstellen können, aber auch dies hält HEIDENHAIN für wenig wahrscheinlich. Die Kontraktionswellen schließen oft haarscharf bei einem Schaltstück ab, als ob diese der Welle in der absterbenden Muskelfaser einen großen Widerstand leisten würden. Auch mit den Kontraktionsknoten in der glatten Muskulatur haben die Schaltstücke keine Ähnlichkeit.

Bei gewissen Färbungen, z. B. Coeruleinsafranin und starker Differentiierung sieht man, daß die Schaltstücke aus bacillenähnlichen Stäbchen bestehen, die in den kontinuierlichen Verlauf der Fibrillen eingeschaltet sind, so daß die letzteren verdickt und stärker färbbar aussehen, wo sie die Schaltstücke passieren. Bei anderen Färbungen, z. B. Vanadiumhämatoxylin, haben diese Gebilde dagegen das Aussehen solider Platten ohne innere Struktur.

Die Treppen, die sie bilden, sind oft ,,2—4 stufig"; 5—6 Stufen sind weniger häufig und 7—8 äußerst selten. Bei näherer Untersuchung sieht man, daß die Stufen der Treppen über- oder untereinander stehen, so daß eine Fibrille niemals durch mehr als eine Platte, ,,eine Stufe" der Treppe, geschnitten wird, oder wie HEIDENHAIN es nennt, daß sie ,,Rand auf Rand" stehen (Abb. 41). Durch schräge Schnittrichtung kann jedoch eine scheinbare Überlagerung der Ränder zustandekommen.

Über das Verhalten der Schaltstücke zu der Querstreifung gibt HEIDENHAIN das nachstehende Schema (Abb. 41). Die Grundmembran, die eine Längsseite eines Schaltstückes begrenzt, ragt ein Stück über das Ende der Grundmembran der anderen Langseite hinaus, aber jede einzelne dieser Grundmembranen reicht nur bis zum Sarkolemma auf der einen Seite der Muskelfaser, und dies geschieht abwechselnd. Um dieses Verhalten zu veranschaulichen, führt HEIDENHAIN folgendes Gleichnis an: ,,Gehen wir von der einen Langseite der Faser aus, und wandern wir an dem dort beginnenden Streifen Z (Abb. 41) entlang nach einwärts, so werden wir finden, daß sämtliche Stufen diesen Streifen auf der nämlichen Seite aufgesetzt sind; sie würden z. B. bei aufrechter Lage der Faser auf allen diesen Streifen (Z_I der Abbildung) zu stehen scheinen. Gehen wir nun aber auf die andere Serie der Streifen Z_{II} (Z Abb. 41) über, so finden wir, daß die Stufen eben diesen Streifen auf der entgegengesetzten Seite aufgesetzt sind, so daß sie nun an ihnen zu hängen scheinen".

Anderseits hebt HEIDENHAIN hervor, daß durch Einschiebung einer Platte, die nicht durch die ganze Faser reicht, eine Störung in der Regelmäßigkeit der Querstreifung auftritt, in der Konkordanz der Querstreifung, wie HEIDENHAIN es bezeichnet. Die Muskelfächer, welche dem Fibrillenbündel angehören, das von der Platte berührt wird, werden nach dem einen Ende der Muskelfaser zu verschoben, und zwar um ein Stück, das der Dicke der Platte entspricht (F_I Abb. 41). Dadurch, daß sich in die Treppe mehrere Stufen einschieben, welche zuletzt durch die ganze Faser reichen, wird die Verschiebung jedoch ausgeglichen, und die Konkordanz unter der Treppe wiederhergestellt. Die Platten selbst stehen auch in Beziehung zu der Fascikelbildung des Muskels, indem an den Stellen, wo zwei Stufen ,,Rand auf Rand" stehen, neue Spalten auftreten. Hier entwickelt sich erst ein einfaches ,,Zwischensarkolemma", das sich dann spaltet, so daß jeder Tochterfascikel der Muskelfaser sein Sarkolemma erhält. Anderseits durchsetzen die Spalten niemals ein Schaltstück. HEIDENHAIN stellt diese Beobachtungen zu folgender Theorie zusammen:

Die Herzmuskulatur vermehrt sich durch Spaltung der schon vorhandenen Muskelbalken in Tochterfascikel. Diese geschieht dadurch, daß sich zwischen den ,,Rand auf Rand" stehenden Enden der Schaltstücke in einer ,,Treppe" ein Zwischensarkolemma entwickelt. Die Dicke der Tochterfascikel nimmt zu, und gleichzeitig verlängern sich die Platten. So entsteht aus einer kleinen Treppe eine große. In den großen Treppen liegen jedoch die Stufen weiter auseinander, und es muß also ein Längenwachstum der zwischen den Platten befindlichen Teile der Muskelfaser vor sich gegangen sein. Dies sei auch der Fall, und die Schaltstücke waren gerade die Stelle eines solchen interkalaren Wachstums des Herzmuskels. Hier würden in der einen oder anderen Weise neue Muskelfächer ausdifferenziert. Bezüglich des inneren Mechanismus dabei gibt HEIDENHAIN verschiedene theoretische Möglichkeiten an, ohne sich näher darüber zu äußern, welche er für wahrscheinlich hält. In verschiedenen Fällen solle sich der Vorgang auf verschiedene Art abspielen können. Die Schaltstücke im erwachsenen Herzen würden also als ein zurückgebliebener ,,nichtdifferenzierbarer Rest" aufgefaßt werden können.

Ich habe im obigen versucht, ein vollständiges Referat über die Auffassung HEIDENHAINs zu geben, die zweifellos einen der bemerkenswertesten Versuche darstellt, das Problem der Kittlinien zu lösen. Nebst den mehr theoretischen Betrachtungen ist eine Menge neuer Fakta und Beobachtungen vorgelegt, und diese sind unter allen Umständen von großem Wert für jeden, der sich eine Auffassung über die Frage zu bilden versucht.

MARCEAU (1904) berichtet eingehend über das Verhalten der Querbänder bei *Säugetieren* und *Vögeln*; auch bei niedrigeren *Tier*formen hatte er danach gesucht. Ihre Größe variiert bei verschiedenen *Tier*arten, aber auch bei derselben Art, je nach dem Alter des *Tieres*, und nach der Region des Herzens, die man beobachtet. Die Dicke variiert zwischen der Höhe von Q und $1/3$ davon. In seltenen Fällen kann sie etwas unter dieses letztere Maß heruntergehen, andererseits erreicht sie aber niemals die Höhe eines Muskelfaches.

Bei *Fischen, Amphibien* und *Reptilien*, ebenso bei jungen *Vögeln* und *Säugetieren* fehlen die Querbänder; auch im Fetalstadium findet man keine solchen Strukturen. Dagegen sind sie bei erwachsenen *Säugetieren* und alten *Vögeln* vorhanden. Sie sind hier in der Wand des linken Ventrikels und besonders in den Papillarmuskeln zahlreicher als in der rechten Ventrikelwand; in den Herzohren sind sie noch spärlicher. MARCEAU hält es deshalb für wahrscheinlich, daß die Querbänder mit der größeren oder kleineren Aktivität in verschiedenen Teilen des Herzens zusammenhängen.

Bei gewissen *Säugetieren* sind die Querbänder dicker (z. B. beim *Menschen, Rind* und *Pferd*) als bei anderen; sie können auch sehr dünn sein (z. B. bei *Kaninchen, Schafen, Ratten* und *Vögeln*). Im ersteren Falle kann man sehen, daß sie aus Stäbchen zusammengesetzt sind, die den Querscheiben der Fibrillen entsprechen (Q). Sind die Bänder dünn, so ist die Zusammensetzung weniger deutlich zu sehen, mitunter kann man sie aber beobachten. In gewissen Fällen sehen die Stäbchen hantelförmig aus; sind die Bänder sehr schmal, so können sie ein perlbandähnliches Aussehen zeigen.

An der Kontraktion nehmen die Querbänder nicht aktiv teil, sondern sie verhalten sich dabei so wie Z, deren Platz sie einnehmen. Sie entstehen aus den Grundmembranen durch deren Verdickung und eine Änderung ihrer chemischen Zusammensetzung. Gleichzeitig werden sie längsgestreift und schließlich zerfallen sie in „Treppen" dadurch, daß sich bald auf der einen, bald auf der anderen Seite von ihnen neue Muskelfächer ausbilden. Die durch die Querbänder entstandenen Segmente sind nicht Zellen zu nennen; in diesem Punkt stellt sich MARCEAU auf den Standpunkt von v. EBNER und HEIDENHAIN.

Gegen die Theorie des Letztgenannten hebt MARCEAU hervor, daß man wohl einmal ein Band antreffen müßte, welches dicker ist als die Höhe des Faches, wenn die Querbänder etwas mit der Entwicklung neuer Muskelfächer zu tun hätten. Dies ist jedoch niemals der Fall, sondern die Bänder sind immer dünner; und da sie besonders bei jungen *Tieren* dünner sind als bei älteren, spricht dies direkt gegen die Hypothese von HEIDENHAIN. Ferner findet man die Bänder niemals bei Embryonen, obgleich deren Herz sich besonders rasch vergrößert. Bei jungen *Tieren* färben sich die Querbänder außerdem verschieden von den Querscheiben (Q), sie müßten also ihre chemische Konstitution ändern, wenn die Muskelfächer aus ihnen hervorgehen sollten; und schließlich sind sie, wie v. EBNER hervorhob, einfachbrechend. Was v. EBNERs Ansichten über die Natur der Querbänder betrifft, meinte MARCEAU, daß dieser Forscher in bezug auf die silberimprägnierbaren Linien Recht hat, in bezug auf die Hypothese über die „Schrumpfkontraktion" stellt er sich aber auf HEIDENHAINS ablehnenden Standpunkt.

Seine Ansicht faßt MARCEAU dahin zusammen, daß sich die Querbänder aus Z entwickeln, und daß es ihre Aufgabe ist, die Fibrillen zusammenzuhalten; diese verlaufen in gebrochenen Linien und würden bei Kontraktionen danach streben, sich auszustrecken, wodurch die Bündel zersprengt werden würden, wenn die Querbänder sie nicht zusammenhielten. Die Bänder sollen auch einen gewissen Grad von Elastizität besitzen, wodurch sie den Übergang vom Kontraktions- in das Ruhestadium erleichtern können. Bei der Systole sieht man, wie schon HOCHE hervorhob, oft, daß die Bänder Segmente in verschiedenen Funktionsstadien trennen. Sie würden hierbei die Rolle kleiner Sehnen spielen („tendons minusculus"), die die Muskelfasern in Segmente aufteilen. Neue Muskelfächer entwickeln sich in Kontakt mit, aber nicht aus den Querbändern.

Die alte Lehre über die celluläre Konstitution der Herzmuskulatur erlebte im Jahre 1910 eine kurzdauernde Renaissance durch eine groß angelegte Arbeit von ZIMMERMANN und seinen Schülerinnen v. PALCZEWSKA und WERNER, die in diesem Zusammenhang wieder den Gedanken an den Charakter der Querbänder als Kittlinien vorbringen. So findet v. PALCZEWSKA die *menschliche* Herzmuskulatur aus ein- oder zweikernigen Zellen aufgebaut, die in den Atrien eine primitivere Form haben als in den Ventrikeln. Diese Zellen sind durch eine cytoplasmatische Membran abgegrenzt, die teils aus dem „Oberflächensarkolemma" besteht, teils aus den Grundmembranen, die die Schaltstücke begrenzen („Endsarkolemma") und schließlich aus „Grenzmembranen", welche die „Treppenstufen" in den Schaltstücken verbinden. Zu ähnlichen Resultaten kam MARIE WERNER, die das Herz einer Anzahl verschiedener *Säugetieren* untersuchte.

1911 ändert HEIDENHAIN seine Auffassung dahin, daß die Schaltstücke zwar nicht dem Längenzuwachs dienen, dieses geht aber in den Segmentenden vor sich. Er schließt sich somit den Ansichten von MARCEAU diesbezüglich an[1].

v. EBNER kommt im Jahre 1914 auf die Frage der Natur der sog. Kittlinien („Glanzstreifen") zurück. Er muß jetzt, nach neuen Untersuchungen, den Gedanken aufgeben, daß sie in der Agonie aufgetretene abnorme Kontraktionsbilder wären. Im großen ganzen schließt er sich der Ansicht MARCEAUs an, daß es sich um besonders differenzierte Teile der Muskelfasern handelt, die in der schlaffen Faser einer verdickten Grundmembran entsprechen, in der kontrahierten einem ungewöhnlich dicken Kontraktionsstreifen, und die sich nach der Geburt als funktionelle Anpassung in individuell wechselnder Menge ausdifferentiieren. Besonders ist eine von v. EBNER angeführte Beobachtung von großer Bedeutung für die Deutung dieser Bilder, weshalb ich sie hier wörtlich zitiere: „Als ich gelegentlich eine Trabekel vom linken Ventrikel eines *Hundes* 4 Stunden nach dem Tode in physiologischer Kochsalzlösung zerzupfte, fand ich zufällig eine zwischen zwei Bündeln freigelegte Faser, über welche noch Kontraktionswellen liefen, und in deren Mitte ein Glanzstreifen lag. Die Wellen verliefen rhythmisch von den unsichtbaren, in den benachbarten Bündeln verborgenen Ursprüngen, abwechselnd von der rechten und von der linken Seite her gegen den Glanzstreifen und zogen ihn so hin und her. Jedesmal, wenn die Welle am Glanzstreifen angelangt war, zeigte die andere Seite der Faser Erschlaffung mit breiter Querstreifung, doch ohne sichtbare Zwischenscheiben, während in der Kontraktionswelle eine Trübung durch die Sarkoplasmakörner und kaum sichtbare engste Querstreifung eintrat, wobei zeitweilig der Glanzstreifen sehr undeutlich wurde. Bei der beginnenden Erschlaffung traten nun Glanzstreifen und Querstreifen wieder hervor, während bereits die entgegenlaufende Welle den Streifen nach ihrer Seite zog. Nach ungefähr 10 Minuten erlahmte dieses Spiel. Die rechte Seite der Faser blieb getrübt, im Maximum der Kontraktion stehen, während die linke Seite der Faser unter erlahmenden Kontraktionen in völlig erschlafftem Zustande, in welchem endlich, mit den zunächst an Glanzstreifen liegenden Fächern, auch die Z-Streifen hervortraten, abstarb. Dieses Wellenspiel war selbstverständlich keine natürliche Kontraktion, sondern ein Absterbephänomen an einer noch lebenden Faser, das aber immerhin beweist, daß noch kontraktionsfähige Fasern bereits Glanzstreifen besitzen, und das geeignet ist, einen sehr häufigen Befund an fixierten Fasern zu erklären".

Im Jahre 1920 kommt derselbe Verfasser wieder auf die Frage zurück. Er meint jetzt, daß das Querband der Partie I Z I in der in Ruhe befindlichen Muskelfaser oder dem Kontraktionsstreifen in der kontrahierten entspricht. Hier greift er auch die Frage über das Aussehen der Bänder auf Querschnitten durch die Muskelfaser auf. „Die Faserquerschnitte, an welchen ich Querschnitte

---

[1] HEIDENHAIN teilte mir neulich in einem Briefe mit, daß er seit wenigstens 1½ Jahrzehnten in seinen Vorlesungen die Segmente als „Zellen" bezeichnet. Es hat sich nämlich herausgestellt, daß die Segmente der Kernplasmarelation nachweislich entsprechen, und er hat darum kein Bedenken gehabt, den Zellenbegriff auf die Segmente anzuwenden.

von Glanzstreifen zu sehen glaube, sind dadurch charakterisiert, daß ein größeres oder kleineres, randständiges Querschnittsfeld in dem Farbentone erscheint, in

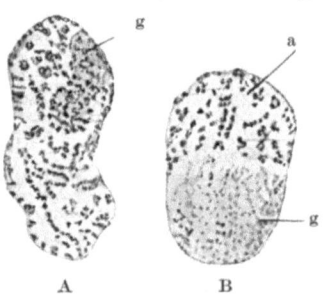

Abb. 42. Querschnitt von einem Papillarmuskel des *Menschen*. Die Sarkosomen treten scharf hervor; die Myofibrillen sind undeutlich. In beiden Faserquerschnitten ist die Stufe eines Glanzstreifen g getroffen. Bei a sind die Sarkosomen etwas größer und in Reihen oder Gruppen verteilt. Alkohol, DELAFIELDS Hämatoxylin-Eosin. (Nach v. EBNER 1920.)

welchem auch am Längsschnitte die Glanzstreifen sich darstellen, während der übrige Teil des Querschnittes mehr der Färbung entspricht, welche am Längsschnitte die Querscheiben der Fasern darbieten. Im allgemeinen sind also solche Glanzstreifenquerschnitte, wie die Längsschnitte solcher durch dunklere Färbung auffallend" (Abb. 42). Er meint auch, daß solche Querschnitte eine gleichförmigere Verteilung von Fibrillen und Sarkosomen zeigen als Querschnitte durch die übrige Muskelfaser. Die funktionelle Bedeutung der Querbänder liegt seiner Ansicht nach darin, den Muskelfasern eine größere Festigkeit während der Kontraktion zu verleihen.

Von späteren Verfassern hebt BRUNO (1921—22) hervor, daß die Streifen im 5. Embryonalmonat aufzutreten pflegen; er schließt sich deshalb der Ansicht HEIDENHAINS an, daß diese Gebilde den Charakter von interkalaren Schaltstücken hätten.

GALIANO (1926) hält die Querbänder für ein Umwandlungsprodukt der Myofibrillen im Niveau der Grundmembranen; er bestreitet auch, daß solche die Bänder begrenzen. Diese letzteren teilen das Muskelsyncytium in „segmentos functionales" auf, die in funktioneller Beziehung den Skeletmuskelfasern gleichwertig wären.

Nachdem ich also — wegen des großen Interesses, das die Frage besitzt, und der noch ungelösten Probleme, die

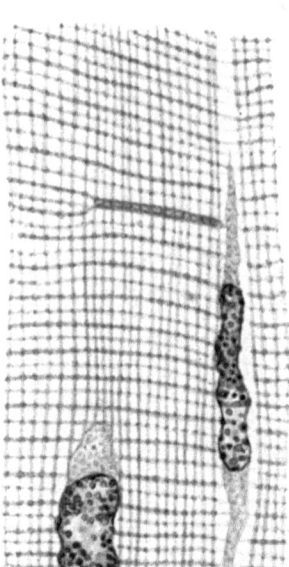

Abb. 43. Querband einer Muskelfaser einer 2 Monate alten *Katze*. Vergr. 1875×.

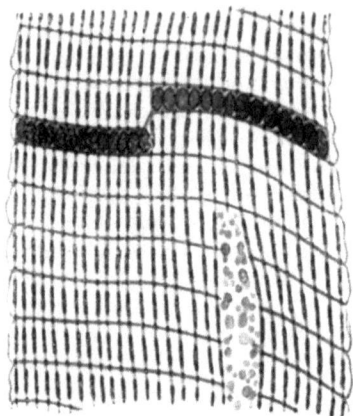

Abb. 44. Treppenstufenartig geordnete Querbänder vom *Menschen*. Das Verhalten der Grundmembranen ist besonders zu beachten. Carmin-Phenolsaffranin. Vergr. 2500×.

mit den hier behandelten Querstrukturen zusammenhängen — ausführlich die Ansichten der verschiedenen Verfasser über dieses Gebilde referiert habe, sei es mir gestattet, einige eigene Beobachtungen und Erwägungen vorzulegen.

Zuerst möchte ich hervorheben, daß sich die Querbänder in der Hauptsache nach der Geburt entwickeln, wie es MARCEAU gesagt habe. Daß alle während des extrauterinen Lebens zustandekommen, scheint mir nicht sicher zu sein; bei einem 2 Monate alten *Kätzchen* (Abb. 43) waren schon einige Schaltstücke in den Papillarmuskeln vorhanden, ihre Anzahl war jedoch bedeutend geringer, als es bei älteren *Tieren* der Fall zu sein pflegt. Dies scheint mir gegen HEIDENHAINS Annahme zu sprechen, daß sie bestehenbleibende interkalare Strukturen wären. Andererseits scheint es mir in allen von mir untersuchten Fällen von *Menschen* und *Tieren* augenfällig, daß die Querbänder, wie der letztgenannte Forscher betonte, immer auf beiden Seiten von Grundmembranen begrenzt werden, mit anderen Worten, sie sind umgewandelte Muskelfächer, oder umgewandelte Teile von Muskelfächern (Abb. 44). Soweit ich finden konnte, umfassen sie aber das Gebiet I Q I und nicht das

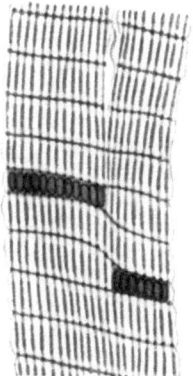
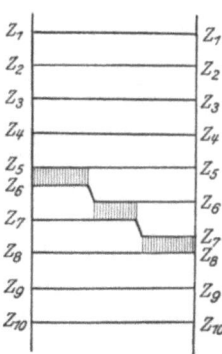

Abb. 45. Herzmuskulatur; Homo. Vergr. 2500×. Thionin-Phenolsaffranin.

Abb. 46. Schema, das Verhalten der Grundmembranen zu den Querbändern zeigend.

Gebiet I Z I (v. EBNER). Sie sind niedriger als das Muskelfach in Ruhe, aber etwas höher als das kontrahierte (Abb. 45). Die Veränderung des Muskelfaches macht sich am deutlichsten durch eine veränderte Färbbarkeit geltend. Diese scheint von den Grundmembranen auszugehen und sich längs der Fibrillen auszubreiten. Dagegen scheinen die interfibrillären Q-Körner nicht von der Veränderung berührt zu werden, wodurch die viel beschriebene Stäbchenstruktur entsteht. Die Grundmembranen sind meinen Beobachtungen nach nicht, wie HEIDENHAIN annimmt (Abb. 41), am Ende der Stufe abgebrochen; sie gehen vielmehr durch den ganzen Muskelfaser, machen aber am Querbande eine winkelige Knickung (Schema Abb. 46 und Abb. 47).

Man kann sich nun fragen: Wo entstehen diese Querbänder? Ich erinnere dabei an die oben besprochene, von vielen Verfassern gemachte Beobachtung, daß die Querbänder oft Partien von den Muskelbalken abtrennen, die sich in verschiedenen Stadien der Tätigkeit befinden, und ich gebe in Abb. 48 ein schönes Beispiel dieses Verhaltens von einem *menschlichen* Papillarmuskel. Schon hier will ich jedoch daran erinnern, daß dies nicht unbedingt der Fall sein muß. Auch v. EBNERS schöne, S. 73 zitierte Beobachtung verdient es, in diesem Zusammenhang ins Gedächtnis zurückgerufen zu werden. Dieser Forscher sah, wie sich in einem überlebenden Herzmuskelbalken die Kontraktionen von unsichtbaren Zentren gegen einen Glanzstreifen ausbreiteten, um dort plötzlich aufzuhören, wobei die auf beiden Seiten vom Querbande befindlichen

76 Herzmuskelgewebe.

Muskelbalkenpartien in Funktionsstadien alternierten. Dies scheint mir wahrscheinlich zu machen, daß die Querbänder zwischen verschiedenen funktionellen Muskelbalkengebieten von einer höheren Ordnung als die Muskelfächer — also zwischen funktionellen Segmenten, wie sie GALIANO nennt — auftreten.

Hier soll jedoch daran erinnert werden, daß v. EBNER auch Fälle beschrieb, wo man sah, wie sich der Kontraktionsprozeß über ein Querband fortsetzte. Aus der Beschreibung geht jedoch hervor, daß die Beobachtungsbedingungen dort schlechter waren als in dem hier erwähnten Falle, weil die beobachtete Faser von anderen Fasern überlagert war; dieser Beobachtung ist deshalb nicht derselbe Wert beizumessen wie der hier beschriebenen. Ferner findet

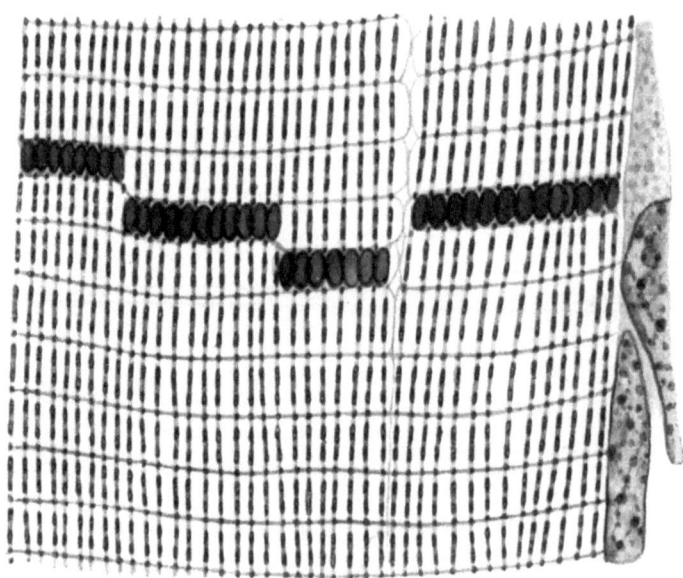

Abb. 47. Treppenartig geordnete Querbänder; die Grundmembranen machen am Ende der Bänder Knickungen, gehen aber quer durch den Faser. Thionin-Phenolsaffranin. Vergr. 3750 ×.

man, wie erwähnt, die Muskelbalkenpartien, die an verschiedenen Seiten von den Querbändern liegen, nicht immer in verschiedenen Funktionsstadien. Dies spricht jedoch nicht gegen die oben gemachte Annahme, da sich zwei benachbarte funktionelle Elemente sehr wohl im selben Tätigkeitsstadium befinden können.

Die Kontraktionsprozesse dürfen von den motorischen Nervenendigungen ausgehen. Von zwei solchen benachbarten Endplatten verbreitet sich dann, wie v. EBNERs Beobachtung zu ergeben scheint, die Kontraktion in entgegengesetzten Richtungen, bis sie an einem Querbande aufhört. Die verschiedenen funktionellen Elemente dürften jedes für sich von ihrer motorischen Endplatte beherrscht sein. In dem verzweigten Syncytium dürfte der Kontraktionsprozeß nicht wie eine ganz regelmäßige Welle in allen Teilen vom Innervationszentrum hinaus in die Zweige fortschreiten. In Übereinstimmung hiermit finden wir die Querbänder unterbrochen („treppenstufenartig", und dies trifft vor allem beim Beginn der Verzweigungen zu. Dadurch erhalten wir die Erklärung für die Bilder von „Tochtersarkolemmen", die M. HEIDENHAIN

Der Bau der Herzmuskulatur. 77

beschreibt. Diese sind nichts anderes als zwischen verschiedene Zweige eingebuchtete Sarkolemmapartien, die scheinbar die Enden verschiedener Querbänder verbinden.

Die Natur der letztgenannten ist noch nicht erforscht. Mit MALLORYs Methode färben sie sich blau wie Kollagen, sonst geben sie aber weder tinktoriell, noch beim Kochen, noch bei Essigsäure- oder Trypsinbehandlung die Reaktionen des Kollagens. Der Vergleich mit Sehnen (MARCEAU) erscheint mir deshalb unzutreffend. Sie stehen auch nicht in besonderer Verbindung mit dem kollagenen oder elastischen Bindegewebe der Muskelinterstitien. Die von verschiedenen Verfassern gemachten Annahmen über die mechanische Bedeutung und die Eigenschaften der Bänder besitzen in den bisher vorliegenden Tatsachen keine Stütze.

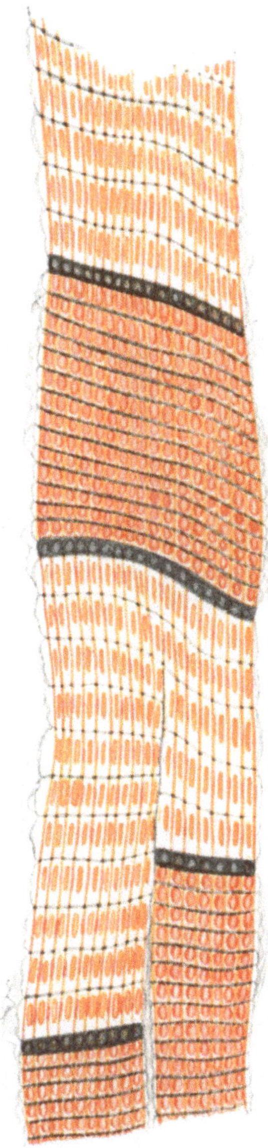

„Querfadennetze" nannte G. RETZIUS im Jahre 1881 gewisse durch Goldchloridimprägnierung und Maceration in der Skeletmuskulatur von *Insekten* entstehende Strukturbilder. Sie wurden seinerzeit in der Literatur über die Skeletmuskeln lebhaft erörtert. Wie HEIDENHAIN (1911) sicherlich richtig behauptet, handelt es sich hier um Artefakte, die dann mißverständlich gedeutet wurden. Speziell in der Diskussion über die Herzmuskulatur spielten sie keine Rolle, und ich erwähne sie hier nur deshalb, weil MARCUS (1925) diese Bezeichnung als Sammelname für eine Reihe von quergehenden Strukturen in der Herzmuskulatur, z. B. Z und M anwandte. Eine solche Bezeichnungsart ist meiner Ansicht nach entschieden zu verwerfen, da es verwirrend wirken muß, wenn eine schon früher akzeptierte Bezeichnung auf andere wohlbekannte Strukturen übertragen wird.

„Quersarkolemma" nennt MARCUS (1925) gewisse, in den Präparaten sichtbare Bilder. Sie sollen „bogenartig die Muskelfaser quer überspannen und sicherlich zur Verfestigung bedeutend beitragen". Besonders in vorgeschrittenen Stadien der Fettdegeneration soll man sie beobachten können, und sie sollen ein Bindegewebssubstrat sein, aus welchem sich die Glanzstreifen entwickeln. Nach den Bildern zu urteilen, handelt

Abb. 48. Papillarmuskelfaser; Homo. Segmentale Aufteilung des Fasers durch Querbänder. Die Segmente befinden sich in verschiedenen Stadien der Tätigkeit. Formol-Sublimat-MALLORY-Färbung. Vergr. 1950 ×.

es sich hier um mehrere Strukturen, die falsch gedeutet wurden; so scheint es sich in MARCUS' Abb. J um schräg abgeschnittene Muskelbalken zu handeln, deren am Schnittende durchgetrenntes Sarkolemma „Quersarkolemma" genannt wird, und in seinem Bild Nr. 3 (Taf. VI) um einen Glanzstreifen. Im letztgenannten Fall zeigt der Muskelbalken auf beiden Seiten vom genannten Gebilde, wie so oft, verschiedene Funktionsstadien.

2. Veränderungen bei der Kontraktion.

Wie ich schon oben hervorgehoben habe, weisen Herz- und Skeletmuskulatur eine weitgehende Übereinstimmung in der Anordnung der Querstreifen auf. Man war sicher deshalb lange der Ansicht, daß sich der Kontraktionsprozeß in den beiden Arten von Muskulatur in völlig gleicher Weise abspiele, und konzentrierte deshalb das Studium der Veränderungen, welche die querstreifige Muskulatur bei ihrer Tätigkeit durchmacht, auf die letztgenannte Gruppe. Nur auf diese Weise dürfte man den Reichtum an Arbeiten erklären können, die auch aus relativ weit zurückliegenden Zeitperioden über die Kontraktionserscheinungen in dieser Gruppe vorliegen, und die Spärlichkeit der Arbeiten, die speziell die Herzmuskulatur zum Gegenstande des Studiums in der erwähnten Beziehung macht.

Bezüglich der Arbeiten, die sich mit dem Kontraktionsproblem für die quergestreifte Muskulatur überhaupt beschäftigen, und der Theorien, die im Zusammenhang damit aufgestellt wurden, verweise ich auf das Kapitel Skeletmuskulatur und beschäftige mich hier nur mit der Frage der besonderen Verhältnisse bei der Herzmuskulatur.

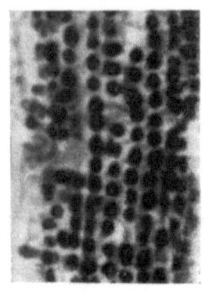

Abb. 49. Herzmuskelfaser vom *Eichhörnchen*. Postregeneration. Fixierung und Färbung nach BENDA. Mikrophoto. Vergr. etwa 2000×. (Nach E. HOLMGREN 1910.)

Im Jahre 1902 veröffentlichte MARCEAU eine kurze Studie über die Veränderungen der gewöhnlichen Herzmuskulatur bei Kontraktion. Er teilt diese in drei Stadien ein: „1. Stade de repos; 2. stade intermédiaire und 3. stade de contraction complète". Während des intermediären Stadiums werden die Muskelfächer immer niedriger; die Grundmembranen verdicken sich allmählich und gehen schließlich in die Kontraktionsstreifen über, während Q (disques epais) an Höhe abnimmt und schließlich verschwindet. Im Kontraktionsstadium messen die Muskelfächer $4/_9$ ihrer Höhe im Ruhestadium. Der Muskelbalken ist verdickt; ob die Vergrößerung des Durchmessers darauf beruht, daß die Fibrillen dicker wurden, oder daß die Zwischenräume zwischen ihnen zunahmen, glaubt MARCEAU jedoch nicht entscheiden zu können.

Am eingehendsten wurden die morphologischen Veränderungen der Herzmuskulatur im Zusammenhang mit der Kontraktion jedoch von EMIL HOLMGREN studiert, der in mehreren Arbeiten aus den Jahren 1907—1910 Beobachtungen hierüber mitteilte. Seine Untersuchungen sind am Herzen von weißen *Mäusen*, *Kaninchen* und *Eichhörnchen* sowie von einigen Krustaceen ausgeführt. Die Färbungen sind nach BENDAs Mitochondrienfärbung vorgenommen.

HOLMGREN teilt die Tätigkeit des Muskelgewebes in vier Stadien ein, von welchen 1. das postregenerative Stadium der Ruheperiode entspricht. Nach Reizung folgt erst 2. das fakultative Stadium und danach 3. das Kontraktionsstadium, welches über das 4. regenerative Stadium wieder in Ruhe übergeht.

Das postregenerative Stadium (Abb. 49) wird auf folgende Weise charakterisiert. Das Endoplasma ist breit und enthält eine größere oder geringere Menge mittels BENDAs Methode violett färbbarer Körner. Die Säulchen im Mesoplasma (von HOLMGREN Exoplasma genannt) sind dünn, und die ungefärbten Querscheiben (Q) kaum sichtbar. Die Muskelfächer sind hoch; die Q-Körner intensiv färbbar; mitunter sehen sie aus wie in zwei Hälften geteilt, was jedoch darauf beruhen kann, daß ihre mittlere Partie ungefärbt ist. In diesem Stadium sind also die Q-Körner und die Grundmembranen die Ursache der Querstreifung.

Während des fakultativen Stadiums (Abb. 50) sind die Querscheiben der Säulchen intensiv färbbar; sie sehen etwas dicker aus als die isotropen Partien. Mitunter, aber nicht immer, tritt ein HENSENscher Streifen hervor. Die Q-Körner sind ungefärbt, sind aber doch zwischen den Querscheiben der Fibrillen zu erkennen. Die Muskelfächer sind hoch; das Endoplasma ist breit, enthält aber keine färbbaren Körner, und die Kerne schließlich sind langgestreckt. Das Bild, welches der Muskelbalken in diesem Stadium bietet, ist also fast ein Negativbild seines Aussehens im postregenerativen Stadium; die Querstreifung ist durch Q und Z verursacht, welche beide färbbar sind, während sich die Q-Körner nicht färben lassen.

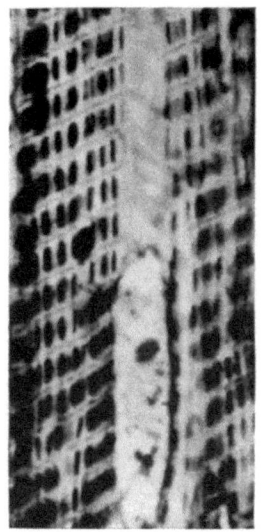
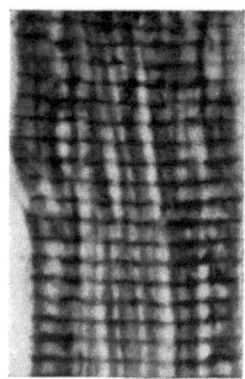
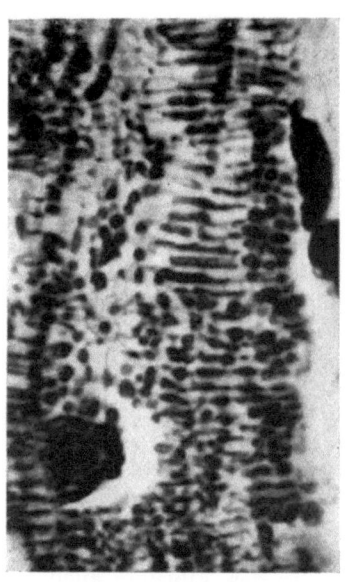

Abb. 50. Herzmuskelfaser vom *Kaninchen*. Fakultatives Stadium. Vergr. und Methode wie Abb. 49. (Nach E. HOLMGREN 1910.)

Abb. 51. Herzmuskelfaser vom *Kaninchen*; Kontraktion. Methode und Vergr. wie Abb. 49. (Nach E. HOLMGREN 1910.)

Abb. 52. Herzmuskelfaser vom *Eichhörnchen*. Regeneration. Vergr. und Methode wie Abb. 49. (Nach E. HOLMGREN 1910.)

Das Kontraktionsstadium (Abb. 51) zeichnet sich durch niedrige Muskelfächer aus. Die Säulchen liegen dicht aneinander und nehmen mit BENDAs Färbung einen braunvioletten Farbton an. Weder Meso- noch Endoplasma enthalten spezifisch färbbare Bestandteile; das erstere weist jedoch eine Anzahl heller, ovaler, kleiner Blasen auf, die regelmäßig zwischen den Säulchen liegen, und deren Länge dem Abstande zwischen den Grundmembranen entspricht. Diese Blasen, die ungefärbten Q-Körner, sind auf den Photographien nicht sichtbar. Im Niveau der Grundmembranen treten die Kontraktionsstreifen auf, die stark violett gefärbt sind; sie sind nicht überall gleich dick, sondern tragen ab und zu kleine Körner oder unregelmäßige Schollen, die sich zwischen die Säulchen vorbuchten. Der Kern ist oval rundlich und kürzer als in den anderen Stadien.

Während des Regenerationsstadiums (Abb. 52) behalten die Säulchen ihren bräunlichen Farbton bei BENDA-Färbung. Die Muskelfächer sind höher als im vorhergehenden Stadium; die Querstreifen sind ungefärbt, und die Kontraktionsstreifen sehen mehr oder weniger verblaßt aus. Die im vorigen Stadium schmalen Endoplasmagebiete sind nun deutlich breiter und enthalten eine große Menge violett färbbarer Körner, die teilweise in gleichfalls violettfärbbare, zwischen den Säulchen liegende Querbänder übergehen. Die letzteren liegen im Niveau von Q und enthalten die ebenfalls violett gefärbten Q-Körner. Dieses Stadium ist bezüglich des morphologischen Bildes am empfindlichsten und am meisten veränderlich.

Die oben beschriebenen Änderungen in der Färbbarkeit der feineren Strukturen der Muskelbalken hängen nach der Ansicht HOLMGRENs mit dem dort vor sich gehenden Stoffwechsel zusammen. Er glaubt, auch eine fasciculare Gruppierung von Fasern in verschiedenen Stadien gefunden zu haben, was auf eine abwechselnd vor sich gehende Tätigkeit deuten soll, derart, daß gewisse Fasern in Aktivität wären, während sich andere darauf vorbereiten würden, in dieses Stadium zu treten. Bezüglich dieses Punktes möchte ich auf die oben besprochenen, von vielen Verfassern, am frühesten von HOCHE, gemachten Beobachtungen hinweisen, nach welchen die verschiedenen Segmente, in die die Herzmuskelbalken durch die Querbänder aufgeteilt werden, sich oft in verschiedenen Funktionsstadien befinden. Diese Segmente dürften funktionelle Einheiten bilden. Dagegen kann man sich kaum denken, daß dies für ganze Fasergruppen im Muskelsyncytium gelten könnte.

HOLMGREN stellte sich vor, daß die von ihm beschriebenen Farbenveränderungen während der verschiedenen Phasen der Muskelfasertätigkeit auf Umsatz und Verschiebung der Stoffe in den Fasern beruhen. So sollte die färbbare Materie, die sich in Ruhe in den Q-Körnern befindet, im fakultativen Stadium auf Q in den Fibrillen übergehen usw. Hierbei müssen wir uns jedoch daran erinnern, daß die Färbbarkeit wahrscheinlich nicht während der ganzen Tätigkeitsperiode des Muskels an ein und dieselbe Materie gebunden ist. Eine gewisse Struktur oder eine gewisse spezifische Materie kann unter verschiedenen Verhältnissen eine variierende Färbbarkeit zeigen; Veränderungen in der Wasserstoffionenkonzentration oder sonst in der elektrischen Oberflächenspannung zwischen verschiedenen Strukturen sind hier von großer Bedeutung. HOLMGRENs Untersuchungen scheinen mir unter allen Umständen einen großen Nutzen mit sich gebracht zu haben, indem er die Aufmerksamkeit darauf lenkte, daß außer den Fibrillen auch andere Teile der Muskelfaser eine Rolle beim Kontraktionsprozeß spielen. In erster Linie möchte ich hier die interfibrillären Q-Körner hervorheben.

Schon bei der Entdeckung der interfibrillären Korngebilde haben KÖLLIKER und RETZIUS die Möglichkeit hervorgehoben, daß es sich hier um Strukturen handle, die für das Verständnis des Kontraktionsphänomens von großer Bedeutung wären. Auch BLIX richtete schon im Jahre 1894 die Aufmerksamkeit auf die dadurch eröffneten Aussichten für die Erklärung der Kontraktionsphänomene. In dieser Beziehung behielten jedoch die Fibrillen ihren Rang in der Anschauungsweise der Anatomen wie der Physiologen, und das Vorhandensein der interfibrillären Körner weckte kein größeres Interesse.

Während des letzten Jahrzehnts wurden in bezug auf die Erforschung der physiologischen und chemischen Prozesse im Muskel, die mit seiner Kontraktion zusammenhängen, sowohl von physiologischer wie von chemischer Seite eine Menge bedeutungsvoller Fortschritte gemacht. Die Untersuchungen betrafen natürlich die Skeletmuskeln, und aus der Reihe der Forscher auf diesem Gebiet will ich besonders HILL, MEYERHOF und EMBDEN hervorheben. Es ist wahrscheinlich, daß die hierbei gemachten Beobachtungen in der Hauptsache auch für die Herzmuskulatur anwendbar sind. So müssen wir auch für die Herzmuskulatur annehmen, daß bei der Kontraktion Milchsäure entsteht, und daß diese aus dem in der Herzmuskulatur besonders reichlich vorhandenen Glykogen stammt. MEYERHOF (1925) bemerkt, daß die H-Ionen in dieser Säure wahrscheinlich die Kontraktionen hervorrufen. Von den verschiedenen Theorien, die auf diesem Gebiete aufgestellt wurden, legt er besonderen Wert auf die von der Bedeutung der Oberflächenspannung, und er lenkt die Aufmerksamkeit speziell auf die Ansicht Hürtles, daß nur die doppelbrechenden Fibrillenteile aktiv die Form ändern, indem sie kürzer und dicker werden. Die sichtbaren Flächen dieser Fibrillenteile können indes nicht allein die tätigen sein, wie Meyerhof im Anschluß an Bernstein hervorhebt, sondern man muß behufs Erklärung der Phänomene zu dem Gedanken an submikroskopische Oberflächen greifen, da sonst zu große Änderungen der Capillarkonstante der Oberflächen erforderlich wären, um die geleistete Arbeit begreiflich zu machen.

Hierzu ist zweierlei zu bemerken. Erstens ist die Frage der Aufteilung der Fibrillen in doppel- und einfachbrechende Partien nicht endgültig gelöst. v. Ebner fand bei Herzmuskelfasern und den ihnen nahestehenden Flügelmuskeln gewisser Insekten die Fibrillen optisch homogen; in Flügelmuskeln

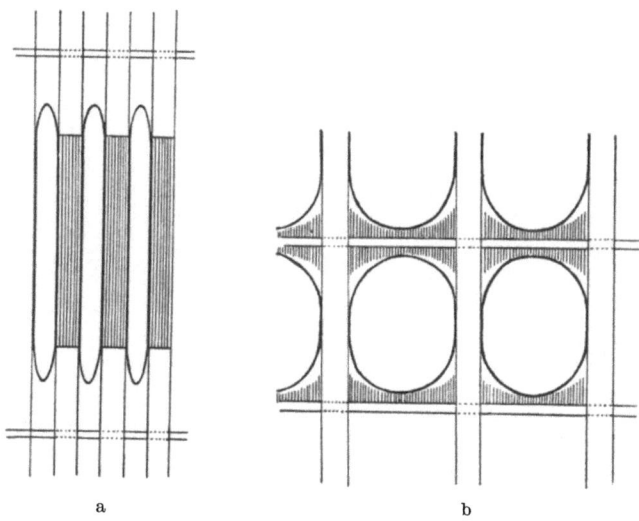

Abb. 53. Schema über die Form- und Volumveränderungen der Q-Körner zwischen Ruhe (a) und Kontraktion (b).

von Insekten fand er bei Tageslicht keine Doppelbrechung der Fibrillen, während sie sich bei Sonnenlicht als gleichförmig doppelbrechend erwiesen. Er hebt hervor, daß die Variation in der Lichtbrechbarkeit vielleicht mit der Anlagerung der Sarkosomen, der Q-Körner zusammenhängt. Zweitens wechseln diese Körner deutlich ihre Form; im Ruhestadium und noch in der Vorbereitung zur Kontraktion, Holmgrens fakultatives Stadium, sind die Körner lang, schmal und stäbchenförmig, während sie in der Kontraktionsphase dick und abgerundet werden (Abb. 48, Schema Abb. 53). Soviel ich sehen konnte, sind sie im letzteren Falle auch voluminöser als im Ruhestadium. Es scheint mir, daß die Frage gestellt werden muß, ob die Querstreifung im Ruhestadium nicht ganz auf den Körnern beruht. Inwiefern die Doppelbrechung auf diese Gebilde zurückgeführt werden kann, oder ob sie sich durch die Spannung erklären läßt, die durch die Einlagerung der Körner zwischen die Fibrillen entsteht, das ist ein Problem, zu dessen Entscheidung ich mich nicht für kompetent halte.

Jedenfalls unterliegen die Sarkosomen einer Formveränderung, die ganz den Ansprüchen entspricht, die an die Inotagmen gestellt werden: sie nehmen in der Querrichtung der Muskelbalken an Dicke zu und werden in deren Längsrichtung verkürzt. Nehmen wir hinzu, daß die Grundmembranen zusammen mit den kollagenen Bestandteilen des Sarkolemmas ein geschlossenes Fach bilden, in welches die Q-Körner gelagert sind, und daß diese Strukturen ein relativ festes und unnachbiebiges Netz bilden, so ist es deutlich, daß einer Verkürzung des Muskelfaches eine Ausdehnung in querer Richtung folgen muß. Die Sarkosomen und die Grundmembranen zusammen scheinen mir also eine bisher übersehene Möglichkeit zur Erklärung des Kontraktionsphänomens zu geben. Ob die Milchsäure hierbei nur dadurch wirkt, daß sie die Oberflächenspannung der Sarkosomen ändert, oder ob man auch mit der beobachtbaren Schwellung der Körner als einem integrierenden Faktor rechnen muß, darüber kann ich mich gegenwärtig nicht äußern. Die Körner scheinen mir nämlich im Kontraktionsstadium voluminöser zu sein als im Ruhezustand (Abb. 53);

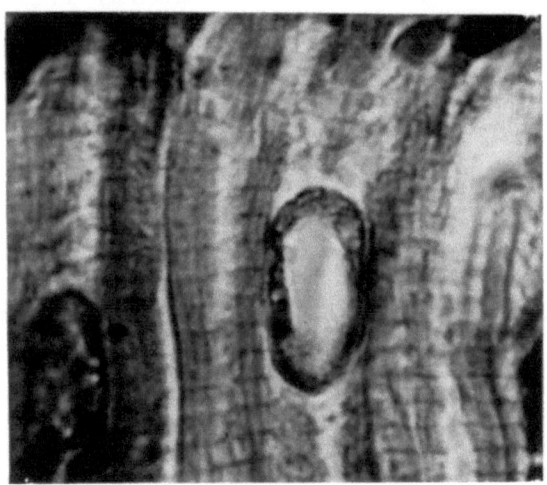
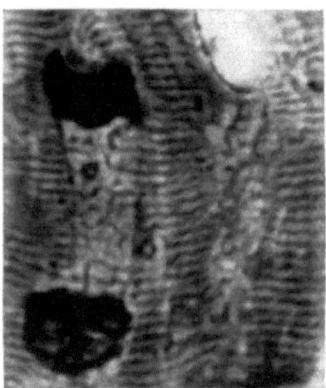

Abb. 54. Herzmuskelfaser einer *Katze*. Aussehen der Kerne in Ruhe. Mikrophoto. Vergr. 1950 ×.

Abb. 55. Herzmuskelfaser einer *Katze*. Aussehen der Kerne bei Kontraktion. Mikrophoto. Vergr. 1950 ×.

Messungen über dieses Verhalten konnte ich jedoch infolge der unbedeutenden Ausdehnung der Gebilde nicht vornehmen.

Während der Kontraktion ändern auch die Kerne Form und Aussehen. Sie werden viel kleiner und sehen fast pyknotisch aus mit dicht gedrängtem Kromatin (Abb. 54 u. 55).

Nach v. EBNERs direkten Beobachtungen an überlebenden Herzmuskelfasern wie auch nach den Bildern, die die gewöhnlichen histologischen Präparate bieten, scheinen die Glanzstreifen das Vordringen der Kontraktionswellen zu verhindern. Die Kontraktion wird deshalb auf ein funktionelles Segment beschränkt, das aus Teilen von Muskelbalken besteht, die zwischen zwei solche Querbänder eingeschlossen sind. Von M. HEIDENHAIN wurde hervorgehoben, daß zwei solche im Abstand von nur wenigen Muskelfächern einander folgen können; wie aber v. PALCZEWSKA richtig bemerkt, kann es sich hier um Scheinbilder handeln, die durch die Unregelmäßigkeiten der Segmente entstanden sind. Verschiedene aneinandergrenzende funktionelle Segmente weisen oft wechselnde Kontraktionszustände auf; dies ist jedoch keine allgemeingültige Regel, denn man sieht ungefähr gleich oft, daß sich zwei solche einander benachbarte Gebiete in derselben funktionellen Phase befinden.

Was die Wirkungsart betrifft, dürfte der Herzmuskel bedeutend von den Skeletmuskeln abweichen. In den letzteren wird die Kraft auf die an beiden

Enden abgehenden Sehnen übertragen und mittels dieser auf die Skeletteile, die gegeneinander in Bewegung gesetzt werden. Das Myokardium dagegen bildet einen Hohlmuskel, bei dem die Kraft in Form von Druck auf den Inhalt der Hohlräume des Herzens ausgeübt wird. Der Unterschied ist augenfällig. Man kann deshalb nicht, wie Quast (1925) es tut, ohne weiteres annehmen, daß Beobachtungen über die Kraftübertragung in der Skeletmuskulatur auf die Verhältnisse im Herzen übertragbar sind und umgekehrt.

In der Skeletmuskulatur spielt das Bindegewebe eine große Rolle bei der Kraftübertragung; es ist zweifelhaft, ob es in der Herzmuskulatur dieselbe Bedeutung hat. Jedenfalls sind die Verhältnisse hier komplizierter und schwerer überblickbar. Zwischen dem Muskel- und dem Bindegewebe herrscht jedoch auch im Herzen eine sehr enge Beziehung. Diese kommt vor allem in den Verbindungen zum Ausdruck, die zwischen dem kollagenen Netz des Sarkolemmas und dem interstitiellen Bindegewebe im Myokardium existieren. Wie ich oben hervorhob, steht anderseits das Netz des Sarkolemmas in naher Verbindung mit den Grundmembranen, die im Herzen ebenso wie in der Skeletmuskulatur die Farbenreaktionen des Kollagens geben. Der Beweiswert dieses Umstandes wird von vielen Verfassern sicherlich unterschätzt; da diese aber in anderen Fällen lediglich auf Grund unspezifischer Farbenreaktionen entscheiden zu können glauben, ob eine Struktur kollagener Natur ist (gewöhnlich sprechen sie vom Bindegewebe), ist die Logik ihrer Argumentation zweifelhaft. So „glaubt" Marcus (1925) nicht, daß die Grundmembranen kollagener Art sind; in derselben Arbeit meint er aber, auf Grund einer unspezifischen Färbung (Pikroblauschwarz nach Zenker-Fixierung) beweisen zu können, daß „Bindegewebszüge" das Sarkolemma durchdringen und in die Muskelbalken eindringen oder sie gar durchsetzen. Auch Quast (1925) nimmt das Vorhandensein von Bindegewebszügen in der Herzmuskulatur an, wenn er dabei auch auf einem anderen Standpunkt steht als Marcus. Quast glaubt nämlich, was die Papillarmuskeln betrifft, den in letzterer Zeit vor allem von Schultze (1912) und Sobotta (1924) für die Skeletmuskulatur verfochtenen Standpunkt bestätigen zu können, daß die Myofibrillen in den Muskelfasern an den Enden (in den Papillarmuskeln) ihre Querstreifung verlieren und in kollagene Sehnenfibrillen übergehen. In diesem Punkt gilt, was ich (1921) bezüglich der Skeletmuskeln anführte, nämlich, daß sich die Querstreifung bis zum Sarkolemma am Ende der Muskelfaser erstreckt; das Bild eines Überganges ist scheinbar und beruht auf optischer Superposition in Schnitten, die das Sarkolemma nicht rechtwinklig treffen, und an nicht zweckentsprechenden Färbemethoden. Da sich Quast indes im Anschluß an Sobotta auf den Standpunkt stellt, daß die Anwendung von elektiven Bindegewebsfärbungen kontraindiziert sei, weil sie den supponierten Übergang nicht erkennen lassen, ist eine wissenschaftliche Erörterung der Frage unmöglich gemacht, die Diskussion vielmehr in das Gebiet der Glaubensfragen verlegt.

Wenn ich also die Annahme eines Eindringens von Bindegewebsfibrillen in die Muskelbalken sowohl an ihren natürlichen Enden wie längs ihrer Seitenpartien bestreiten muß, scheint mir die Verbindung zwischen den wahrscheinlich kollagenen Grundmembranen und dem kollagenen Netz des Sarkolemmas resp. der Verbindung dieses Netzes mit dem perimysialen Bindegewebe von um so größerer Bedeutung. Der enge Zusammenhang zwischen diesen Strukturen scheint mir die Erklärung für die verschiedenen Ansichten zu geben, zu welchen verschiedene Verfasser über die Struktur des Sarkolemmas und das Verhalten der Herzmuskelbalken zum interstitiellen Bindegewebe gekommen sind.

Über die Stellung der verschiedenen Forscher zur Frage des Sarkolemmas habe ich oben (S. 60) berichtet. In bezug auf das Verhalten des interstitiellen Bindegewebes (oft Perimysium genannt) zu den Muskelbalken scheinen sich die meisten Forscher auf diesem Gebiet im großen ganzen einig zu sein, und ihre Angaben gehen im allgemeinen darauf hinaus, daß in der Herzmuskulatur dasselbe Verhalten herrschen würde wie in den Skeletmuskeln [HOCHE (1897), STUDNIČKA (1915).] WINKLER (1867) gab an, daß 6—15 Muskelfasern von sekundären Scheiden umschlossen würden, die Septa in die Bündel schicken, die ihrerseits jedes für sich von primären Scheiden umgeben werden. ATHANASIU und DRAGOIU (1911) fanden bei *Meerschweinchen, Kaninchen, Hunden* und *Rindern* die einzelnen Muskelfasern von einem dem Sarkolemma direkt anliegenden Fasernetz umgeben, welches sie für elastisch hielten. Dieses Netz gehe nach außen in gröbere Fasern über, die ebenfalls Netze um Bündel von Muskelfasern bilden. Im groben Netz sind die Fasern teils in querer und teils in Längsrichtung geordnet. ATHANASIU und DRAGOIU waren der Ansicht, daß die elastische Materie es zur Aufgabe habe, die Herzmuskulatur nach der Kontraktion in ihre Ausgangslage zurückzuführen. ACHUCARRO-CALANDRE (1913) meint, daß ein Sarkolemma existiere, welches in kontinuierlichem Zusammenhang mit dem interstitiellen Bindegewebe steht. In diesem finde sich ein Netz von hauptsächlich quergehenden Gitterfasern, die in den durch die Grundmembranen verursachten Einziehungen liegen. MARCUS (1925) fand nächst der Muskelfaser ein feines Maschenwerk, das geeignet sei, die Muskelfaser bei ihrer Verkürzung zu hemmen; dieses Netz entstehe durch Verzweigung gröberer stark gewundener, längsverlaufender Fasern. QUAST (1925) spricht, ebenso wie ATHANASIU und DRAGOIU von drei Fasersystemen, die jedoch von Gitterfasernatur sein sollen: 1. Nächst der Muskelfaser ein feines Flechtwerk, das außerhalb des vielleicht vorhandenen Sarkolemmas einen Schleier oder Strumpf um die Faser bildet; 2. nach außen davon ein System von hauptsächlich querverlaufenden Fasern und 3. ganz nach außen gelegen, äußerst grobe Fasern, die hauptsächlich in der Längsrichtung der Muskelfasern verlaufen. Die feineren Netze werden durch Aufspaltung der gröberen Fasern gebildet und sind eine Art von „Gitterfasern". An den Enden der Muskelfasern nehmen die quergehenden Bestandteile ab, und die Bindegewebsfasern ordnen sich in der Längsrichtung der Muskelfaser, um schließlich in die kollagenen Fasern der Sehnen überzugehen. Offenbar sind es die erwähnten längsverlaufenden Bindegewebsfibrillen, die durch optische Superposition bei diesem Verfasser die Vorstellung von einem Eindringen von Sehnenfasern in das Innere der Muskelenden erweckten.

Was die Vorstellung von der Bedeutung der elastischen Elemente für das Zurückführen der Muskulatur in das Ruhestadium (ATHANASIU und DRAGOIU) betrifft, so ist es deutlich, daß dem Fasernetz keine solche Funktion zugeschrieben werden kann. Kontraktion und Ruhe beruhen auf chemisch-physikalischen Prozessen, die sich in der Muskelfaser abspielen, und mit diesen Prozessen haben die Fasernetze des Bindegewebes keinen direkten Zusammenhang. Sie haben — abgesehen davon, daß sie Gefäße und Nerven führen — nur eine passiv mechanische Aufgabe bei der Kraftübertragung. Der Gedankengang, welcher der Behauptung von MARCUS, das Netz würde wie eine Fascie dazu dienen, die Verkürzung zu verhindern, zugrundeliegt, erscheint mir schwer verständlich. Wenn das Netz der Kraftübertragung dient, leistet es der Verkürzung Widerstand, und wenn es das ist, was MARCUS mit seiner Äußerung meint, so stimme ich mit ihm überein; sollte aber gemeint sein, daß die Muskulatur einer Art Bremse bedarf, so würde es mir schwer fallen, ihm zu folgen.

Die meisten von den aufgezählten Verfassern, wie v. EBNER und viele andere, sind der Ansicht, daß das kollagene Netz außerhalb der Muskelfaser liegt: Meiner Meinung nach findet man in der äußersten, der hyalinen Begrenzungsschicht der Muskelfaser, ihrem Exoplasma oder Sarkolemma, ein feines Netz von kollagenen und präkollagenen Elementen, das ein integrierender Teil des

Sarkolemmas ist. Dieses Netz hängt nach außen zu mit Elementen des interstitiellen Bindegewebes zusammen, in der Weise, wie es verschiedene Verfasser, wie oben berichtet, beschrieben haben. Auch das Exoplasma steht mit dem Exoplasma des Bindegewebes in Zusammenhang. Hier können wir, ebensowenig wie bei der Skeletmuskulatur, annehmen, daß die Muskelsubstanz in einem Strumpf von Bindegewebselementen gleitet, und daß dieser Strumpf nur durch Ausdehnung in querer Richtung einem so starken Zug ausgesetzt würde, daß die Muskelwirkung dadurch erklärt werden könnte. So groß ist die Verdickung der Muskelfaser während der Kontraktionsphase überhaupt nicht, und die Dehnbarkeit des sog. ,,Strumpfes'' würde jede Kraftübertragung unmöglich machen. Wir können ferner die Tatsache nicht fortargumentieren, daß sich die Grundmembranen wie Bindegewebe färben, und daß sie sich auf der Oberfläche mit einer Schicht verbinden, die sich gleichfalls wie Bindegewebe färbt. Entweder müssen wir annehmen, daß diese Oberflächenschicht das Sarkolemma ist, oder daß sie einen Bestandteil des interstitiellen Bindegewebes bildet. Wir können dabei die Bedeutung des gefärbten Präparates nicht bestreiten, denn dann könnten wir logischerweise auch die Beschreibungen anderer Strukturen nicht gelten lassen, die nur auf Grund von Beobachtungen an gefärbten Präparaten gemacht sind, was mit einer Bestreitung der Existenzberechtigung der histologischen Forschung überhaupt gleichbedeutend wäre. Wir müssen also daran festhalten, daß zwischen den Grundmembranen und dem interstitiellen Bindegewebe ein enger Zusammenhang besteht. Es mag dann einem jeden freistehen, anzunehmen, daß dieser Zusammenhang bedeutungslos ist. Ich für meinen Teil bin der Ansicht, daß wir nur auf diesem Wege die morphologische Erklärung für den engen funktionellen Zusammenhang finden können, der tatsächlich zwischen Muskel und Sehne existiert.

C. Entwicklung des Herzmuskelgewebes.

Wie ich schon im geschichtlichen Überblick zu diesem Kapitel angeführt habe, meinten die älteren Verfasser, daß sich die Herzmuskulatur aus einzelnen Zellen entwickelt, und ich habe daselbst auch die Diskussion über die Frage referiert, ob diese Zellen je für sich zu Muskelfasern auswachsen, oder ob dabei mehrere miteinander verschmelzen. Als die Ansicht durchdrang, daß der Herzmuskel im adulten Stadium einen cellulären Bau habe, schien die Frage von selbst gelöst zu sein. Diese Ansichten erhielten sich im großen ganzen bis in die neunziger Jahre aufrecht, und noch 1909 veröffentlichte ALICE SCHOCKAERT in diesem Sinne eine Studie über die Entwicklung der Herzmuskelzellen.

Nach ihr entwickelt sich der Herzmuskel ursprünglich aus spindelförmigen Zellen, die sich später in sternförmige Elemente umwandeln. Diese sind gut abgegrenzt, senden aber Fortsätze aus, zwischen welchen große Salfträume liegen. Die Zellen vermehren sich dann aktiv, so daß die Salfträume verschwinden, und die Zellen dicht aneinander liegen. In diesen Myoblasten bilden sich Fibrillen in so großer Zahl, daß sie auf Längsschnitten die Zellgrenzen maskieren; auf Querschnitten sind jedoch die Zellmembranen erkennbar. Die Myofibrillen entwickeln sich aus Mitochondrien, die sich in Reihen ordnen und Chondriokonten bilden. Diese werden in Scheiben differenziert und gehen auf diese Weise in quergestreifte Fibrillen über; dies geht allmählich vor sich. Die Fibrillen vergrößern sich und verlaufen von Zelle zu Zelle. Das Myokardium wächst durch mitotische Zellteilung. Während der Mitosen verschwinden die Fibrillen und die Zellmembran wird deutlich sichtbar. In einem späteren Stadium hören die Mitosen auf, und bei jungen oder voll entwickelten *Vertebraten* sieht man niemals solche. An ihre Stelle tritt eine Periode direkter Kernteilung, der jedoch keine Zellteilung folgt. Auf diese Weise entstehen zweikernige Elemente; durch ihre Vergrößerung wächst das Myokardium.

Trotz dieser späten Arbeit, die zeitlich recht nahe mit ZIMMERMANNS und seiner Schülerinnen Versuchen zusammenfällt, die Lehre über den cellulären Bau der Herzmuskulatur wieder aufleben zu lassen, wurde schon im Jahre 1902 von GODLEWSKI eine sehr bedeutungsvolle Untersuchung über die Entwicklung des Myokardiums publiziert, in der eine prinzipiell neue Stellungnahme zu dieser Frage vorliegt. Nach dieser und einer im Jahre 1904 erschienenen Arbeit nimmt die Herzmuskulatur ihren Ursprung aus sternförmigen Zellen, die durch lange Ausläufer miteinander in Verbindung stehen (Abb. 56). Die Zellen vermehren sich, so daß sie einander näher liegen, während die Zellbrücken kürzer und breiter werden. Kernteilung ohne nachfolgende Zellteilung kommt vor, wodurch mehrkernige Elemente beobachtet werden können. Später werden die Intercellularräume kleiner, und die Zellen fließen schließlich zu einem wirklichen Zellverband zusammen, in welchem die Kerne verstreut liegen.

Während dieses Entwicklungsprozesses geht auch eine Differenzierung der inneren Struktur der Zellen vor sich. Die im Cytoplasma verbreiteten Körner ordnen sich in Reihen und werden durch feine Fasern miteinander verbunden. Sie fließen auf diese Weise zu homogenen Fibrillen zusammen, die sich später so differenzieren, daß verschiedene Partien eine differente Färbbarkeit erhalten. Diese Partien liegen systematisch geordnet und entsprechen Q resp. J. Die Fibrillen entstehen in den einzelnen Zellen, wachsen aber und erstrecken sich dann durch das Gebiet mehrerer Zellen, von deren Grenzen sie vollständig unabhängig sind. Sie entstehen zu verschiedenen Zeiten und sind von variierendem Kaliber. Anfangs verlaufen sie in verschiedenen Richtungen, nach der Entwicklung des Syncytiums aber entweder geradlinig oder in Bogen zwischen den Kernen, wobei sie einander auch kreuzen können. Die Anzahl der Fibrillen nimmt in der Weise zu, daß die zuerst angelegten sich der Länge nach spalten, so wie es M. HEIDENHAIN schon im Jahre 1899 behauptet hatte (Abb. 57); die Tochterfibrillen bleiben beieinander liegen und bilden Säulchen, zwischen welchen die Kerne sich in Reihen ordnen. Auf diese Weise bilden sich Fibrillenröhrchen, die kernhaltiges Cytoplasma umschließen. Bei der fortgesetzten Zunahme legen sich die neuen Fibrillen nach innen von den anderen, wodurch eine konzentrische Schichtung entsteht.

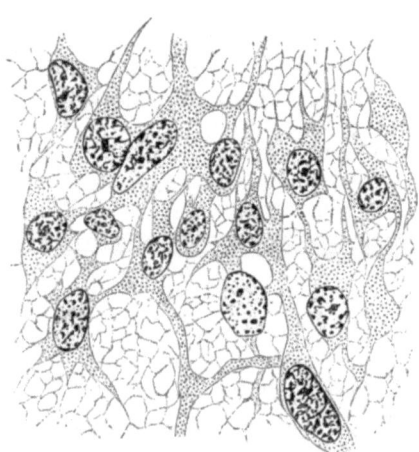

Abb. 56. Symplasmatische Anlage des Myokardiums beim *Schafembryo*. Die mesodermatischen Zellen sind durch breite Plasmafortsätze miteinander verbunden. Nach GODLEWSKI aus HEIDENHAIN: „Plasma und Zelle".

Mitosen kommen oft vor. Das Protoplasma in der Umgebung einer solchen Mitose bekommt immer ein grobkörniges Aussehen, wodurch das einem gewissen Kern angehörende Cytoplasmagebiet abgegrenzt wird. Nach dem Diasterstadium teilt sich dieses Gebiet in zwei, die durch ein Zwischenkörperchen zusammenhängen. Amitosen beobachtete der Verfasser nicht.

Zu ähnlichen Resultaten wie GODLEWSKI kam auch MARCEAU (1902 und 1904), der die Histogenese der Herzmuskulatur bei *Schafembryonen* untersuchte, in bezug auf den Zellverbandscharakter des Herzmuskels während der Entwicklung, aber er ergänzt auch die Angaben GODLEWSKIS in wichtigen Punkten.

Die Fibrillen bestehen zu Beginn ihrer Entwicklung aus einer feinen Faser von homogener Substanz, in der man kleine Körner von regelmäßiger Größe, in regelmäßigen Abständen voneinander eingelagert sieht. Die Körner wachsen und wenn sie eine gewisse Maximalgröße erreicht haben, teilen sie sich der Quere nach, wonach die Tochterkörner in Gruppen von je zwei und zwei liegen. In jeder Gruppe werden die Körner größer, so daß sie fast in Kontakt kommen und zusammen eine Querscheibe (Q) bilden. Z entwickelt sich später. Bei jungen Embryonen, deren Fibrillen noch einen embryonalen Charakter haben, ist es deutlich, daß diese an ihren Enden wachsen. Dies geht so weiter, bis die Enden die Anuli fibrosi und die Spitzen der Papillarmuskeln erreichen. Wenn dies geschehen ist, und die Fibrillen eine Schlinge zwischen den genannten Endpunkten bilden, muß das Wachstum entweder durch eine Teilung von Q oder dadurch vor sich gehen, daß sich neue Querscheiben im Gebiete von J entwickeln; welche von diesen Hypothesen die richtige ist, kann MARCEAU nicht sagen. Er hält es für wahrscheinlich, daß nach Entwicklung der Querbänder (,,Schaltstücke") im Zusammenhang mit ihnen neue Muskelfächer entstehen, wie dies HEIDENHAIN angenommen hatte. In Übereinstimmung mit diesem Verfasser glaubt MARCEAU auch, daß die Zahl der Fibrillen durch Längsspaltung zunimmt.

Die Querschnittfläche der Herzmuskelbalken ist beim ausgetragenen Fetus ungefähr $^1/_4$ so groß wie beim adulten *Schaf*.

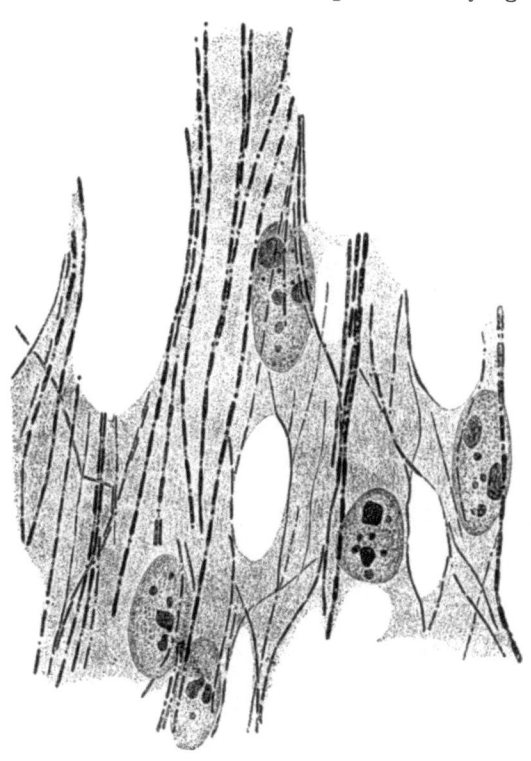

Abb. 57. Anlage der Muskelfibrillen in der Herzwand eines dreitägigen *Entenembryos*. (Nach M. HEIDENHAIN 1899.)

Dem Wachstum in die Dicke entspricht ein proportionales Wachstum in die Länge. Nach der Geburt nimmt die Dicke der Fibrillen enthaltenden Außenschicht (des Mesoplasmas) progressiv zu, während das Protoplasma dazwischen fast verschwindet, außer um die Kerne.

Bezüglich der Kernvermehrung im Myokardium entspann sich im letzten Dezennium des 19. Jahrhunderts und zu Beginn dieses Jahrhunderts eine Diskussion. SOLGER (1891) beschrieb im Herzmuskel junger *Schweine* Reihen von 6—12 Kernen, die im Endoplasma in der Längsrichtung der Balken angeordnet waren. Da er keine Zeichen von Mitosen fand, meinte er, daß diese Kernreihen durch direkte Kernteilung entstanden waren. Gegen diese Meinung brachte HOYER (1899) nach der Untersuchung des *Kalb*herzens eine abweichende Ansicht vor. Er fand bei diesen *Tieren* zahlreiche Mitosen in verschiedenen typischen Stadien und meinte, daß die auch hier vorkommenden Kernreihen durch indirekte Kernteilung entstanden seien. Demgegenüber hebt SOLGER (1900) mit Recht hervor, daß man aus Untersuchungen, die am *Kalbe* vorgenommen wurden, nicht auf die Verhältnisse beim *Schwein* schließen kann. Nach ihm könnten sowohl mitotische wie amitotische Kernteilungen in der Muskulatur vorkommen, und er führt Beweise für diese Ansicht an. GODLEWSKI (1902) hat keine Amitosen gesehen, glaubt aber deshalb die Richtigkeit der Auffassung von SOLGER nicht bestreiten zu können, und denselben Standpunkt nimmt MARCEAU (1904) ein. Der letztere nimmt an, daß die Mitosen in einer vereinfachten Form vor sich gehen, was jedoch von ALICE SCHOCKAERT (1909) bestritten wird. Diese Verfasserin findet Mitosen in der Fetalzeit bis unmittelbar vor der Geburt, wo sie aufhören. Bei jungen oder adulten *Tieren* sieht man sie niemals, sondern die Kernteilung geht in diesen Stadien amitotisch vor sich. Diese Beobachtungen scheinen mir richtig zu sein, und sie stimmen mit den Verhältnissen überein, die ich in der Skeletmuskulatur gefunden habe, und über welche ich im Kapitel über diese berichten werde. Einen ähnlichen Standpunkt nimmt RENAUT (1905) ein, indem er erklärt, daß in späteren Entwicklungsstadien nur direkte Kernteilung vorkommt und auch HEIDENHAIN (1911) ist derselben Auffassung. Die Beobachtungen des letzteren betreffen Verhältnisse bei erwachsenen *Menschen*. Diesbezüglich bin ich durch persönliche Beobachtungen zu derselben Auffassung gekommen.

Was den Zeitpunkt betrifft, zu welchem das Herz seine Kontraktionen beginnt, sagt CHIARUGI (1887), daß diese bei *Hühner*embryonen am zweiten Tage nach der Befruchtung auftreten, daß Fibrillen aber erst in der ersten Hälfte des dritten Tages zu beobachten sind. Eine ähnliche Beobachtung führt MARCEAU (1904) über die Verhältnisse bei der *Kupferschlange* (Anguis fragilis) an, wo das Herz schon bei dem 3 mm langen Embryo rhythmisch schlägt, trotzdem bei mikroskopischer Untersuchung keine Fibrillen zu konstatieren sind.

Über die Verhältnisse der Herzmuskulatur bei Kultur in vitro berichteten LEWIS (1919), LEVI (1925) und RUMJANTZEW (1927). Der letztgenannte untersuchte Explantate von Herzen 3—6 Tage alter *Hühner*embryonen in *Hühner*plasma mit Zusatz von embryonalem Gewebeextrakt. Im Gegensatz zu LEWIS fand er keine besonderen Wachstumszentren, sondern das Wachstum erfolgte entweder in Form einer mehr kompakten Membran oder eines lockeren Syncytiums und ging langsam vor sich. Die Zellen waren sternförmig, mitunter vielkernig; dies kam jedoch selten vor. Die Kerne gleichen denen von Mesenchymzellen.

Wie schon LEWIS hervorhob, kann man in vivo trotz gut entwickelter Contractilität keine Fibrillen sehen; nach Fixierung und Färbung sind sie dagegen gut sichtbar. In der Wachstumszone sind Fibrillen von anisotroper Substanz zu sehen; sie verlieren im Syncytium ihre regelmäßige Anordnung und verlaufen in allen Richtungen. Sie bilden sich ohne Zusammenhang mit den Mitochondrien, so lange die Myoblasten im Explantat erhalten sind und zeigen das Vorhandensein kleiner anisotroper Scheiben. Die Differentiierung der Zellen geht nicht zurück, sie können aber degenerieren.

In der Außenschicht der Zellen beobachtete LEWIS ein System von Fibrillen, die nichts mit den contractilen zu tun haben. Dies wird von RUMJANTZEW bestätigt, der sie für Präkollagen hält. Der letztere findet dagegen im Gegensatz zum ersteren kein Glykogen in der Wachstumszone. Er meint, daß dieses beim Wachstum verbraucht wird.

D. Altersveränderungen des Herzmuskelgewebes.

Auf diesem Gebiet liegen sehr eingehende und interessante Untersuchungen von P. SCHIEFFERDECKER (1916) vor. Dieser Forscher nahm nämlich bei einer Anzahl von Europäern im Alter von 1—77 Jahren und außerdem bei einem

Chinesen und einem Kamerunneger eine systematische Untersuchung über die Herzmuskulatur vor. Hier können nur die wichtigsten Resultate berührt werden, weshalb ich für ein näheres Studium des Themas auf die Originalarbeit verweisen muß.

Tabelle 1.
(Nach P. SCHIEFFERDECKER.)

Herzmuskeln. Flächeninhalt eines Faserquerschnittes im Durchschnitte, Maximum, Minimum im Quadratmikra.

Name und Geschlecht	Alter in Jahren	Größe des Faserquerschnittes		
		Durchschnitt	Maximum	Minimum
Wi., weiblich	1	97 ⎫	180	25
Ni.	1	109 ⎬ 109	190	45
Wey., männlich	1¼	121 ⎭	190	45
Bal., weiblich	2	139 ⎫	200	55
Lang	3	135 ⎬ 136	215	60
Gö.	3	132 ⎬	210	45
Hum.	3—4	140 ⎭	265	70
Kreut., weiblich	10	151	280	40
Mädchen X.	15	192 ⎫	290	95
Cre., weiblich	15	190 ⎬ 185	320	75
Fren., weiblich	16	173 ⎭	315	55
Mann A.	22	272 ⎫	500	115
Mann B.	24	243 ⎬ 261	505	45
We., weiblich	27	268 ⎭	520	65
Frau Z.	52	177	415	35
Mus., Italienerin	77	426	845	85
Kamerunneger	21	376 ⎫ 364	830	90
Chinese	30	352 ⎭	895	95

Nach SCHIEFFERDECKERS Untersuchungen ist die Zahl der Kerne im Verhältnis zur Zahl der Fasern beim kleinen Kinde am größten und nimmt beim Heranwachsen immer mehr ab; im Zusammenhang damit werden die Muskelquerschnitte immer ärmer an Kernen. Bei zwei Einjährigen waren die Kernteilungen häufig, aber schon bei einem 1¼ jährigen Kinde waren sie relativ selten, und bei 2- und 3 jährigen fanden sie sich nur „hin und wieder". Es fanden sich indes auch bei zwei 10 und 15 Jahre alten Mädchen Kernteilungen und bei einem 16 jährigen Mädchen sowie einem 22 jährigen Mann kamen sie wieder häufig vor. Bei einem 27- und einem 52 jährigen Mann waren sie dagegen selten und bei einer 77 Jahre alten Italienerin sah man keine Zeichen einer Kernteilung. Dies deutet nach der Ansicht SCHIEFFERDECKERS dahin, daß die Kernteilungen nicht nur zum Wachstum der Herzmuskulatur in Beziehung stehen, sondern daß auch andere Faktoren eine Rolle dabei spielen. Zeichen von Zerfall oder anderer Kerndegeneration konnte er in den Kernreihen und überhaupt in den Muskelfasern nicht finden. Die Kernreihen dürften eher als Zeichen dafür zu betrachten sein, daß das Gleichgewicht in den Muskelfasern gestört war, was bei den Erwachsenen mit den Krankheiten zusammenhängen kann, an welchen sie gestorben waren, und bei Kindern auf dem Wachstum beruhen mag. Mitosen fand SCHIEFFERDECKER in seinem Material nicht.

Tabelle 2.
(Nach P. SCHIEFFERDECKER.)

Herzmuskeln. Zahl und Größe der Kerne. Durchschnitt, Maximum, Minimum in Quadratmikra. Relative Fasergröße. Relative Fasermasse. Absolute Kernmasse. Relative Kernmasse.

Name und Geschlecht	Alter in Jahren	Kernzahl		Kerngröße in Quadratmikra			Relative Fasergröße	Relative Fasermasse	Absolute Kernmasse	Relative Kernmasse
		Durchschnitt	Max.	Durchschnitt	Max.	Min.				
Wi., weiblich	1	0,80	1	9,04 ⎫	15,00	3,50	10,74	13,37	7,26 ⎫	7,43 ⎫
Ni.	1	0,78	1	10,28 ⎬ 9,88	20,00	4,00	10,61	13,60	8,02 ⎬ 8,01	7,35 ⎬ 7,36
Wey., weiblich	1¼	0,85	1	10,33 ⎭	17,00	4,50	11,69	13,78	8,76 ⎭	7,25 ⎭
Bal., weiblich	2	0,83	1	10,51 ⎫	23,00	3,50	13,23	15,98	8,71 ⎫	6,25 ⎫
Lang	3	0,82	1	8,25 ⎪ 10,38	15,50	4,00	16,33	19,91	6,80 ⎪ 7,87	5,04 ⎪ 5,77
Gö.	3	0,71	1	12,17 ⎪	20,00	6,50	10,85	15,28	8,66 ⎪	6,56 ⎪
Hum.	3—4	0,69	1	10,60 ⎭	19,50	4,00	13,23	19,17	7,33 ⎭	5,23 ⎭
Kreut., weiblich	10	0,76	1	15,80	28,00	6,00	9,56	12,60	11,99	7,94
Mädchen X.	15	0,79	1	12,79 ⎫	22,00	7,50	14,94	18,91	10,08 ⎫	5,26 ⎫
Cre., weiblich	15	0,75	1	15,24 ⎬ 15,93	28,00	6,00	12,47	16,62	11,49 ⎬ 10,93	6,04 ⎬ 5,93
Fren., weiblich	16	0,57	1	19,76 ⎭	39,00	9,00	8,76	15,36	11,23 ⎭	6,48 ⎭
Mann A.	22	0,59	1	18,49 ⎫	40,00	4,50	14,71	24,87	10,94 ⎫	4,02 ⎫
Mann B.	24	0,54	1	17,55 ⎬ 17,14	44,00	7,00	13,84	25,84	9,40 ⎬ 10,19	3,87 ⎬ 3,90
We., weiblich	27	0,67	1	15,39 ⎭	33,00	5,00	17,44	26,18	10,25 ⎭	3,82 ⎭
Frau Z.	52	0,53	1	12,48	29,50	3,50	14,19	26,82	6,59	3,73
Mus., Italienerin	77	0,56	1	21,60	50,00	6,00	19,71	35,44	12,01	2,82
Kamerunneger	21	0,63	1	17,75 ⎱ 19,78	35,50	8,00	21,12	33,62	11,18 ⎱ 11,175	2,97 ⎱ 3,07
Chinese	30	0,51	1	21,81 ⎰	51,00	5,00	16,13	31,50	11,17 ⎰	3,17 ⎰

Die Endoplasmagebiete waren bei Kindern und Halberwachsenen (1 bis 15 Jahre) nicht sichtbar. Bei 22, 24 und 27 Jahre alten Männern waren sie unbedeutend, bei älteren Individuen größer; in höherem Alter (55 resp. 77 Jahre) wurden sie sehr deutlich und enthielten ein mehr oder weniger reichliches, gelbliches Pigment.

Tabelle 3.
(Nach P. SCHIEFFERDECKER.)
Herzmuskeln. Kernfaserzahlen.

Name und Geschlecht	Alter in Jahren	Kernfaserzahl
Wi., weiblich	1	121
Ni.	1	140
Wey., männlich	1¼	142
Bal., weiblich	2	168
Lang	3	164
Gö.	3	186
Hum.............	3—4	203
Kreut., weiblich	10	199
Mädchen X.........	15	242
Cre., weiblich	15	253
Fren., weiblich	16	304
Mann A...........	22	461
Mann B...........	24	450
We., weiblich	27	401
Frau Z............	52	333
Mus., Italienerin	77	760
Kamerunneger	21	597
Chinese	30	690

Die Faserquerschnitte variieren in Größe. Sie nehmen im Kindesalter an Größe zu (Tab. 1): Bei 1—1¼ Jahre alten Kindern maßen sie im Durchschnitt 109 μ^2 und bei 2—4 jährigen 136 μ^2. Zwischen dem ersten und dem zweiten Lebensjahre dürfte also ein starkes Wachstum des Querschnittes der Balken (um ungefähr 25%) stattfinden; bis zum Alter von 10 Jahren nahm er dann um weitere 11% zu, wonach eine starke Steigerung des relativen Wachstums stattfindet, indem der Balkenquerschnitt bis zum 15. bis 16. Lebensjahre um 22% zunahm und in den folgenden 5—6 Jahren noch weiter, um nicht weniger als 41%. Das stärkste Wachstum fällt also in die ersten Lebensjahre und zwischen die Pubertät und das erwachsene Stadium; auch zwischen 10 und 15 Jahren ist es stark. Ohne den Wert dieser verdienstvollen Beobachtungen herabsetzen zu wollen, möchte ich hier hervorheben, daß es wünschenswert gewesen wäre, die Untersuchungen an beiden Geschlechtern getrennt ausgeführt zu sehen. Dies gilt auch von den nachstehend erwähnten Beobachtungen. Es darf dabei jedoch nicht vergessen werden, wie zeitraubend eine solche Forschung ist, für die außerdem nicht leicht zufriedenstellendes Material zu erhalten ist.

Bei einem 21 jährigen Kamerunneger fand SCHIEFFERDECKER den Wert 376 und bei einem 30 jährigen Chinesen 352 μ^2, welche Werte, wie man sieht, recht nahe beieinander liegen, aber die an Deutschen gefundenen Werte im selben Alter um ungefähr 40% übersteigen. Die alte Italienerin (77 Jahre) zeigte den

Durchschnittswert von 426 μ^2, was — wie der Verfasser hervorhebt — damit zusammenhängen kann, daß sie an Aortaaneurysma gelitten hatte und an einem Magencarcinom gestorben war; es kann aber auch das hohe Alter von Bedeutung gewesen sein.

Die Skeletmuskeln haben im allgemeinen eine bedeutend gröbere Faserstruktur; nur die Augenmuskeln zeigen einen einigermaßen ebenso grazilen Bau.

Von nicht geringerem Interesse sind gewisse, von SCHIEFFERDECKER gefundene relative Werte.

Unter „Kernzahl" (Tab. 2) versteht er die Anzahl von Kernen, die im Durchschnitt auf einen Faserquerschnitt entfallen. Je kürzer die Kerne im Verhältnis zur Faser sind, desto mehr kernlose Fasern findet man bei Querschnitten. Die Tabelle zeigt, daß die Zahl der Kerne von der Kindheit bis zum adulten Stadium abnimmt; besonders stark trifft dies vom Alter der Halberwachsenen bis zu dem der Erwachsenen zu, was sich am einfachsten durch die Annahme erklären läßt, daß die Fasern zu dieser Zeit stärker an Länge zunehmen als die Kerne. Ist dies richtig, so würde sich das Herz am stärksten von der Pubertät bis zum erwachsenen Alter vergrößern. Die Exoten und die 77jährige Italienerin zeigen annähernd dieselbe Kernzahl wie die erwachsenen Deutschen.

„Kernfaserzahlen" (Tab. 3) geben an, „auf wieviel Quadratmikra des Faserquerschnittes durchschnittlich ein Kern entfällt". Sie nehmen mit den Jahren zu, d. h. die Zahl der μ^2, welche keine Kerne enthalten, wird immer größer, und die Zahl der Kerne im Zusammenhang damit im Verhältnis zur Fasermasse im Querschnitt immer geringer. Die Kernfaserzahlen im Herzen sind recht gleich denen der Augenmuskeln, die etwas kleiner sind, und denen des Diaphragmas, die etwas größer sind; die übrigen Skeletmuskeln zeigen bedeutend höhere Werte.

In der 2. Kolonne von Tab. 2 ist die „absolute Kerngröße" in μ^2 angeführt. Diese Zahlen geben die Größe der Kernquerschnitte an. Diese nehmen gegen das adulte Stadium stetig zu; die Gesamtsteigerung von der jüngsten Gruppe der Untersuchten bis zu den Erwachsenen beträgt $73^0/_0$. Da die Faserndicke in derselben Zeit um $140^0/_0$ zunimmt, findet SCHIEFFERDECKER: Diese „wächst also weit regelmäßiger und weit schneller als die Kerngröße". Die Werte der Kerngröße variieren in verschiedenen Gruppen stark, was er für einen Ausdruck der individuellen „Verschiedenheiten" hält. Die Kerngröße des Kamerunnegers stimmt mit der der Deutschen überein; da indes die Faserdicke bei dem ersteren bedeutend größer war als bei den letzteren, ist es deutlich, daß die Größe des Kernquerschnittes nicht in einem bestimmten Verhältnis zu der des Faserquerschnittes steht.

Unter „absoluter Kernmasse" versteht SCHIEFFERDECKER „die Gesamtmasse der Querschnitte der Kerne auf einem Faserquerschnitte im Durchschnitte in Quadratmikra". In den beiden ersten Gruppen (Kinder von 1—4 Jahre) stimmen die Durchschnittszahlen recht gut miteinander überein (8,01 resp. 7,87); ebenso für den zehnjährigen, die Halberwachsenen (10,93) und die Erwachsenen (10,19). Man kann daraus den Schluß ziehen, daß mit dem 10. Lebensjahre die Gesamtgröße der Kerne, d. h. ihre gesamte Querschnittfläche, vollständig entwickelt ist. Vielleicht ist sie es schon früher, SCHIEFFERDECKER hebt aber hervor, daß sein Material in diesem Punkte keine sicheren Aufschlüsse gibt.

„Relative Kernmasse" ist „die auf einem Querschnitte der Fasern durchschnittlich befindliche Kernmasse in Prozenten der Fasermasse". Die betreffenden Ziffern zeigen, daß vom kleinen Kinde bis zum Erwachsenen eine Verminderung der relativen Kernmasse vor sich geht, d. h. daß die Muskulatur bei den Älteren mit einer geringeren Kernmasse arbeitet als bei den Jüngeren. Die jüngste Gruppe zeigt nämlich die Durchschnittszahl 7,36; die nächste

Gruppe 5,77; die Halberwachsenen 5,93, und die erwachsenen Deutschen 3,90. Diese Zahlen zeigen, daß vom 1. zum 2. Lebensjahre eine starke Verminderung stattfindet; dann wird das Verhältnis bis zur Zeit der Pubertät stationär, wonach wieder ein starker Fall vor dem adulten Stadium eintritt. Dies hängt nach SCHIEFFERDECKER mit Eigentümlichkeiten im Fasernwachstum zusammen, das nicht mit dem Wachstum der Kerne parallel läuft. Eine Ausnahme bildet der Zehnjährige, der mit der Verhältniszahl 7,94 sogar die jüngste Gruppe übertrifft; SCHIEFFERDECKER hält dies für eine individuelle Variation.

Tabelle 4.
(Nach P. SCHIEFFERDECKER.)
Herzmuskel. Kernlänge, Maximum, Minimum in Mikra und Kernvolumen in Kubikmikra, Kerndurchmesser zu Kernlänge (DK : LK).

Name und Geschlecht	Alter in Jahren	Kernlänge			Kern-volumen	DK : LK	
		Durch-schnitt	Max.	Min.			
Wi., weiblich	1	11,90	18,64	9,32	108	1 : 3,50	
Ni.	1	8,81	15,14	6,90	91	1 : 2,45	2,88
Wey., männlich	1¹/₄	9,67	16,31	6,99	100	1 : 2,69	
Bal., weiblich	2	13,47	18,64	8,15	142	1 : 3,74	
Lang	3	12,98	18,64	9,32	107	1 : 4,06	3,68
Gö.	3	12,14	18,64	9,32	148	1 : 3,19	
Hum.	3—4	12,51	18,64	9,32	143	1 : 3,75	
Kreut., weiblich	10	12,33	17,47	6,99	194	1 : 2,68	
Mädchen X.	15	17,47	25,63	11,65	227	1 : 4,39	
Cre., weiblich	15	15,14	23,33	9,32	230	1 : 3,44	3,63
Fren., weiblich	16	15,31	27,96	9,32	303	1 : 3,06	
Mann A.	22	13,74	28,00	10,00	253	1 : 2,86	
Mann B	24	9,85	16,31	5,82	172	1 : 2,05	2,51
We., weiblich	27	11,51	20,97	6,99	177	1 : 2,62	
Frau Z.	52	16,97	26,00	10,00	212	1 : 4,24	
Mus., Italienerin	77	13,14	23,30	9,32	283	1 : 2,53	
Kamerunneger	21	11,09	17,47	6,99	196	1 : 2,31	2,46
Chinese	30	13,56	20,97	9,32	296	1 : 2,61	
		Durchschnitts-zahl 12,90			Kleine Kerne 185 Große Kerne 26¹/₂		

Die beim Herzen gefundenen Zahlen für die relative Kernmasse sind viel höher als die entsprechenden Zahlen bei der Skeletmuskulatur; am nächsten stimmen sie mit den Zahlen bei den Augenmuskeln überein. **Das Herz nimmt in bezug auf die relative Kernmasse eine Sonderstellung unter den Muskeln des Körpers ein.**

Die für die Exoten gefundenen Zahlen (3,07) waren etwas niedriger als die der Deutschen. Die alte Italienerin wies niedrigere Zahlen auf als alle anderen, was darauf beruhen dürfte, daß ihr Herz nicht mehr normal war. Bei einer Frau mit leichter Hypertrophie waren die Werte normal.

Tabelle 4 zeigt u. a. die Kernlänge. Sie wird direkt auf Längsschnitten gemessen, und die Ziffern sind Durchschnittszahlen von 100—300 Messungen.

Bei den Skeletmuskeln ist die Kernlänge äußerst konstant; bei Neugeborenen, ja, in gewissen Fällen schon beim Fetus, waren die Werte dieselben wie beim Erwachsenen. Was sich während der postfetalen Entwicklung änderte, war nicht die Länge, sondern die Dicke, d. h. der Flächeninhalt des Querschnittes. Die Herzmuskulatur bildet eine Ausnahme von dieser Regel; hier spielen individuelle Variationen eine große Rolle.

Das „Kernvolumen" wird erhalten, indem man die Durchschnittszahl der Kernlänge mit der Durchschnittszahl der Größe des Kernquerschnittes multipliziert. Es entspricht also nicht dem wirklichen Kernvolumen, sondern einem Zylinder, dessen Länge der „Kernlänge", und dessen Querschnittfläche dem durchschnittlichen Kernquerschnitt gleich ist. Der Wert ist ausschließlich theoretisch.

Tabelle 5.
(Nach P. SCHIEFFERDECKER.)
Herzmuskeln. Modifizierte Kernzahlen und Gesamtkernmasse.

Name und Geschlecht	Alter in Jahren	Modifizierte Kernzahlen		Gesamtkernmasse	
Wi., weiblich	1	0,88		95	
Ni.	1	1,14	1,05	104	104
Wey., männlich	1¼	1,13		113	
Bal., weiblich	2	0,79		112	
Lang	3	0,81	0,75	87	101
Gö.	3	0,76		112	
Hum.	3—4	0,66		94	
Kreut., weiblich	10	0,80		155	
Mädchen X.	15	0,58		132	
Cre., weiblich	15	0,64	0,61 0,52	147	141
Fren., weiblich	16	0,48		145	
Mann A.	22	0,56		142	
Mann B.	24	0,71	0,64	122	132
We., weiblich	27	0,75		133	
Frau Z.	52	0,40		85	
Mus. (Italienerin)	77	0,55		156	
Kamerunneger	21	0,73	0,59	143	142,5
Chinese	30	0,48		142	

Die zweite Kindergruppe zeigt bedeutend größere Werte als die erste. Die Steigung beträgt 35%. Sie setzt sich beim Zehnjährigen fort, wird aber dann bis zur Gruppe der Erwachsenen ungefähr konstant. Dies bedeutet, daß die Herzmuskelkerne schon beim Zehnjährigen ihre volle Größe (= Kubikinhalt) erreicht haben, was damit stimmt, daß die Größe des Kernquerschnittes schon beim Zehnjährigen konstant wird.

Die Zahlen zeigen indes große Variationen, die nach SCHIEFFERDECKER nicht nur durch die Verschiedenheit der Kernlänge zu erklären sind, er kommt vielmehr zu dem Schluß, „daß es Menschen gibt, welche in der Herzmuskulatur „große Kerne" und andere, welche „kleine Kerne" besitzen". Er betont die Eigentümlichkeit dieses Verhaltens und meint, daß es zwei Menschengruppen gab, „Urrassen", die verschiedene Kerngröße hatten.

"Kernindex" ist das Verhältnis zwischen Dicke und Länge der Kerne. Die jüngsten Kinder und die Erwachsenen, einschließlich der Exoten, haben ungefähr denselben Kernindex, während die 2—4jährigen und die Halberwachsenen größere Werte zeigen. Das 10jährige Kind schließt sich an die erste Gruppe an. SCHIEFFERDECKER ist der Ansicht, daß eine größere Kernlänge eine größere Kernoberfläche bedeutet, was seinerseits wieder mit einer größeren Lebhaftigkeit in der Tätigkeit des Kernes zusammenhängen dürfte. Die gefundenen Zahlen würden dann andeuten, daß in bestimmten Perioden der Kindheit eine erhöhte Kerntätigkeit vorhanden wäre.

"Modifizierte Kernzahlen" erhält man aus den absoluten durch Berücksichtigung der Kernlänge, und sie besitzen nur für die hier verglichenen Muskeln Gültigkeit (Tab. 5). Bei den Halberwachsenen tritt eine starke Senkung ein, die später bestehen bleibt.

Unter "Gesamtkernmasse" wird das Produkt aus "modifizierten Kernzahlen" und "Kernvolumen" verstanden. Auch diese Zahlen sind also relativ und nur für den Vergleich zwischen den in Rede stehenden Muskeln von Wert. Sie sind Vergleichszahlen, die angeben, in welchem Größenverhältnis die "Gesamtkernmassen" in gleich großen Faserabschnitten der einzelnen Herzen zueinander stehen. Die Zahlen dürften nach SCHIEFFERDECKER mit recht großen Fehlern behaftet sein; sie geben aber doch wenigstens annähernd die vorhandenen Verschiedenheiten an. Sie zeigen, daß vom Kindesalter bis zum adulten Stadium eine nicht unbedeutende Zunahme der Kernmasse zustandekommt, und daß schon beim Zehnjährigen die Werte der Erwachsenen erreicht werden. Es geht auch daraus hervor, daß Individuen mit verschieden großen Kernen trotzdem dieselben oder ähnliche Kernmassen in ihren Muskeln haben können. Dies hängt damit zusammen, daß die Verteilung der Kernmasse sowie das Verhältnis zwischen Karyo- und Cytoplasma variieren können.

E. PURKINJEsche Fasern.

Im Jahre 1845 legte PURKINJE dem deutschen wissenschaftlichen Publikum gewisse Untersuchungen vor, die er schon im Jahre 1839 im "Jahrbuch der medizinischen Fakultät" in Krakau publiziert hatte, die aber, wie er selbst sagt, "nicht die Publizität in Europa erlangt haben". Diese Untersuchungen berühren eigentlich Innervationsfragen. Er teilt dort aber auch mit, daß er in den Kammern des *Schaf*herzens mit bloßem Auge "ein Netz grauer, platter, gallertartiger Fäden" gesehen habe. Bei mikroskopischer Untersuchung fand er, daß sie aus "Körnern" (= Zellen) zusammengesetzt waren, "welche denen der Ganglien ähnlich, eng aneinander gedrängt und dadurch polyedrisch erscheinen". Im Innern dieser "Körner" findet er ein oder zwei Kerne. Die Zellen lagen zu 5—10 zusammen in querer Richtung, in der Längsrichtung waren sie reihenweise in Bündeln geordnet, so daß sie die grauen Fasern bildeten. "Zwischen den Körnern der Interstitien ihrer Wände findet sich ein elastisches Gewebe von Doppelfasern, welches bei Behandlung mit Essig ähnliche Querstreifen zeigt wie die Muskelfasern des Herzens. Es ist schwer zu entscheiden, ob es wirkliche Fasern sind, oder bloß Umrisse membranöser Wände, welche, wie bei den Pflanzenzellen, den körnigen Inhalt umgeben; mir scheint letzteres das wahrscheinlichere, weil beim Zerquetschen der Körner nie solche freie Fasern zutage kommen". Er hebt zum Schluß hervor, daß er dazu neige, dieses neue Gewebe in eine Reihe mit dem Knorpelgewebe zu stellen, obgleich er nicht verstehen kann, welche Wirkung dieses weiche Gewebe neben der großen Muskelmasse des Herzens haben kann. Noch wahrscheinlicher scheint es ihm, daß es sich um einen besonderen Bewegungsapparat handelt, und daß die Membranen, welche die „Körner" umschließen, muskulärer Natur sind. Ähnliche Fasern fand PURKINJE beim *Rind, Schwein* und *Pferd,* dagegen nicht beim *Menschen, Hund, Hasen* oder *Kaninchen.*

Diese Fasern sind später PURKINJEsche Fasern genannt worden. Nach KÖLLIKER (1852) bestehen sie aus quergestreiften Muskelzellen. v. HESSLING (1854) fand, daß sie in die gewöhnlichen Herzmuskelfasern übergehen und schloß sich im übrigen der Ansicht an, daß sie muskulärer Natur seien. Zu dieser Auffassung kam auch REICHERT (1855), der meinte, daß die Muskelfasern die Aufgabe hätten, das Endokard zu spannen. Ähnliche Ansichten wurden von REMAK (1862) und AEBY (1863) vorgebracht. OBERMEIER (1866, 1867) bestätigte die Beobachtung v. HESSLINGs, daß sie in die gewöhnlichen Herzmuskelfasern übergehen, hebt aber außerdem hervor, daß sie von einem lamellösen Bindegewebsstroma umgeben seien; die Bündel selbst beschreibt er als zylindrisch, mit einem hyalinen, Kerne enthaltenden Zentrum und eine periphere Schicht von quergestreiften Muskelfibrillen. Auch LEHNERT (1868) kommt zu ähnlichen Resultaten; die Fibrillen nehmen seiner Ansicht nach ihren Ursprung in der gewöhnlichen Herzmuskulatur, wo sie auch endigen, nachdem sie die PURKINJEschen Fasern passiert haben. Er untersuchte auch die Entwicklung dieser Fasern bei *Schaf*embryonen und kommt zu dem Resultat, daß die hyaline — d. h. die zentrale — Masse mit Kernen ein „Überrest" des Materiales sei, das zur Entwicklung gedient hat.

Die bisher genannten Verfasser und ebenso FRISH (1869) hatten keine PURKINJEschen Fasern im *Menschen*herzen finden können. SCHWEIGGER-SEIDEL (1871) macht keinen Unterschied für verschiedene *Tier*formen, spricht sich aber nicht bestimmt darüber aus, ob er sie beim *Menschen* beobachtet habe; seine Beschreibung stimmt sonst mit der der früheren Verfasser überein. HENLE (1876) betont, daß solche Fasern bei Kindern in den ersten Lebensmonaten zu beobachten sind, und 1877 teilt GEGENBAUER mit, daß er sie bei einem 15jährigen beobachtet hatte. Er hält sie für eine in besonderer Richtung differenzierte Muskulatur. Ungefähr gleichzeitig (1875) befaßt sich RANVIER in seinem „Traité technique" recht ausführlich mit ihnen und zählt eine Anzahl von *Tieren* auf, bei welchen sie zu beobachten sind, beim *Menschen* seien sie es nicht. Er meint, daß die Zellen wie in einem Epithel geordnet liegen; an ihren Rändern sind sie längs- und quergestreift und bestehen im Innern aus körnigem Protoplasma mit einem oder öfter zwei Kernen. Die Zellen sind eng verbunden, und die Zellgrenzen unmöglich zu unterscheiden. Er hält sie für primitive Muskelfasern. MINERVINI (1898) ist der Ansicht, daß sie hydropisch gewordene gewöhnliche Muskelfasern sind, und HOYER (1901) hält sie für in der Entwicklung behinderte Muskelzellen, die später, unter fortschreitendem Längenwachstum, in gewöhnliche Herzmuskelzellen übergehen; die Fibrillen verlaufen kontinuierlich aus einer Zelle in die andere.

HOFMANN (1902) hielt es für wahrscheinlich, daß sie bei allen höherstehenden *Tieren* vorkommen können; es gelingt jedoch nicht, sie in allen Entwicklungsstadien und zu jedem Zeitpunkte zu finden. Beim *Menschen* konnte er sie jedoch nicht antreffen, weder beim Fetus, noch bei einem untersuchten 27jährigen. Er beschreibt die PURKINJEschen Zellen als oval mit zwei Arten von Protoplasma: einer inneren, homogenen Schicht und einer Wandschicht von quergestreifter Muskelsubstanz. Die Fibrillen setzen sich kontinuierlich von Zelle zu Zelle fort, wie HOYER es beschrieben hat. Die Kerne sind 1—4 an der Zahl; sie teilen sich lebhaft sowohl mitotisch wie amitotisch; das letztere ist häufiger. Auch das zentrale Protoplasma kann sich teilen. HOFMANN bestreitet, daß es sich um in der Entwicklung zurückgebliebene Muskelzellen handelt, sondern findet es wahrscheinlich, daß sie einem bestimmten Zweck dienen, wenn auch schwer zu sagen ist, welchem. Für das wahrscheinlichste hält er, daß sie Herzmuskulatur bilden können.

Später widmete eine große Zahl von Verfassern den PURKINJEschen Fasern größere oder kleinere Untersuchungen, u. a. MARCEAU (1902), TAWARA (1906), DE WITT (1907), FAHR (1907), MÖNCKEBERG (1908), TANDLER (1913), KING (1916), VAN DER STRICHT und TODD (1919), TUFTS (1921), TANG (1922) und STIÉNON (1925). Auf die wichtigsten von ihnen komme ich hier im nachstehenden zurück.

Die PURKINJEschen Fasern (Abb. 58 u. 59) gleichen in vielen Beziehungen den gewöhnlichen Herzmuskelfasern. Sie sind ebenso wie diese netzförmig anastomosierende, sarkoplasmareiche Gebilde, meist mit zentralliegenden Kernen. Ebenso wie bezüglich der Herzmuskulatur hat man auch diskutiert, ob sie aus Zellen aufgebaut sind oder syncytialen Charakter haben.

Für einen cellulären Bau haben sich unter späteren Verfassern TAWARA (1906), KING (1916), VAN DER STRICHT und TODD (1919) sowie TUFTS (1921) ausgesprochen, während MARCEAU (1902) und DE WITT (1907) einen syncytialen Bau annehmen. Der erstere bedient sich jedoch der Bezeichnung Zelle, aber deutlich mehr als Benennung für einen Teil des Syncytiums. Alle zeitgenössischen Verfasser sind darüber einig, daß die Fibrillen sich kontinuierlich von Zellterritorium zu Zellterritorium fortsetzen. Da wir die Fibrillen mit HEIDENHAIN für Protoplasmastrukturen halten müssen, existieren also so ausgedehnte Verbindungen zwischen den „Zellen", daß man berechtigt sein dürfte, das ganze für ein Syncytium zu halten.

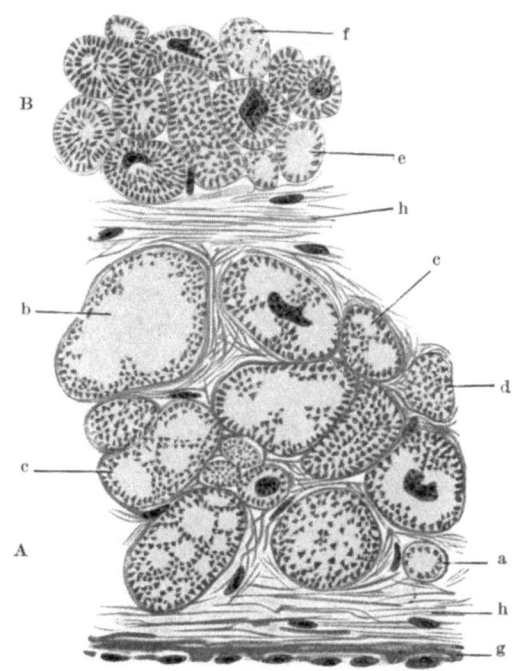

Abb. 58. Querschnittbilder der Muskelfasern der Endausbreitung des Kammerbündels. Man kann einen auffallenden großen Dickenunterschied und verschiedene Fibrillenanordnung der Fasern beobachten. A Muskelfasern des Kammerbündels; B gewöhnliche Kammermuskelfasern. a Dünne Faser mit einem einschichtigen Fibrillenmantel; b dicke Faser mit wandständiger Fibrillenschicht; c felderförmige Verteilung des Sarkoplasmas; d zerstreut liegende Fibrillen; e und f gewöhnliche Kammermuskelfasern; g Endocardium; h' h Bindegewebe. (Nach TAWARA 1906.)

In den Fasern können wir ein zentral liegendes Endoplasma und ein peripheres Mesoplasma unterscheiden; in den gröberen Fasern, z. B. im Atrioventrikularbündel kommen mehrere Endoplasmazonen in der Breite vor und zwischen ihnen und um sie herum mesoplasmatische Gebiete. Das Vorhandensein eines Exoplasmas, d. h. eines Sarkolemmas, wird von MARCEAU (1902) sowie von VAN DER STRICHT und TODD (1919) bestritten. Die letzteren sind der Ansicht, daß die PURKINJEschen Fasern von einer Endomysialmembran umgeben sind, die mit den Telophragmen in Verbindung steht. SCHOCKAERT (1909) sowie JORDAN und BANKS (1912) erwähnen jedoch das Vorkommen eines Sarkolemmas, und die letzteren beschreiben es als festoniert und mit den

Telophragmen in Verbindung stehend. Die Diskussion gleicht in diesem Punkt derjenigen, die um das Sarkolemma der Herzmuskulatur geführt wurde.

Die Kerne sind von ovaler oder rundlicher Form und ihre Länge variiert zwischen 7 und 20 μ (MARCEAU). In jeder Endoplasmazone findet man meist zwei Kerne, ihre Zahl kann aber zwischen 1 und 6 wechseln. In jedem Kern sieht man einen Nucleolus oder mehrere; das Chromatin bildet Körner von variierender Größe oder Netze (MARCEAU). Die Kerne liegen bald so dicht beieinander, daß sie schwer voneinander zu unterscheiden sind, bald in einigem Abstand voneinander. Sie weisen oft Zeichen amitotischer Teilung auf, es kommen aber auch Mitosen vor.

Das Endoplasma besteht aus einer homogenen oder netzförmig angeordneten, schwer färbbaren Grundsubstanz und in ihr eingelagerten Körnern. Diese sind variierender Natur. VAN DER STRICHT und TODD (1919) sprechen von Mitochondrien beim *Menschen*, die mitunter zu Kornfasern oder Chondriomiten geordnet sind, deren Achse parallel oder schräge zur Verlaufsrichtung der Faser

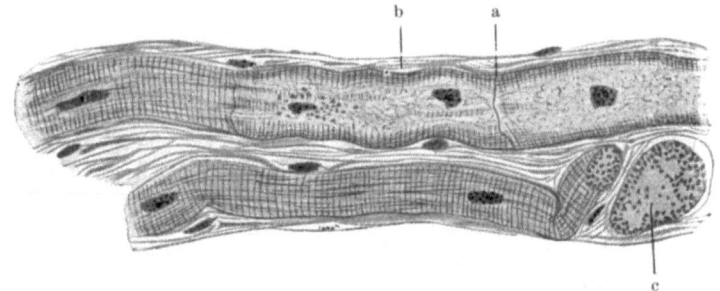

Abb. 59. Längsschnitte der Muskelfasern der Endausbreitung des Kammerbündels, d. h. der *menschlichen* PURKINJEschen Fäden. a Wahrscheinliche Zellgrenze; b subendokardiales Bindegewebe; c quergetroffene PURKINJEsche Fasern. (Nach TAWARA 1906.)

geht; MIRONESCO (1912) fand bei *Schafen* in den PURKINJEschen Fasern Mitochondrien von Formen, die je nach der Behandlungsmethode variierten; bald waren es längere oder kürzere Stäbchen, bald waren sie korn- oder blasenförmige Gebilde, während TANG (1922) sie bei *Schafen* und *Tauben, Krähen* und *Eulen* korn- oder blasen-, aber niemals stäbchenförmig fand. Nach letzterem liegen die Mitochondrien über das ganze Cytoplasma verbreitet, am dichtesten nächst den Kernen, aber auch außen unter den Myofibrillen; VAN DER STRICHT und TODD fanden dagegen im Gebiet um die Kerne keine Mitochondrien, wodurch hier eine lichte homogene Zone entstand. Diese Zone war auch schon früher von MARCEAU und SCHOCKAERT beobachtet worden. Fettkörner wurden von zahlreichen Verfassern gefunden, u. a. von MARCEAU sowie VAN DER STRICHT und TODD. Die letzteren erwähnen auch, daß sie in gewissen Zellen beim Menschen eine oder mehrere homogene, in der Längsrichtung segmentierte Körper von kompaktem Aussehen fanden, die sich durch Kongorot oder Lichtgrün färben lassen. Ihre Bedeutung ist ihnen unbekannt. Die PURKINJEschen Zellen sind reich an Glykogen [ARNOLD (1909)]. TANG (1922) gelang es, bei *Tauben, Krähen* und *Eulen* das GOLGI-Netz mittels GOLGIS Arseniksäuremethode zu färben. Es wurde dicht an der Kernmembran in Form eines Netzwerkes von variкösen Fasern um den Kern oder die Kerne sichtbar und endigte nach außen frei. Bei *Schafen* konnte er es nicht nachweisen. Im Endoplasma tritt auch Pigment von goldgelber oder brauner Farbe auf (MARCEAU, TAWARA, VAN DER STRICHT und TODD); die Pigmentierung ist jedoch weniger ausgesprochen als in den gewöhnlichen Herzmuskelfasern.

Das Mesoplasma besteht aus Fibrillen und zwischen diesen gelegenem Sarkoplasma. Das letztere bildet eine Fortsetzung des Endoplasmas, enthält gleich diesem Mitochondrien (VAN DER STRICHT und TODD, TANG) und bildet ein Netzwerk zwischen den Fibrillen. Diese liegen entweder isoliert oder in Bündeln, Säulchen, gesammelt. Schon in den äußersten Partien des Endoplasmas können einzelne Fibrillen vorbuchten; nach MARCEAU verlaufen diese Fibrillen in Bogen, die die Endoplasmazonen begrenzen. Die große Masse von Fibrillen nimmt jedoch einen geraden oder leicht welligen Verlauf, parallel zueinander und in der Längsrichtung der Fasern. Schließlich sollen sich in der Peripherie der Fasern Fibrillen finden, die parallel mit der Kontur des Faserquerschnittes verlaufen. Die Fibrillen des ersten Typus kreuzen einander, und in gewissen Zellen können sich wirkliche Plexa bilden (VAN DER STRICHT und TODD).

Die Fibrillen zeigen die gewöhnliche, sowohl für die Herz- wie für die Skeletmuskulatur charakteristische Streifung, die ich in diesem Zusammenhang nicht detailliert beschreibe. MARCEAU beobachtete indes neben diesen Fibrillen feinere, von variierendem Aussehen; ein Teil sieht homogen aus, andere weisen eine Punktierung auf; er hält es für wahrscheinlich, daß alle Fibrillen gestreift sind, daß sich aber ein Teil bei der Differentiierung leichter entfärbt und deshalb homogen aussieht. Schließlich gibt es Fibrillen, die gewöhnliche Querscheiben zeigen, aber keine Streifung am Platze der Grundmembranen.

Transverselle Querbänder, ,,Kittlinien", kommen auch in den PURKINJEschen Fasern vor, sie sind aber nach MARCEAU seltener als in der gewöhnlichen Herzmuskulatur. Entweder gehen sie quer durch die ganze Faser oder sie sind zu zweien stufenförmig aneinandergelagert. Nach TAWARA unterscheiden sie sich in vielen Beziehungen von den Querbändern in gewöhnlicher Muskulatur: sie kommen auch im zentralen Protoplasma vor, wo keine Fibrillen vorhanden sind; einzelne Fibrillen sehen aus, als wenn sie bei den Querbändern endigten, wenn auch die meisten ohne Unterbrechung durch sie weitergehen; die Querbänder liegen fast nie im Niveau der Kerne, sondern meist zwischen zwei solchen; sie sind selten stufenförmig und es liegen auch nicht mehrere dicht hintereinander, sondern sie gehen in gewissen Abständen bogenförmig quer über die ganze Faser; mit VAN GIESONs Methode färben sie sich rötlich wie Bindegewebe und nicht wie Fibrillen oder Sarkoplasma. Die Muskelfasern sind oft etwas eingeschnürt, und zwar an der Stelle der Querbänder; diese sind sehr dünn und gegen das angrenzende Sarkoplasma scharf markiert; TAWARA fand in mehreren Präparaten Querbänder im atrioventrikularen System, aber nicht in der Kammermuskulatur.

Das atrioventrikulare System weist nicht in allen seinen Teilen denselben Bau auf und hat außerdem bei den verschiedenen *Tier*arten ein verschiedenes Aussehen (TAWARA). Das des *Menschen* und des *Hundes* zeigen in dieser Beziehung große Ähnlichkeiten, was man bei physiologischen Versuchen berücksichtigen sollte (TAWARA). Die PURKINJEschen Fasern sind bei diesen beiden *Tier*formen verhältnismäßig fibrillenreich und gleichen mehr gewöhnlichen Herzmuskelfasern als die entsprechenden Gebilde beim *Schaf* und *Kalb*. Jedoch überwiegt auch beim *Menschen* das Sarkoplasma. Die peripheren Verzweigungen des atrioventrikularen Systems gehen entweder in gewöhnliche Herzmuskelfasern über, oder sie endigen auch frei in dem sie einhüllenden Bindegewebe (MARCEAU). In peripherer Richtung enden die kreuzenden oder schräg verlaufenden Fibrillensysteme früher, und das in der Längsrichtung der Fasern verlaufende System bleibt allein zurück (MARCEAU); die Menge der Fibrillen nimmt im Verhältnis zum Sarkoplasma mehr zu, und die Fasern bekommen allmählich den Charakter der gewöhnlichen Herzmuskelfasern. Diese Veränderungen gehen jedoch nicht vollständig regelmäßig in der Richtung gegen die Peripherie vor sich, es können vielmehr Partien („Zellen") von ausgeprägtem Herzmuskelcharakter zwischen solche eingeschoben liegen, die noch den Typus der PURKINJEschen Fasern bewahren (MARCEAU).

MARCEAU (1902) untersuchte die Entwicklung der PURKINJEschen Fasern bei *Schafen*. Er fand, daß sie sich aus anastomosierenden Zellen des embryonalen Myokardiums entwickeln, die einen wirklichen Zellverband bilden. Sie entwickeln sich langsamer als die übrige Herzmuskulatur und behalten auch im adulten Stadium gewisse embryonale Eigenschaften bei; sie besitzen kein Sarkolemma und die Streifung der Fibrillen ist teilweise unvollständig entwickelt. Die Fibrillen vermehren sich übrigens durch Teilung nach der Länge und wachsen an den Enden, die lange embryonalen Charakter beibehalten.

TAWARA (1905) machte Beobachtungen betreffs der Entwicklung des Atrioventrikularsystems beim *Menschen*. Er hält jedoch selbst seine Beobachtungen in gewissen Beziehungen für unvollständig, weil ihm kein in geeigneter Weise konserviertes Material zur Verfügung stand. Man kann nach diesem Verfasser sicher annehmen, daß das Atrioventrikularsystem in den ersten 2—3 Embryonalwochen nicht als System existieren kann. Im Herzen von 10—11 Wochen alten Embryonen konnte man es ziemlich gut erkennen. Bei schwacher Vergrößerung sah es blasser aus als die übrige Herzmuskulatur; bei stärkerer Vergrößerung sieht man, daß der Vorkammerteil aus blaßgefärbten, relativ großen Zellen besteht, die dicht über- oder nebeneinander liegen. Der Kern ist rund oder oval. Das Cytoplasma ist durchsichtig und in gewissen Zellen sieht man unbestimmte, äußerst feine Fibrillen oder komplizierte Fibrillennetze, die teilweise quergestreift sind. Einzelne gröbere Fibrillen sind quergestreift und verlaufen kontinuierlich von Zelle zu Zelle. Die gewöhnliche Kammermuskulatur ist in diesem Stadium in ihrer Entwicklung bedeutend weiter vorgeschritten. Bei einem 17 Wochen alten Embryo waren die Fibrillen in den Verbindungsbündeln etwas weiter entwickelt, und im Herzen eines 7 Monate alten Fetus war die Differenzierung der quer- und längsgestreiften Muskelfasern im System so weit vorgeschritten, daß sie ein charakteristisches Netzwerk bildeten. Während des späteren Fetal- und extrauterinen Lebens nimmt die Menge der Fibrillen parallel mit dem Wachstum des Herzens zu und die Fasern erreichen im 12. bis 15. Lebensjahr das für das erwachsene Herz typische Aussehen.

Von späteren Verfassern fand FAHR (1907) das HISsche Bündel bei einem 160 mm langen Fetus und MÖNCKEBERG (1908) bei einem 110 mm großen. TANDLER (1913) fand es bei einem 10—20 mm langen Embryo und STIÉNON (1925) beobachtete bei einem 8,5 mm langen Embryo im Herzen eine helle Zone, die aus großen, reichlich indifferentes Protoplasma enthaltenden Zellen gebildet war und bei drei 73 resp. 109 und 110 mm langen Embryonen sah er das Atrioventrikularsystem sich klarer abzeichnen als die Umgebung.

Literatur.
1. Herzmuskelgewebe.

Achucarro, N. y Calandre L.: El método del tanino y la plata amoniacal aplicado al estudio del tejido muscular cardiaco del hombre y del carnero. Trab. Labor. Invest. biol. Univ. Madrid **11**, 131 (1913). — **Ackerknecht, E.:** Die Papillarmuskeln des Herzens. Arch. f. Anat. **1919**, 63. — **Aeby, Ch.:** Über die Bedeutung der PURKINJEschen Fäden im Herzen. Z. ration. Med. 3. Reihe **17**, 195 (1863). — **Aime, P.:** Bandes intercalaires et bandes de contraction dans les muscles omo-hyoidens de la tostre. Bibl. Anat. **21**, 263—272 (1911). — Note sur le muscle cardiaque du chien. C. r. Soc. Biol. Paris **2**, 158 (1912). — **Amorin, M. d. Freitas:** Filamento espiral perinuclear de Hortega-Gorriz na fibra muscular estrida humana e no myocardio. Rev. méd. Acad. Oswaldo Cruz. F. d. Med. S. Paulo **3** (1922). — **Arnold, Friedrich:** Lehrbuch der Physiologie des *Menschen*. Zürich 1836. —

Arnold, Julius: Über feinere Strukturen und die Anordnung des Glykogens in den Muskelfaserarten des Warmblüterherzens. Sitzgsber. Heidelberg. Akad. Wiss. **1909**, 1—34. — Über feinere Strukturen und die Anordnung des Glykogens in den Muskelfaserarten des Warmblüterherzens. Zbl. Path. **20**, 769—771 (1909). — Zur Morphologie des Glykogens des Herzmuskels nebst Bemerkungen über dessen Struktur. Arch. mikrosk. Anat. **73**, 726—737 (1909). — **Athanasiu, J. et J. Dragoiu:** Association des éléments élastiques, et contractiles dans le myocarde des *Mammifères*. C. r. Soc. Biol. belg. **1911**, 598—600. — Sur le tissu conjonctif dans le myocarde des grenouilles. C. r. Soc. Biol. belg. **1911**, 601—602.

Babes, V.: Observations sur les fibres musculaires du coeur. C. r. Soc. Biol. Paris **64**, 196—198 (1908). — Etude sur la myocarde. Segmentation, fragmentation et transformation scléreuse des fibres musculaires. C. r. Soc. Biol. Paris **64**, 616—619. — La graisse dans les fibres musculaires du coeur. C. r. Soc. Biol. Paris **64**, 761—763 (1908). — **Berblinger, W.:** Das Glykogen im *menschlichen* Herzen. Beitr. path. Anat. **53**, 155—211 (1912). — **Blix, Magnus:** Die Länge und Spannung des Muskels. Skand. Arch. Physiol. (Berl. u. Lpz.) **5**, 150—206 (1894). — **Browicz, F.:** Über das Verhalten von Kittsubstanz der Herzmuskelzellen. Wien. klin. Wschr. **1889**. — Über die Bedeutung der Veränderungen der Kittsubstanz der Muskelzellbalken des Herzmuskels. Virchows Arch. **134** (1893). — **Bruno, Giovanni:** Nodi transversali e strie intercalari del miocardio. Monit. zool. ital. **31**, 109—120 (1921). — Alcuni problemi riguardanti l'intima struttura del tessuto contrattile. Atti Accad. Sci. med. Palermo **1921**, 1—11. — Le strie intercalari del miocardio umano ipertrofico. Arch. ital. Anat. **19**, 496—507 (1922). — Studi sulla struttura del miocardio dell'Uomo e di altri *Mammiferi* con particolare riguardo alla costituzione ed all'origine delle strie intercalari. Arch. ital. Anat. **20**, 1—22 (1922). — Il sarcolemma della fibra del miocardio. Arch. ital. Anat. **32**, 659—674 (1926). — Isto genesi del miocardio ed origine dei capillari e dei sinusoidi nel cuore dell'uomo. Boll. Soc. Biol. sper. **1**, 1—3 (1926). — **Bullard, H. H.:** On the occurence of fat in the muscle fibres of the myocardium and the atrioventricular system. Anat. Rec. **8**, 121—122 (1914). — On the occurrens and physiological significance of fat in the normal myocardium and atrioventricular system (Bundle of His), interstitial granules (mitochondria) and phospholipines in the cardiac muscle. Amer. J. anat. **19**, 1—36 (1916). — **Burian, Franz:** Zur Histologie der spezifischen Muskelsysteme im *menschlichen* Herzen. Lotos **72**, 289—296 (1924).

Cajal, Ramon y: Textura de la fibra muscular del corazon. Rev. trimestrial histol. norm. y pat. **1888**. — **Chiarugi, G.:** Delle condizioni anatomiche del cuore al principio della sua funzione e contributo alla istogenesi delle cellule muscolari cardiache. Atti Accad. Fisiocritici Siena III. s. **4** (1887). — **Chlopkow, A.:** Zur Frage der Struktur des Herzmuskelsarkolemms der *Säugetiere*. Anat. Anz. **61**, 432—442 (1926).

Danini, F.: Zur Frage über die Beziehungen zwischen der Grundsubstanz des Bindegewebes und der Muskelfaser. Bull. Inst. Biol. Perm. **2**, 281 (1924). — **Dietrich, A.:** Die Elemente des Herzmuskels. Jena: Gustav Fischer 1910. — **Donders, F. C.:** Onderzoekingen betrekkelyk den bouw van het menschelijke hart. Nederl. Lancet **1**, 556 (1852). — **Durand, A.:** Etude anatomique sur le segment cellulaire contractile et le tissu connectif du muscle cardiaque. Thèse de Lyon **1879**.

Eberth, C. J.: Die Elemente der quergestreiften Muskeln. Virchows Arch. **1866**, 100 bis 123. — **Ebner, Victor v.:** Über die „Kittlinien" der Herzmuskelfasern. Wien. Sitzgsber. math.-naturwiss. Kl. III **109** (1900). — Köllikers Handbuch der Gewebelehre Bd. **3**. Leipzig 1902. — Über die natürlichen Enden der Herzmuskelfasern. Verh. morph.-physiol. Ges. Wien **1902**. — Über die Glanzstreifen (Kittlinien) der Herzmuskelfasern. Verh. anat. Ges. **1914**, 1—10. — Über den feineren Bau der Herzmuskelfasern mit besonderer Rücksicht auf die Glanzstreifen. Sitzgsber. Akad. Wiss. Wien, Math.-naturwiss. Kl. III **129**, 1—40 u. 93—142 (1920). — **Eckhard, C.:** Zur Entwicklungsgeschichte der Herzmuskulatur. Z. ration. Med. 3. Reihe, **29** (1867).

Fedele, Marco: Apparati reticolari e sarkolemma nella fibra muscolare cardiaca. Rend. R. Accad. Sci. Fisiche e Mat. di Napoli **1912**, 1—8. — **Flemming, W.:** Morphologie der Zelle. Erg. Anat. **7** (1897). — **Forster, E.:** Die Kontraktion der glatten Muskelzellen und der Herzmuskelzellen. Eine anatomisch-physiologische Untersuchung. Anat. Anz. **25**, 338—355 (1904).

Galiano, E. Fernandez: Sobre la estructura y la sigificazion funcional de las piezas intercalares del Corazon. Bol. Soc. españ. Biol. **26**, 227—246 (1926). — **Gastaldi, B.:** Neue Untersuchungen über die Muskulatur des Herzens. Würzburg. naturwiss. Z. **3**, 5—9 (1862). — **Gibson, A. G.:** On the primitive muscle tisme of the human thearl. Brit. med. J. **1**, 145 bis 150 (1909). — **Glaser, F.:** Haben die Muskelprimitivbündel des Herzens eine Hülle? Arch. path. Anat. **154**, 291 (1898). — Haben die Muskelprimitivbündel des Herzens eine Hülle? Diss. Berlin 1898. — **Godlewski, E.:** Über die Entwicklung des quergestreiften muskulösen Gewebes. Anz. Akad. Wiss. Krakau, Math.-naturwiss. Kl. **1901**. — Die Entwicklung des Skelet- und Herzmuskelgewebes der *Säugetiere*. Arch. mikrosk. Anat. **60** (1902). — **Goldenberg, B.:** Untersuchungen über die Größenverhältnisse der Muskelfasern des normalen, sowie des atrophischen und des hypertrophischen Herzens des *Menschen*. Diss.

Dorpat 1885. — Untersuchungen über die Größenverhältnisse der Muskelfasern des normalen sowie des atrophischen und des hypertrophischen Herzens des *Menschen*. Virchows Arch. **103** (1885). — **Heidenhain, M.:** Über die Struktur des *menschlichen* Herzmuskels. Anat. Anz. **20** (1901). — Plasma und Zelle. Bd. 2. Jena 1911. — **Heubner, W.:** Die Spiraldrehung der Herzmuskelkerne. Dtsch. Arch. klin. Med. **88**, 601—603 (1907). — **Hoche, Cl. L.:** Recherches sur la structure des fibres musculaires cardiaques. Bibliogr. anat. **5**, 159 (1897). — **Hoehl, E.:** Über das Verhältnis des Bindegewebes zur Muskulatur. Arch. f. Physiol. **1898**, 392. — **Hoffmann, Paul:** Ein Beitrag zur Kenntnis der sog. Kittlinien der Herzmuskelfasern. Diss. Leipzig 1909. — **Holmgren, Emil:** Über die Trophospongien der quergestreiften Muskelfasern, nebst Bemerkungen über den allgemeinen Bau dieser Fasern. Arch. mikrosk. Anat. **71**, 165—247 (1907). — Über die Sarkoplasmakörner quergestreifter Muskelfasern. Anat. Anz. **31**, 609—621 (1907). — Untersuchungen über die morphologisch nachweisbaren stofflichen Umsetzungen der quergestreiften Muskelfasern. Arch. mikrosk. Anat. **75**, 240—336 (1910). — **Hoyer, H.:** Über die Struktur und Kernteilung der Herzmuskelzellen. Krakau. Anz. **1899**. — Über die Struktur und Kernteilung der Herzmuskelzellen. Bull. internat. Acad. Sci. de Cracowie **1899**. — Über die Kontinuität der contractilen Fibrillen in den Herzmuskelzellen. Krakau. Anz. **1901**. — **Hürthle, K.** und **K. Wachholder:** Histologische Struktur und optische Eigenschaften der Muskeln. Handbuch der normalen pathologischen Physiologie Bd. 8, S. 108—123 (1925).

Jordan, H. E.: A comparative microscopic study of cardiac and skeletal muscle of Limulus. Anat. Rec. **10**, 210 (1916). — **Jordan, H. E.** and **J. B. Banks:** A study of the intercalated discs of the heart of the beef. Amer. J. Anat. **22**, 285—339 (1917). — **Jordan, H. E.** and **K. B. Steele:** A comparative microscopic studie of the intercalated dises of vertebrate heart muscle. Amer. J. Anat. **13**, 151—174 (1912).

Kölliker, A.: Handbuch der Gewebelehre. 1852. — Handbuch der Gewebelehre. 1859. — Handbuch der Gewebelehre. 1902. — **König, Paul:** Untersuchungen am Abnutzungspigment des Herzens und der Leber. Beitr. path. Anat. **75**, 181—215 (1926). — **Kurkiewicz, T.:** Zur Kenntnis der Histogenese des Herzmuskels der *Wirbeltiere*. Bull. internat. Acad. Sci. Cracovie **1909**, 148—191.

Langerhans, Paul: Zur Histologie des Herzens. Virchows Arch. **58** (1873). — **Lebert:** Recherches sur la formation des muscles dans les animaux *vertébrés* etc. Ann. Sci. natur. III s. 11 (1849). — **Leeuwenhoek, O. van:** Arcana naturae. Epistola 82. Delphis Batavorum 1694. — **Lehmann, K. B.:** Untersuchungen über den Hämoglobingehalt der Muskeln. Z. Biol. **45**, 324—345 (1904). — **Lelievre, A.** et **E. Retterer:** Structure du myocarde des *mammifères*. C. r. Soc. Biol. Paris **66**, 811—814 (1909). — **Levi, G.:** Conservatione e perdita dell' indimendenza delle cellule dei tessuti. Arch. exper. Zellforschg **1925 I**. — **Levy, L.:** Über Farbstoffe in den Muskeln. Z. physiol. Chem. **13**, 309—325 (1889). — **Lewis, M.:** The development of cross striations in the heart muscle of the chick embryo. Hopkins Hosp. Bull. **30**, 176 (1919). — **Lewis, W.** and **M.:** Behavior of cells in cultures in General. Cytol. Ed. by Cowdry 1925.

Mac Callum, John Br.: On the Histology and Histogenesis of the Heart Muscle Cell. Anat. Anz. **13**, 609—620 (1897). — **Mac Munn, C. A.:** Reserches on Myohaematin and the Histohaematin. Phil. Frans. roy. Soc. **1**, 177 (1886). — Über das Myohämatin. Z. physiol. Chem. **13**, 497—499 (1889). — J. of Physiol. 8. — **Maier, A.:** Vergleichende Untersuchungen über die elastischen Fasern des Herzens von *Hund* und *Pferd*. Inaug.-Diss. Bern 1904. — **Marceau, Fr.:** Recherches sur l'histologie et le développement comparés de fibres de PURKINJE et des fibres cardiaques. Bibliogr. anat. **10**, 11 (1902). — Note sur les modifications de structure qu'éprouve la fibrille striée cardiaque des *mammifères* pendant sa contraction. Bibliogr. anat. **1902**. — Recherches sur la structure et le développement comparés des fibres cardiaques dans la série des *vertébrés*. Ann. Sci. natur. VIII. s. Zool. **19** , 191—365 (1904). — Recherches sur la structure du coeur chez les mollusques, suivies d'une étude spéciale des coeur branchiaux et de leur appendices glandulaires ches les *Céphalopodes*. Arch. d'Anat. microsc. 7 (1905). — **Marcus, H.:** Über die Innervation des Herzmuskels. Anat. Anz. **59**, 145—148 (1924—25). — Über den feineren Bau des *menschlichen* Herzmuskels. Z. Zellforschg **2**, 203—241 (1925). — **Meyerhof, Otto:** Theorie der Muskelarbeit. Handb. norm. pathol. Physiologie Bd. 8, S. 530—539, Berlin 1925. — **Minervini, R.:** Particolarita di struttura delle cellule muscolari del cuore. Anat. Anz. **15** (1898). — **Moriya, Gozo:** Über die Muskulatur des Herzens. Anat. Anz. **24** (1904). — **Mörner, K. A. H.:** Beobachtungen über den Muskelfarbstoff. Nord. med. Arch. Festband 2 (1897). Ref. Malys Jber. **27** (1897).

Neuber: Die Gitterfasern des Herzens. Beitr. path. Anat. **54**, 350 (1912). — **Nieuwenhuijse, P.:** Über Kontraktionsbänder der quergestreiften Muskeln und des Herzens. Verh. path. Ges. **1926**, 387—391. — **Nyström, G.:** Über die Lymphbahnen des Herzens. Arch. f. Anat. **1897**.

Oestreich: Die Fragmentatio myocardii. Arch. path. Anat. Physiol. klin. Med. **135**, 79 (1894). — **Olivo, Oliviero:** Sui caratteri morfologici di un ceppo di elementi del miocardio embrionale di pollo, coltivati, ,,in vitro'' per sei mesi. Monit. zool. ital. 5—6, 171 (1925). — Sullistituirsi della sincronicitá le pulsazioni di fragmenti di cuore embrionale di pollo e di colombo, coltivati insiemi ,,in vitro''. Arch. exper. Zellforschg **2**, 191—204 (1926).

Paladino, G.: Contribuzione all'anatomia, istologie e fisiologia del cuore. Movim. med. chir. Napoli 1876. — **Palczewska, J. v.:** Siehe ZIMMERMANN. — **Palicki, B.:** De musculari cordis structura. Diss. Vratisl 1839.— **Pascual, A. J.:** Appareil de GOLGI du Foie et pigment des fibres musculaires cardiaque et lisse. Trav. Labor. Rech. Biol. Univ. Madrid **22**, 191—208 (1924). — **Pohl-Pincus:** Über die Muskelfasern des *Frosch*herzens. Arch. mikrosk. Anat. **23**, 500—505 (1884). — **Przewoski, E.:** Du mode de réunion des cellules myocardiaques de *l'homme* adulte. Contribution à l'étude de l'histologie normale et pathologique du coeur. Arch. Sci. Biol. Inst. més. éxper. Petersbourg. **2** (1893). — **Pyossenyes, A. (Rumjantzew):** Kyclomubupobatme in vitro mkatia lepdya kypussora Zapoderma. Rev. Zool. Russ. **3** (1922).

Ranvier, L.: Leçons d'anatomie générale sur le système musculaire. p. 466. Paris 1880. — Traité technique d'Histologie. Paris 1889. — **Regaud, Cl.:** Sur les mitochondries des fibres musculaires du coeur. C. r. Acad. Sci. Paris **1910**. — **Remak, Robert:** Über den Bau des Herzens. Müllers Arch. 1850, 76—78. — **Renaut, J. et J. Mollard:** Le Myocarde. Rev. gén. Histol. **1** (1904). — **Rollet, Alex.:** Anatomische und physiologische Bemerkungen über die Muskeln der *Fledermäuse*. Wien. Sitzgsber. III, **98** (1889). — Über die Flossenmuskeln des *Seepferdchens* (Hippocampus antiquorum) und über Muskulatur im allgemeinen. Arch. mikrosk. Anat. **32**. — Über die Streifen N (Nebenscheiben), das Sarkoplasma und die Kontraktion der quergestreiften Muskelfasern. Arch. mikrosk. Anat. **37** (1891). — **Rumjantzew, A.:** Beobachtungen über die Entwicklung des Herzmuskelgewebes bei Embryonen von *Hühnern* in vitro. Arch. exper. Zellforschg **4**, 328—336 (1927).

Saguchi, Sakae: Untersuchung über die Wechselbeziehung zwischen Karyo- und Cytoplasma. 2. Das argentophile Gebilde im Kern und seine Beziehung zum Cytoplasma. Zyologische Studien Kanazawa 1928. — **Schaefer, P.:** Über helle und trübe Muskelfasern im *menschlichen* Herzen unter besonderer Berücksichtigung der speziellen Muskelsysteme des Herzens. Abh. senkenberg. naturforsch. Ges. **31** (1912). — **Schiefferdecker, P.:** Untersuchung des *menschlichen* Herzens in verschiedenen Lebensaltern in bezug auf die Größenverhältnisse der Fasern und Kerne. Arch. f. Physiol. **165**, 499—564 (1916). — Untersuchung einer Anzahl von Kaumuskeln des *Menschen* und einiger *Säugetiere*. in bezug auf ihren Bau und ihre Kernverhältnisse nebst einer Korrektur meiner Herzarbeit (1916). Pflügers Arch. **173**, 265—384 (1919). — **Schlater:** Histologische Untersuchungen über das Muskelgewebe. 2. Die Myofibrille des embryonalen *Hühner*herzens. Arch. mikrosk. Anat. **69** (1907). — **Schockaert, Alice:** Nouvelles recherches sur la texture et le développement du myocarde chez les *vertébrés*. Archives de Biol. **24** (1908). — **Schweigger-Seidel, F.:** Das Herz. Strickers Handbuch **1**, 177—190 (1871). — **Searle, B.:** Fibres of the heart. Cyclopaedia Anatomy **2**, 619—629 (1836—39). — **Skworzow, R.:** Zur Histologie des Herzens und seiner Hüllen. Pflügers Arch. **8**, 611—613 (1874). — **Solger:** Über Kernreihen im Myokard. Mitt. naturwiss. Ver. Neu-Pommern u. Rügen. **23** (1891). — Zur Kenntnis und Beurteilung der Kernreihen im Myokard. Anat. Anz. **18** (1900). — **Spadolini, J.:** Sulla fine struttura della fibra miocardica colorata col metodo Bielschowsky. Arch. Fisiol. **11**, 433—446 (1913). — **Stannius:** Über die Muskelfasern des Herzens von *Petromyzon*. Z. Zool. **4**, 252 (1852). — **Studnička, F. K.:** Ein weiterer Beitrag zur Kenntnis der Zellverbindungen (Cytodesmen) und der netzartigen (gerüstartigen) Grundsubstanzen. Anat. Anz. **48**, 396 u. 417 (1915—1916).

Tandler, J.: Anatomie des Herzens. v. Bardelebens Handb. Jena 1913.

Valentin, G.: Gewebe des *menschlichen* und *tierischen* Körpers. Wagners Handwörterbuch der Physiologie. 1842.

Wagner, G. R.: Über die quergestreiften Muskelfasern des Herzens. Sitzgsber. Ges. Naturwiss. Marburg 1872, 141—154. — **Weisman, A.:** Über die Muskulatur des Herzens beim *Menschen* und in der *Tier*reihe. Arch. von Reichert u. du Bois-Reymond. 1861. — Über zwei Typen des contractilen Gewebes. Z. ration. Med. 3. Reihe, **20** (1862). — **Werner, M.:** s. ZIMMERMANN. — **Winkler, F. N.:** Beiträge zur Kenntnis der Herzmuskulatur. Reicherts u. du Bois-Reymonds Arch. **1865**, 261—300. — Scheiden und Teilung der primitiven Muskelbündel im Herzen. Reichert u. du Bois-Reymonds Arch. **1867**, 221—223.

Zimmermann, K. W.: Über den Bau der Herzmuskulatur. Arch. mikrosk. Anat. **75** (1910).

2. PURKINJE-Fasern.

Aagaard, O. C. und H. C. Hall: Über Injektionen des Reizleitungssystem und der Lymphgefäße des *Säugetier*herzens. Anat. H. **51** (1914). — **Aeby, Ch.:** Über die Bedeutung der PURKINJEschen Fäden im Herzen. Z. ration. Med. 3. Reihe, **16** (1863). — **Agduhr, Erik:** Morphologische Übersicht über das myogene Reizleitungssystem des Herzens bei den Vertebraten. Uppsala Läk. för. Förh., N. F. **33**, 271—299 (1927). — **Arnold, J.:** Zur Morphologie des Glykogens des Herzmuskels nebst Bemerkungen über dessen Struktur. Arch. mikrosk. Anat. **73**, 726—737 (1909). — **Aschoff, L.:** Struktur der PURKINJEschen Fasern. Dtsch. med. Wschr. **1908**, 339. — Über den Glykogengehalt des Reizleitungssystems des *Säugetier*herzens. Verh. dtsch. path. Ges. **1908**, 150—153.
Bräunig: Über muskulöse Verbindungen zwischen Vorkammern und Kammer bei verschiedenen *Wirbeltieren*. Arch. f. Anat. **1904**, Suppl. — **Bullard, H. H.:** On the ocurrence of fat in the muscle fibres of the myocardium and of the atrio-ventricular system. Anat. Rec. **8**, 121—122 (1914). — On the ocurrence and physiological significance of fat in the normal myocardium and atrioventricular system (Bundle of HIS), interstitial granules (mitochondria) and phospholipines in the cardial muscle. Amer. J. ant. **19**, 1—36 (1916). — **Burian, Fr.:** Zur Histologie der spezifischen Muskelsysteme im *menschlichen* Herzen. Lotos **72**, 289—296 (1924). — Zur Histologie des Sinusknotens des *menschlichen* Herzens. Anat. Anz. **59**, 306 (1925).
Cohn, A. E.: On the auriculonodol junction. Heart **1**, 167—176 (1909). — **Curran, E. J.:** A constant bursa in relation with the bundle of HIS; with studies of the auricular connection of the bundle. Anat. Rec. **3** (1909).
Erlanger, J.: Observations on the physiology of PURKINJE tissue. Amer. J. anat. **30** (1912).
Fahr: Über die muskulöse Verbindung zwischen Vorhof und Ventrikel (das HISsche Bündel) im normalen Herzen und beim ADAM-STOKESschen Symptomenkomplex. Virchows Arch. **188**, 562—578 (1907). — **Frank, A.:** Poznamky o prévodnîn systému srdečnîm u človéka (Bemerkungen über das Herzleitungssystem beim *Menschen*). Rozpravy České Akad. **2** (1925). — Převodnî system srdečnî u kuřete (Das Reizleitungssystem im Herzen des *Huhns*). Biol. Listy (tschech.) **2** (1925). — **Frish, Anton:** Zur Kenntnis der PURKINJEschen Fäden. Sitzgsber. Akad. Wiss. Wien, Math.-naturwiss. Kl. **60**, 341 (1869).
Gegenbauer, C.: Notiz über das Vorkommen der PURKINJEschen Fäden. Morph. Jb. **3** (1877).
Henle, J.: Handbuch der Gefäßlehre des *Menschen*. 2. Aufl. 1876. — **Heßling, v.:** Histologische Mitteilungen. Z. Zool. **1854**, 189. — **Hofmann, H. K.:** Beitrag zur Kenntnis der PURKINJEschen Fäden im Herzmuskel. Z. Zool. **71** (1902). — **Holl, M.:** Makroskopische Darstellung des atrioventrikularen Verbindungsbündels am *menschlichen* und *tierischen* Herzen. Arch. f. Anat. **1912**. — **Hoyer, H.:** Über die Kontinuität der contractilen Fibrillen in den Herzmuskelzellen. Bull. Acad. Sci. Cracovie **1901**, 203—213.
Johnstone, Paul N.: Studies of atrioventricular bundle with polarized tight. Anat. Rec. **26**, 145 (1925). — **Johnstone, Paul N.** und **F. H. Wakefield:** On the Character of the PURKINJE fibres in varions regions of the atrioventricular bundle. Anat. Rec. **24** (1923). — **Josue, O.:** The excitatory and connecting muscular system of the heart. 17. internat. Congr. Med. London, **1913**, Sect. 1, Anat. Embr.
Kammermann, Werner: Beitrag zur Anatomie und Histologie des atrioventrikulären Bündels (HIS) bei unseren *Haustieren*. Schweiz. Arch. Tierheilk. **64** (1922). — **Keith, A.** and **M. W. Flack:** The Auriculo-Ventricular Bundle of the Human heart. Lancet **1906**, 359—364. — The form and the nature of the muscular connections between the primary divisions of the *vertebrate* heart. J. Anat. a. Physiol. **41** (1907). — **Kent, S.:** Auriculoventricular junction of the mammalion heart. Quart. J. exper. Physiol. **7** (1913). — **King, M. A.:** The sino-ventricular system. Amer. J. Anat. **19**, 149 (1916). — **Knower, H. Mc. E.:** Demonstration of the interventricular muscle bands of the adult human heart. J. Hopkins Hosp. Bull. **19** (1908). — **Kölliker, A.:** Handbuch der Gewebelehre. 1852. — **Külbs, F.:** Über das Reizleitungssystem im *Eidechsen*herzen. Verh. Kongr. inn. Med. Wiesbaden **1910**. — Über das Reizleitungssystem bei *Amphibien, Reptilien* und *Vögeln*. Z. exper. Path. **10** (1912).
Laurens, H.: Die atrioventrikuläre Verbindung im *Reptilien*herzen und ihre Störungen. Pflügers Arch. **150**, 139 (1913). — The connecting system of the reptile heart. Anat. Rec. **9**, 427 (1915). — The atrio-ventricular counection in reptiles. Anat. Rec. **7**, 273 (1917). — **Lehnert, M.:** Über die PURKINJEschen Fäden. Arch. mikrosk. Anat. **4** (1918). — **Lhamon, Ruskin, M.:** The sheath of the sinoventricular bundle. Amer. J. Anat. **13**, 55—70 (1912).
Marceau, F.: Recherches sur l'histologie et le développement comparés des fibres de PURKINJE et des fibres cardiaque. Bibliogr. anat. **10**, 1—70 (1902). — **Minervini, R.:**

Particolarita di struttura delle cellule muscolari del cuore. Anat. Anz. **15**, 7—15 (1899). — **Mirnesco, Th.:** La chondriome du reseau de PURKINJE du coeur. C. r. Soc. Biol. Paris **1912**. — **Mönckeberg, I.:** Das spezifische Muskelsystem im *menschlichen* Herzen. Erg. Path. **1921**. — Untersuchungen über das Atrioventrikularbündel im *menschlichen* Herzen. Jena 1908. **Nagayo, M.:** Über den Glykogengehalt des Reizleitungssystem des *Säugetier*herzens. Verh. dtsch. path. Ges. **1908**. — Der Glykogenbefund des Sinusknotens. Mitt. med. Ges. Tokio **1910**. **Obermeyer, O. H. F.:** De filamentis Purkinianis. Inaug.-Diss. Berlin 1866. — Über Struktur und Textur der PURKINJEschen Fäden. Reichert-du Bois-Reymonds Arch. **1867**, 245 u. 358. — **Ogata, T.:** Über die Morphologie der Querlinien der Reizleitungsfasern und Muskelfasern im *menschlichen* Herzen. Frankf. Z. Path. **15**, 127—134 (1914). **Petersen, G.:** En kort Oversigt over Hjertets atrioventrikulare Ledningssystem hos Huspattedyrene. Maanedsskr. Dyrlaeger. **38** (1916). — **Purkinje:** Mikroskopisch-neurologische Beobachtungen. Arch. f. Anat. **1845**, 280. **Ranvier, L.:** Traité technique d'histologie. Paris 1875. — **Reichert, C. B.:** Bericht über die Fortschritte in der mikroskopischen Anatomie im Jahre 1854. Müllers Arch. **1855**, 51. — **Remak, R.:** Über die embryologische Grundlage der Zellenlehre. Müllers Arch. **1662**, 231. — **Renaut, J.:** Traité d'histologie pratique. Paris 1893. — **Retzer, R.:** The atrio-ventricular bundle and PURKINJES fibres. Anat. Rec. **1**, 41 (1907). **Schmaltz, R.:** Die PURKINJEschen Fäden im Herzen der *Haussäugetiere*. Arch. wiss. prakt. Tierheilk. **12** (1886). — **Schockaert, A.:** Nouvelles recherches comparatives sur la texture et le developpement du myocarde chez les *vertébrés*. Arch. de Biol. **24**, 277—372 (1909). — **Schweigger-Seidel:** Das Herz. Strickers Handbuch. **1**. Leipzig 1871. — **Stienon, Leon:** Recherches sur l'origine du système purkinien dans le coeur des *mammifères*. Archives de Biol. **5**, 89 (1925). — **van der Stricht** and **Wingate Todd:** The structure of normale fibres of PURKINJE in the adult human heart and their pathological altoration in syphilitic myocarditis. J. Hopkins Hosp. Rep. Anat. dep. **19** (1918). — Fibres de PURKINJE du coeur humain à l'état normal et à l'état pathologique. C. r. Soc. Biol. Brux. **83** (1920). — **Sweet, F. H.:** The connecting system of the reptil heart-alligator. Anat. Rec. **26**, 129 (1923). **Tang, E. H.:** Beiträge zum feineren Bau der PURKINJEschen Fasern im Herzen der *Vögel*. Anat. Anz. **55** (1922). — **Tawara, S.:** Das Reizleitungssystem des *Säugetier*herzens. Jena 1906. — **Thorel, Ch.:** Über die supraventrikulären Abschnitte des sog. Reizleitungssystems. Verh. dtsch. path. Ges. **1910**. — Über den Aufbau des Sinusknotens und seine Verbindung mit den Cava sup. und den WENCKELBACHschen Bündeln. Münch. med. Wschr. **1910**. — **Tufts, J. M.:** Some observations upon structure of the PURKINJE fibres. Anat. Rec. **22** (1922). **Ungar, R.:** Zur Anatomie der spezifischen Muskelsysteme im *Menschen*herzen. Lotos **72**, 209 (1924). **de Witt, Lydia:** Observations on the sino-ventricular connecting system of the mammalian heart. Anat. Rec. **3** (1907).

III. Skeletmuskelgewebe.

A. Geschichtlicher Überblick.

Wie ich bereits bei Besprechung der Entwicklung unserer Kenntnisse über den Bau der Herzmuskulatur erwähnte, hat schon LEEUWENHOEK zu Ende des 17. Jahrhunderts eine Abbildung der Querstreifung dieser Muskulatur gegeben. Bei den Skeletmuskeln scheint er gleichfalls das quergebänderte Aussehen beobachtet zu haben. Er beschreibt auch feine Muskelfasern, die er primitive nennt. Diese sind seiner Ansicht nach jedoch aus noch feineren Elementen zusammengesetzt, weil die „Spermien*tiere*" („Spermatozoen"), die viel feiner sind als eine solche Muskelfaser, wie man annehmen muß, sowohl mit Nerven wie mit Muskeln versehen sind. Auch LEEUWENHOEKs berühmter Zeitgenosse, der Engländer ROBERT HOOKE (1635—1703) beobachtete die Muskeln bei einer Anzahl von *Tieren* und fand sie aus feinen Fasern zusammengesetzt, deren Stärke er auf ein Hundertstel eines *Menschen*haares schätzte, und deren Form er mit einem Perlbande verglich. Trotz dieser Beobachtungen grenzte man jedoch die beiden quergestreiften Muskelarten nicht von der glatten Muskulatur ab, sondern behandelte sie als eine einheitliche Form. WINSLOW (1732) hebt in seiner bekannten Anatomie hervor: ,,La Structure particulière de chaque Fibre Motrice n'est pas encore assez développée pour eu pouvoir donner un Description suffisante. On la peut séparer en plusieurs petites Fibrilles. Les unes croient le Tissu de leur portion charnuë cellulair; les autres le croient vesiculaire, et d'autres spongieux ou medullaire. Plusieurs Anciens ont cru que cette Portion étoit creuse et remplie d'une espece de Pulpe qu'ils appelloient Tomentum, et laquelle selon eux etoit plus ou moins imbibée de sang." WINSLOW selbst hebt hervor: ,, Quand on examine la Fibre Motrice par d'excellent Mikroscopes, elle paroît comme torse, principalement sa portion charnuë; mais la Tendineuse le paroît moins." Er glaubte nämlich, daß jede Muskelfaser teilweise fleischig, teilweise sehnig sei. Was über einen vesiculären oder spongiösen Bau gesagt ist, bezieht sich vielleicht auf eine variierende Ansicht über die Natur der kleinen Körner.

In der zweiten Hälfte des 18. Jahrhunderts dürfte eine Menge von Forschern (HOME, PREVOST, DUMAS, EDWARDS, KRAUSE, LAUTH, WAGNER, JORDAN sowie FONTANA und TREVIRANUS) das quergestreifte Aussehen der Skeletmuskulatur beobachtet haben. FONTANA nahm an, daß die Fasern aus Bündeln von perlbandähnlichen Fibrillen bestehen, die nebeneinander geordnet, das quergestreifte Aussehen hervorriefen. Im allgemeinen wurde das Bild indes so gedeutet, daß die primitiven Muskelfasern aus einer Reihe feiner, kleiner Kugeln zusammengesetzt seien. Diese Auffassung wurde hingegen von gewissen Forschern bestritten. Die Unsicherheit in den mikroskopischen Beobachtungen machten auch den Wert des Wahrgenommenen zweifelhaft.

PROCHASKA (1778) hebt hervor, daß die Form der Muskelfasern nicht zylindrisch, sondern prismatisch oder abgeplattet ist; die Fasern sind durchscheinend und solide. Ihre Stärke schätzt er auf ein Siebentel bis ein Achtel von der eines roten Blutkörperchens. AUTENRIETH soll als Größe des Durchmessers ein Fünftel von dem eines roten Blutkörperchens angegeben haben, während SPRENGEL ihn für 7—8mal größer hielt als den eines Erythrocyten; die Muskelfaser war nach den letztgenannten Forschern gestreift und solide. BAUER und HORE hielten die Muskelfasern für identisch mit Blutkörperchen, die ihrer gefärbten Substanz beraubt, und deren zentrale Teile faserig vereint wären. Dieser Ansicht schließt sich auch BECLARD noch im Jahre 1823 an.

Schon früher hatten indes gewisse Forscher die Skeletmuskulatur als eine besondere Gruppe abgetrennt. Dazu wurden sie durch physiologische Beobachtungen geführt. BICHAT (1801) spricht nämlich von einem ,,système musculaire de la vie animale". Im Gegensatz hierzu bezeichnet er die Herzmuskulatur und das glatte Muskelgewebe als ,,système musculaire de la vie organique". Die Beobachtungen, die dieser Einteilung zugrunde liegen, beziehen sich auf die Abhängigkeit der Skeletmuskulatur vom Willen. Über die feinere Struktur der Muskelfasern ist bei BICHAT nichts besagt.

Noch bei ARNOLD (1836) findet man die Angabe, daß die Muskelfasern aus kleinen Kugeln bestünden. Aus einer Reihe solcher dicht zusammengefügten Körperchen entstünden angeblich auch die Muskelfasern, und bei Feten im 3.—5. Monat soll man diese Zusammensetzung der Muskelfasern deutlich beobachten können. Er hebt weiter hervor: ,,Die Bildungsgeschichte des Muskelgewebes (VALENTINs und eigene Beobachtungen, die aber mit denen von VALENTIN insofern nicht übereinstimmen, als nicht bloß in der frühesten Zeit beim Fetus, sondern auch in viel späteren Monaten die Zusammensetzung aus Kügelchen sehr deutlich ist), die umsichtige mikroskopische Prüfung der feinsten frischen Muskelfasern beim Erwachsenen, sowie die Behandlung derselben mit solchen Mitteln, welche die so innige Verbindung der Kügelchen etwas loser machen, geben das entsprechende Resultat, daß Körperchen von vollkommen sphärischer Gestalt die Elemente der Muskelsubstanz ausmachen, und daß die Querstreifen, sowohl die helleren als die dunkleren, für die in einer bestimmten, häufig wellenförmigen Ordnung auch nach der queren Richtung aneinanderliegenden Kügelchen der primitiven Fasern angesehen werden müssen". VALENTINS (1835) Auffassung geht aus dem von ARNOLD angeführten hervor. Auf den letzteren verweist auch SCHWANN (1839) in seiner bekannten Arbeit über die frühesten Stadien der Muskelgenese. Er rechnet hier die Muskulatur zu ,,Geweben, die aus Zellen entstehen, deren Wände und deren Höhlen miteinander verschmelzen." Die Muskelfasern eines 7 Zoll langen *Schweine*fetus werden als — meistens etwas abgeplattete — Zylinder beschrieben, in welchen man einen dunkleren Rand und einen inneren helleren Teil beobachten kann. Der Zylinder sieht hohl aus, und der helle Teil entspricht dem Hohlraum. In diesem sieht man größere ovale, oft langgestreckte Körner. Dies sind die Zellkerne, die ein bis zwei Nukleolen enthalten; sie liegen der Wand an und sind abgeplattet. Die Wand ist der Träger der Querstreifung und diese tritt hervor, wo die Wand dick ist. In älteren Muskeln ist kein Hohlraum mehr zu sehen. SCHWANN nimmt an, daß die Primitivfasern in den Muskeln sekundäre Zellen sind, die durch Verschmelzung der Bildungszellen entstanden; weiterhin funktioniert die Muskelfaser dann als eine Zelle. Ihre Wand ist anfangs dünn und ihr Inhalt körnig, später aber verdickt sich die Wand parallel mit dem Verschwinden der Körner; schließlich verschwindet die Zellhöhle, und die Muskelfaser wird zu einem soliden Strang. Die eigentliche Muskelsubstanz entsteht als eine Ablagerung auf der Innenseite der strukturlosen, die Muskelzelle abgrenzenden Membran (des Sarkolemmas) und besteht aus sehr feinen Längsfasern, den sog. Primitivfasern. Diese differenzieren sich sehr früh aus der anfangs homogenen Ablagerung. Die Querstreifung der Muskelfasern beruht nach SCHWANNs Gedankengang auf der eigentümlichen Form der Primitivfasern.

Im Jahre 1839 hob MANDL hervor, daß sich die Fasern aus Fibrillen zusammensetzen, die durch eine auf der Oberfläche gestreifte Scheide zusammengehalten werden. In dieser bestehen die hellen Querstreifen aus Bindegewebsfasern (,,filets du tissu cellulair"), die die Elementarfibrillen spiralförmig umgeben, während die dunklen Linien den Rändern dieser Fasern entsprechen. Einem ähnlichen Gedankengang gab der Engländer SKEY schon im Jahre 1837 Ausdruck, als er die Querstreifen mit dem Einschlag in einem Gewebe verglich, dessen Kette aus den Längsfibrillen gebildet wird.

Übrigens ist hier zu bemerken, daß der Norweger BOECK im Jahre 1839 zum ersten Male Beobachtungen über eine doppelbrechende Materie in den Muskelfasern mitteilte.

BOWMAN (1840) konstatierte einerseits, daß die Querstreifen an einer isolierten Fibrille ebenso breit sind wie an der Muskelfaser, von der die Fibrille isoliert worden war, andererseits auch, daß alle Fibrillen gestreift sind, nicht nur die an der Oberfläche der Faser liegenden. Er stellt auch fest, daß die Fasern oder, wie er sie nennt, die Fasciculi, nicht röhrenförmig sind, sondern aus Bündeln von Fibrillen bestehen. Die Querstreifung der Fasern ist dadurch hervorgerufen, daß die quergestreiften Fibrillen nebeneinander angeordnet sind, und diese Fibrillen setzten den ganzen Querschnitt der Faser zusammen. ,,It will follow", setzt er fort, ,,from the view of the strie now taken, that they are in truth the edges or focal sections of plates or discs, arranged vertically to the course of the fasciculi, and each of which is made up of a single segment from every fibrilla. The connections between contiguous discs, are at least as numerous as the fibrillae, and consist of those parts of the fibrillae which connect their segments into a thread." ,,That there are also special means of connection between the segments of contiguous fibrils, whereby the discs are more or less conpactly constructed, is very evident from the regularity, with which the fibrilla maintain their opposition with one another; and it is not a little singular, that this should have attracted the attention of anatomists to so small an extent as it seems to have done". Weiter hebt BOWMAN hervor, daß Muskelfasern sich allerdings oft in Fibrillen zersplittern, daß sie sich aber auch oft in ,,discs" teilen lassen, in welchen man eine Zusammensetzung aus Fibrillen überhaupt nicht oder nur mit Schwierigkeit sehen kann, und er meint deshalb, daß die Lehre über die Zusammensetzung der Muskelfasern aus Fibrillen einer Einschränkung bedarf. Seiner Ansicht nach sind die Muskelfasern aus ,,elongated polygonal masses of primitive component particles or sarcous elements" zusammengesetzt, die in der Längs- und auch in der Querrichtung verbunden sind. Diese bilden in der einen Richtung ,,Fibrillen" und in der anderen ,,discs", die je für sich als solche freigemacht werden können. Die dunklen longitudinellen Streifen sind Schatten zwischen den Fibrillen, die dunklen Querstreifen sind Schatten zwischen ,,the discs". BOWMANs Hypothese über die Zusammensetzung der Muskeln aus Scheiben wurde später, im Jahre 1843, von JONES aufgegriffen, der jedoch das Vorkommen von zwei Arten von Scheiben

Abb. 60. Teil eines Muskelfasers. Rechts Diagramm dazu. Die Z-Streifen sind deutlich abgebildet. Vergr. 1200 ×. (Nach QUEKETT aus Practical Treatise on the use of the microscope 1848.)

annahm, von welchen die eine die dunklen, die andere die hellen Querbänder bilde.

Von Interesse ist außerdem BOWMANs Ansicht, daß die Enden der Muskelfasern sich direkt in die Sehnenstrukturen fortsetzen, sowie daß er direkte Beobachtungen über die Muskelkontraktion erwähnt, und sich außerdem eingehender als irgendeiner vor ihm bei der Frage des Sarkolemmas aufhält.

Im Jahre 1843 teilt REMAK eine Serie von Beobachtungen über die Muskelkontraktion mit. Er behauptet dabei u. a., daß die Querstreifen intra vitam nicht stabile Elemente der Muskelfasern sind, sondern daß sie im Zusammenhang mit der Kontraktion entstehen und verschwinden. Bei dieser falte sich nämlich der ,,Muskelzylinder" — so bezeichnet REMAK die Substanz der Muskelfasern, die Scheide nicht mitgerechnet — und die dunklen Querstreifen beruhen auf Reflexen von den Falten. Über die Deutung der Längsstreifung ist er weniger sicher; vielleicht beruhen sie auf dem Reflex von Spaltungen zwischen den Längsteilen des Zylinders; ob eine solche Aufteilung intra vitam vorkommt, sei jedoch fraglich. Bezüglich der Querstreifung spricht WILL im selben Jahre (1843) eine ähnliche Ansicht aus.

Im Jahre 1844 teilen PREVOST und LEBERT über die Entwicklung der Muskelfasern Beobachtungen mit, die von den oben geschilderten Annahmen SCHWANNs abweichen, indem die Fasern ihrer Ansicht nach nicht durch Verschmelzung von Zellen entstünden. REMAK (1845) bestätigt dies, indem er bei *Frosch*larven findet, daß die Muskelfasern sich durch das Wachstum von einzelnen Zellen entwickeln, deren Kerne sich teilen. Sobald die Fasern Kontraktion zeigten, konnte man auch Querstreifung beobachten. Aus dem Jahre 1846 sind auch E. WEBERs bekannte Versuche über das Verhalten der Muskelkontraktion bei elektrischer Reizung zu verzeichnen.

Im Jahre 1848 bildet QUEKETT Muskelfasern in 1200maliger Vergrößerung ab (Abb. 60); aus diesen Bildern geht hervor, daß er die Grundmembran als einen besonderen Streifen sah. Diese Abbildungen beziehen sich auf Präparate von LEALAND, der anscheinend als erster den Z-Streifen, wie wir ihn jetzt nennen, beobachtete [DOBIE (1848)]. Im Dezember desselben Jahres macht DOBIE eine ähnliche Mitteilung. Er kannte damals LEALANDs Beobachtung: ,,Dr. SHARPEY, from an examination of Mr. LEALANDs preparations of the muscle of pig, considers the sarcal particles each to be composed of a dark central and a clear outer part. Dr. SHARPEY mentions that Mr. LEALAND himself first pointed out a cross line in the clear interval, and also the bright surrounding areas." DOBIE selbst fügt indes eine weitere interessante Beobachtung hinzu: ,,Crossing the clear space at its centre, and at right angles to the length of the fibril, will be seen a distinct dark line; this line divides the clear area into two equal parts or divisions, which are necessarily quadrangular. The dark space in the same focus presents a shape very similar to the clear one, though generally of more elongated form; its whole surface is dark, with the exception, however, of a clear line crossing it in the same manner as the dark transverse line does the clear space, and dividing it into two dark particles (Abb. 61)."

Abb. 61. Diagramme, die Muskelfibrillen bei scharfer Einstellung des Mikroskopes zeigend. (Nach DOBIE aus Mag. Nat. Hist. 1849.)

Es ist also klar, daß DOBIE nicht nur die Grundmembran (den Z-Streifen), sondern auch sog. den HENSENschen Streifen Qh beobachtet hatte. Von Bedeutung ist ferner, daß die Fibrillen seiner Auffassung nach aus zwei verschiedenartigen Substanzen zusammengesetzt sind, deren regelmäßiges Abwechseln Querstreifung hervorriefe. In letzterwähnter Beziehung schließt sich seine Ansicht also an die von JONES (1843) an.

KÖLLIKER beschrieb schon in den vierziger Jahren die glatte Muskelzelle, wie ich sie oben (S. 2) geschildert habe und er behandelt diese glatte Muskulatur in seinem Handbuche als eine besondere Gruppe des Muskelgewebes. Auch der netzförmige Charakter des Herzmuskels wurde von ihm, wie ich in meinem Kapitel über die Herzmuskulatur erwähnt habe, wieder entdeckt. Er hat also in höherem Grade als irgendein anderer dazu beigetragen, die verschiedenen Muskelgewebearten voneinander abzugrenzen. Die Muskelfaser beschreibt KÖLLIKER als ein 0,004—0,03''' dickes, von einem Sarkolemma umgebenes Bündel von feinen Fibrillen. Die letzteren schildert er als regelmäßig ,,knotig", was die Ursache des querstreifigen Aussehens sei. Außer den Fibrillen enthält die Muskelfaser nichts anderes als eine geringe Menge einer klebrigen, sie verbindenden Substanz und eine gewisse Menge runder oder oblonger Zellkerne, die meistens auf der Innenfläche des Sarkolemmas liegen. Dies nach KÖLLIKERs Darstellung im Jahre 1852. Im Jahre 1857 kam er auf diese interfibrilläre Substanz zurück. Dies geschah in einer Diskussion mit LEYDIG, der im Jahre 1856 geltend machen wollte, daß die Muskelfaser von einem äußerst feinen System von Saftkanälen durchzogen sei. Dieser Gedanke wird von KÖLLIKER abgewiesen, nach dessen Ansicht die als Saftkanäle gedeuteten Strukturen teils aus geschrumpften Kernen, teils aus zwischen den Fibrillen gelegenen Körnern bestünden. Diese sind sowohl auf Längs- wie auf Querschnitten zu beobachten. Im ersteren Falle liegen sie in Reihen zwischen den Fibrillen, aber nicht in deren ganzer Ausdehnung, sondern in ,,Nestern" gesammelt. Sie bilden einen nicht unwesentlichen Teil der Muskelfaser und KÖLLIKER schreibt ihnen Bedeutung für den Stoffwechsel der Muskelfaser sowie für deren pathologische Degeneration zu. Seiner Ansicht nach erinnern sie an BOWMANs „sarcous elements", und er beobachtete sie in der Muskulatur verschiedener Tierformen, darunter bei *Säugetieren*.

Im Jahre 1856 wies ROLLETT nach, daß gewisse Muskelfasern im Innern eines Muskels spitz endigen, d. h. daß zum mindesten nicht alle Muskelfasern ebenso lang sind wie der sichtbare Muskelbauch, was man bis dahin angenommen hatte. Ob in beiden Enden spitze Fasern vorkommen, konnte er nicht feststellen, er fand aber bei *Fröschen* eine Muskelfaser, die im einen Ende abgerundet und im anderen Ende spitz endete.

Im folgenden Jahre (1857) teilt derselbe Verfasser mit, daß sein Lehrer BRÜCKE in einer damals noch nicht publizierten Untersuchung nachgewiesen hatte, daß die dunklen Querbänder in den Skeletmuskelfasern im Gegensatz zu den hellen doppelbrechend sind. ROLLETT schließt sich deshalb der obenerwähnten Ansicht von JONES (1843) an, daß die Muskelfasern aus zwei verschiedenartigen Substanzen zusammengesetzt seien, von welchen die eine, die dunkle, doppelbrechende, leicht zu isolieren ist dadurch, daß man die helle, einfach brechende, in verdünnter Säure auflöst. Sonst schließt sich ROLLETT insofern an LEYDIG an, als er meint, dessen Entdeckung feiner Spalträume zwischen den Fibrillen bestätigen zu können. Die von KÖLLIKER entdeckten Körner konnte er hingegen nicht beobachten.

Im Jahre 1858 bestätigte HERZIG ROLLETTs Beobachtung von spitz endigenden Muskelfasern. Er gibt an, daß E. H. WEBER diese Beobachtung seit langem kannte. Er selbst fand die Muskelfasern spindelförmig und ihre Länge zwischen 3 und 4 cm variierend.

Im selben Jahre erschien auch BRÜCKEs Mitteilung über das Verhältnis der Muskelfasern in polarisiertem Licht. Er hatte dabei gefunden, daß sich die dunklen Querbänder anders verhielten als die dazwischenliegenden hellen, welche Verschiedenheit in optischer Beziehung er auf einen chemischen Unterschied zurückführte. Er nahm deshalb an, die Muskelfaser sei aus Scheiben von zwei artverschiedenen Substanzen zusammengesetzt, von welchen die eine doppelbrechend oder anisotrop ist, die andere einfach brechend oder isotrop. Die Fibrillen bestehen aus einer Serie anisotroper Partikel „Disdiaclasten", die kurze Zylinder bilden („sarcous elements"), welche durch eine optisch inaktive Substanz getrennt sind. Das variierende Aussehen der Muskelfaser während ihrer Funktion beruht nach BRÜCKE auf einer Verschiedenheit in der Gruppierung der Disdiaklasten in der intermediären Substanz, die flüssig oder halbflüssig ist. BRÜCKE bildet auch den Z-Streifen sehr schön ab.

Unter den im Jahre 1858 erschienenen Arbeiten ist auch die von AMICI zu verzeichnen. Nach seiner eigenen Aussage kannte er zu diesem Zeitpunkte QUEKETTs Abbildung einer dunklen Querlinie — entsprechend derjenigen, die wir nun Z-Streifen nennen — in den Muskelfasern zwischen den dunklen Querbändern, und er bestätigt diese Entdeckung durch eigene Beobachtungen und Abbildungen. Wie ich schon hervorhob, war diese zuerst von LEALAND gemacht worden. Es erscheint also wenig motiviert, diesen Streifen nach AMICI zu benennen, wie es in der romanischen Literatur in der Regel geschieht.

AMICI bildet die Grundmembranen von Beinmuskeln der *Fliege* ab, und aus dem Bilde geht deutlich hervor, daß er sowohl die Verbindung zwischen den Grundmembranen und dem Sarkolemma beobachtet hat, als auch dessen festonartige Einbuchtungen an den Grundmembranen und die Ausbuchtungen dazwischen. Die Fibrillen selbst beschreibt AMICI als 1—2 μ dicke zylindrische Gebilde mit parallelem Verlauf. Ausbuchtungen oder Einschnürungen kommen an ihnen nicht vor, scheinbare können aber durch eine verschiedene Lichtbrechungsfähigkeit der verschiedenen Querlinien entstehen. Dieser Unterschied im Lichtbrechungsvermögen ist es, der das quergebänderte Aussehen sowohl der einzelnen Fibrillen als der Muskelfasern hervorruft. Die dunklen Streifen (Q) sind weniger dicht, und hier sieht man die Kontraktion vor sich gehen. Übrigens erinnert AMICI an die Ähnlichkeit der Muskelfaser mit einer VOLTAschen Säule.

Im Jahre 1861 erschien MAX SCHULTZEs bekannte Arbeit „Über Muskelkörperchen und das, was man eine Zelle zu nennen habe", die von so großer Bedeutung für die Zellehre im allgemeinen war. SCHULTZE gibt zunächst eine Schilderung der Entwicklung der Muskelfaser im Anschluß an REMAKs Beobachtung, daß sie sich aus einer einzigen Zelle durch Wachstum und Vermehrung der Kerne bildet. Er schildert dabei, wie das vorher undifferenzierte Protoplasma sich während der Entwicklung in Fibrillen und einen zwischen ihnen befindlichen „Rest des noch unveränderten Protoplasmas" differenziert. Schon KÖLLIKER hatte die Aufmerksamkeit auf das Vorhandensein einer Zwischensubstanz gelenkt, SCHULTZE hebt sie aber besonders als einen Rest des embryonalen Protoplasmas hervor, der gleichsam jede Fibrille einscheidet. Jeder Kern ist von einer größeren oder kleineren Menge von solchem Protoplasma umgeben, dessen körnige Struktur auch SCHULTZE beobachtet. Solche Anhäufungen bezeichnet er als „Muskelkörperchen", welcher Name zuerst von WELCKER (1857) eingeführt worden war. Er nimmt jedoch entschieden Abstand von der Ansicht dieses Verfassers, daß die Muskelkerne die Bedeutung von Zellen hätten, ebenso wie von der MARGOs, daß in der Muskelfaser von Membranen begrenzte Zellen existierten, und von BÖTTCHERs Theorie, daß verzweigte, anastomosierende und mit besonderen Wänden versehene Zellen zwischen den Fibrillen vorhanden wären. Eine von STEPHAN vorgebrachte Ansicht, nach der die Muskelkerne Kunstprodukte seien, lehnt er gleichfalls ab. Weiterhin analysiert er indes den Zellbegriff und stellt den bekannten Satz auf: „eine Zelle ist ein Klümpchen Protoplasma, in dessen Innerem ein Kern liegt." Da all dies bei dem „Muskelkörperchen" zutrifft, zögert er nicht, es als eine Zelle zu bezeichnen, und behauptet, daß in der Muskelfaser zwischen den Fibrillen ein Zelleben existiert.

Sehr verdienstvoll war die Arbeit SCHULTZEs. Von FONTANAs Zeit hatte sich die Auffassung erhalten, daß die Muskelfaser ein „Bündel von Fibrillen" („Muskelprimitivbündel") sei. Diese Ansicht kam auch bei KÖLLIKER zum Ausdruck. SCHULTZE hebt dagegen den protoplasmatischen Charakter der interfibrillären Materie hervor. Er brach auch definitiv mit der alten Auffassung der Zellmembran als eines für den Zellbegriff wesentlichen Gebildes. Dagegen konnte er sich nicht soweit von dem Gedanken der Begrenzung der Zelle freimachen, daß er die ganze Muskelfaser für ein der Zelle analoges — mag sein vielkerniges — Gebilde auffassen konnte, er versucht vielmehr den Zellbegriff auf das den Kern zunächst umgebende Protoplasma anzuwenden. Demzufolge dürfte er die Fibrillen für intercellulare Strukturen gehalten haben; darüber äußert er sich aber nicht.

In den Jahren 1859 und 1862 publizierte MARGO eingehende Arbeiten über die Entwicklung der Muskelfasern, worüber ich weiter unten berichten will.

Wenn wir ferner gewisse Arbeiten von REICHERT, KÜHNE und WAGENER u. a. übergehen, finden wir zeitlich nächstfolgend einen bedeutungsvollen Aufsatz von COHNHEIM (1865). Dieser fertigte Querschnitte von Muskelfasern an, entweder nach der Gefriermethode oder direkt mit Doppelmesser. Er fand den Querschnitt aus zwei Substanzen zusammengesetzt, von welchen die eine von mehr mattem Aussehen 3—5eckige, von geraden Linien begrenzte Felder, die andere, mehr glänzende, ein Netz zwischen diesen bildet. Seiner Ansicht nach entsprechen die matten Felder der doppelbrechenden Substanz BRÜCKEs, die glänzenden Netze aber der isotropen Substanz im Langschnitt. Das Vorhandensein von Fibrillen und Körnern oder der LEYDIGschen Spalten bestreitet COHNHEIM entschieden, indem er solche Bilder auf postmortale Veränderungen der Muskelfasern zurückführt. Er hat also die Ursache der Bilder von polygonalen Feldern im Muskelquerschnitt, die immer noch seinen Namen tragen, nicht erkannt. Erst KÖLLIKER (1867) erklärt die COHNHEIMschen Felder richtig als Querschnittsbilder untergeordneter Fibrillenbündel, ,,Columnae musculares", die von einer variierenden Zwischensubstanzmenge getrennt werden. Diese dringt auch zwischen die einzelnen Fibrillen ein und enthält feine, interstitielle Körner.

Im Jahre 1868 und 1869 erscheinen dann Arbeiten von KRAUSE und von HENSEN, die — wenngleich in verschiedenen Beziehungen — neue Gesichtspunkte über die Strukturverhältnisse der Skeletmuskulatur vorbringen. KRAUSE, der offenbar QUEKETTs und SHARPEYs Beobachtungen kennt, hebt hervor, daß der von ihnen beobachtete Querstreifen, der die hellen Querbänder mitten durchteilt, und dessen Dicke er mit 0,0003 mm angibt, übersehen worden sei. Seiner Ansicht nach beruht dieser Streifen auf dem Vorhandensein einer festen Membran. Die Muskelfaser wird also durch quergestellte Membranen in so viele Abteilungen geteilt, als sich Querbänder finden. Die Querlinien oder Membranen haften am Sarkolemma, welches während der Kontraktion an diesen Ansatzstellen Einschnürungen zeigt. Die Muskelfaser besteht also aus einer Anzahl von ,,Muskelkästchen", von welchen jedes ein ,,Muskelprisma" enthält, das aus anisotroper Substanz besteht. Die Breite des Muskelprismas variiert, die Höhe dagegen ist in der Serie der *Wirbeltiere* konstant. Jedes Prisma ist auf seinen Grundflächen von einer Flüssigkeitsschicht überzogen, die der isotropen Substanz im Längsschnitt entspricht. Jedes ,,Muskelkästchen" wird von einer ,,Seitenmembran" und zwei ,,Grundmembranen" begrenzt. Diese sind für zwei aneinandergrenzende ,,Kästchen" gemeinsam. Weder Fibrillen noch ,,sarcous elements", sondern die ,,Muskelkästchen" sind also die primitiven Elementarteile des Muskels, dessen Fasern sie aufbauen. Die Kerne, die bei gewissen niedrigeren *Tieren* im Innern der Muskelfaser liegen, werden von elastischen Membranen getragen. Die Grundmembranen wachsen während der Entwicklung aus dem Sarkolemma ein. Die Fibrillen entstehen durch Zerfall der Prismen, wenn Wasser in das Muskelkästchen eindringt. Bei Kontraktion nähern sich die Prismen einander ,,wie kleine Magnete", wobei die Flüssigkeit zwischen den Grundflächen nach den Seiten gepreßt wird, und die hellen Querbänder schmaler werden. Die Rückkehr in den Ruhezustand nach der Kontraktion beruht wahrscheinlich auf den elastischen Kräften der Membranen.

Im selben Jahre (1868) fand HENSEN einen Streifen, der die anisotrope Substanz halbiert, und nannte ihn ,,Mittelscheibe" Er ist optisch einfachbrechend und erscheint sonst bald als eine helle, bald als eine dunkle, feinkörnige Linie. Was den Wirkungsmechanismus des Muskels betrifft, so stellte HENSEN eine ähnliche Theorie auf wie die KRAUSEs über die doppelbrechende Materie als kleine Magnete. Zwischen KRAUSE und HENSEN entstand im folgenden Jahre eine kurze Polemik, indem der erstere der Ansicht war, daß HENSEN isotrope und anisotrope Substanz verwechselt habe, was dieser wiederum bestritt. HEPPNER, der in die Diskussion eingriff (1869), erklärte, daß beide eben erwähnten Verfasser Unrecht hätten. Im Jahre 1872 teilt MERKEL Untersuchungen mit, die in gewissen Beziehungen beiden Recht geben. Er meint nämlich, ebenso wie KRAUSE, daß die Muskelfasern aus Fächern bestehen; die von ,,Seitenmembranen" und ,,Endmembranen" begrenzt sind. Diese (die Grundmembranen) sind also nicht, wie KRAUSE angab, zwei Muskelfächern gemeinsam, sondern es finden sich ihrer zwei bei jedem Querstreifen. Außerdem bestätigt MERKEL indes das Vorhandensein einer „Mittelscheibe". Das Muskelfach enthält, wie er annimmt, eine feste, contractile Materie und Flüssigkeit. In Ruhe liegt die contractile Substanz der Mittelmembran an, bei Kontraktion verschiebt sie sich an die Endmembranen. FLÖGEL (1872) und ENGELMANN (1871) bestätigen gleichfalls sowohl HENSENs wie KRAUSEs Beobachtungen; von MERKEL weichen diese Verfasser insofern ab, als sie die von KRAUSE beschriebene Membran für einfach halten.

Aus FLÖGELs Aufsatz ist indes eine weitere, interessante und wichtige Beobachtung zu verzeichnen. Er findet nämlich in den von ihm untersuchten Muskeln, die von einer *Milben*art stammten, mit Muskelkästchen, deren Höhe zwischen 3 und 10 μ variierte, in den Endzonen der Muskelkästchen (= der isotropen Substanz) regelmäßig kleine Körner, die bald in Reihen, mitten in dieser Substanz, bald näher an den Grundmembranen lagen. „Die Gesamtheit der Körner bildet eine regelmäßige, die ganze Dicke des Muskels durchsetzende Scheibe; ich will dieselbe daher Körnerschicht nennen. Diese Körner haben nichts mit KÖLLIKERs interstitiellen Körnern gemein." Es scheint mir augenfällig, daß FLÖGEL hier zum ersten Male die Körner beschreibt, die E. HOLMGREN später als J-Körner bezeichnete. Er berichtet auch, daß sie gewöhnlich isodiametrisch sind, daß er aber auch Körner sah, die in der Längsrichtung der Faser doppelt so groß waren als in der Querrichtung.

In den folgenden Jahren entspann sich zwischen MERKEL, ENGELMANN und FLÖGEL über das Verhalten der Muskelfaser bei Kontraktion eine Diskussion, auf die ich später zurückkomme.

Die Anzahl der Querstreifen war indes mit den durch diese Arbeiten gefundenen nicht erschöpft. DÖNITZ (1871) und WAGENER (1872) erwähnen, daß sie in der Nähe des HENSENschen Streifens noch weitere beobachteten; deren Anzahl nach WAGENER zwischen 2 und 8 variiert; sie verschwinden bei Kontraktion des Muskels.

Durch die Arbeiten von KRAUSE, HENSEN u. a. wurde die Aufmerksamkeit auf die verschiedenen Querstrukturen der Muskelfaser gelenkt; die Längsstrukturen, vor allem die Fibrillen, waren für das wissenschaftliche Interesse in den Hintergrund gerückt. Die Bedeutung der letzteren wurde in einer Serie von Arbeiten ENGELMANNs wieder hervorgehoben, die den wichtigsten Beitrag der folgenden Zeitperiode bezüglich der Histologie der Skeletmuskulatur bilden.

In einer Arbeit aus dem Jahre 1873 geht ENGELMANN ausführlich die verschiedenen Querstreifen durch, die er genau beschreibt. Hierbei verwendet er zum ersten Male die jetzt allgemein gebräuchliche Nomenklatur und auch die später allgemein gewordenen Verkürzungen — Buchstabenbezeichnungen —. Die Reihenfolge der Querstreifen im Muskelkästchen lautet nach dieser Bezeichnung:

Zwischenscheibe . . . . . (Z),
Isotrope Substanz . . . . (I),
Nebenscheibe . . . . . . (N),
Isotrope Substanz . . . . (I),
Querscheibe . . . . . . (Q),
Mittelscheibe. . . . . . . (M),
Querscheibe . . . . . . (Q),
Isotrope Substanz . . . . (I),
Nebenscheibe . . . . . . (N),
Isotrope Substanz . . . . (I),
Zwischenscheibe . . . . . (Z).

Seiner Ansicht nach ist die quergestreifte Substanz ein regelmäßig aufgebautes Aggregat von verschiedenartigen, geschwellten Bestandteilen, die in der Längsrichtung zu 0,001 mm dicken Fibrillen zusammengehalten werden, in der Querrichtung durch Adhäsion planparallele Scheiben bilden. Während des Lebens finde sich zwischen den Fibrillen keine Zwischensubstanz, ist also auch keine Fibrillenstruktur zu beobachten. Erst bei Koagulation der Fibrillen wird von ihnen eine Zwischensubstanz ausgeschieden. Die relativ festesten, wasserärmsten Teile der Muskelfasern sind die Grundmembranen, dann folgen die Neben- und Querscheiben. Am weichsten sind die isotropen Scheiben, die sich in bezug auf ihre Widerstandskraft am ehesten wie ,,wässerige Flüssigkeiten" verhalten. Man könne deshalb der Muskelsubstanz als Ganzes keinen bestimmten Aggregatzustand zuschreiben. In einer späteren Arbeit (1875) greift ENGELMANN die Frage auf, in welchem Verhältnis die Contractilität der organischen Strukturen zur optischen Doppelbrechung steht, und kommt zu folgendem Schluß: ,,**Contractilität, wo und in welcher Form sie auftreten möge, ist gebunden an die Gegenwart doppelbrechender, positiv einaxiger Teilchen, deren optische Achse mit der Richtung der Verkürzung zusammenfällt.**" Er ist also der Ansicht, daß die Querscheiben der eigentlich contractile Teil der Fibrille sind. Da die Reizung sich von Querscheibe zu Querscheibe verbreitet, muß man annehmen, daß die isotrope Substanz reizbar und reizleitend ist; aber auch Q muß reizleitend sein, da die Reizleitung durch diese Teile vom einen isotropen Segment auf das andere übertragen wird. Die isotrope Substanz dürfte deshalb der Nervensubstanz nahestehen und die eigentliche Grundsubstanz der Muskelfaser sein, die auf bestimmten Gebieten mit doppelbrechender contractiler Materie gemischt ist.

ENGELMANN scheint mir besser als irgendein anderer vor ihm das Muskelproblem in seinem ganzen Umfang überblickt zu haben; er trennt zum ersten Male die Contractilitätsfähigkeit der Muskeln von ihrer Eigenschaft, den die Kontraktion hervorrufenden Impuls weiterzuleiten. Ich will hier seine Resultate nicht weiter erörtern, sondern mich damit begnügen, über sie zu berichten.

In weiteren Arbeiten zeigte er dann, daß im Zusammenhang mit der Kontraktion Veränderungen im Volumen und optischen Verhalten der isotropen und anisotropen Segmente eintreten. Die ersteren werden stärker, die letzteren schwächer doppelbrechend; die letzteren wiederum nehmen an Volumen zu, während die ersteren abnehmen. Das Gesamtvolumen des Muskelkästchens bleibt unverändert. In der Ruhe verhält sich die isotrope Schicht zur anisotropen wie 5 : 4; wenn sich das Muskelkästchen auf $82^0/_0$ seiner ursprünglichen Höhe verkürzt hat, sind beide gleich, und bei einer Verkürzung von $50^0/_0$ ist das Volumen des anisotropen Segmentes doppelt so groß wie das des isotropen. Diese Volumenverschiebungen erklärt ENGELMANN (1880) durch die Annahme, daß Wasser vom isotropen Segment in das anisotrope übergeht. Die contractilen Urelemente sind seiner Ansicht nach (1879) von submikroskopischen, molekulären Dimensionen. Er bezeichnet sie als ,,Inotagmen" und nimmt an, daß sie in Ruhe langgestreckt sind, bei maximaler Reizung aber Kugelform annehmen. In den Muskeln und Flimmerhaaren haben die Inotagmen eine bestimmte Orientierung nach gewissen Richtungsachsen, im contractilen Protoplasma aber können sich die Richtungsachsen ändern.

Das Kontraktionsvermögen sei an das Vorhandensein von präexistierenden Fibrillen gebunden [ENGELMANN (1881)]. Gegen diese Annahme läßt sich der Umstand, daß die Muskelfasern nach Einwirkung einiger weniger Reagenzien in Scheiben zerfallen, nicht als Gegenbeweis vorbringen, da dieser Zerfall durch das variierende Verhalten der verschiedenen Faserabschnitte zu dem betreffenden Reagens in zufriedenstellender Weise erklärt wird.

Während des Jahrzehnts, in dem die hier kurz referierten Arbeiten ENGELMANNS erschienen, wurden indes auch von mehreren anderen Seiten muskelhistologische Untersuchungen publiziert. Die wichtigsten von ihnen scheinen mir die Arbeiten RANVIERS aus den Jahren 1873, 1874, 1875 und 1880 zu sein.

In der letztgenannten Arbeit gibt RANVIER einen genauen Bericht über den Stand der Muskelhistologie im Jahre 1880. Schon im Jahre 1873 lenkt er indes die Aufmerksamkeit auf die Verschiedenartigkeit der weißen und roten Skeletmuskeln, worauf er in den folgenden Abhandlungen zurückkommt. Diese Verschiedenheit war natürlich sowohl von Wissenschaftern wie von Nichtwissenschaftern bereits vorher beobachtet worden und schon BICHAT beschäftigte sich mit ihr. RANVIER hebt indes hervor, daß die Verschiedenheit im Aussehen auf einem verschiedenen Gehalt an Muskelfarbstoff beruht, dem er eine ähnliche Bedeutung zuschreibt wie dem Blutfarbstoff. Er führt auch die Verschiedenheit der Farbstoffmenge auf eine Verschiedenheit in der Funktion zurück, indem er erklärt, die weißen Muskeln seien solche, bei welchen die Kontraktion von kurzer Dauer ist, während die Muskeln mit langanhaltenden Kontraktionen rot sind. Bezüglich des Kontraktionsmechanismus verwirft er (1880) alle oben vorgebrachten Theorien und bringt eine eigene vor. Danach sind die Querstreifen die contractilen Elemente, während die isotropen Teile elastisch sind. Die Querscheiben werden bei der Kontraktion dadurch kleiner, daß das Wasser aus ihnen in das interfibrillär liegende, flüssige Muskelplasma austritt. Die bei der Kontraktion entstandene Kraft entwickelt sich plötzlich. Die isotropen Segmente verhalten sich optisch wie elastische Bindegewebsfasern und sind wie diese elastisch. Sie dienen dazu, die plötzlichen Kontraktionen der Querstreifen zu langanhaltenden zu transformieren, wodurch die entwickelte Kraft ausgenutzt werden kann. Die Grundmembranen halten die Fibrillen in der Querrichtung zusammen und verbinden sie mit dem Sarkolemma.

Außerdem erschienen noch mehrere andere Arbeiten: SACHS (1872) macht geltend, daß die Fibrillen — die in Muskelkästchen aufgeteilt und von einem halbflüssigen Querbindemittel zusammengehalten werden — als Elemente der Muskelfasern zu betrachten seien; SCHÄFER (1873 und 1874) ist der Ansicht, daß die Muskelfaser aus einer contractilen „Grundsubstanz" und „musclerods" aufgebaut sei, welche elastisch sind und die kontrahierte Faser ins Ruhestadium zurückführen. DWIGHT (1873) bestreitet die Existenz der Fibrillen und meint, daß der Muskel aus einer sowohl contractilen wie auch elastischen Grundsubstanz besteht; auch die Existenz der „muscle-rods" SCHÄFERS bestreitet er; die Muskelfasern seien vielmehr aus körnigen, dunklen, aus hellen und aus grauen Querbändern zusammengesetzt. WAGENER (1874) berichtet über Beobachtungen an Muskeln in Ruhe und Kontraktion bei lebenden *Corethra plumicornis*-Larven; er fand u. a. einerseits lokale knotenförmige Kontraktionen, andererseits auch solche, die ganze Fasern umfassen. KAUFMANN betont (1874), daß bei der Kontraktion nur der Umfang der isotropen Substanz verringert wird. Im selben Jahre (1874) teilt RIEDEL Beobachtungen über das postembryonale Wachstum der Muskeln mit, und FREDERICQ über die Regeneration der Muskeln. Der letzterwähnte Verfasser pulbizierte dann im Jahre 1876 Beobachtungen über die Muskelkontraktion, nach welchen erst die beiden isotropen Querbänder und danach die Querscheibe an Höhe abnehmen sollten. RENAUT versuchte im Jahre 1877 den Beweis zu erbringen, daß „die Nebenscheibe" dieselbe Struktur und funktionelle Bedeutung habe wie die Grundmembran. FRORIEP (1878) publiziert Digestionsversuche mit Trypsin und stellt u. a. den Schlußsatz auf, daß das Sarkolemma eine verdichtete Grenzschicht des Perimysium internum sei. NASSE (1878) untersuchte Muskeln von Krebsscheren und schließt sich, was die mikroskopischen Befunde über die

Kontraktion betrifft, der Darstellung ENGELMANNs an. Schließlich soll hier eine eigentümliche Theorie erwähnt werden, die NEWMAN im Jahre 1879 aufstellte. Nach dieser ist die Muskelfibrille in Ruhe aus kleinen Zylindern zusammengesetzt, die durch Grundmembranen abgeschlossen sind. Die Zylinder enthielten ein an ,,combined fat" (d. h. Fett in feinemulgierter Form) reiches Muskelplasma. Deshalb ist die ganze Fibrille doppelbrechend. Bei elektrischer Reizung oder, wenn die Muskelfaser in verdünnte Säuren oder Basen gebracht wird, fällt das Fett heraus und sammelt sich in der Mitte des Zylinders als doppelbrechende Scheibe; das vom Fett befreite Plasma liegt der Grundmembran an und ist einfachbrechend, wodurch das querstreifige Aussehen entstehe. Die Fettscheibe dehne den Zylinder in der Querrichtung aus, so daß seine Höhe abnimmt, und so komme die Kontraktion zustande.

MERKEL (1881) publizierte indes einen Aufsatz, der sich einerseits gegen SCHÄFERS, NEWMANNs und RANVIERs Kontraktionstheorien richtet, andererseits auch ENGELMANNs Theorie einer Analyse unterzieht. Zwischen den Beobachtungen des letztgenannten Forschers und MERKELs eigenen früheren bestand nämlich ein wesentlicher Unterschied, indem der letztere glaubte, einen Lagewechsel der doppel- und einfachbrechenden Materie in der kontrahierten Muskelfaser gegenüber der ruhenden konstatieren zu können, während ENGELMANN der Ansicht war, daß die doppel- und einfachbrechenden Materien in allen Funktionsstadien ihre Lage beibehielten. MERKEL meint nun konstatieren zu können, daß die doppelbrechende Substanz sich sowohl in der einen wie in der anderen Weise verhält, wodurch sowohl er wie ENGELMANN im Einzelfalle Recht gehabt haben können, daß aber die Beobachtungen an einem Muskel nicht auf andere übertragen werden können. ENGELMANN (1881) lehnt diesen Gedankengang entschieden ab und verteidigt die Richtigkeit und allgemeine Gültigkeit seiner früher publizierten Beobachtungen sowie die auf sie aufgebauten Theorien.

Sonst erschienen im Jahre 1881 Arbeiten von SCHIPILOFF, von DANILEWSKY sowie von RETZIUS. Der erstgenannte Verfasser meint gezeigt zu haben, daß die Muskelfaser ein festes ,,Kästchensystem" aus doppelbrechendem Lecithin habe, und daß die Querscheiben aus ,,Myosin" aufgebaut seien, das die Grundlage der ,,Disdiaklasten" bilde. RETZIUS beschreibt im selben Jahre Strukturen, die er ,,Querfadennetze" nennt. Da diese den Ausgangspunkt der ,,Reticulumtheoretiker" (HEIDENHAIN) gebildet haben und bis in unsere Tage in der muskelhistologischen Literatur erwähnt werden, will ich mich etwas bei ihnen aufhalten. RETZIUS verwendete für seine Untersuchungen hauptsächlich Dytiscus-Muskeln. Bei Goldchloridimprägnierung färbten sich die Körnerreihen, solche, die auf der Höhe der Grundmembran, solche, die auf der Höhe des HENSENschen Streifens und schließlich solche die dazwischen lagen. Da sich auf Querschnitten ein Netz imprägnierte, das sich vom zentralen, kernhaltigen Protoplasma (,,der Zelle") zum Sarkolemma hinaus erstreckte, hielt er die Körnerreihen für Querschnitte von solchen Netzen, von welchen er zweierlei unterscheidet, ein Netz auf der Höhe der Grundmembran und ein Netz auf der Höhe der Mittelmembran. Dazwischen nimmt er an, liege eine Körnerreihe.

Der Gedanke, daß die Querstreifen aus Myosin bestehen, wird im Jahre 1882 auch von NASSE vorgebracht. Dieser hebt ferner hervor, daß nicht nur die Querscheiben konstante Strukturen in der quergestreiften Muskulatur sind, sondern auch der HENSENsche Streifen und die Zwischenscheibe, die er bei allen untersuchten Tierklassen wiederfand. Neben diesen Querstreifen sind jedoch die Fibrillen als wichtige und konstante Strukturen anzusehen. Im selben Jahre (1882) publiziert v. EBNER eine größere Arbeit, in der er die Doppelbrechung verschiedener Gewebe, darunter der Muskeln, ausführlich behandelt. Er studiert ihr Verhalten bei Dehnung, Kontraktion und Eintrocknen sowie auch Einwirkung verschiedener chemische Ragenzien. Bei Dehnung findet er, sinkt die Interferenzfarbe; bei weiter zunehmender Dehnung wird die Senkung jedoch immer geringer, um schließlich aufzuhören, bis die Fasern zerreißen. Auch der Kontraktionsprozeß verursache eine Verringerung der Doppelbrechung. Dies spricht seiner Ansicht nach einigermaßen für ENGELMANNs Theorie, nach der die Kontraktion durch Schwellung der Inotagmen verursacht wird.

In zwei größeren Arbeiten aus dem Jahre 1885 greift ROLLETT die Frage der „BOWMANs discs" auf. Er geht von Beobachtungen an einer großen Menge *Insekten* aus und behauptet, daß der Scheibenzerfall einer Muskelfaser immer als Kunstprodukt zu betrachten sei. Präformiert sind dagegen die Fibrillen, zwischen welchen sich Sarkoplasma ausbreitet. Die Fibrillen sind substantiell in Querstreifen aufgeteilt, die er mit den Buchstaben Q, J, N, E und Z bezeichnet. Der HENSENsche Streifen wird mit einem kleinen h bezeichnet, weil er nicht denselben Grad von Selbständigkeit hat wie die anderen; er liegt im Q und ist großen Variationen unterworfen. N ist gleich den übrigen mit großen Buchstaben bezeichneten Teilen ein wirklicher Bestandteil der Fibrillen. Auch Z ist nach ROLLETT Bestandteil der

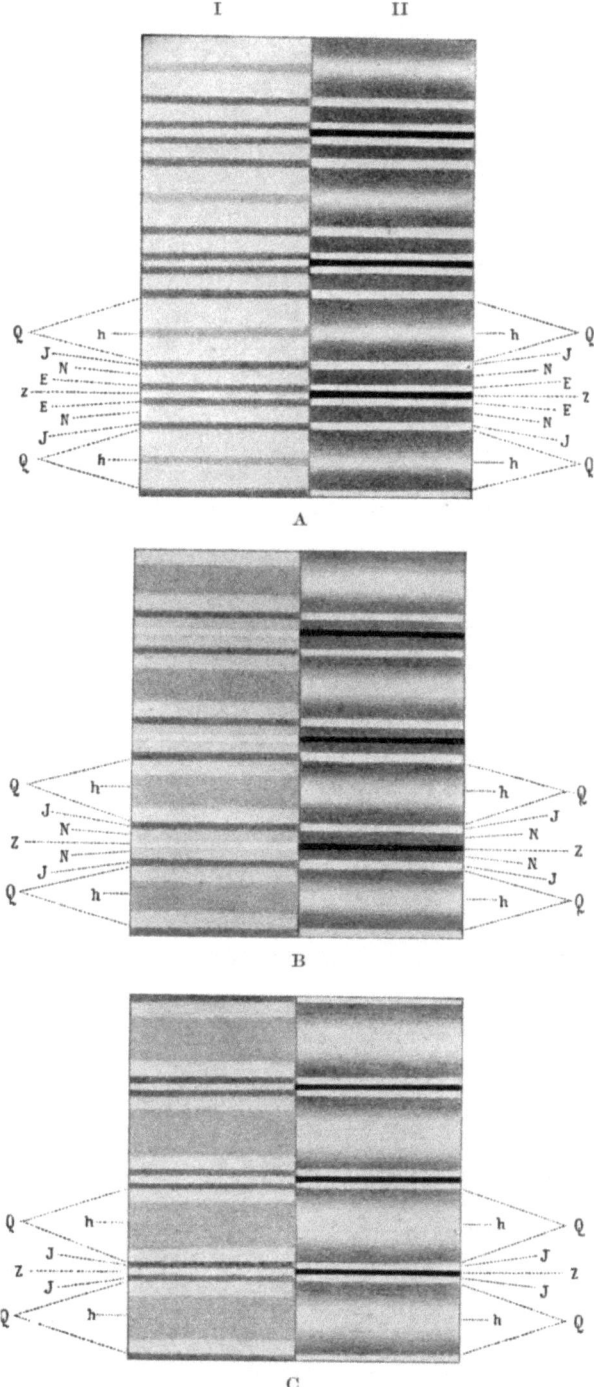

Abb. 62. Schemata der Querstreifen der *Käfer*muskeln. A, B und C folgen in der Richtung vom erschlafften gegen den kontrahierten Teil der Muskelfaser. I bei hoher, II bei tiefer Einstellung des Mikroskopes. (Nach ROLLETT 1885.)

Fibrillen, zwischen welchen klare Durchgänge von Sarkoplasma vorkommen; es ist keine „Scheibe" aus festerer Substanz. Die auf diesem Niveau vorkommende feste Verbindung zwischen Sarkolemma und Faserinhalt ist nicht eine Verbindung zwischen Z und dem Sarkolemma, sondern das letztere ist mit dem Sarkoplasma verbunden. Beim Übergang von Ruhe in Kontraktion ändert sich die Querstreifung sukzessiv von A über B zu C (Abb. 62 A B C), so daß A nächst der schlaffen, C nächst der vollständig kontrahierten Muskelfaserpartie liegt. In maximal kontrahiertem Zustande zeigen Muskeln verschiedener *Tiere* oder verschiedene Muskeln vom selben *Tier* große Ähnlichkeit miteinander; in Ruhe sind sie dagegen von wechselndem Aussehen. Zwischen den Ruhe- und Kontraktionsbildern finden sich eine Menge Übergänge.

Im folgenden erörtert ROLLETT das RETZIUSsche Querfasernetz und kommt danach auf die Frage der COHNHEIMschen Felder. Er hebt dabei hervor, daß die „Säulchen" als während des Lebens präformierte Strukturen zu betrachten sind; von den Fibrillen scheint es ihm wahrscheinlich, daß die präformiert sind, er fügt aber hinzu, daß wir keine bindenden Beweise hierfür besitzen. Das Sarkoplasma zwischen den Säulchen hat nach ROLLETT eine andere Struktur als dasjenige zwischen den Fibrillen; das letztere ist homogen, das erstere körnig.

Im Jahre 1895 erschienen zwei Arbeiten, die eine von NICOLAIDES, die andere von MELLAND. Der erstere schließt sich in der Hauptsache an ENGELMANNs Beobachtungen und die auf sie gegründete Kontraktionshypothese an; letzterer erhielt mit Goldimprägnierung von Muskeln Bilder von Netzen, wie sie früher von RETZIUS beschrieben worden waren.

Im folgenden Jahre (1886) publizierte VAN GEHUCHTEN eine große Arbeit, in der er einerseits eingehend die bis dahin vorliegende Literatur behandelt, andererseits eigene Beobachtungen von Insektenmuskeln mitteilt. Er ist der Ansicht, daß in den gewöhnlichen Muskeln — die Thoraxmuskeln haben einen besonderen Bau — die Fibrillen und nicht die Muskelkästchen die konstitutiven Elemente der Muskelfasern sind; sie sind jedoch Teile eines Reticulum und in der lebenden Muskulatur nicht präformiert; das Vorhandensein der Grundmembranen erkennt VAN GEHUCHTEN jedoch an. Im Gegensatz zu MERKEL erklärt er sie für einfach. Das Vorkommen einer Mittelmembran bestreitet er. Die Fibrillen hält VAN GEHUCHTEN für zylindrische, von Membranen begrenzte Röhren. Die Muskelfaser sei übrigens aus zwei Substanzen aufgebaut; die eine, ein ausgebreitetes, plastisches, elastisches und isotropes Netz bilde den Grundstock, die andere eine mehr oder weniger flüssige Füllungsmasse „l'enchylème myosique"; diese sei die optisch aktive Substanz, das Reticulum der Träger der Contractilität. Die Teile des Netzes sind regelmäßig angeordnet und es lassen sich einerseits längsgehende — Fibrillen — und andererseits quergehende Strukturen unterscheiden. Die Muskelfaser entspricht einer gewöhnlichen Zelle. Bei der Kontraktion verkürzen und verdicken sich die längsgehenden Teile. Es tritt ein homogenes Stadium ein, wie es ENGELMANN und MERKEL beobachtet hatten. Dies ist aber nur scheinbar, eine wirkliche Inversion der Streifung kommt nicht zustande.

1885 und 1887 publizierte MAC MUNN Untersuchungen über den Muskelfarbstoff, den er Myohämatin nennt. Im nächsten Jahre (1888) versuchte SCHNEIDER zu beweisen, daß das Sarkolemma ein „Trugbild" sei, dessen Erwähnung bald aus den Lehrbüchern verschwinden würde.

CAJAL (1888) schildert, daß die Extremitäten- und Flügelmuskeln der *Insekten* mit Sarkolemma, Kernen, Fibrillen, transversellen Netzen und einer interfibrillären „matière myosique" versehen sind. Die Fibrillen werden durch die transversalen Netze zusammengehalten, die sie mit dem Sarkolemma und dem Kern vereinigen; sie sind in den Extremitäten- und wahrscheinlich auch in den Flügelmuskeln die einzigen contractilen Teile. Die Netze haben eine ernährende und stützende Funktion. Interfibrillär findet sich eine koagulierende Materie, ein „suc nutritif" in der Muskelzelle. Diese ist in quergestellte, scheibenähnliche Fächer abgeteilt, die ihrerseits wiederum in noch kleinere Fächer geteilt sind.

Im Jahre 1888 berichtete KÖLLIKER über neue Beobachtungen an Insektenmuskeln und über seine Auffassung betreffs der Muskelkontraktion. Er meint, daß im Muskel sowohl Fibrillen wie körniges Sarkoplasma zu beobachten sind, und schreibt beiden eine Rolle beim Kontraktionsakt zu. Das Sarkoplasma dürfte dabei hauptsächlich Sitz der chemischen Umsätze sein; die Fibrillen sind in ihrer ganzen Länge contractil und werden in allen Teilen doppelbrechend. Übrigens bestehen sie in ihrer ganzen Ausdehnung aus einer gleichartigen Materie und der Wechsel in optischer Beziehung ist nicht von größerer Bedeutung.

Im selben Jahre erschienen auch Arbeiten von MINGAZZINI und VAN GEHUCHTEN. Der letztere legt weitere Studien über die Muskulatur von *Säugetieren* vor. Diese ist seiner Ansicht nach von derselben Beschaffenheit wie die gewöhnlichen *Insekten*muskeln. Die quergestreifte Muskulatur kann seiner Ansicht nach überhaupt in zwei Gruppen eingeteilt werden. Die eine ist schon im lebenden Zustande durch einen fibrillären Bau und das Fehlen von Sarkolemma charakterisiert. Hierher gehören die Thoraxmuskeln von *Insekten* und die Scherenmuskeln bei *Krebs* und *Hummer*. Die andere Art läßt im lebenden Zustande den fibrillären Bau vermissen, hat aber Sarkolemma. Anstatt der Fibrillen besitzen sie ein contractiles Reticulum. Bei Behandlung mit härtenden Reagenzien entsteht eine Art von Fibrillen, die jedoch von denen der ersten Gruppe verschieden sind. Diese zweite Art von Muskelfasern kommt in den Klauen der meisten *Arthropoden* vor und in den Flügelmuskeln einer Anzahl von *Insekten* (Sphinx, Libellula usw.).

Bei den Muskeln der *Vertebraten* ist die Struktur im großen ganzen ebenso und gleicht bei der zweiten der oben erwähnten Gruppen den Klauenmuskeln der *Arthroboden* usw. Die Variationen betreffen die Form der Maschen und die Dicke der Querstreifen. Sonst entwickelt VAN GEHUCHTEN seinen Gedankengang weiter und polemisiert, vor allem gegen MINGAZZINI (1888), der das Vorkommen eines „Reticulum plastinien" bestritten hatte.

FOL, BRANCHARD und ROULE publizierten im selben Jahre (1888) eine Serie von Beobachtungen über die quergestreifte Muskulatur der *Mollusken*. In diesem Jahre berichtet auch ROLLETT über den Bau der Flossenmuskeln des *Hippocampus*, und im folgenden Jahre (1889) lenkt er die Aufmerksamkeit auf die Unterschiede im Bau der Muskeln, die von RANVIER u. a. im Zusammenhang mit der Verschiedenheit der Muskelfunktionen konstatiert worden waren; im Anschluß daran beschreibt er die Muskeln der *Fledermäuse*, die eine ungewöhnliche Gruppierung der COHNHEIMschen Felder aufweisen; diese Muskeln nehmen eine Zwischenstellung zwischen den rasch und den langsam arbeitenden ein. In zwei Arbeiten aus dem Jahre 1891 referiert ROLLETT ferner seine Beobachtungen über teilweise und vollständige Kontraktionen bei der quergestreiften Muskulatur der *Insekten*, sowie seine Untersuchungen über das Verhalten der Doppelbrechung bei der Kontraktion. In der letztgenannten Arbeit wird erst MARSCHALL sehr scharf kritisiert, der sich 1890 in einer Abhandlung an die Theorien von einem netzförmigen Bau der Muskulatur angeschlossen hatte. ROLLETT berichtet sodann genau über die Veränderungen, welchen die Muskulatur nach seinen Beobachtungen an einer großen Menge von *Evertebraten* bei der Kontraktion unterliegt. Die Querstreifen bezeichnet er in Muskeln mit „Nebenscheibe" mit Q—J—N—E—Z—C—N—J—Q, in anderen vereinfacht sich die Streifung zu Q—J—Z—J—Q. Q bildet die metabole, J+N+E+Z+E+N+J resp. J+Z+J die arimetabole Schicht. Bei Kontraktion verschwindet erst E, während die immer dünner werdenden N-Streifen mit Z verschwimmen. Mit Q fließt N dagegen niemals zusammen, wie es gewisse Verfasser angenommen haben. J wird später dunkel, während die miteinander verschmolzenen N—Z—N — vom Verfasser auch weiter mit Z bezeichnet — hell werden; die letztgenannten verschwinden, und aus den verschmolzenen J-Streifen entsteht der Kontraktionsstreifen. ROLLETT verwirft übrigens alle Theorien über die Kontraktion, da er der Ansicht ist, daß wir noch allzu wenig wissen, um das Kontraktionsphänomen erklären zu können. Am besten, meint er, stimmten seine Beobachtungen mit denjenigen von ENGELMANN überein, das Vorkommen eines homogenen Zwischenstadiums aber sowie die membranöse Beschaffenheit des Z-Streifens und die Berechtigung des Begriffes Muskelfach will er nicht anerkennen. Wie man sich auch zu diesen Fragen stellen mag, so muß man doch zugeben, daß ROLLETT durch die Genauigkeit und Klarheit seiner Beschreibungen einer von denjenigen Forschern ist, die sich um unsere Kenntnis betreffs der die Muskelkontraktion charakterisierenden morphologischen Phänomene am meisten verdient gemacht haben.

RETZIUS hatte indes in einer weiteren Abhandlung vom Jahr 1890 eingehende Studien über die Muskeln der *Arthropoden*, aber auch Beobachtungen von Myxine, RAJA, *Kaninchen* und *Menschen* publiziert. Von den Theorien MELLANDS, VAN GEHUCHTENS, MARSHALLs und CAJALs über eine retikuläre Struktur nimmt er entschieden Abstand, indem er die von ihm früher beschriebenen Netze als interfibrilläres Sarkoplasma erklärt. Dieses und die Muskelfibrille sind die Elementarbestandteile der Muskelfaser; die intravitale Existenz der Fibrillen läßt sich freilich nicht beweisen, ist aber sehr wahrscheinlich. Die Fibrillen sind histologisch allerdings segmentiert, aber doch einheitlich, indem zwischen den Teilen keine trennende Quermembranen verlaufen. In extendiertem Zustande findet RETZIUS folgendes Verhalten, das besonders hervorgehoben sein soll. Der isotrope Teil der Fibrille ist nicht in J und E (ROLLETT) aufgeteilt, N existiert nicht als ein Bestandteil der Fibrille, sondern gehört zur interfibrillären Materie, dem Sarkoplasma. Dieser Streifen ist nämlich aus Körnern, Sarkosomen, gebildet, die wesentliche Strukturen sind und aus Protoplasmaderivaten bestehen. In den Flügelmuskeln sind sie reichlicher vorhanden und liegen überall zwischen den Fibrillen. Bei *Säugetieren* sind sie spärlicher und liegen, wie es schon KÖLLIKER beschrieben hat, in Reihen zwischen den Säulchen. Die Fibrillen hält RETZIUS im Anschluß an KÖLLIKER und an ROLLETT für die eigentliche contractile Substanz, während er dem Sarkoplasma eine chemische Tätigkeit zuschreibt. Was die strukturellen Veränderungen betrifft, so schließt er sich an die von ENGELMANN und ROLLETT gemachten Beobachtungen an und hebt hervor, daß „bei den Zusammenziehungen aller contractilen Elementarteile Veränderungen präformierter Moleküle (Disdiaklasten BRÜCKE, Inotagmen ENGELMANN) durch Form- oder Lageveränderungen die Hauptrolle spielen".

In einer kleineren Arbeit vom Jahre 1891 versuchte BÜTSCHLI zusammen mit SCHEWIAKOFF geltend zu machen, daß das Sarkoplasma „Wabenstruktur" habe. Den Begriff Sarkolemma wünschen diese Verfasser abzuschaffen und durch die Bezeichnung „Pellikula" zu ersetzen; die fibrilläre Struktur beruht nach ihnen darauf, daß diese „Waben" als längsgeordnete, langgestreckte Maschen hervortreten, „welche in ihrer Gesamtheit die Längsstreifung (den fibrillären Bau) der contractilen Elemente bewirken". In derselben Weise, erklärt er, seien Q und J je zwei quere „Wabenreihen", und Z eine Grenzlinie zwischen den isotropen Querreihen. APATHY lehnt in einem Aufsatze vom selben

Jahre diesen Gedankengang bezüglich der Muskelfasern (und Nervenfasern) ab, obgleich er die Wabenlehre BÜTSCHLIs sonst als plausibel bezeichnet.

KNOLL behandelt in zwei Arbeiten aus den Jahren 1889 und 1891 die Frage, ob die roten und weißen, oder, wie er sie lieber nennen will, die „trüben" und „hellen" Muskeln eine verschiedenartige Funktion hätten. Ich komme später auf diese Arbeit zurück und möchte hier nur erwähnen, daß er sich nicht an RANVIERs Auffassung anschließt, nach der die weißen Muskeln rascher arbeiten, die roten langsamer.

Schließlich wäre hier zu erwähnen, daß SCHÄFER im Jahre 1891 zu zeigen versucht, daß das Muskelfach, das „Sarkomer", ein Element des Muskels ist, von elastischen Membranen umgeben wird und in seiner Mitte sarcous elements enthält, die tubulär gebaut sind.

Im Jahre 1892 erschienen Arbeiten von ROLLETT über das Verhältnis der Kontraktionswelle zu den motorischen Nervenendstellen, von KNOLL über die doppelt schräggestreifte Muskulatur und von TORNEUX, der die *Dytiscus*-Muskulatur studierte. Er teilt den Kontraktionsakt in drei Phasen ein; was die beobachteten Veränderungen betrifft, so stimmen sie in der Hauptsache mit den von mehreren früheren Verfassern geschilderten überein, weshalb ich nicht näher darauf eingehe.

Das Jahr 1892 brachte eine neue Arbeit von ENGELMANN, in der er die Frage zu beantworten versucht, auf welche Weise sich die physiologische Verbrennung in Kontraktionskraft verwandeln kann. Er betont dabei, ebenso wie früher, daß zwischen Kontraktionsvermögen und Doppeltbrechung ein Zusammenhang besteht, weil alle contractilen Strukturen einen Hauptbestandteil von einachsig positiv doppelbrechenden Elementen enthalten, und die Kontraktionsrichtung mit der optischen Achse zusammenfällt. Man sei ferner zur Annahme berechtigt, daß nur die doppelbrechenden Elemente contractil sind. Auf Grund der Beobachtungen v. EBNERs meint er ferner, man sei zur Annahme gezwungen, daß ein ursächlicher Zusammenhang zwischen Doppelbrechungs- und Verkürzungsvermögen der imbibitionsfähigen Körper besteht. Die Formveränderung — Verkürzung und Verdickung — tritt ein, wenn die doppelbrechenden Objekte ihren Wassergehalt ändern. Er kommt auf diese Weise zu seiner vorher erwähnten „Quellungstheorie", die durch v. EBNERs Beobachtung, daß die Doppelbrechung beim nicht isometrisch zuckenden Muskel abnimmt, eine weitere Stütze bekommen hatte. ENGELMANN erinnert in diesem Zusammenhang an die Beobachtungen DU BOIS-REYMONDs über Milchsäureentwicklung in Muskeln und gibt ferner seiner Überzeugung Ausdruck, daß die Wärmebildung eine große Rolle für die Verkürzung spielt.

Im folgenden Jahre (1893) erschien eine größere Arbeit von SCHAFFER, der sich einerseits mit der Frage der Entwicklung und Rückbildung der Muskeln — auf welche Frage ich später zurückkomme — andererseits mit der Histologie der Muskeln beschäftigte. Er meint, daß das Aussehen der COHNHEIMschen Felderzeichnung im lebenden Organismus bei verschiedenen Muskeln variiert. In gewissen Fällen können die Fibrillen gleichmäßig verteilt sein, in anderen findet man eine den Säulchen KÖLLIKERs entsprechende Gruppierung. Reagenzien können das normale Bild bedeutend verändern. Im Jahre 1894 teilen HEIDENHAIN sowie MAURER Beobachtungen über Vermehrung der Muskelfibrillen durch Längsteilung mit. Der erstere kommt zu diesem Schluß auf Grund des Querschnittbildes der Muskelfasern von *Raupen*; der letztere teilt direkte Beobachtungen mit.

M'DOUGALL publizierte 1896 und 1898 Untersuchungen über die Muskulatur von *Arthropoden* und *Säugetieren*. Er spricht von langgestreckten contractilen Elementen, „the sarcostyles", die in „chambres", Sarkomeren, abgeteilt sind, die von nichtdehnbaren Wänden umgeben sind. Die Kontraktion beruht auf der Wasseraufnahme und Zunahme des Inhaltes der Sarkomeren, die quer ausgespannt werden und einen Zug in der Längsrichtung ausüben. Die Wasseraufnahme beruhe auf einer Änderung des osmotischen Druckes infolge von Zersplitterung gewisser, größerer Moleküle in mehrere kleinere; hierbei sollte die Milchsäure eine Rolle spielen.

Im Jahre 1898 veröffentlichte auch M. HEIDENHAIN seine große Übersichtsarbeit „Struktur der contractilen Materie", in der er eine vollständige Literaturübersicht über die Histologie der quergestreiften Muskulatur bringt und eigene Gesichtspunkte vorlegt. Da ich sie später in den verschiedenen Kapiteln erwähnen werde, kann ich hier jeden Bericht über diese Arbeit übergehen. Im Jahre 1899 bringt derselbe Verfasser in einem bedeutungsvollen Artikel seine Ansicht vor, daß die wirklichen Elementarfibrillen im Muskel metamikroskopische Molekular- oder Inotagmenreihen seien. Durch Spaltung bilden sie Gruppen, die zuletzt die Grenze des Beachtbaren überschreiten, so daß wir sie als sog. „Elementarfibrillen" wahrnehmen können. Durch ihre weitere Teilung entstehen die COHNHEIMschen Felder, die in verschiedenen Größen zu beobachten sind. „Das Bild der COHNHEIMschen Felderung — — — — — ist nichts anderes als der Ausdruck der speziellen Weise des Wachstums der organischen Materie, wie es in diesem Falle wenigstens statthat." Und ferner: „Eine Muskelfibrille ist in jedem Spezialfall immer gerade das, was wir nach Maßgabe unserer augenblicklichen optischen, färberischen oder sonstigen technischen Hilfsmittel als scheinbar einheitliches Fasergebilde aus der metamikroskopischen Fasertextur des Muskels zu isolieren vermögen." Zwischen den feinsten beobachtbaren Muskelfibrillen existiert nach der Ansicht von HEIDENHAIN keine Materie, die den Namen Plasma oder Sarkoplasma verdient; er meint, daß hier nur „Gewebelymphe" oder „Muskelflüssigkeit" vorhanden ist, während das Sarkoplasma an die gröberen Interstitien gebunden ist.

Im selben Jahre erschienen kleinere Arbeiten von MORPURGO über das Wachstum der Muskeln, von TERRE über Sarkolyse und von MOTTA COCO über das Sarkolemma.

Im Jahre 1900 teilt HAUCK eine Untersuchung über die Dicke der Muskelfasern mit, und SCHENCK hebt in einer Polemik gegen JENSEN hervor, daß die Muskelfibrillen einen festen Aggregationszustand haben müssen. Gleichzeitig publizierte BARDEEN eine Untersuchung über die Entwicklung der Muskulatur beim *Meerschweinchen*. Auf diese Arbeit und auf diejenigen GODLEWSKIs (1900 bis 1901) über die Entwicklung der quergestreiften Muskulatur komme ich später zurück.

In den folgenden Jahren scheint sich das Interesse für die Skeletmuskulatur in einem Wellental befunden zu haben. Die Zahl der publizierten Arbeiten ist gering, sie sind aber teilweise recht bedeutungsvoll. PRENANT veröffentlichte in den Jahren 1901 und 1903 zwei Arbeiten über Invertebratenmuskeln. In der erstgenannten behauptet er, daß KRAUSES Membran nur in der quergestreiften Muskulatur von *Arthropoden* und *Chordaten* mit Ausnahme der *Tunikaten* vorhanden ist. In der späteren Arbeit berichtigt er diese Angabe dahin, daß PECTEN und SAGITTA ein solches Membrangebilde hat, daß es aber bei den *Tunikaten* sicher fehlt.

SCHEFFER (1902 und 1903) fand in kontrahierten sowie in ermüdeten Muskeln die Fibrillen verdickt, wodurch die interfibrillären Körner auf dem Querschnittbilde auseinandergedrängt sind; auf Längsschnitten dagegen nähern sie sich einander. Auch das interfibrilläre Sarkoplasma verdickt sich bei Kontraktion.

Von besonderem Interesse ist Schiefferdeckers Serie von Muskelarbeiten, deren Publikation zu diesem Zeitpunkte (1902) begann, und sich dann über eine große Anzahl von Jahren erstreckte. Dieser Forscher bemühte sich beim *Menschen* und bei einer Menge von Tieren die relativen Maßverhältnisse vor allem bezüglich der Kerne und Fasern festzustellen, die von Bedeutung sind. Ich werde noch an mehreren Stellen in dieser Arbeit Gelegenheit haben, auf die Beobachtungen Schiefferdeckers über die Konstitution der Muskeln Bezug zu nehmen. Außerdem stellte er im Jahre 1903 ein bestimmtes Lageverhältnis zwischen den dem Sarkolemma anliegenden Kernen und Blutcapillaren fest. An fettdegenerierten Muskelfasern des *menschlichen* Deltoideus konstatierte er im selben Jahre, daß sich die Grundmembran zwischen weit auseinandergedrängten Fibrillengruppen erstreckte.

Im Jahre 1907 und in den folgenden Jahren erschienen von verschiedenen Seiten Arbeiten, die sich hauptsächlich mit den Körnergebilden der Muskelfasern befaßten, denen die Histologen bis dahin weniger Aufmerksamkeit gewidmet hatten als den Fibrillen. So teilt Meves Beobachtungen über das Verhalten der Mitochondrien in den embryonalen Muskelfasern mit; er ist der Ansicht, daß derartige Faserkörner der Ursprung der Fibrillenentwicklung seien. Ferner begann Holmgren und sein Schüler Thulin Beobachtungen über das Verhalten der Muskelfasern bei Ruhe und Kontraktion mitzuteilen, wobei sie zeigen konnten, daß nicht nur die Fibrillen, sondern auch die von Kölliker, Flögel und Retzius beschriebenen interfibrillären Körner gesetzmäßigen Veränderungen unterliegen. Holmgren unterscheidet zwei Arten von Muskeln, solche mit intensiver, lange anhaltender Tätigkeit und solche mit mehr sporadischer und kurzandauernder Tätigkeit. Die ersteren sind reicher an Körnern, Sarkosomen, die bei ihnen im Niveau von Q liegen, sog. Q-Körner, die letzteren haben kleinere, im Niveau von J liegende, die J-Körner. Holmgren und Thulin legen in diesen Arbeiten auch Beobachtungen über die Trophospongien der Muskeln vor, die ihrer Ansicht nach Ausläufer von gewissen im Bindegewebe, nächst den Blutcapillaren gelegenen Zellen, Trophocyten oder Sarkosomocyten (Thulin) seien. Diese Ausläufer breiten sich in den verschiedenen Muskulaturarten im Gebiete von Z oder auf beiden Seiten von diesem aus. Im selben Jahre (1907) pulizierte auch Schmincke eine Arbeit über Muskelregeneration, der im Jahre 1908 noch eine Arbeit über dasselbe Thema folgte. Hürtle publiziert im Jahre 1907 und 1909 Untersuchungen über Muskeln von Hydrophilus in Ruhe und Kontraktion.

Im Jahre 1908 teilt Pappenheimer Beobachtungen mit, nach welchen das Sarkolemma aus einem fibrösen Netz bestehe, das aus dem interstitiellen Bindegewebe hervorgegangen wäre. Mlodowska publiziert ihre Untersuchungen über die Muskelentwicklung, und Meigs über die Struktur des quergestreiften Muskels und seine Veränderungen bei der Kontraktion. Er schließt sich den Ansichten M'Dougalls an.

Das Jahr 1909 bringt die Untersuchungen von Mewes über die Entwicklung der Skeletmuskulatur bei *Hühner*embryonen und die von Knoche über die Q-Körner. Im Jahre 1910 setzten Holmgren und Thulin ihre schon erwähnten Muskelstudien fort, und Gutherz berichtet über das Aussehen der Muskelfasern des Hydrophilus im Querschnitt bei Kontraktion.

Im Jahre 1911 erschien der zweite Teil von Heidenhains „Plasma und Zelle", dessen Kapitel über das Muskelgewebe eine von unseren wichtigsten Urkunden auf diesem Gebiete ist. Auf die darin vorgelegten Ansichten werde ich hier noch oftmals zurückzukommen haben.

Im Jahre 1912 teilt Apathy Untersuchungen mit, nach welchen Krauses Membran und der Z-Streifen in der quergestreiften Muskulatur aller *Tier*gattungen vorkommen. Er unterscheidet nämlich zwischen diesen beiden Strukturen. KRAUSES Membran hält APATHY für eine interfibrilläre Struktur, die von den Fibrillen durchbohrt wird, während Z ein den Fibrillen angehörender Streifen wäre.

Aus demselben Jahre (1912) stammen auch O. SCHULTZES Beobachtungen über den direkten Übergang der Muskelfibrillen in die Sehnenfibrillen. Diese Frage, die in ihrem eigentlichen Zusammenhang in einem anderen Kapitel berührt wird, ist hier insofern von Interesse, als der Übergang nach SCHULTZE in der Muskelfaser liegt. Die Muskelfibrillen würden also an den Enden der Muskelfaser ganz oder teilweise durch kollagene Elemente ersetzt sein. Über diese Frage entspann sich sofort eine lebhafte Diskussion, in der SCHULTZES Schüler LOGINOW (1912) die Beobachtungen seines Lehrers bestätigte, während BALDWIN, VAN HERWEDEN und PETERFI im folgenden Jahre (1913) scharf betonten, daß die quergestreiften Fibrillen sich bis zum Ende der Muskelfaser fortsetzen.

Im selben Jahre erörtert HEIDENHAIN die Fibrillenentwicklung bei der *Forelle* in zwei Aufsätzen, wobei er sich besonders bei dem den Fibrillen und Säulchen zukommenden Vermögen zur Längsspaltung aufhält. Er behandelt dieses vom prinzipiellen Standpunkte als ein Glied seiner „Teilkörpertheorie." HOLMGREN setzt seine Studien über die Veränderungen der Muskelfaser bei Kontraktion fort mit besonderer Berücksichtigung der Q- und J-Körner; THULIN publiziert Untersuchungen über die physiologische Degeneration der Muskelfasern und BULLARD eine Studie über Fetttropfen und interstitielle Körner in den Muskelfasern.

Die Kriegsjahre waren natürlich arm an muskelhistologischer Literatur, da die großen Kulturnationen ja alle direkt oder indirekt in die wenig kulturfördernden Anstrengungen des Weltkrieges hineingezogen waren. Hier mag erwähnt sein, daß THULIN eine Arbeit über den feineren Bau der Augenmuskeln erscheinen ließ (1914) und einen Aufsatz (1915), der zeigen sollte, daß die Grundmembran in gewissen Flügelmuskeln fehlt, sowohl bei *Arthropoden* und *Vögeln*, wie auch bei *Säugetieren*. Aus dem Jahre 1915 stammt auch eine Studie BRÜCKS über die Entwicklung gewisser spiralgestreifter Muskeln beim Anodonta und Unio. In den Jahren 1916—1917 erschienen JORDANS Arbeiten über die quergestreifte Muskulatur bei *Krabbe* und „sea-spider" sowie beim *Skorpion,* und im letztgenannten Jahre Studien von LEWIS über das Verhalten der quergestreiften Muskulatur in Gewebskultur.

Im Jahre 1918 legte MERTON eine Untersuchung über die quer- und spiralgestreifte Muskulatur der Pulmonaten vor. In diesem und im folgenden Jahre berichtet HEIDENHAIN über seine Studien betreffs der sog. „Noniusperioden" in der quergestreiften Muskulatur. Mit diesem Worte bezeichnet er „die Nebeneinandersetzung zweier parallel verlaufender Fibrillenbündel, von denen das eine auf einer gewissen Strecke eine Zahl von n, das andere eine Zahl n + 1 Kommata oder Querstreifungsfolgen enthält." HEIDENHAIN ist der Ansicht, daß diese Störung in der Querstreifung auf eine Zunahme der Muskelfächer durch Teilung schließen läßt. Schon in „Plasma und Zelle" (1911) hatte er diese Frage eingehend behandelt. Er entwickelt jetzt das Problem vom Gesichtspunkte seiner „Teilkörpertheorie" weiter. Sowohl Muskelfasern wie Muskelfächer oder „Inokommata sind Histomeren von niedrigerer Ordnung, der Muskelfaser untergeordnet, die sich durch Spaltung vermehren können.

Im Jahre 1919 publizierte JORDAN weitere Studien über die quergestreifte Muskulatur.

Der wichtigste von den im letzten Jahrzehnt gelieferten Beiträgen zu unseren Kenntnissen über die quergestreifte Muskulatur stammte von physiologischer

Seite, indem es dem Engländer HILL und den Deutschen MEYERHOF und EMBDEN gelang, die Frage der physiologisch-chemischen Prozesse bei der Muskelkontraktion um einen großen Schritt ihrer Lösung näher zu bringen. Über diese Untersuchungen will ich später berichten. Leider befinden sich unsere morphologischen Kenntnisse auf diesem Gebiete noch in einem sehr unentwickelten Stadium, und man stößt auf große Schwierigkeiten, wenn es gilt, die morphologischen Bilder vom Gesichtspunkte unserer gegenwärtigen physiologisch-chemischen Kenntnisse auf diesem Gebiete zu deuten.

Die übrigen in dieser Periode erschienenen Arbeiten werde ich im folgenden Bericht erörtern.

B. Bau des Skeletmuskelgewebes.

1. Struktur im Ruhezustande.

Das Skeletmuskelgewebe besteht aus langen Fasern, den sog. „Primitivfasern" oder „Primitivbündeln". Diese sind von wechselnder Länge. Ältere Verfasser geben im allgemeinen eine Maximallänge von 2—3—4 cm an. FRORIEP (1878) fand im Sartorius des *Menschen* eine Maximallänge von 8 cm.

Abb. 63. Spindelförmiger Muskelfaser vom *Ochsen*, durch Kochen isoliert. Ein Teil der Faser ist aufgesplittert worden. Mikrophoto von Prof. F. C. C. HANSEN. Vergr. etwa 4,5 ×.

Noch längere Primitivfasern (12,3 cm) konnte FELIX (1887) beim selben Muskel isolieren. Beim *Ochsen* fand dieser Verfasser 13 cm lange Fasern[1]. MAYEDA konstatierte beim *Flußbarsch* in verschiedenen Muskeln Fasern, deren Länge zwischen 5 und 10 mm variierte; beim *Frosch* 1,5 (Obl. inf.) bis 20,3 (Sartorius); beim *Distelfink* 2—10 mm und bei der *Maus* 2,5—20 mm. Eine allgemeine Minimallänge kann natürlicherweise nicht angegeben werden.

Der erste, der die Dicke der Skeletmuskelfasern genauer maß, scheint BOWMAN (1840) gewesen zu sein, der angibt, daß die durchschnittliche Dicke beim *Menschen* zwischen 40,6—130,2 μ wechselt; bei anderen *Säugetieren* betrug sie 22,7—130,2 μ; bei *Vögeln* 16,6—71,4 μ; bei *Reptilien* 25—250 μ; bei *Fischen* 33,1—384,6 μ und bei *Insekten* 33,1—125 μ. Nach KÖLLIKER beträgt die Dicke beim *Menschen* 11—80 μ und mehr; dieser Verfasser gibt auch an, daß die Muskelfasern am Rumpf und an den Extremitäten gröber sind (33—67 μ) als im Gesicht (11—34 μ), wobei er jedoch betont, daß sogar im selben Muskel große Variationen vorkommen. HALBAN (1893) fand (bei einem 30jährigen Mann) folgende Werte für die am häufigsten vorkommenden Fasern: Rectus (oculi) sup. 17,5 μ, Frontalis 30 μ, Intercostalis int. 37 μ; Temporalis, Palmaris brev. und Rectus abd. 50 μ; Diaphragma 57,5 μ; Tibialis ant., Triceps und Gastrocnemius 62,5 μ; Longissimus dorsi 75 μ und Glutaeus max. 87,5 μ. HAUCK (1900) nennt folgende Durchschnittszahlen für einen 40jährigen *Menschen*: Gemellus surae 61,3 μ; Rect. abd. 55,7 μ; Sternocleidomast. 45,7 μ; Intercost. ext. 47,5 μ; Biceps brachii 47 μ; Temporalis 37,8 μ. Nach diesem Verfasser haben die Fixierungsflüssigkeiten einen bedeutenden Einfluß auf die Form der Muskelfasern, bald im Sinne einer Schwellung, bald im Sinne einer Schrumpfung, und die Totenstarre verursacht eine Verschmälerung der Fasern. SCHIEFFERDECKER fand

---

[1] FELIX macht übrigens auch Angaben über die Faserlänge in gewissen Muskeln von *Katzen, Hunden, Kaninchen, Schafen, Schweinen, Ochsen* und vom *Menschen*.

folgende Werte: — die Ziffern in Klammern sind Durchschnittswerte —: Palpebralis sup. 35—1480 μ^2 (278 μ^2); Palpebralis inf. 45—900 μ^2 (327 μ^2); Masseter eines männlichen Individuums 20—1590 μ^2 (308 μ^2); und eines weiblichen 55—2380 μ^2 (484 μ^2), Pterygoideus int. 95—1225 μ^2 (464 μ^2); Temporalis einer Frau 40—605 μ^2 (248 μ^2).

Die großen Differenzen in ein und demselben Muskel dürften zum Teil auf der Form der Muskelfasern beruhen, zum Teil aber wirklich durch einen Kaliberunterschied verschiedener Fasern im selben Muskel bedingt sein. LINDHARD (1926) fand nämlich im Gastrocnemius des *Frosches* in Isolierungspräparaten

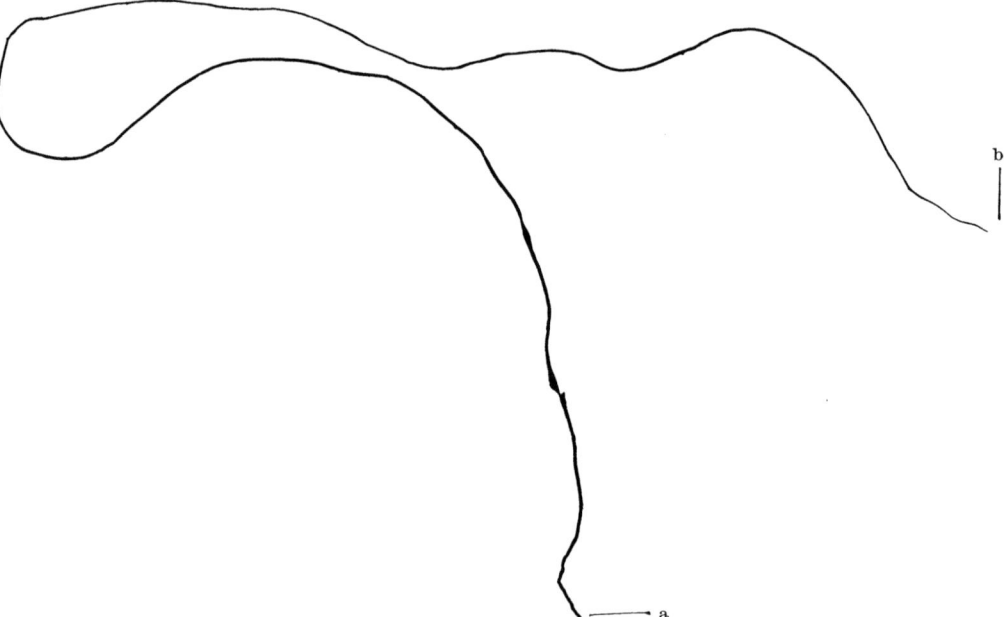

Abb. 64. Peitschenschnurförmiger Muskelfaser. a dickes, b dünnes Ende, beide sind abgebrochen. Mikrophoto von Prof. F. C. C. HANSEN. Vergr. etwa 7 ×.

sowohl dünne wie dicke Fasern, die paarweise geordnet waren; in solchen Paaren war der Durchmesser der dünnen Faser nur ungefähr halb so groß wie derjenige der dicken.

Die Form der Muskelfasern. ROLLETT (1856) war der erste, der zeigte, daß die Muskelfasern im Innern der Muskeln spitz endigen können, WEBER und HERZIG beschrieben dann an beiden Enden spitze Fasern. Die letztgenannten sowie BISIADECKI, W. KRAUSE, WEISMANN, AEBY, KÜHNE und KÖLLIKER wiesen nach, daß man im Innern der Muskeln Fasern findet, die spindelförmig sind, daß aber an den Enden der Muskeln dicke Fasern gelegen sind, die gegen das Innere des Muskels in eine Spitze auslaufen. Zum selben Resultat kam BARDEEN (1903). HANSEN beobachtete nach einer mündlichen Mitteilung dasselbe bei menschlichen Muskeln; er bezeichnet sie als spindel- (Abb. 63) und peitschenschnurförmig (Abb. 64). LINDHARDT (1926) beobachtete bei *Fröschen* auch zylindrische oder prismatische Muskelfasern.

Das Verhältnis zwischen Länge und Dicke wechselt. Bei *Katzen* fand FELIX (1887), daß die längsten Muskelfasern auch die dicksten waren, während es sich beim *Ochsen* umgekehrt verhielt. Beim *Menschen* scheint das Verhältnis in dieser Beziehung sehr zu variieren.

An den Enden verzweigte Muskelfasern beobachteten KÖLLIKER, BIESIADECKI und HERZIG in der Zunge des *Frosches* und der Rumpfmuskulatur des *Pferdes,* die beiden letztgenannten und SALTER in der Zunge von *Säugetieren;* HUXLEY in der Lippe der *Ratte;* LEYDIG in der Schnauze des *Schweines* und des *Hundes* usw.; FELIX in Skeletmuskeln von *Säugetieren.*

Die Form des Querschnittes scheint zu wechseln, ist aber im allgemeinen unregelmäßig vieleckig, mit mehr oder weniger abgerundeten Ecken.

Die Muskelfasern besitzen, gleich jeder lebenden Materie, Kerne und Cytoplasma. Im letzteren sind ebenso wie in der glatten Muskulatur oder in der Herzmuskulatur drei morphologisch und funktionell verschiedene Gebiete zu unterscheiden: 1. Das Endoplasma (HOLMGREN, THULIN), das um die Kerne gesammelt liegt; 2. das Mesoplasma, das die Hauptmasse der Muskelfaser ausmacht und Träger ihrer spezifischen Funktion, des aktiven Kontraktionsvermögens zu sein scheint, und schließlich 3. das Exoplasma (STUDNIČKA) oder Sarkolemma, das die Muskelfaser vom Bindegewebe der Umgebung abgrenzt und gleichzeitig Träger passiv mechanischer Funktionen ist.

a) Die Kerne.

Die Anzahl der Kerne in einer Muskelfaser ist sehr groß. MORPURGO (1899) fand auf 180 mm Muskelfaser des M. radialis einer *Ratte* 5102 Kerne, was 28,3 Kernen auf den Millimeter entspricht, und bei einer anderen *Ratte* auf 179,69 mm Muskelfaser 6966 Kerne, was 40 per Millimeter ausmacht. SCHIEFFERDECKER machte in einer Anzahl von Arbeiten, über die ich an anderer Stelle berichte (siehe S. 209), Angaben über gewisse relative Verhältnisse zwischen Muskelmasse und Kernmasse usw. bei verschiedenen Muskeln des *Menschen* und gewisser *Tiere.* Ich wiederhole diese Verhältnisse hier nicht.

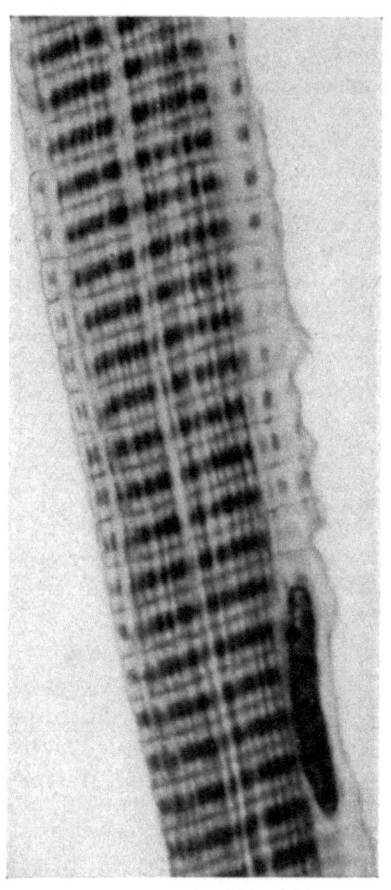

Abb. 65. Muskelfaser vom *Menschen.* Mikrophoto von E. HOLMGREN.

Die Lage der Kerne ist in verschiedenen Muskeln etwas variierend. Während der früheren Entwicklung der Muskelfaser liegen alle Kerne zentral, später verschieben sich aber in *Säugetier*muskeln die meisten nach außen gegen die Peripherie und liegen dann dicht unter dem Sarkolemma. Bezüglich der letzterwähnten Kerne teilt SCHIEFFERDECKER im Jahre 1903 die interessante Beobachtung an *Menschen-* und *Kaninchen*muskeln mit, daß die Muskelkerne längs dem Verlauf der im Bindegewebe liegenden Capillaren gelegen sind; derselbe Verfasser fand jedoch auch eine Anzahl peripherer Kerne, bei welchen kein solches Lageverhältnis zu konstatieren war. Eine gewisse Anzahl von Kernen liegt indes immer mehr zentral in den Muskelfasern. Das Verhältnis zwischen der Zahl der peripheren und der zentralen Kerne scheint in den verschiedenen Muskeln ungleich zu sein (SCHIEFFERDECKER). In vielen Fällen kommen nach demselben Verfasser wirkliche „Kernreihen" vor, die er als Zeichen eines gewissen Erregungszustandes infolge von Krankheit oder sogar nach psychischen Affekten deutet.

Die Kerne sind nach KÖLLIKER „linsen- oder spindelförmig", ihre Länge beträgt 6—11 μ oder mehr. SCHIEFFERDECKER (1911) gibt an, die meisten Kerne seien „stäbchenförmig oder langoval" (Diaphragma); nicht selten kämen jedoch auch kürzere bis „kreisrunde" Kerne vor. Große und kleine Kerne können unmittelbar benachbart, im selben Bündel, liegen; es ist jedoch nicht selten, daß gewisse Fasern auffallend reichlich große, andere hingegen auffallend kleine Kerne zeigen (SCHIEFFERDECKER).

Bei *Säugetieren* und *Vögeln* liegen die Kerne wie beim *Menschen*, nach KÖLLIKER ausschließlich unter dem Sarkolemma, nach ROLLETT (*Tauben, Hühner*) sowohl unter dem Sarkolemma wie im Innern; nach SCHIEFFERDECKER ist das Verhältnis wechselnd; bei *Säugetieren* scheinen „randständige" und „Binnenkerne" vorzukommen, die ersteren in überwiegender Zahl, bei *Vögeln* finden sich in gewissen Muskeln und Arten so gut wie ausschließlich „randständige", bei anderen beide Arten, überwiegend jedoch die peripher gelegenen.

Bei *Amphibien* und *Fischen* liegen die Kerne über die ganze Muskelfaser verteilt (KÖLLIKER); beim *Frosch* fast ausschließlich „binnenständig" (SCHIEFFERDECKER 1911), wenn auch in einzelnen Muskeln eine geringe Zahl von „randständigen" vorkommt.

Die Muskelkerne des *Petromyzon* sind über den ganzen Querschnitt verstreut, bald „rand"-, bald „binnenständig" (SCHIEFFERDECKER 1911).

Bei den *Arthropoden* liegen die Kerne bald verteilt, bald in Reihen in einem oder mehreren zentralen Zügen (KÖLLIKER).

Die Kerne der quergestreiften Skeletmuskulatur sind durch eine deutliche Kernmembran abgegrenzt. In ihrem Innern findet man ein oder zwei Nukleolen; das letztere deutet vielleicht auf eine beginnende, direkte Kernteilung. VAN GEHUCHTEN fand beim *Frosch* in den meisten Muskelkernen nach Färbung mit Methylgrün eine spiralförmig gewundene Nucleinfaser.

b) Das Cytoplasma.

α) *Das Endoplasma* (HOLMGREN, THULIN).

Um den Kern, hauptsächlich an dessen Enden, aber auch längs seinen Hauptflächen — an den nächst dem Sarkolemma liegenden Kernen auf der gegen das Innere der Muskelfaser gerichteten Seite — hat das Protoplasma einen besonders körnigen Charakter. Es erinnert in dieser Beziehung an das um die Kerne gelegene Cytoplasma in der Herzmuskulatur sowie in dem der glatten Muskeln und scheint mir durch seine Körnung den Endoplasmagebieten — den sog. Zellen — in den Bindesubstanzgeweben zu entsprechen. Es erscheint mir deshalb zweckmäßig, auch hier dieses Cytoplasma Endoplasma zu nennen, eine Bezeichnung, die HOLMGREN und THULIN früher angewendet haben. Das Endoplasma wurde von MAX SCHULTZE (1861) mit dem Namen „Muskelkörperchen" bezeichnet, und im geschichtlichen Überblick habe ich erwähnt, daß es nach SCHULTZES Ansicht cellulärer Natur sein sollte, eine Auffassung, der sich mehrere Verfasser anschlossen. Auch in diesem Punkte herrscht also eine auffallende Ähnlichkeit mit den Verhältnissen bei den Bindesubstanzgeweben.

Das Endoplasma ist von körniger Natur. Die Körner, die Sarkosomen (HOLMGREN, THULIN, ARNOLD u. a.) haben verschiedene Beschaffenheit. KÖLLIKER stellt sie den interfibrillären, sog. interstitiellen Körnern gleich. Er nennt sie dunkel und meint, daß sie vielleicht aus Fett bestehen. ARNOLD (1908) wies das reichliche Vorkommen von Glykogenschollen im Endoplasma nach, besonders an den „Polen" des Kernes. HOLMGREN war der Ansicht, daß die hier befindlichen Körner zum Teil aus Substanzen bestehen, die aus dem Kern ausgetreten sind, zum Teil aus von außen zugeführten Stoffen, und er schreibt ihnen eine Rolle bei der Muskelkontraktion zu.

β) Das Mesoplasma

ist der spezifisch differenzierte Teil der Muskelfaser und in erster Linie Träger der aktiv motorischen Eigenschaften. Die Betonung dieses Verhaltens bedeutet nicht eine Bestreitung oder Unterschätzung der Beteiligung der Kerne und des Endoplasmas an allen Lebensprozessen der Muskelfaser — auch an der Kontraktion (HOLMGREN). Man hat aber schon lange erkannt, daß die direkt zur Kontraktion resp. Erschlaffung der Muskelfaser führenden Prozesse sich in erster Linie in demjenigen Teil der Muskelfaser abspielen, den ich (1928) als Mesoplasma bezeichnet habe. Dieser hat auch in den spezifisch contractilen Geweben eine spezifische Organisation. In ihm unterscheiden wir einerseits die Fibrillen, andererseits das Sarkoplasma.

Die Fibrillen. Die Fibrillen der quergestreiften Muskulatur waren schon in der prähistologischen Zeit bekannt. Zuerst scheinen sie von FONTANA (1781) beschrieben worden zu sein. Man maß ihnen schon früh eine große Bedeutung bei, indem man sie als das primitive contractile Element betrachtete. Die Muskelfaser hielt FONTANA für ein Fibrillenbündel, eine Betrachtungsweise, die sich lange erhielt, und die Veranlassung war, daß die Muskelfaser die Bezeichnung „Muskelbündel" bekam.

In der adulten Muskelfaser liegen die Fibrillen in parallel verlaufenden Bündeln; in jedem von diesen laufen die Fibrillen ihrerseits parallel. Anastomosierende oder verzweigte Fibrillen sind, soviel ich weiß, von keinem Verfasser beschrieben worden. Anders verhält es sich, so lange eine Vermehrung der Fibrillen vor sich geht; in solchen Perioden gibt die lebhafte Spaltung der Fibrillen das Bild einer fortdauernden, sich wiederholenden Teilung.

Die Länge der Fibrillen ist wechselnd, auch in ein und derselben Muskelfaser. Die längsten Fibrillen dürften ebensolang sein wie die Muskelfaser selbst, indem sie sich ohne Unterbrechung von der Sarkolemmakuppel am einen Ende der Muskelfaser bis zur entsprechenden Stelle am anderen Ende der Faser erstrecken; im Innern der Muskelfaser scheint keine Unterbrechung der Fibrillen vorzukommen. Es ist aber nicht möglich, daß alle Fibrillen eine solche Länge haben können. Die Muskelfaser hat nämlich, wie erwähnt, die Form einer Spindel oder Peitschenschnur. LINDHARD (1926) fand bei *Fröschen* Fasern, deren Querschnitt am einen Ende 36mal größer war als am anderen. Wären in einem solchen Falle alle Fibrillen gleichlang, so würden sie im dünnen Ende ungefähr 36mal dichter liegen als im anderen. Beobachtungen in diesem Sinne gibt es indes nicht. Die Dichtigkeit der Fibrillen scheint vielmehr in verschiedenen Querschnitten ein derselben Muskelfaser fast gleich zu sein. Wir müssen deshalb annehmen, daß sehr viele Fibrillen im Verlauf der Faser sukzessiv aufhören. Die Enden scheinen in der Nachbarschaft des Sarkolemmas zu liegen. Im Innern einer Muskelfaser konnte ich niemals freie Fibrillenenden finden.

Über das Kaliber der Fibrillen läßt sich wegen der in der Nomenklatur herrschenden Verwirrung schwer etwas sagen. Wie ich im obigen erwähnt habe, war die Fibrillierung der Muskelfaser schon im 18. Jahrhundert bekannt. Es ist jedoch gegenwärtig schwer für uns zu entscheiden, was man zu dieser Zeit unter einer Fibrille verstanden hat. Wahrscheinlich beobachtete man nur ein längsgestreiftes Aussehen der Muskelfaser und schloß daraus, daß sie aus feineren Fasern zusammengesetzt sei, die wir jetzt als Fibrillen bezeichnen.

KÖLLIKER (1889) sagt: ,,Von den Fibrillen ist nun noch zu erwähnen, daß dieselben auch an den Querschnitten von Muskelfasern sichtbar sind, doch sieht man dieselben allerdings nur unter besonderen Verhältnissen, und bezieht sich alles, was früher als solche beschrieben und abgebildet wurde, entweder auf die COHNHEIMschen Felder oder die interstitiellen Körner. Bei meinen im Jahre 1866 angestellten Untersuchungen vermochte ich an keiner ganz frischen Muskelfaser am Querschnitte mit Bestimmtheit Fibrillen zu sehen, wohl aber gaben Querschnitte mit Alkohol und Chromsäure erhärteter Muskeln, namentlich die letzteren, ganz bestimmte Bilder und zeigten die Fibrillen als teils ringsherum begrenzte, teils mit anderen, zu den COHNHEIMschen Feldern verklebte Ringelchen und Felderchen von 1,0—1,5 μ Breite."

KÖLLIKER ist also der Ansicht, daß die COHNHEIMschen Felder — die Angaben scheinen sich auf den *Menschen* zu beziehen — einen Durchmesser von 1—1,5 μ haben; diese Felder entsprechen auf dem Längsschnitt ,,Säulchen", die aus einer größeren oder kleineren Anzahl von Fibrillen aufgebaut sind. Der Durchmesser der letzteren kann sich also nach KÖLLIKERs Auffassung nur auf einen Bruchteil von 1 μ belaufen. Auch HEIDENHAIN (1911) hebt hervor, daß alle Fibrillen, von welchen bis gegen das Ende der 70iger Jahre in der Literatur die Rede ist, ,,Fibrillenbündel oder Säulchen" waren, und daß die ,,Fibrillen", wenn man bei *Säugetieren* von ihnen im Gegensatz zu ,,Säulchen" sprechen soll, unter keinen Umständen einen größeren Durchmesser haben können als 0,5 μ. Ihm selbst gelang es — an *Frosch*muskeln — ebenso wie vorher MARTIN (1882) Fibrillen von nur 0,2 μ Durchmesser zu isolieren. Bezüglich dieses Maßes erinnert HEIDENHAIN daran, daß es die äußerste Grenze unseres mikroskopischen Leistungsvermögens repräsentiert. Auch unter diesem Werte liegende Strukturen werden deshalb beim Messen gerade diesen Wert geben. Wir können also nicht sicher sein, daß es der Minimalwert der Fibrillen ist, den wir bestimmen, da das Maß nur das Leistungsvermögen des Mikroskopes angibt.

Diese Argumentation HEIDENHAINs scheint mir gut begründet zu sein. Wir können gegenwärtig nur sagen, daß die Elementarfibrillen — für diese akzeptiere ich HEIDENHAINs Definition: ,,Feinste faserförmige Bestandteile, welche .... als weiterhin unzerlegbare faserförmige Bestandteile der Struktur ausgesondert wurden", — in den *Säugetier*muskeln äußerst feine Gebilde sind, für deren Durchmesser man als Maximum ein Maß von 0,2 μ annehmen kann. Wahrscheinlich sind sie bedeutend schmäler, dafür spricht auch ein Vergleich mit der Grundmembran. Mir wenigstens scheint es klar, daß die Fibrillen in den *Säugetier*muskeln dünner sein müssen als dieses Gebilde. Sie erscheinen nämlich niemals so scharf gezeichnet wie die Grundmembran, sondern sind anscheinend mehr diffus und blasser, was darauf deutet, daß sie tiefer unter dem Grenzwert des Leistungsvermögens des Mikroskopes liegen als die Grundmembran.

Die Schwierigkeit einer Abgrenzung einzelner Fibrillen dürfte die Ursache dafür sein, daß SCHIEFFERDECKER (1902) am Deltoideus des *Menschen* resp. Sartorius des *Hundes* eine Fibrillendicke von 0,40—0,55 μ resp. 0,44 μ fand. Dasselbe gilt auch, wenn MARCEAU findet, daß die Fibrillen der *menschlichen* Herzmuskulatur 0,45 μ messen, oder wenn MARCUS (1925) glaubt feststellen zu können, daß die Fibrillen der *menschlichen* Herzmuskulatur 1 μ dick sind. Sie müßten in diesem Falle deutlich beobachtbar sein, und ihre Dicke würde der halben Höhe eines Muskelfaches im Herzen entsprechen, was mir jeglicher Erfahrung zu widersprechen scheint. Ebenso deutlich ist, daß wir bei den Myofibrillen von *Säugetieren* nicht imstande sind zu beobachten, ob sie röhrenförmig gebaut oder solid sind [MARCUS (1925)]. Bemerkenswert ist, wie gut die Angaben von MARCUS über die Fibrillendicke mit der oben zitierten

Angabe Köllikers über die Cohnheimschen Felder, d. h. über den Durchmesser der Säulchen, übereinstimmt. Noch bemerkenswerter wird das Verhalten, wenn Marcus in der „Hülle" seiner Fibrillen „Längsstützfibrillen" findet. Mir wenigstens scheint es klar, daß Marcus in der Herzmuskulatur als Fibrillen bezeichnet, was wir sonst Säulchen zu nennen pflegen, und daß seine Längsstützfibrillen nichts anderes sind als die seit altersher unter dem Namen Myofibrillen bekannten Strukturen.

Wenn ich mich also der Ansicht Heidenhains anschließen muß, daß die Myofibrillen schmäler sind als $0,2\,\mu$, so stellt sich die Sache doch anders betreffs der Ansicht dieses Verfassers, daß die eigentlichen Primitivfibrillen Molekül- oder Inotagmenreihen seien, die durch Vermehrung — Teilung — Bündel von verschiedener Größenordnung bilden; diese Bündel sollten, erst wenn sie eine gewisse Größe haben, in den Bereich des mit dem Mikroskop Wahrnehmbaren fallen und für unser Auge als Fibrillen erscheinen.

Heidenhain geht in seiner ersten Motivierung (1899) auf diesem Gebiete vom Querschnitt einer nach „dem Bordeaux-Eisenhämatoxylin-Verfahren" gefärbten *Salamanderlarve* aus. Seine Argumentation lautet (S. 113): „Wir setzen den Zeiss'schen Apochromaten (3 mm; 1,40 mm Ap.) an und untersuchen zuerst mit Okular 4. Wir sehen auch hier die verschiedenen Ordnungen der Cohnheimschen Felder, und als letztes gewahren wir etwas, was man für den Fibrillenquerschnitt ansehen möchte. Aber derselbe ist unregelmäßig, wie in unserer Figur von der *Raupe*, und wir gehen daher zu Okular Nr. 6 über. Es wird ersichtlich klar, daß einige der vermeintlichen Fibrillenquerschnitte Gruppen von solchen waren, sehen aber zudem die feinsten Felderchen immer noch von unregelmäßigem Umriß und mit Andeutungen von Teilungen. Wir nehmen Okular Nr. 8 zu Hilfe mit demselben Erfolge, wir gehen zu Nr. 12 und schließlich zu Nr. 18 über, aber wir erreichen das Ende nicht. Das mikroskopische Bild ist noch immer, bei jetzt 1500facher Vergrößerung, anscheinend von tadelloser Schärfe, die ursprünglich sichtbaren Felderchen sind in Unterabteilungen zerlegt; wo wir anfangs einen „Fibrillenquerschnitt" sahen, bemerken wir jetzt deren mehrere: aber der Charakter der mikroskopischen Erscheinungsweise hat sich nicht geändert. Nach wie vor sind die feinsten Felderchen zumeist von eckigem Umriß, mit Andeutungen von Teilungen versehen und vor allen Dingen sehr verschieden im Durchmesser. Wann werden wir das Ende erreichen ? Etwa dann, wenn die Optiker im nächsten Jahrhundert uns Mikroskope zur Verfügung stellen, welche statt einer höchstmöglichen 1500fachen eine 3000fache Vergrößerung ermöglichen. Gewiß würden wir auch dann den „Fibrillenquerschnitt" nicht finden; die Bemühung würde ebenso vergeblich sein, wie jetzt, wenn wir von Okular Nr. 6 zu 12 oder 18 übergehen!"

Ich brauche nicht daran zu erinnern, daß das Auflösungsvermögen des Mikroskopes nicht auf der Stärke des Okulars beruht. Solange man dasselbe Objektiv und Licht von derselben Wellenlänge anwendet, wird auch die Größe der kleinsten, beobachtbaren Fibrillen die gleiche sein. Sie bilden sich mit dem stärkeren Okular nur in einer größeren Skala ab. Auch in den späteren Arbeiten, wo Heidenhain dieses Problem behandelt, beachtet er diese Erwägung nicht. Er geht statt dessen — ebenso wie bereits in seiner Arbeit vom Jahre 1899 — von der Anordnung der Fibrillen aus und versucht durch Schlüsse, über die ich im nachstehenden berichten werde, wahrscheinlich zu machen, daß die eigentlichen Primitivfibrillen aus „Inotagmen"- oder „Protomer"-Reihen bestehen.

Was die niedrigeren *Tier*formen anbetrifft, so habe ich schon erwähnt, daß Martin und M. Heidenhain bei *Amphibien* Fibrillen oder Fibrillenbündel von nur

0,2 μ Dicke isolierten. HEIDENHAIN hält diese nicht für die wirklichen Primitivfibrillen, sondern nur für Bündel von submikroskopischen Fibrillen. Darüber kann ja nichts Bestimmtes gesagt werden, da wir weder optisch noch mechanisch feinere Teile abspalten können. Es scheint mir jedoch, daß die feinsten, mikroskopisch beobachtbaren Fibrillen bei *Amphibien* gröber sind, als die der *Säugetiere*; während ich also zur Annahme geneigt bin, daß die letzteren feiner sind als 0,2 μ, halte ich es für wahrscheinlich, daß die ersteren diesem Grenzwerte naheliegen.

Bei den *Arthropoden* haben die Skelet- und Flügelmuskeln ein sehr verschiedenartiges Aussehen. Mittels Momentaufnahmen bildete HÜRTLE in lebendigen Skeletmuskeln des Hydrophilus piceus Fibrillen mit einem Kaliber von durchschnittlich 0,87 μ ab; in Schnittpräparaten findet man jedoch oft weit feinere Fibrillen. Nach KÖLLIKER können bei den Flügelmuskeln leicht Fibrillen mit einem Durchmesser von 1—4 μ isoliert werden. HOLMGREN

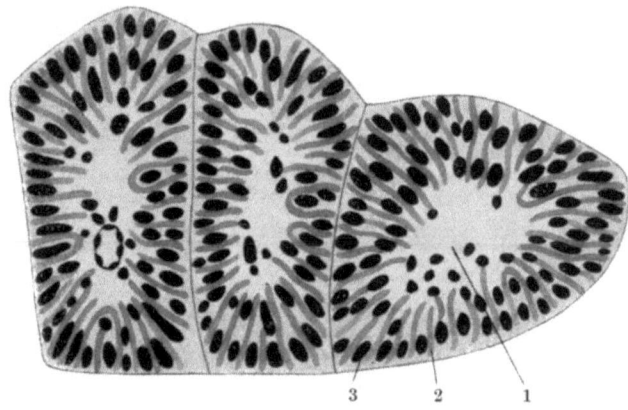

Abb. 66. Querschnitt durch drei Muskelfasern eines *Netzflügers*. 1 Endoplasma, 2 Säulchen, 3 Q-Körner. Vergr. 1500×. (Nach E. HOLMGREN aus Skand. Arch. Physiol. 1908.)

beschreibt bei Libellula radiär gestellte, blattförmige Gebilde, die er „Säulchen" nennt (Abb. 66). Von diesen sagt er (1908, S. 292, Anm.): „Soweit meine Erfahrung von den verschiedensten *Tier*formen hinreicht, kann man eine fibrilläre Zusammensetzung der Säulchen durch keine Reagenswirkung in unzweideutiger Weise nachweisen, wie auch vital solche Fibrillen nicht zu sehen sind." THULIN (1909) bildet vom Hydrophilus piceus die bekannten groben Fibrillen (Abb. 67) ab, nennt sie aber „Säulchen": auch er betont, daß sie homogen sind. Dieser Ansicht schließt sich auch HEIDENHAIN (1911) an. MARCUS (1913) glaubt jedoch, in blattförmigen Säulchen der Libellula eine fibrilläre Struktur nachweisen zu können.

Die Dichtigkeit der Fibrillen ist in verschiedenen Muskeln sehr wechselnd. BERNSTEIN berechnete 2617 Millionen per Quadratzentimeter. HEIDENHAIN hält diese Ziffer entschieden für zu hoch; im M. longit. inf. linguae des *Hundes*, in welchem Muskel die Fibrillen einigermaßen gleichmäßig verteilt sind, kam dieser Verfasser zu 175—210 Millionen per Quadratzentimeter, je nachdem, ob er Gebiete mit schütterer oder dichter liegenden Fibrillen gezählt hatte. Er hält es für wahrscheinlich, daß der Maximalwert etwa bei 400 Millionen per Quadratzentimeter liegt.

Betreffs der Gruppierung der Fibrillen finden sich zwischen den einzelnen Muskeln sogar beim selben Individuum große Verschiedenheiten. Nur selten sind die Fibrillen bei *Säugetier*muskeln gleichmäßig über den Querschnitt der

Muskelfaser verteilt („Fibrillenfelderung"). Solche Muskeln wurden von SCHAFFER, KNOLL, SCHIEFFERDECKER (Deltoideus des *Menschen*, Sartorius von *Hund* und *Kaninchen*) und HEIDENHAIN (M. longitud. inf. linguae beim *Hund*) beschrieben. Häufiger kommt es vor, daß nahe aneinander liegende Fibrillen zu Bündeln vereint liegen, die durch gröbere Sarkoplasmazüge getrennt sind; mehrere solche Bündeln bilden Bündel höherer Ordnung, die durch noch gröbere Sarkoplasmazüge voneinander getrennt sind usw. Solche Bündel von höherer oder niedrigerer Ordnung bilden „Säulchen" (KÖLLIKER), welchen auf dem Querschnittsbilde die „COHNHEIMschen Felder" (Abb. 68) verschiedener Ordnung entsprechen („Säulchenfelderung").

Die Form der Säulchen variiert bei verschiedenen *Tier*formen bedeutend. Bei den *Säugetieren* bilden sie unregelmäßig gestaltete Prismen, und die

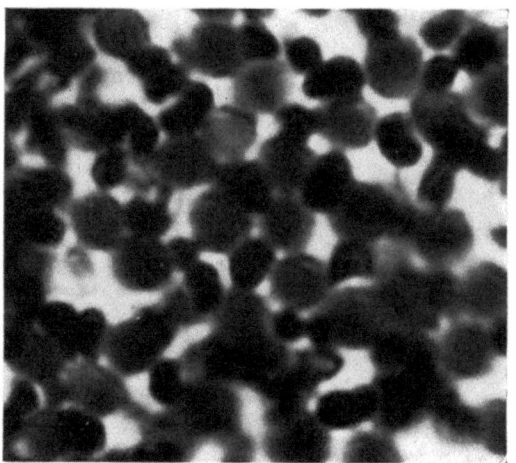
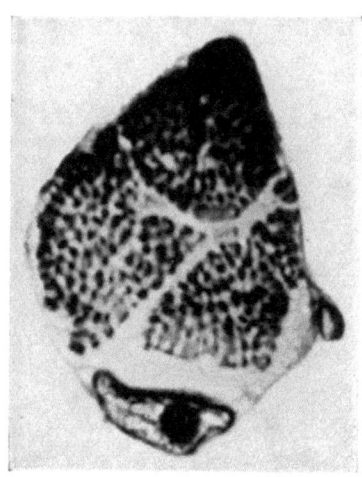

Abb. 67. Teil des Querschnittes einer Flügelmuskelfaser von *Hydrophilus piceus*. Mikrophoto. Vergr. 3000×. (Nach THULIN aus Anat. Heft 1912.)

Abb. 68. Querschnitt einer Muskelfaser von einer *Salamander*larve. Die COHNHEIMsche Felderung ist deutlich. Mikrophoto. Vergr. 1740×.

COHNHEIMschen Felder werden demzufolge drei- bis vieleckig. Ähnlich liegen die Verhältnisse bei *Vögeln*, *Reptilien* und *Amphibien*. Bei *Fischen* kann man sowohl derartige Säulchen konstatieren als auch mehr oder weniger unregelmäßig bandförmige Pfeiler. Die entsprechenden COHNHEIMschen Felder haben dann auch das Aussehen gefalteter oder guirlandenartiger Bänder. Bei den *Insekten* findet man runde oder bandförmige Gebilde, die, wie erwähnt, von gewissen Verfassern Säulchen genannt werden, von anderen Fibrillen; da sie weder in frischen Präparaten noch in solchen, die mit unseren gewöhnlichen Methoden behandelt sind, eine fibrilläre Zusammensetzung zeigen, sich aber manuell in der Längsrichtung spalten lassen, dürften sich beide Bezeichnungsweisen rechtfertigen lassen. Diese Säulchen oder Fibrillen zeigen eine radiäre Anordnung.

Von besonderem Interesse sind die Faserquerschnitte, auf welchen die Fibrillen und Säulchen „Schachtelsysteme" bilden (Enkapsis, HEIDENHAIN). Er beschreibt diese Systeme folgendermaßen (1911, S. 591): „Die allgemeine Anordnung ist (Abb. 69) derart beschaffen, daß zunächst einige gröbere Plasmastraßen in der Richtung der Radien vom Zentrum her gegen die Peripherie hin durchschneiden und einige Felder erster Ordnung begrenzen; diese werden dann durch subradiäre Plasmastraßen in Felder von zweiter

Ordnung zerlegt. Indessen sind auch diese letzteren noch gröberer Natur, sie werden aber durch immer feiner werdende Verästigungen des Plasmageäders in Felder einer 3., 4. Ordnung usf. zergliedert." Den Schluß nach abwärts machen die letzten „in situ darstellbaren histologischen Querschnittselemente" im Muskel, die je nach der Berechnungsart von 5., 6. oder 7. Ordnung sein können — was für den Gedankengang gleichgültig ist.

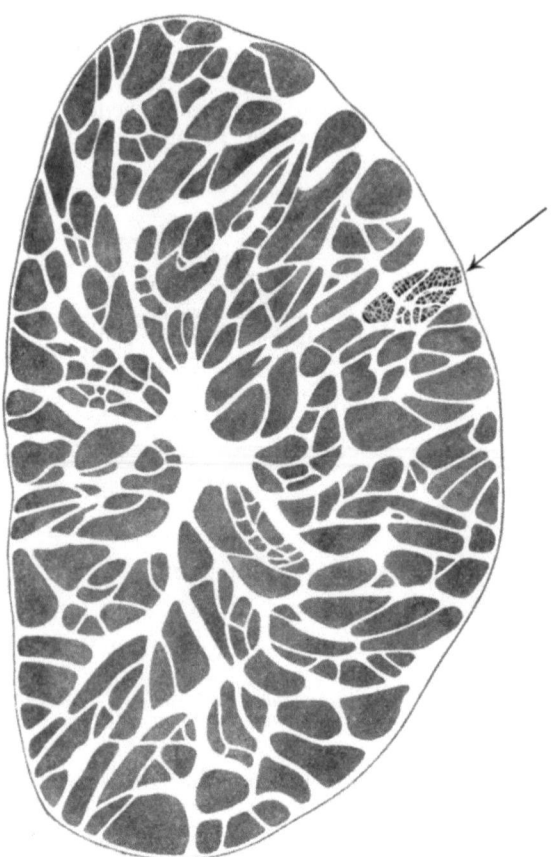

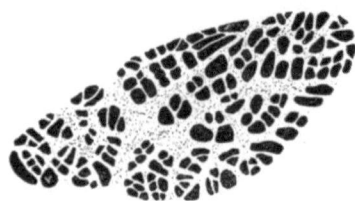

Sind nun diese letzten (beobachtbaren) Querschnittselemente wirklich die elementaren Fibrillen?, fragt HEIDENHAIN. Er selbst beantwortet die Frage verneinend und hebt hervor, daß sie verschiedene Größe und verschiedene Form haben und wahrscheinlich nur verschieden dicke und verschieden geformte Bündel sind. „Wir können mithin nur zu dem Schlusse kommen, daß der morphologische Begriff der Muskelfibrille von relativer Natur ist, daß ihm in der Natur nicht ein bestimmter Gegenstand, nicht eine bestimmte histologische Einheit von bestimmter Größenordnung entspricht."

Abb. 69. Querschnitt eines Primitivbündels von *Sphinx Euphorbice (Raupe)*. Typisches Schachtelsystem. Das Präparat war mit Eisenhämatoxylin gefärbt. Das durch einen Pfeil ausgezeichnete Feld ist in der nächsten Abb. stärker vergrößert dargestellt. Vergr. 645×. (Nach M. HEIDENHAIN aus „Plasma und Zelle" 1911.)

Abb. 70. Abschnitt aus der vorigen Abb. (das Feld am rechten Rande), stärker vergrößert (2300×). Die schwarzen Flächenelemente entsprechen derben fibrillären Elementen (Säulchen). Letztere sind dem Kaliber nach ungleich; die kleinsten dürften etwa 0,3 μ messen. (Nach M. HEIDENHAIN aus „Plasma und Zelle" 1911.)

Die vorliegende Strukturform sei dadurch entstanden, daß die Fibrillen resp. die wirklichen Struktureinheiten sich durch Teilung vermehren, während die dazwischenliegende Substanz langsam, aber ständig wächst. Das Vorhandensein eines „Schachtelsystems" sei ein Zeichen oder ein Beweis dafür, daß die zugrunde liegenden Strukturen das Vermögen der Vermehrung durch Teilung haben. Dies gelte für den Muskelquerschnitt der histologischen Fibrillen wie für die Säulchen variierender Ordnung.

HEIDENHAIN verwendet nun das Bild der Enkapsis, um auf die wirkliche fibrilläre Einheit zu schließen. Er bezeichnet das größte Feld mit n und die Teilfelder verschiedener Ordnung mit n—1, n—2, n—3 usw., das letzte, n—xte

Feld, entspricht dann dem Querschnitt der fibrillären Einheit. Er hebt hervor, daß diesem nicht die sichtbaren Fibrillen entsprechen: ,,Vielmehr müssen wir jene Reihe (n, n—1, n—2 usf.), da sie ein Ausdruck des kontinuierlichen Wachstums ist, und dieses selbst in letzter Linie auf Teilung der kleinsten lebenden Einheiten beruht, über die Schwelle der gegenwärtigen mikroskopischen Erkennbarkeit weiter fortgesetzt denken, und dann kann das (n—x)te Glied der Reihe in der Tat nur der Querschnitt des letzten Teilkörpers, des Protomers, sein[1].''

Gegen die Logik dieser Argumentation ist eigentlich nichts einzuwenden. Man muß jedoch sagen, daß das Bild des Enkapsis auch unabhängig von der Dicke der Fibrillen entsteht. Es ist also letzten Endes eine Spekulation, ob man annehmen will, daß die elementaren Fibrillen ,,Molekülreihen'' sind, oder ob man meint, daß sie eine Größe haben, die der Grenze der Auflösungsfähigkeit des Mikroskopes naheliegt (etwa $0.2\,\mu$). Da ihr Vermögen durch Längsspaltung nunmehr in Übereinstimmung mit der frühesten Annahme HEIDENHAINs als festgestellt betrachtet werden muß, erklärt dies vollauf die unregelmäßige Form und das verschieden große Aussehen der kleinsten beobachtbaren Fibrillen. Wenn nämlich eine Fibrille gerade daran ist sich zu teilen, sieht sie dicker aus wie eine, die sich nicht teilt. Es ist auch ein gewisses Wachstum der interfibrillären Substanz erforderlich, bevor die Teilfibrillen so weit auseinandergeglitten sind, daß wir sie mit Hilfe des Mikroskops als zwei Fibrillen unterscheiden können. Gehen die Teilungen in rascher Folge vor sich, so entstehen größere, infolge des unbedeutenden interfibrillären Abstandes scheinbar homogene Fibrillenkomplexe, und die Form der Querschnittsbilder variiert dadurch stark, wie HEIDENHAIN es fand. Ich für meinen Teil halte es auf Grund von Beobachtungen über das gegenseitige Verhalten der Fibrillen und Grundmembranen, worüber ich im nachstehenden sprechen will, für wahrscheinlich, daß Fibrillen des für die einzelne Muskelfaser bestimmten Kalibers wirklich existieren, und daß ihre Dicke in den Skeletmuskeln der *Säugetiere* weniger als $0.2\,\mu$ beträgt. Der Herzmuskel scheint etwas gröbere Fibrillen zu besitzen als der Skeletmuskel.

Das Sarkoplasma. Der Begriff Sarkoplasma umfaßt eigentlich sowohl das Endoplasma, als auch das nicht fibrilläre Mesoplasma. Zwischen diesen beiden Anteilen der Muskelfaser existiert auch volle Kontinuität, indem sich das nicht fibrilläre Protoplasma ohne Unterbrechung vom Endoplasma zwischen die Fibrillenbündel von verschiedener Ordnung resp. zwischen die Fibrillen fortsetzt.

Da ich mich indes schon oben mit den größeren Sarkoplasmaanhäufungen um die Kerne, dem Endoplasma, beschäftigt habe, beschränke ich meine Darstellung hier auf den mesoplasmatischen Teil des Sarkoplasmas, d. h. denjenigen, der die Fibrillen und Fibrillenbündel in der Muskelfaser umgibt, resp. sie trennt.

Dieser mesoplasmatische Teil scheint zuerst von DOBIE (1849) erwähnt worden zu sein. Er sagt nämlich (S. 114): ,,At the point where two fibrillae are separated from each other, extended for a greater or less distance between them, there often exists a beautiful homogeneous membrane (resembling the web between two of the toes of a duck) which is stretched by the violence used in the separation of the fibrillae. .... I am inclined to consider it as being caused by some homogeneous connecting medium spread among the fibrillae.'' Im folgenden Jahre (1850) hebt KÖLLIKER hervor, daß sich zwischen den Fibrillen eine geringe Menge ,,sie verkittender Zwischensubstanz'' findet. Von dieser sagt er weiter (S. 204): ,,Bei gewissen *Tieren* ist zwischen den Fibrillen eine körnige Zwischensubstanz zu finden, so konstant in den erwähnten Muskeln der *Insekten* und sehr häufig beim *Frosch*. Auch beim *Menschen* zeigen sich,

---

[1] Im Original gesperrt.

wie schon HENLE anführt, nicht selten dunkle, auch wohl gefärbte Körnchen zwischen den Fibrillen, die, wie beim *Frosch,* der Einwirkung von Essigsäure und Alkalien widerstehen und Fett- oder Pigmentmoleküle sind." Im Jahre 1857 kommt KÖLLIKER auf die Frage der interfibrillären Substanz im Zusammenhang mit einer Polemik gegen LEYDIG zurück, der, wie ich im geschichtlichen Überblick berichtete, geltend machen wollte, daß ein feines Kanal- oder „Lückensystem" zwischen den Fibrillen ausgebreitet sei, das die Funktion habe, Blutplasma zu führen. KÖLLIKER betont, daß man mikroskopisch keine amorphe Substanz zwischen den Fibrillen beobachten kann, dagegen findet sich in variierendem Abstande eine geformte Substanz in Gestalt von reihenweise angeordneten, blassen Körnern. Mit ihnen stehen die früheren bekannten Fettkörner in den Muskelfasern in genetischem Zusammenhang, indem sich die Fettkörner wahrscheinlich aus den blassen Körnern bilden. Diese spielen wahrscheinlich auch für den normalen Stoffwechsel der Muskeln eine gewisse Rolle. In einer Arbeit vom selben Jahre (1857) bestreitet ROLLETT das Vorhandensein dieser Körner.

Die Lehre von der interfibrillären Substanz macht im Jahre 1861 durch MAX SCHULTZES Arbeit einen großen Schritt vorwärts. Er beschreibt hier die Entwicklung der Muskelfaser, und wie sich deren Protoplasma in Fibrillen und einen Rest von unverändertem Protoplasma differentiiert, welches gleichsam jede Fibrille scheidenförmig umgibt. Auch die von KÖLLIKER beschriebenen Körner werden von SCHULTZE beobachtet. Er ist, man kann sagen, der erste, der einsah, daß das Protoplasma in der Muskelfaser nicht ausschließlich in Form von Fibrillen, sondern auch interfibrillär auftritt. Im Jahre 1867 betont KÖLLIKER die Bedeutung des interkolumnären und interfibrillären Protoplasmas für die Entstehung der „COHNHEIMschen Felder", indem er die Felder als Querschnittsbilder von Säulchen deutet, die durch breitere oder schmälere Züge einer auch zwischen die einzelnen Fibrillen eindringenden Zwischensubstanz getrennt werden; in dieser finden sich feine, interstitielle Körner. Im Jahre 1872 fand FLÖGEL bei einer *Milbenart* interfibrilläre Körner, die in Form einer Kornschicht im Gebiete von J lagen. Diese Körner sind seiner Ansicht nach nicht mit den von KÖLLIKER beobachteten identisch; im allgemeinen waren sie isodiametrisch, mitunter hatten sie aber eine größere Ausdehnung in der Richtung der Fibrillen. In einer im nächsten Jahre (1873) erschienenen Arbeit bestritt ENGELMANN, daß zu Lebzeiten eine interfibrilläre Substanz existiere. Erst bei Koagulation der Fibrillen werde eine solche abgeschieden. RANVIER (1880) nahm an, daß sich zwischen den Fibrillen ein flüssiges Muskelplasma finde. Im folgenden Jahre erschien die bekannte Arbeit von RETZIUS über „Querfadennetze", die durch Goldimprägnierung sichtbar gemacht werden könnten und sich von den Zellen (= dem Endoplasma) zum Sarkolemma hinaus erstreckten. ROLLETT führte in seiner großen Arbeit vom Jahre 1885 den Namen „Sarkoplasma" für die Substanz ein, die sich zwischen den Fibrillen in der Muskelfaser ausbreitet. Auch zwischen den Säulchen kommt Sarkoplasma vor, dieses hat aber nach der Ansicht von ROLLETT eine andere Struktur als das interfibrilläre; das letztere ist homogen, das erstere körnig. Im folgenden Jahre machte VAN GEHNCHTEN geltend, daß ein „Enchylème myosique" als Füllungsmasse zwischen den Fibrillen ausgebreitet sei, die ihrerseits Teile eines regelmäßig geordneten Netzes wären. CAJAL (1888) spricht von einer interfibrillären „Matière myosique", die koagulierbar ist und als ein „Suc nutritif" in der Muskelzelle dient. Im selben Jahre hebt KÖLLIKER im Zusammenhang mit seinen Studien über die Muskulatur der *Insekten* hervor, daß man sowohl Fibrillen wie körniges Sarkoplasma beobachten kann, und er schreibt beiden eine Rolle beim Kontraktionsakt zu; im Sarkoplasma sollten sich dabei hauptsächlich die chemischen Umsätze abspielen. Im Jahre 1890 identifiziert RETZIUS seine Querfasernetze mit dem interfibrillären Sarkoplasma und bezeichnet dieses als den einen von den Elementarbestandteilen der Muskelfaser. Es enthalte aus Protoplasmaderivaten bestehende Körner „Sarkosomen" (Abb. 71); in den Flügelmuskeln der *Insekten* sind sie zahlreich und liegen überall zwischen den Fibrillen zerstreut, bei *Säugetieren* sind sie spärlicher und liegen in Reihen zwischen den Säulchen. Dem Sarkoplasma schreibt er hauptsächlich chemische Tätigkeit zu.

Im Jahre 1891 versuchten BÜTSCHLI und SCHEWIAKOFF geltend zu machen, daß das Sarkoplasma „Wabenstruktur" hat, welche Ansicht im selben Jahre in einem Aufsatz von APATHY zurückgewiesen wurde.

Das nächste Mal wird die Frage des Sarkoplasmas mehr vom prinzipiellen Standpunkt von HEIDENHAIN in seiner großen Übersicht aus dem Jahre 1898 beleuchtet. Er verficht darin die Ansicht — und er hat ihr später, im Jahre 1911, nochmals Ausdruck gegeben —, daß das Sarkoplasma nur an die gröberen Interstitien zwischen den Säulchen gebunden sei, während interfibrillär keine Substanz, welche die Bezeichnung Plasma oder Sarkoplasma verdiene, existiere, sondern nur „Gewebslymphe" oder „Muskelflüssigkeit". SCHEFFER (1902 und 1903) spricht dagegen von einem interfibrillären Sarkoplasma, das er bei Kontraktion des Muskels verdickt findet. Die Körnerbildungen, die dieses interfibrilläre Sarkoplasma enthält, wurden im Jahre 1907 und später von HOLMGREN und THULIN zum Gegenstande eingehender Studien gemacht. Der erstere gibt im Anschluß an RETZIUS den Körnern den Namen Sarkosomen und zeigt, daß sie sich in verschiedenen Arten von Muskulatur verschieden verhalten. In Muskeln mit mehr anhaltender Tätigkeit sind die Körner größer und zahlreicher und liegen im Niveau der Querscheiben: „Q-Körner". Hierher gehört beim *Menschen* nur die Herzmuskulatur, bei *Vögeln* und *Insekten* aber auch gewisse Flügelmuskeln.

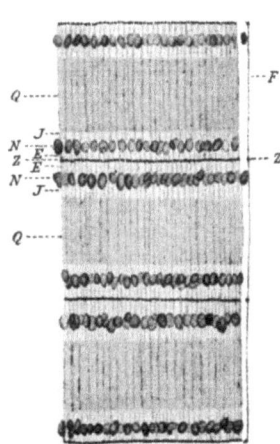

Abb. 71. Längsansicht einer fast unzerzupften Muskelfaser von *Oryctes*, von der rechts eine Fibrille (F) abgetrennt ist. (Nach G. RETZIUS aus Biol. Unters. 1890.)

In Muskeln mit sporadischer Tätigkeit liegen die Körner im Niveau von J auf beiden Seiten von den Grundmembranen: „J-Körner". Hierher gehören alle quergestreiften Muskeln des *Menschen*, mit Ausnahme des Herzens, und die meisten Skeletmuskeln anderer *Tier*formen. HOLMGREN und THULIN fanden auch, daß die Körner gesetzmäßigen Veränderungen unterliegen, und zwar im Zusammenhang mit der Kontraktion der Muskelfasern resp. deren Rückgang ins Ruhestadium. Diese Körnerbildungen wurden auch von KNOCHE (1909) und BULLARD (1912) studiert. Der erstere fand bei *Fliegenarten,* daß die Körner aus einer zentralen, mit Säurefuchsin schwach färbbaren Kugel bestehen, die von einer stärker färbbaren, schalenförmigen Hülle umgeben ist. Die Körner geben gewisse Eiweißreaktionen. BULLARD wies auch das Vorkommen von Fetttropfen im Sarkoplasma nach. Schon früher (1908—1909) hatte ARNOLD gezeigt, daß Glykogen im Sarkoplasma vorkomme. Er fand es an Sarkosomen gebunden, die in Reihen in den Interkolumnarräumen und bei J in transversaler Richtung liegen (Abb. 72). Das Glykogen kann, je nach seiner Menge, den Körnern ein variierendes Aussehen verleihen oder sogar zu Netzen zusammenschmelzen, die Q einschließen. Später haben v. EBNER (1918—1920), MARCUS (1925) und PLENK (1925) bezüglich verschiedener Arten von Muskulatur die Frage aufgeworfen, ob die Querstreifung der Muskelfasern nicht auf der Lagerung der Sarkosomen nächst den Fibrillen beruhen kann.

REGAUD und FAVRE (1909) meinen, die Körner hätten die Natur von Mitochondrien, eine Auffassung, der sich THULIN anschließt.

Schließlich soll hier erwähnt sein, daß VERATTI (1902) im Sarkoplasma ausgebreitete Netze nachwies, die seiner Ansicht nach den ,,Apparato reticolare'' der Muskelfaser bilden. Diese Netze wurden später von HOLMGREN, CAJAL und THULIN studiert. Nach HOLMGREN sollen sie in Muskeln mit J-Körnern im Niveau von J auf beiden Seiten von den Grundmembranen ausgebreitet liegen, in Muskeln mit Q-Körnern dagegen im Niveau der Grundmembranen (Abb. 73). Sie sollen eine Rolle im Dienste des Stoffwechsels spielen, indem sie den Sarkosomen Substanzen zuführen, die dort aufgespeichert und bei der Kontraktion verbraucht werden. Die Netze bestehen nach HOLMGREN aus Ausläufern von Zellen (,,Sarkosomocyten''), die im interstitiellen Bindegewebe gelegen sind, zwischen den Blutcapillaren und dem Sarkolemma der Muskelfaser.

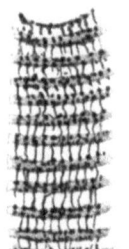

Abb. 72. In transversaler und longitudinaler Richtung angeordnete Glykogengranula; Anfänge von Netzbildung. (Nach ARNOLD aus Arch. mikr. Anat. 1909.)

An das Sarkoplasma ist auch der eisenhaltige Farbstoff Myoglobin gebunden, der den Muskelfasern ihre rötliche Farbe verleiht. Er ist mit dem Blutfarbstoff verwandt, und MÖRNER gab ihm im Jahre 1897 den Namen Muskelhämoglobin oder Myochrom. Nach MAC MUNN soll auch ein dem Hämochromogen nahestehender Stoff, das ,,Myohämatin'' in den Muskeln vorkommen, was aber von MÖRNER u. a. bestritten wird. Laut einer mündlichen Mitteilung von H. THEORELL, der bei T. SVEDBERG arbeitete, konnte er in noch nicht veröffentlichten Untersuchungen feststellen, daß der Muskelfarbstoff ein niedrigeres Molekulargewicht (etwa 17 000 resp. 34 000 bei verschiedenen *Tieren*) als Hämoglobin (68 000) hat. Dessen Resistenz gegen Alkali ist viel größer. Weiter hat es eine große Neigung, sich unter Bildung von Klümpchen zusammenzubacken. Der Gehalt an Farbstoff scheint in verschiedenen Muskeln und auch im selben Muskel bei verschiedenen Individuen zu variieren. Dadurch, daß er an das Sarkoplasma gebunden ist, wird der Muskel um so stärker rot, je sarkoplasmareicher er ist. Sind dagegen reichlich Fibrillen vorhanden, so bekommt der Muskel ein weißliches Aussehen. Dadurch kommt es, daß man die Muskeln in rote und weiße einteilen kann, welche beiden Gruppen sich nach RANVIER auch durch ihre funktionellen Eigenschaften voneinander unterscheiden, eine Frage, auf die ich später zurückkomme.

γ) *Segmentierung der Fibrillen und Querstrukturen der Muskelfasern.*

Schon seit der Zeit LEEUWENHOEKS hat das quergestreifte Aussehen der Muskelfaser die Aufmerksamkeit der Histologen oder vielleicht — wenn wir an die vorhistologische Zeit denken —, richtiger gesagt, der Mikroskopiker auf sich gelenkt. Gleichfalls schon in einem frühen Stadium hat man diese Querstreifen mit den Fibrillen in Zusammenhang gebracht, indem man sie als optische Effekte wellenförmiger Biegungen oder kugelförmiger, an Perlen in einem Perlbande erinnernder Anschwellungen der Fibrillen zu erklären versuchte. Auch gegenwärtig dürfte die Ansicht unter den Histologen allgemein vorherrschen, daß die Querstreifung der Muskelfaser eine Folge der Querstreifung der Fibrillen ist. Nur wenige Forscher haben in diesem Punkte eine abweichende Meinung gehegt. So sprechen sich v. EBNER (1920) und MARCUS (1925) für einen gleichförmigen Bau der Herzmuskelfibrillen aus. Das quergestreifte

Aussehen würde nach diesen Forschern auf die Struktur des Sarkoplasmas zurückzuführen sein.

Im Laufe der Entwicklung der Muskelhistologie hat man indes immer mehr Querstreifen beobachtet, indem im Gebiet der zuerst bekannten, dunklen resp. hellen Querstreifen feinere, quergehende Strukturen gefunden wurden. So

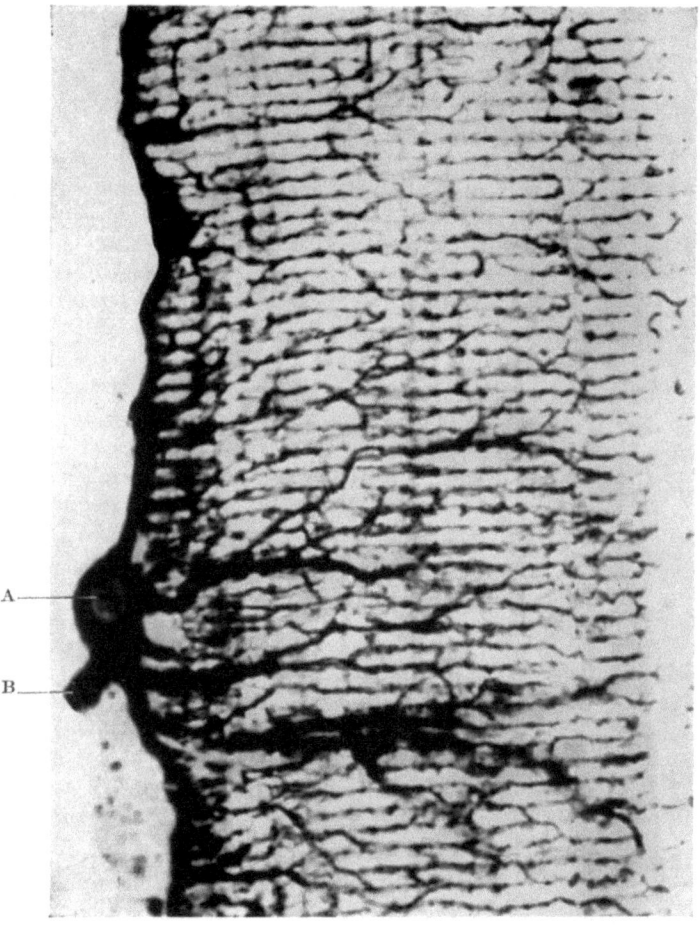

Abb. 73. Flügelmuskelfaser von *Bombus terrestris*. Bei A das Ende einer Trachée, die in einer Endzelle — Trophocyte (B) — übergeht. Die Verzweigungen dieser Zelle dringen in die Muskelfaser ein und bilden dort Trophospongien in der Höhe von den Grundmembranen. Mikrophoto. GOLGIs Chromsilbermethode. (Nach E. HOLMGREN 1920.)

entdeckte LEALAND (nach DOBIE, 1848) in der Mitte der hellen Querbänder eine dunkle Linie, die er SHARPEY demonstrierte. Diese Präparate wurden von QUEKETT (1848) abgebildet. Derselbe Streifen war auch DOBIE (1849) bekannt, und wurde im Jahre 1858 von BRÜCKE und von AMICI sowie im Jahre 1868 von KRAUSE abgebildet. Der letztere entdeckte den membranösen Charakter des Streifens, und nach ihm wird diese Membran ,,KRAUSEs Membran'' oder ,,Grundmembran'' genannt. In der romanischen Literatur wird sie als ,,Strie D'AMICI'' bezeichnet, meiner Ansicht nach ein unberechtigter Name. Von rechtswegen sollte die Struktur den Namen LEALANDs tragen, LEALANDs

Streifen, oder sie sollte KRAUSES Membran genannt werden, da diese beiden Forscher mehr als alle anderen zu unseren Kenntnissen über das in Rede stehende Gebilde beigetragen haben.

Im Jahre 1849 bildet DOBIE in der Mitte der breiten dunklen Querbänder einen hellen Streifen ab. Später wurde dieser (1868) von HENSEN beschrieben, dessen Namen er erhielt, aber auch hier würde die Gerechtigkeit eine Umtaufung zu „DOBIES Streifen" fordern.

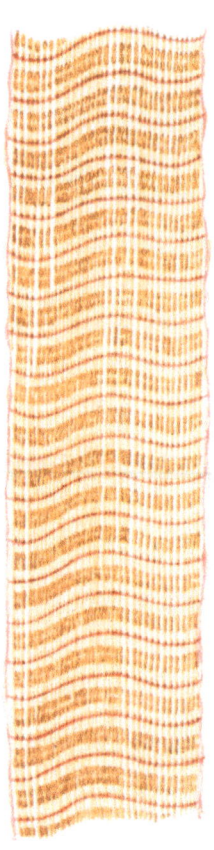

Abb. 74. Stückchen einer Faser des M. peronceus long. vom *Menschen*, in Sublimat-Formol nach HÄGGQVIST fixiert und mit Eisentrioxy-hämatein-Säurefuchsin-Pikrinsäure nach HANSEN gefärbt. Vergr. 1400×.

Ein weiterer Streifen wurde im Jahre 1872 von FLÖGEL im Gebiet der durch LEALANDS Streifen halbierten hellen Querbänder beschrieben. FLÖGEL führte diesen Streifen — „Nebenscheibe" genannt — auch ganz richtig auf das Vorhandensein einer Reihe interfibrillärer Körner zurück, welche Ansicht später vor allem durch RETZIUS und HOLMGREN bestätigt wurde. Weitere Streifen wurden dann von DÖNITZ (1871) und WAGNER (1872) beschrieben; der letztere fand solche Extrastreifen in einer zwischen 2 und 8 wechselnden Zahl.

HEIDENHAIN macht im Jahre 1911 einen Versuch, diese Querstreifen zu klassifizieren, indem er sie in zwei Gruppen einteilt, von welchen er die eine als die Inophragmen bezeichnet, während die andere die Teile Q und J umfaßt. Er sagt darüber folgendes:

„Die erste Klasse umfaßt die Inophragmen, deren optischer Querschnitt in Form feinster kontinuierlicher Querlinien erscheint: Streifen Z und M (Telophragmen und Mesophragmen). Diese Gebilde haben mit dem Vorgang der Kontraktion direkt nichts zu tun; sie sind ein Bestandteil der Protoplasmaarchitektur und stehen in einer nahen Beziehung zur Gewebsfestigkeit. Sie lassen sich mit den auch sonst bei parallelfaserigen protoplasmatischen Struktursystemen vorkommenden Querverbindungen in näheren Vergleich setzen, fehlen aber bemerkenswerterweise der glatten Muskulatur vollständig.

Die zweite Klasse der Streifen umfaßt die Glieder Q und J der Säulchen bzw. Fibrillen, welche durch ihren Aufmarsch in Querreihen einen anders gearteten Anteil des Phänomens der Querstreifung bedingen: hier handelt es sich um eine besondere Differenzierung der contractilen Fibrillen selbst, also ausschließlich des Sarkoplasmas, um eine Einrichtung, welche wiederum den Fibrillen der glatten Muskulatur fehlt, und welche somit zwar keine notwendige Bedingung der Kontraktilität überhaupt, wohl aber eine Vorbedingung der besonderen Geschwindigkeit der Bewegung beim quergestreiften Muskel ist."

Man muß HEIDENHAIN durchaus darin Recht geben, daß zwischen den Strukturen, die der Grund- und der Mittelmembran (Z und M) und denjenigen, die dem isotropen Segmentteile J und dem anisotropen Q zugrundeliegen, ein Wesensunterschied besteht. Auch N muß von anderer Beschaffenheit sein als Z und M.

LEALANDS **Streifen** resp. KRAUSES **Grundmembran** (Zwischenscheibe Z; Telophragma; DOBIES line; disque mince; cloison transversale; strie D'AMICI). Seit BRÜCKE konstatiert hatte, daß der ursprünglich von LEALAND beobachtete, (Abb. 60), später auch von QUEKETT, DOBIE und AMICI abgebildete Streifen optisch doppelbrechend ist, brachte KRAUSE (1868) die Ansicht vor, daß er tatsächlich auf einer quer über die Muskelfaser gespannten Membranbildung beruht; MERKEL (1869) versuchte geltend zu machen, daß diese Membran doppelt sei und aus Endmembranen zweier aneinanderstoßender Muskelkästchen bestehe. ENGELMANN (1871) und FLÖGEL (1872) bestätigten indes KRAUSES Ansicht, daß die Membran einfach ist. Im folgenden Jahre (1873) stellte ENGELMANN fest, daß die Grundmembranen die festesten resp. wasserärmsten von den Querstreifen der Muskulatur sind, und bestätigte ihre doppelbrechenden Eigenschaften, ROLLETT (1885) hielt Z für einen Bestandteil der Fibrillen, zwischen welchen sich helle Protoplasmadurchgänge erstreckten. Z sei keine Scheibe von festerer Substanz, welche die Fibrillen mit dem Sarkolemma verbindet, sondern die auf diesem Niveau vorkommende festere Verbindung besteht zwischen dem Sarkoplasma und dem Sarkolemma. VAN GEHUCHTEN (1886) hielt an der Existenz der Grundmembranen fest. ROLLETT dagegen bestreitets ie noch im Jahre 1891 entschieden und verwirft auch die Annahme von Muskelkästchen. PRENANT behauptete im Jahre 1901, daß die Grundmembran nur bei *Chordaten* und *Arthropoden* bestehe. Diese Auffassung korrigierte er im Jahre 1903 dahin, daß nur bei den *Tunikaten* die KRAUSEsche Membran fehlen soll. HOLMGREN hatte, wie aus seinen Arbeiten (1907)

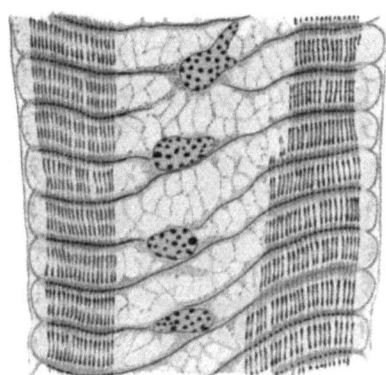

Abb. 75. Längsschnitt durch eine Skeletmuskelfaser von *Dytiscus marginalis*. Die Grundmembranen durchsetzen das breite Endoplasma. (Nach E. HOLMGREN aus Arch. mikr. Anat. 1907.)

hervorgeht, besonders bei *Dytiskus* beobachtet, daß sich die Grundmembran über lange Partien durch das nicht fibrilläre Sarkoplasma erstrecken kann (Abb. 75). Ähnliche Beobachtungen waren früher von ENDERLEIN (1900) gemacht worden. Im Jahre 1912 publizierte APATHY Untersuchungen über das Vorkommen der Grundmembran; er fand sie in quergestreifter Muskulatur aller *Tierklassen*. Zwischen dem Z-Streifen und der Grundmembran besteht seiner Ansicht nach der Unterschied, daß der erstere den Fibrillen angehört, während die Membran ein interfibrilläres Gebilde ist, das von den Fibrillen durchbohrt wird. HOLMGREN findet im selben Jahre Grund zu der Vermutung, daß in gewissen Flügelmuskeln von *Insekten* die Grundmembranen fehlen.

Die Aufteilung in Z-Streifen und Grundmembran wird auch von THULIN (1915) vorgenommen, der indes im Anschluß an HOLMGREN zu zeigen versucht, daß die Flügelmuskeln der *Käfer* und die der *Hymenopteren* und *Dipteren* die Grundmembran vermissen lassen. Auch im M. pectoralis von *Vögeln (Taube, Schwalbe)* und in gewissen Flügelmuskeln von *Fledermäusen* sollen diese Membranen fehlen.

V. EBNER (1920) lehnt in seiner Herzmuskelarbeit im Anschluß an ROLLETT die Auffassung, daß an der Stelle des Z-Streifens eine Membran vorliege, vollständig ab. Er weist u. a. darauf hin, daß dieses Gebilde in der schlaffen Muskelfaser oft abgebrochen aussieht, und nimmt an, daß ihr eine Reihe feiner interfibrillärer Körner entspricht, die sich nahe an die Fibrillen anschließen und dadurch den Eindruck einer kontinuierlichen Linie machen. Im selben Jahre legte ich am Anatomenkongreß in Jena eine Anzahl von Beobachtungen vor, die es mir wahrscheinlich zu machen scheinen, daß die Grundmembran von kollagener Natur ist. So ist es schon lange bekannt, daß sie mit verschiedenen Bindegewebsfärbungen (Abb. 74), selbst den spezifischsten, die für Kollagen charakteristische Farbe annimmt. Sie schwillt ferner bei Behandlung mit verdünnten Säuren an (Abb. 76), ein Verhalten, das ich an ausgestellten Präparaten demonstrierte; von konzentrierten Säuren und Alkalien werden dagegen die Grundmembranen ebensowenig beeinflußt wie das Kollagen. Ebenso wie dieses beim Kochen in Wasser in Leim übergeht und sich auflöst, lösten sich auch die Grundmembranen beim Kochen in Wasser auf (Abb. 77), was ich gleichfalls demonstrierte. Nach TEBB verliert das Kollagen durch langdauernde Behandlung mit Alkohol die Möglichkeit, in Leim überzugehen, und Chlor- wie Jodkali verzögern denselben Prozeß. Die entsprechende Behandlung verhindert resp. verzögert auch die Auflösung der Grundmembranen durch Kochen. Hinzugefügt sei, daß die Grundmembranen, ebenso wie das Kollagen optisch doppelbrechend sind. Nach meinem Vortrage hob v. MÖLLENDORFF hervor, daß die von mir angewendeten Färbungen nicht spezifisch sind, eine Anschauung, die später auch von seinem Schüler KREBS vorgebracht wurde. Dagegen muß eingewendet werden, daß die Spezifität bei den von mir erwähnten Färbungen höchst verschieden ist. So hatte ich z. B. HANSENs bekannte Bindegewebsfärbung angewendet, die in hohem Grad spezifisch ist, und MALLORYs Färbung, die es viel weniger ist. Dies spielt aber eine geringere Rolle, da ich weit mehr Reaktionen anwendete, und alle in dieselbe Richtung deuten. Die Färbungen sind nur ein Glied einer Indizienkette, was alle, die sich später mit der Frage beschäftigten, übersehen zu haben scheinen.

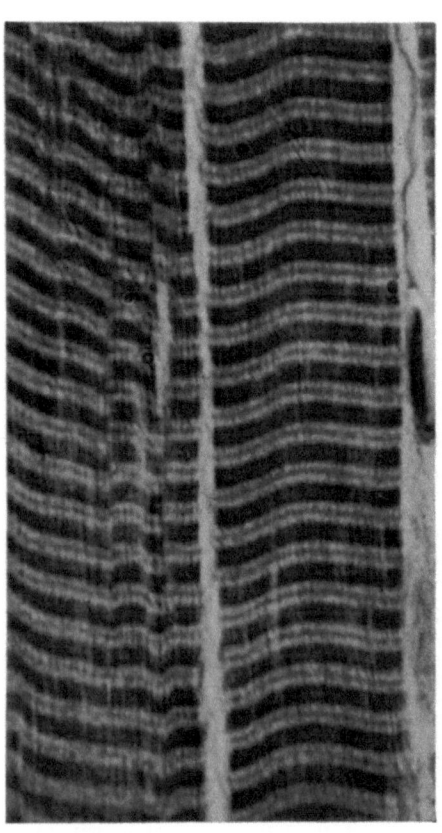

Abb. 76. Stückchen von M. peronceus long. vom *Menschen*. 1%ige Essigsäure ½ Stunde, danach Fixierung und Färbung wie Abb. 74. Die Grundmembranen sind gequollen. Mikrophoto. Vergr. 1400×.

MARCUS (1922) schließt sich in einer Arbeit über die Flügelmuskeln der *Hummel* der Ansicht v. EBNERs an, daß keine Grundmembran existiere; dagegen sieht er entsprechend den Z-Streifen in den Fibrillen Z-Reihen, die er für Verstärkungen der Hülle der Myofibrillen hält.

Was die Natur der Grundmembranen betrifft, so habe ich dem schon Gesagten nur hinzuzufügen, daß ich an verschiedenen Muskeln des *Menschen* und verschiedener *Insekten* die oben berichteten, zuerst am *Frosch* gemachten Beobachtungen verifizieren konnte. Schon im Jahre 1920 hob ich auch hervor, daß die Grundmembranen nicht die Fibrillen durchsetzen, weil diese bei Auflösung der

Membranen durch Kochen ganz bleiben (Abb. 77). Wären die Membranen ein Teil der Fibrillen, so würden diese natürlich unter diesen Umständen zerfallen. v. EBNER und MARCUS, deren abweichende Ansicht über die Natur der Membranen ich oben referierte, sind auch nicht der Ansicht, daß die Z-Streifen die Fibrillen durchsetzende Gebilde sind. Dieses Verhalten bringt es mit sich, daß die Grundmembranen in sehr dünnen Schnitten abgebrochen zu sein scheinen, wo der Schnitt eine Fibrille passiert, was ROLLETTS, v. EBNERS und MARCUS' Annahme, daß hier Körnerreihen vorliegen, die optisch unter dem Bilde des Z-Streifens hervortreten, erklären dürfte.

Tatsächlich scheinen mir genaue Beobachtungen zu ergeben, daß die Grundmembranen aus feinen Fasernetzen bestehen, die von den Myofibrillen durchbohrt werden. Nach HEIDENHAIN sollen sie eine Dicke von etwa 0,2 μ besitzen, was gut mit meinen eigenen Beobachtungen übereinstimmt; bei ihrer Insertion am Sarkolemma scheinen sie jedoch oft etwas dicker zu sein. Durch diese quer über die Muskelfaser gespannten membranösen Netze ist das Innere der Faser in Segmente eingeteilt, die in den *menschlichen* Skeletmuskelfasern nur 2—3 μ hoch sind. Beim *Triton* fand HEIDENHAIN eine Höhe von 2 μ. Bei niedrigeren *Tier*formen ist die Höhe oft bedeutend; so fand FLÖGEL bei der *Milbe* 10μ; HEIDENHAIN bei *Hydrophilus* und *Elates* 10–11 μ, bei verschiedenen *Käfern* 13—14μ und bei *Aphrophora* bis zu 17 μ. Diese Segmente wurden von KRAUSE als Muskelkästchen bezeichnet; HEIDENHAIN nennt sie Myocommata.

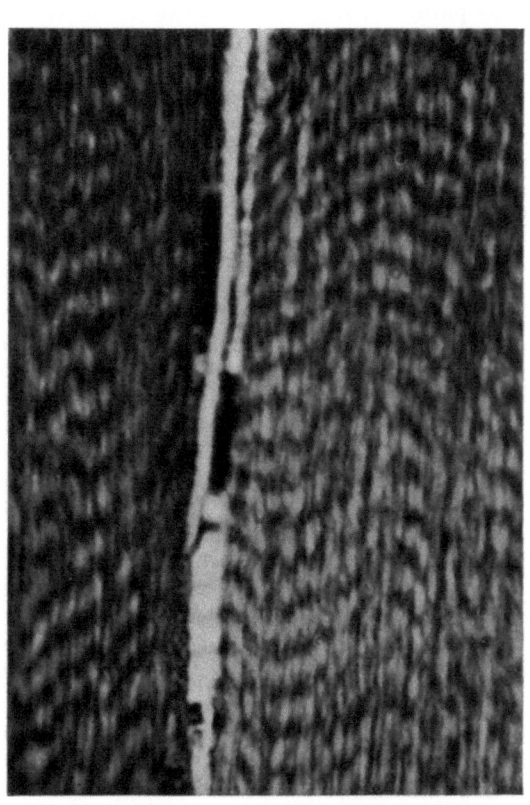

Abb. 77. Stückchen von M. peronceus long. vom *Menschen*. ¹/₂ Stunde gekocht, danach Fixierung und Färbung wie Abb. 74. Die Grundmembranen sind weggelöst; die Fibrillen sind verschoben und die Querstreifung unregelmäßig. Mikrophoto. Vergr. 1400×.

Betreffs der physiologischen Bedeutung der Grundmembranen sind verschiedene Theorien aufgestellt worden. SCHIEFFERDECKER (1903) meinte, daß sie der Wiederverlängerung der Muskelfaser nach der Kontraktion dienen, eine Ansicht, die von HEIDENHAIN (1911) mit Recht verworfen wurde. Dieser Forscher schreibt ihnen eine mechanische Bedeutung zu, indem sie die mechanisch bedeutungsvolle Protoplasmastruktur gegen abnorme Verschiebungen während des Kontraktionsaktes sichern. Außer dieser mechanischen schrieb ihnen HOLMGREN noch die weitere Aufgabe zu, als Transportweg zu dienen, auf dem die Substanzen in die Muskelfaser eintreten und sie verlassen („Plasmophoren"); längs diesen sollen sich die Trophospongien, Ausläufer von den im interstitiellen Bindegewebe gelegenen Trophocyten ausbreiten.

Ich selbst habe (1920) in Übereinstimmung mit HEIDENHAIN den Membranen eine mechanische Aufgabe zugeschrieben. Die Muskelkästchen sind — wie schon ENGELMANN betonte — die physiologischen Elemente der Muskelfaser. Zwischen ihnen sind die Grundmembranen gleich quergestellten Sehnen ausgespannt, und so dazu geeignet, die im Muskelkästchen ausgeübte Kraft direkt auf das Sarkolemma und das außerhalb liegende Bindegewebe zu übertragen.

DOBIES Streifen (HENSENS Streifen, Qh) und Mittelmembran (Mittelscheibe; Mesophragma, M). Schon DOBIE (1849) hatte mitten in den dunklen Querbändern einen hellen Streifen beschrieben, und ihn auch abgebildet (vgl. Abb. 61), was aber, soviel ich kenne, bis in unsere Tage vollständig übersehen worden ist. Seine Entdeckung wird statt dessen HENSEN zugeschrieben, der 20 Jahre später dasselbe Gebilde beobachtete. HENSEN fand es optisch einfachbrechend und sah es bald als eine helle, bald als eine dunkle, feinkörnige Linie hervortreten. Er nannte sie „Mittelscheibe" und war der Ansicht, daß eine Membranbildung, der von KRAUSE beobachteten entsprechend, hier die Muskelfaser überbrücke. Ob er aber wirklich das Gebilde sah, das später nach HEIDENHAIN „Mittelmembran" genannt wurde, oder nur den hellen Streifen, der in gewissen Funktionsstadien hier die Querscheiben durchsetzt, in deren Mitte diese Membran gelegen ist, scheint mir schwer zu entscheiden zu sein. Solche Verwechslungen sind, wie HEIDENHAIN 1911 hervorhebt, in der histologischen Literatur oftmals vorgekommen, und es erscheint mir wahrscheinlich, daß HENSEN niemals die wirkliche Membran beobachtet hat.

Im Jahre 1869 entstand indes eine Diskussion zwischen KRAUSE und HENSEN, da jeder glaubte, daß der andere einfach- und doppelbrechende Substanz bei seinen Untersuchungen verwechselt habe. MERKEL (1872) stellte als erster die Ruhe wieder her, indem er klarmachte, daß sowohl eine Grundmembran wie eine Mittelscheibe existiere. MERKEL scheint auch die wirkliche Membran beobachtet zu haben, ebenso RETZIUS (1881) und NASSE (1882), worauf noch mehrere Verfasser ihr Vorhandensein konstatierten. HEIDENHAIN (1899) erklärt, daß sie eine Wiederholung der Grundmembran sei, aber von feinerer Natur. Später (1911) teilt er mit, daß er bei Messungen den Wert $0{,}2\,\mu$ für sie gefunden habe, ein Grenzwert, bei dem indes auch feinere Strukturen abgebildet werden, weil er die Grenze der Leistungsfähigkeit des Mikroskops darstellt. ENGELMANN fand den Streifen doppelbrechend; FREDERICO und ROLLETT dagegen fanden ihn in Übereinstimmung mit HENSEN einfachbrechend, was aber auf Verwechslung mit der benachbarten isotropen Substanz der Umgebung beruhen dürfte. Schon NASSE wies auf die Unveränderlichkeit des Streifens bei Ruhe und Kontraktion hin. Über seine Ähnlichkeit mit dem Z-Streifen habe ich mich im Jahre 1920 ausgesprochen, und MARCUS im Jahre 1925. Während dieser Forscher der Ansicht ist, daß der Streifen aus feinen fibrillären Körnerreihen bestehe, mußte ich mich der Auffassung anschließen, daß eine wirkliche Membran vorliegt. Sie färbt sich, ebenso wie die Grundmembran, bei MALLORY-Färbung blau.

Die Querscheibe (anisotrope Substanz, Q, sarcous substance, disque epais ou sombre, disque transversale), die isotrope Substanz (J, hyaline substance disque claire) und die „Nebenscheibe" (N, disque accesoire). In den Muskelkästchen, die durch die Grundmembranen und das Sarkolemma abgegrenzt werden, finden wir, abgesehen von den Mittelmembranen, als optische Querstrukturen einerseits die doppelbrechende (anisotrope) und andererseits die einfachbrechende (isotrope) Substanz. Im Gebiet der letzteren tritt „die Nebenscheibe" auf.

Dieses letztgenannte Gebilde nimmt dabei insofern eine Sonderstellung ein, als schon sein erster Entdecker, FLÖGEL (1872), es auf eine Reihe von interfibrillären Körnerbildungen zurückführte, eine Auffassung, die später von RETZIUS bestätigt (vgl. Abb. 71) und wohl von niemandem ernstlich bestritten wurde. Dagegen war man seit den ältesten Zeiten allgemein der Ansicht, daß die doppelbrechende und einfachbrechende Substanz Teile der Myofibrillen selbst sind. Während der letzten Jahrzehnte begannen jedoch immer mehr Zweifel in diesem Punkt aufzutauchen. Die Querstreifung der Muskelfaser ist durch regelmäßiges Abwechseln von Isotropie und Anisotropie verursacht. Die letzteren Teile zeigen in der Regel eine stärkere Affinität zu den Farbstoffen, so daß die anisotropen Segmente bei den verschiedenartigsten Färbungen stärker gefärbt hervortreten als die isotropen.

HOLMGREN fand bei seinen Untersuchungen durchwegs die stärker gefärbte Substanz im Ruhestadium des Muskels in den Sarkosomen gesammelt, während die Fibrillen in diesem Stadium gleichförmig schwach oder ungefärbt waren. Nur in dem Stadium, das nach Ausführung der Reizung der Kontraktion unmittelbar vorausgeht (HOLMGREN fakultatives Stadium) sah man färbbare Substanz in den Fibrillen oder Säulchen, wo sie dann unter dem Bilde von Q hervortraten, um in der Kontraktionspause wieder zu verschwinden. HOLMGRENS Schüler THULIN kam in seinen Arbeiten zu vollständig gleichartigen Resultaten. v. EBNER (1920) hielt es für wahrscheinlich, daß die Fibrillen in ihrer ganzen Ausdehnung gleichförmig doppelbrechend sind, und daß der Wechsel in ihrem Aussehen, der von altersher konstatiert worden war, durch die Sarkoplasmascheiden bedingt sei, welche Myofibrillen resp. die in diesem Sarkoplasma liegenden Sarkosomen umgeben. Eine ähnliche Auffassung scheint nunmehr MARCUS zu hegen. Im Jahre 1920 meinte dieser Forscher, ,,die Querstreifung im Stadium der Extension ist durch den Q-Abschnitt der Fibrille bedingt, der stärker anisotrop und mit Eisenhämatoxylin färbbar ist usw." Die Querbänder sind jedoch ein Produkt dieser sowie der im entsprechenden Niveau liegenden Körner. Im Jahre 1924 ist MARCUS der Ansicht, daß der Q-Streifen durch Sarkosomen und Auflagerungen auf dem betreffenden Fibrillenteil hervorgerufen sei.

Man muß also sagen, daß die Frage der Querstreifung der Fibrillen durch die Forschungen der letzteren Jahre in eine neue Lage gekommen ist, und es ist gegenwärtig unmöglich, eine kategorische Erklärung der Frage zu geben. Nach Beobachtungen an eigenen Präparaten und an solchen von HOLMGREN und THULIN kann ich mich persönlich nur der von HOLMGREN ausgesprochenen Ansicht anschließen, daß die Querstreifung, was Q und J betrifft, in gewissen Funktionsstadien durch die Struktur der Fibrillen, in anderen durch die Sarkosomen hervorgerufen ist. Speziell für die Ruhephase scheinen mir die Sarkosomen die entscheidende Rolle zu spielen, indem sie in diesem Stadium gefärbt sind. Bei der beginnenden Zusammenziehung im fakultativen Stadium scheint die Querstreifung dagegen auf den abwechselnd einfach- und doppelbrechenden Gebieten in den Fibrillen selbst zu beruhen.

Was diese Querstreifung betrifft, so müssen wir theoretisch die Verschiedenheiten in der Einfach- und Doppelbrechung und die Verschiedenheiten der Färbbarkeit auseinanderhalten. Im Sarkoplasma liegen die Sarkosomen in einer bestimmten Höhe in J oder Q. Ob wirklich ein prinzipieller Unterschied zwischen den J- und Q-Körnern vorliegt, läßt sich gegenwärtig nicht entscheiden. HOLMGREN fand in der J-Körnermuskulatur im Ruhestadium, daß die im selben Muskelkästchen gelegenen J-Körner in der Längsrichtung der Fibrillen miteinander in Verbindung treten, wodurch sie sich an den Q-Abschnitten der Fibrillen vorbei erstrecken und als lange, schmale Q-Körner hervortreten, deren Enden aus den als J-Körner beschriebenen Gebilden bestehen. Vielleicht beruht das Bild der J-Körner nur darauf, daß langgestreckte Körner, welche die zentralen Teile des Muskelkästchens einnehmen, sich in gewissen Stadien nur an ihren distalen Enden färben lassen. Es wäre wünschenswert, daß über diesen Punkt besondere Untersuchungen vorgenommen würden. Diese langgestreckten, in Ruhe vielleicht uhrglasförmigen Körner würden dann aus doppelbrechender, anisotroper Substanz bestehen. Was die doppelbrechenden Eigenschaften der Fibrillen im Gebiete von Q beim Übergang in den Kontraktionszustand betrifft, so können sie auf der zwischen den Sarkosomen und den Fibrillen herrschenden Spannung beruhen. Ein derartiger Gedankengang scheint v. EBNER (1920) nicht fernzuliegen, da er für die Herzmuskulatur die Möglichkeit erörtert, daß der Kontraktionsstreifen und die Mittelmembran optische Erscheinungen seien, die auf einer direkten optischen Wirkung der Sarkosomen beruhen.

Was die Färbbarkeit betrifft, so ist diese, soweit wir wissen, nicht durch mechanische Spannungszustände beeinflußbar. Hier dürfte statt dessen der Säuregrad in verschiedenen Funktionsstadien eine entscheidende Rolle für die Bindung der Farbe an verschiedene Teile der Fibrillen wie auch an die Sarkosomen spielen.

Über die chemische Natur der verschiedenen Querstreifen ist uns nichts bekannt. Seit JONES (1843) haben verschiedene Verfasser angenommen, daß die Q- und J-Streifen aus verschiedenen Substanzen bestünden. SCHIPILOFF und DANILEWSKY (1881) glaubten feststellen zu können, daß die Querstreifen aus ,,Myosin" bestehen, eine Ansicht, der sich auch NASSE (1882) anschloß. Auch doppelbrechendes Fett und Lipoide sollen sich, wie einige Forscher annahmen, in Q vorfinden. Über die Eiweißsubstanzen, die in Q oder J enthalten sind, wissen wird jedoch nichts. Betreffs Fett und Lipoiden können wir sicher ausschließen, daß sie diesbezüglich eine bedeutungsvolle Rolle spielen.

Was die Sarkosomen betrifft, so erscheint es wahrscheinlich, daß ihre chemische Natur von derjenigen des sie umgebenden interfibrillären Sarkoplasma abweicht, und wahrscheinlich besitzen sie eine dichtere Struktur. Ob wir in den Fibrillen mit verschiedenen Substanzen in Q und J zu rechnen haben, müssen wir gegenwärtig für zweifelhaft halten; auch die Frage, ob hier eine Verschiedenheit in der Substanzdichtigkeit vorliegt, muß vorläufig offen bleiben.

Betrachten wir dagegen den Querschnitt der Muskelfaser als Ganzes, ohne die Frage der Fibrillen und der interfibrillären Substanz zu berücksichtigen, so müssen wir Q entschieden eine größere Dichtigkeit zuschreiben als J. Dies wurde schon von ENGELMANN mit aller Schärfe hervorgehoben, und HEIDENHAIN (1911) führt eine ganze Reihe von Beobachtungen an, die diese Auffassung stützen. Diese größere Dichtigkeit kann jedoch auf den Sarkosomen beruhen; sie braucht nicht unbedingt durch die Fibrillen bedingt zu sein. Deutlich ist auch, daß die Substanzdichtigkeit, wie HEIDENHAIN (1911) besonders betont, innerhalb Q resp. J variiert. In Q sieht man, daß sie am Übergang zu J am stärksten ist, um gegen die Mittelmembran hin abzunehmen. Hierauf beruht das Hervortreten des HENSENschen Streifens (Qh). In J finden wir einerseits ein Gebiet von größerer Dichtigkeit entsprechend N, und ferner scheint die Dichtigkeit in J auch etwas gegen die Grundmembran zu wachsen. ENGELMANN schreibt N dieselbe Dichtigkeit zu wie Q. Dieser Streifen besteht aus den zuerst von FLÖGEL beobachteten, dann von RETZIUS näher beschriebenen interfibrillären Körnern. Die erhöhte Dichtigkeit gegen Z tritt im gefärbten Präparat so hervor, daß die Färbbarkeit um so mehr zunimmt, je näher man zu Z kommt. Auch dies wird von HEIDENHAIN (1911) deutlich hervorgehoben.

δ) *Das Exoplasma* (STUDNIČKA) *oder Sarkolemma*

wurde zuerst von SCHWANN entdeckt. Dieser war der Ansicht, daß die Muskelfaser aus blasenförmigen Zellen entstehe, die durch das Verschwinden der Zwischenwände in Längsreihen verschmelzen. Das auf diese Weise entstehende, lange, röhrenförmige Gebilde, die Muskelfaser, sei an ihrer äußersten Peripherie von einer

Membran begrenzt, auf der sich die quergestreifte Substanz ablagere. Diese Membran ist das Sarkolemma. Zum selben Zeitpunkte waren gewisse Verfasser (MANDL, 1839 u. a.) der Ansicht, daß die Querstreifung ihren Sitz in der Membran habe. Dieses Verhalten wurde im folgenden Jahre von BOWMAN näher untersucht, der u. a. feststellte, daß die Querstreifung nicht von dieser Membran, sondern vom Inhalt der Muskelfaser herrühre. Dieser Gedanke taucht jedoch später bei E. WEBER (1846) wieder auf. REICHERT (1845) war der Ansicht, daß das primitive Muskelfaserbündel frei in einem Sack von Bindegewebe liege. KÖLLIKER (1850) behauptet, daß das Sarkolemma eine strukturlose, glatte Membran sei, die sich an Alkoholmaterial von Perennibranchiaten in ,,großen Fetzen" isolieren läßt. Er konstatiert sein allgemeines Vorkommen und bestreitet, daß es mit der Querstreifung etwas zu tun haben kann. LEYDIG (1857) erklärt: ,,Die Abschließung einer kleineren oder größeren Gruppe von Primitivzylindern (den ursprünglichen, umgewandelten Muskelzellen) zu der neuen histologischen Einheit oder dem sog. Primitivbündel erfolgt durch homogene Bindesubstanz (das Sarkolemma)." AMICI (1858) bringt deutliche Abbildungen von der zwischen den Grundmembranen und dem Sarkolemma bestehenden Verbindung sowie von dessen festonartigen Einbuchtungen an den Ansatzpunkten. MARGO (1861) schloß sich der Ansicht LEYDIGS an. Im selben Jahre bestritt DEITERS die Möglichkeit, das Sarkolemma als eine Zellmembran aufzufassen und spricht sich für seine Bindegewebsnatur aus. WALDEYER (1865) ist der Ansicht, daß sich das Sarkolemma nicht vom perimysealen Bindegewebe scheiden läßt, und HIS erklärte es im selben Jahre für ein sekundäres, intercelluläres Gebilde, das nicht zum eigentlichen Muskel gehört. Im folgenden Jahre sprach sich ECKHARD im selben Sinne aus. Eine weitere Stütze für diese Ansicht brachte FRORIEP (1876) in einer Arbeit ,,Über das Sarkolemma und die Muskelkerne" vor, in der er zeigte, daß das Sarkolemma bei Digestion mit Trypsin nicht gelöst wird, sondern sich wie Kollagen verhält. Im Jahre 1888 wollte SCHNEIDER geltend machen, das Sarkolemma sei ein ,,Trugbild", dessen Name bald aus der Literatur verschwinden würde. RANVIER (1875 und 1889) sowie TOLDT (1877) beschreiben das Sarkolemma jedoch als ,,eine zarte Haut". In ähnlicher Richtung spricht sich KÖLLIKER in den weiteren Auflagen seines bekannten Handbuches aus. MINOT (1894) findet, daß das Sarkolemma aus zwei Schichten besteht, einer, die den Charakter einer Zellmembran hat und einer mehr oberflächlichen Schicht, die dem Bindegewebe angehört. Im Jahre 1908 fand PAPPENHEIMER, der BIELSCHOWSKYS Silberimprägnierungsmethode anwendete, daß das Sarkolemma ,,keine homogene, strukturlose Membran darstellt, sondern ein zartes, membranähnliches Fibrillengeflecht, welches sich vom Perimysium internum nicht abgrenzen läßt. In ähnlicher Weise sprechen sich ATHANASIU und DRAGOIU (1910) aus, die eine Modifikation von CAJALs Silberimprägnierungsverfahren anwenden. GRIESMANN (1913) fand, das Sarkolemma bestehe von ,,einem zarten Netz äußerst feiner Fibrillen, als ein Maschenwerk von ausgezeichneter Feinheit, niemals jedoch als eine homogene, strukturlose Membran". Im selben Jahre legt PÉTERFI Beobachtungen vor, die darauf hinausgehen, daß das Sarkolemma teils aus einer homogenen Membran vom Charakter einer Zellmembran, teils auch aus einem dichten kollagenen Netz besteht; diese Substanzen sind eng miteinander verbunden. ASAI, ein Schüler SOBOTTAS, teilt im Jahre 1915 Beobachtungen mit, nach welchen das eigentliche Sarkolemma aus einer homogenen Membran bestehen soll, einer Zellmembran, die dicht von einem kernlosen, feinmaschigen Bindegewebe umschlossen ist.

Ich selbst kam im Jahre 1920 durch das Studium der Entwicklung von *Frosch*muskeln zu einer Auffassung, die in der Hauptsache mit derjenigen von

PÉTERFI übereinstimmt. So fand ich bei einer jungen Muskelfaser zu äußerst ein doppelkonturiertes Membrangebilde, das die wachsende Faser vollständig umschloß. Diese Membranbildung bezeichnete ich als ,,das primäre Sarkolemma". Es ist natürlich nicht als eine feste Haut aufzufassen, sondern bildet eine glasklare, homogene Differentiierung des Cystoplasmas der Muskelfaser, mit anderen Worten ihr Exoplasma. In dieser Membran entwickelt sich, zur selben Zeit wie das interstitielle Muskelbindegewebe, ein äußerst feines und dichtmaschiges kollagenes Netz, das nach außen mit dem Kollagen des Bindegewebes in Verbindung steht, nach innen mit den Grundmembranen. Das primäre Sarkolemma geht hierdurch in das sekundäre oder definitive Sarkolemma über. Dieses besteht also aus einem homogenen, glasklaren Exoplasma und einem in diesem gelegenen kollagenen Netz. Das Exoplasma ist hier wie überall der Träger von passiv mechanischen Strukturen.

MARCUS (1925) teilt in seiner Arbeit über die Herzmuskulatur mit, daß er bei *Amphibienembryonen* kein primäres Sarkolemma beobachten konnte. Er betont aber gleichzeitig, daß er das Sarkolemma als ein Fasernetz, das vom Perimysium nicht getrennt werden kann, auffaßt.

Rote und weiße Fasern.

Jedem fleischgenießenden *Menschen* ist es wohl bekannt, daß man bei einer Menge von *Tier*formen Muskeln findet, die durch ihre Farbe hochgradig gegeneinander kontrastieren, indem gewisse Muskeln ein fast weißes Aussehen haben, während andere hochrot sind. Hierüber sind auch Beobachtungen in der älteren Literatur erwähnt, der erste aber, der dieser Frage ein eingehenderes Studium widmete, war RANVIER in einer Serie von Arbeiten des Jahres 1873 und in späteren. Der Unterschied der Farbe beruht, wie er zeigte, auf einem verschiedenen Gehalt an Muskelfarbstoff, und dieser hatte seiner Ansicht nach dieselbe Bedeutung wie der Farbstoff des Blutes. Dies stimmt mit Beobachtungen von LANKESTER aus dem Jahre 1871 überein, der mikrospektroskopisch Hämoglobin in den Muskelfasern nachweisen wollte. RANVIER teilt auch Beobachtungen mit, die einen Unterschied in der Funktion der roten und weißen Muskeln nachweisen, indem sich die letzteren rascher verkürzen, aber eine Kontraktion von kurzer Dauer haben, während die ersteren langsamer fungieren, aber langdauernde Kontraktionen haben. MEYER (1875) und sein Lehrer KRAUSE, der schon im Jahre 1864 die verschiedene Farbe der Muskeln erwähnt hatte, versuchte indes geltend zu machen, daß die weißen Muskeln im Zusammenhang mit der Domestikation auftretende Degenerationsformen darstellen, eine These, die eine lebhafte Diskussion hervorrief. GRÜTZNER bestätigte in einer Anzahl von Arbeiten von 1883 und folgenden Jahren die Ansicht RANVIERs, und sein Schüler GLEISS wies Unterschiede betreffs der Wärme- und Milchsäurebildung in den beiden Muskeln nach. Aus derselben Zeit (1885 und 1887) sind zwei Arbeiten über den Farbstoff der Muskeln von MAC MUNN zu verzeichnen. Dieser nannte den Muskelfarbstoff ,,Myohämatin" und glaubte, daß er mit dem Hämoglobin verwandt, aber nicht identisch sei. KNOLL behandelt die Frage in zwei Arbeiten der Jahre 1889 und 1891. Er findet, daß die Bezeichnungen ,,trübe" und ,,helle" besser als ,,rote" und ,,weiße" den Charakter der in Rede stehenden Muskelfasern kennzeichnen. Eine durchgehende Funktionsverschiedenheit im Sinne RANVIERs glaubt er nicht konstatieren zu können. Die trüben Muskelfasern sind sarkoplasmareicher, die hellen fibrillenreicher. Die Anfüllung des Sarkoplasmas mit Körnern erklärt das trübe Aussehen dieser Fasern.

Die Muskulatur des *Menschen* ist ausschließlich rot oder trübe. Was die funktionellen Unterschiede betrifft, dürfte man hervorheben können, daß die roten im allgemeinen ausdauernder, die weißen rascher sind. Der am stärksten rotgefärbte Muskel im *menschlichen* Körper ist auch der ausdauerndste, nämlich das Herz. Augen-, Kaumuskeln und Diaphragma sind gleichfalls stark rote Muskeln. Junge Individuen haben hellere Muskeln als ältere. SCHIEFFER-DECKER (1903) fand in roten und weißen *Kaninchen*muskeln etwa dasselbe Verhältnis zwischen Fibrillen- und Sarkoplasmamenge. Die roten Muskeln hatten dagegen eine viel größere relative Kernmasse und auch das Kernvolumen war bei den roten viel höher.

Spiralmuskelfasern.

Muskelfasern mit spiralförmig verlaufenden Fibrillen sind von den verschiedensten *Tier*klassen bekannt. Ferner liegen sowohl Beobachtungen über glatte (Abb. 78) als über quergestreifte Muskeln dieser Art vor. Zu den letzteren gehören MARCEAUs Beobachtungen (1907) am Herzen von *Anodonta,* und am quergestreiften Anteil des Schalenmuskels bei *Pecten.* Im Jahre 1908 beschrieb THULIN solche Muskelfasern von der Zunge der gewöhnlichen *Kröte (Bufo vulgaris)* wie der amerikanischen *(Bufo agna)* sowie des *Chamäleons*, und später (1908) beschreibt er solche von Augenmuskeln des *Menschen*. Er fand, daß diese Fasern in der

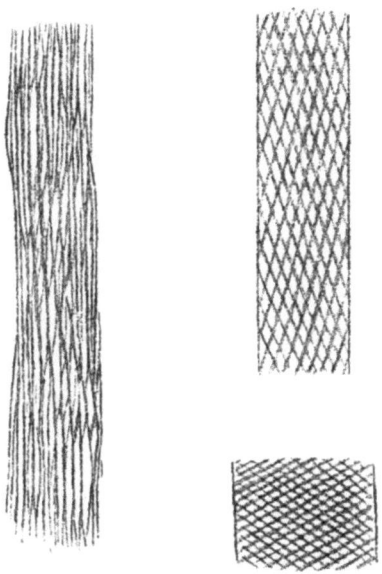

Abb. 78. Stücke von Muskelfasern aus dem gelben Schließmuskel von *Anodonta,* im Zustande mäßiger Dehnung, mittlerer und starker Kontraktion. (Nach ENGELMANN 1881.)

Abb. 79. Längsschnitt durch zwei Zungenmuskelfasern von *Bufo*. 1. Spiralmuskelfaser; links eine gewöhnliche Faser. Extension. Mikrophoto. (Nach THULIN 1914.)

Zunge der *Kröte* (Abb. 79) sich durch einen spiralförmigen Verlauf, eine schwach hervortretende Grundmembran und einen deutlichen HENSENschen Streifen kennzeichnen. Die Säulchen sollen im Zentrum dichter und in der Peripherie schütterer liegen; die zentralen sind nicht ebenso stark schraubenförmig wie die peripheren, weshalb man im Zentrum längsgeschnittene Bündel finden kann, während sie in der Peripherie quergeschnitten sind. Die Fasern zeigen auf dem Querschnitt „Schnecken"-Form, indem eine Sarkolemmaeinstülpung bis zur Mitte der Muskelfaser vordringt. THULIN ist der Ansicht, daß dies sowohl für die Funktion der Faser wie für den spiralförmigen Fibrillenverlauf von der größten Bedeutung sei. Im Kontraktionsstadium gleichen die Fasern einer zusammengedrückten Spiralfeder. Beim *Chamäleon* zeigten diese Fasern in gewissen Beziehungen abweichende Verhältnisse. THULIN ist der Ansicht, daß sie in funktionellem Zusammenhang mit der Fähigkeit des *Tieres* stehen, die Zunge beim Fangen ihrer Beute blitzschnell hervorschnellen zu lassen.

In den Augenmuskeln sind nicht die Fasern selbst spiralförmig gewunden, sondern nur die Fibrillen zeigen einen spiralförmigen Verlauf. Die Höhe der

Kästchen beträgt nur ²/₃ der Höhe, die sie in den gewöhnlichen, im selben Muskel vorkommenden Fasern haben; die Spiralwindung geschieht rund um die Achse der Faser. In den Augenmuskeln fand THULIN auch Fasern mit einer zentralen Zone, in der die Fibrillen zuerst longitudinell verliefen, um später abzubiegen und in einer äußeren Zone in quergehenden Spiralen zu verlaufen. Eine Erklärung für die Bedeutung dieser Muskelfasern in den Augenmuskeln konnte THULIN nicht geben. HEIDENHAIN sah ähnliche Verhältnisse im Musculus brachialis bei Myotonie, und SLACEK bei Myxödem. Später konstatierte SCHWARZ (1925) zirkuläre Fibrillen in den Augenmuskeln von *Hunden* und *Kaninchen* unter normalen Verhältnissen.

Übergangsformen zur glatten Muskulatur.

In der älteren histologischen Literatur finden sich ab und zu Angaben über Übergangsformen zwischen glatter und quergestreifter Muskulatur, so z. B. bei SIMROTH (1876), MAYER (1881) u. a. früheren Autoren. Wie NASSE (1882) richtig hervorhebt, dürften solche Übergangsformen nicht existieren. Zum Teil dürfte es sich, wie der letzterwähnte Verfasser bezüglich der Beobachtungen SIMROTHS hervorhebt, um glatte Muskelzellen mit dunklen Kontraktionsbändern, „Verdichtungsknoten" (SCHAFFER), handeln, die man nach unzweckmäßiger Fixierung auftreten sieht. Andererseits dürfte in gewissen Fällen auch eine wirklich quergestreifte Muskulatur vorgelegen haben, bei der durch ungeeignete Fixierung Parallelverschiebungen und teilweise Zerstörung des Eindruckes der Querstreifung eingetreten waren. Bei vielen *Tier*formen scheint die Entscheidung, ob Muskeln quergestreift sind oder nicht, große Schwierigkeiten zu machen (vgl. PLENK, 1925).

2. Veränderungen bei der Kontraktion.

a) Physiologische Bemerkungen.

Schon DU BOIS REYMOND (1859) fand, daß der tetanisierte Muskel sauer wird, und stellte fest, daß dies mit der Entwicklung von Milchsäure in der Muskelsubstanz zusammenhing. ENGELMANN (1892) dachte sich die Möglichkeit, daß im Muskel vorkommende organische Substanzen sich bei Erwärmung verkürzten. Spätere Berechnungen haben jedoch ergeben, daß allzugroße Temperaturdifferenzen erforderlich sein würden, als für lebende Materie zu ertragen denkbar wären. ENGELMANN rechnete nämlich mit Erwärmung, welcher Prozeß sich auf das Volumen gewisser Strukturelemente in der Muskelfaser bezieht. BLIX (1894, 1901) fand es statt dessen wahrscheinlich den wirksamen Prozeß an der Oberfläche der Elemente abgespielt, eine veränderte Oberflächenspannung bewirkend, und durch myothermische Versuche konnte er darlegen, daß dieser Gedankengang gut mit den gemachten Beobachtungen übereinstimmte. Es ist indessen von altersher wohl bekannt, daß die Muskeltätigkeit mit Wärmeentwicklung verbunden ist. Große Schwierigkeiten entstanden als es galt, diese faktische Wärmeentwicklung in den Verlauf der Muskelkontraktion einzufügen. Das Verdienst, dieses mit Erfolg getan zu haben, kommt in erster Hand dem Engländer HILL zu.

Durch eine äußerst verfeinerte Versuchsmethodik ist es diesem Forscher geglückt, während der Jahre 1910—1920 festzustellen, daß die Wärmeentwicklung bei der Muskelkontraktion auf vier Perioden verteilt ist. Die drei ersten Perioden fallen in die Zeit, wo der mechanische Verlauf im Muskel abgespielt wird. Die erste steht in Zusammenhang mit der Spannungsentwicklung, unmittelbar nach Beginn der Reizung, die zweite entspricht der

Beibehaltung der Spannung, so lange die Reizung fortsetzt und die dritte tritt um das Ende der Erschlaffung des Muskels ein. Die vierte kommt erheblich später, ist verzögert, wenn der Muskel zur Ruhe zurückgekehrt ist. Die ersten drei Perioden können als die initiale Wärme zusammengefaßt werden, die letzte wird als die verzögerte Wärme bezeichnet. HILL wies nach, daß zwischen diesen beiden Energiephänomen interessante Ungleichheiten existieren. Die Initialwärme ist nämlich davon unabhängig, ob Sauerstoffgas sich in der Umgebung des Muskels befindet oder nicht. Cyankalium, das alle Oxydationsprozesse hindert, kann dem Medium, in welchem der Muskel während des Versuches aufbewahrt wird, zugesetzt werden; der Muskel kann sich dennoch verkürzen und Wärme wird entwickelt. Der Prozeß ist anaerob, d. h. er entwickelt sich ohne Beisein von Sauerstoff. Dieser Stoff hindert jedoch auch den Prozeß nicht. Die verzögerte Wärme ist dagegen von der Anwesenheit des Sauerstoffs abhängig. Bei Abwesenheit von Sauerstoff bleibt dieses Phänomen vollständig aus, weshalb dasselbe wahrscheinlich an einen Oxydationsprozeß gebunden ist. Es ist also deutlich, daß die Verbrennung, die man von altersher mit dem Oxydationsprozeß des Muskels verknüpft hat, in Wirklichkeit nach diesem vor sich geht, und daß sie in ihrem Zeitverlauf in gewissen Maße unabhängig von dem mechanischen Verlauf ist. Andererseits ist es für Kontraktion und Erschlaffung des Muskels gleichgültig, ob bei der Gelegenheit Sauerstoff vorhanden ist oder nicht. HILL dachte, daß die Reizung einen chemischen Prozeß auslöse, der längs der Oberfläche gewisser Strukturelemente im Muskel saure Reaktion gebe. Die veränderte Reaktion führt bei diesen Elementen eine Formveränderung mit sich, die als Verkürzung des Muskels auftritt.

Bereits 1907 hatten FLETCHER und HOPKINS bewiesen, daß in dem herausgeschnittenen *Frosch*muskel einesteils eine anaerobe Milchsäurebildung und andernteils ein aerober Milchsäureverbrauch vor sich geht. HILL konnte einen gewissen Parallelismus zwischen Wärmeentwicklung und Milchsäurebildung nachweisen, weshalb es wahrscheinlich wurde, daß sie auf denselben Prozeß zurückzuführen wären. HILL berechnete, daß bei der Milchsäurebildung 450 Wärmecalorien per Gramm Milchsäure entwickelt werden. Er stellte zusammen: die anaerobe, initiale Wärmeentwicklung und die ebenfalls anaerobe Milchsäurebildung, sowie die aerobe, verzögerte Wärmeentwicklung und den aeroben Milchsäureverbrauch. Bildung und Verbrauch von Milchsäure müssen im Leben gleich groß sein, weshalb HILL annahm, daß während der Entwicklung der verzögerten Wärme 450 Calorien per Gramm Milchsäure entwickelt werden müssen. Die Verbrennungswärme der Milchsäure beträgt indessen nicht weniger als 3700 Calorien per Gramm, weshalb die Milchsäure nicht vollständig verbrannt werden kann. HILL hielt es für wahrscheinlich, daß ein Teil derselben in die Muttersubstanz zurückgebildet werde, aus der sie entwickelt wurde.

Hier knüpfen die Entdeckungen des deutschen Forschers MEYERHOF an. Er konnte die Versuche HILLS insofern berichtigen, indem er feststellte, daß das Verhältnis zwischen Wärmeentwicklung und Milchsäurebildung 350 Calorien per Gramm Milchsäure betrage, nicht 450 Calorien. Das hat jedoch keine Einwirkung auf die Richtigkeit von HILLS Schlußsätzen. MEYERHOF hat ferner nachgewiesen, daß ein herausgeschnittener Muskel sein Kontraktionsvermögen absehwerte Zeit ohne Zugang von Sauerstoffgas beibehalten kann. Da Atmung sonach nicht erfolgen kann, wird Milchsäure gebildet. Wird später Sauerstoff zugeführt, verschwindet die Milchsäure, eine Eigentümlichkeit des Muskelgewebes. Bei vollständiger Verbrennung dieser Säure sind 3 Moleküle Sauerstoff per Mol. Milchsäure erforderlich. MEYERHOF fand, daß im Muskel nur etwa $1/4$ der Sauerstoffmenge verbraucht wurde als für die Verbrennung all der gebildeten Milchsäure hätte erforderlich sein sollen. Die Kohlensäurebildung zeigt indessen, daß eine Verbrennung von Material von der Zusammensetzung der Milchsäure entstanden ist. Hieraus ist zu schließen, daß während der Periode der verzögerten Wärme im Muskel von 4 Mol. Milchsäure nur 1 verbrannt wird, während 3 in eine andere Substanz überführt werden. Während der Muskelruhe verschwindet demnach 4mal mehr Milchsäure als verbrannt wird.

EMBDEN hat während des letzten Dezenniums zeigen können, daß bei der Arbeit des Muskels nicht nur Milch-, sondern auch Phosphorsäure gebildet wird. Er schloß deshalb auf das Vorkommen einer besonderen Substanz, ,,Lactacidogen", die bei ihrem Zerfall die Entstehung von sowohl Milch- als Phosphorsäure verursachen solle. Diese Substanz wurde von EMBDEN zuerst als **Hexosdiphosphorsäure**, später als **Hexosmonophosphorsäure** identifiziert. Das Lactacidogen wird bei der Muskelkontraktion gespalten und nachher wiedergebildet. Hiermit spielt neben der Milchsäure auch die Phosphorsäure eine hervorragende Rolle in unserer Kenntnis von der physiologischen Chemie des Muskels.

MEYERHOF findet es sehr wahrscheinlich, daß die Phosphorsäure bei der Kontraktion eine bedeutungsvolle Rolle spielt, denn nur in ihrem Beisein kann präformiertes Glykogen ,,restlos" in Milchsäure umgewandelt werden. Für den Prozeß gibt er (1923) folgende Formel an:

A. Anaerobe Phase
$$5/n\ (C_6H_{10}O_5)n* + 5\ H_2O + 8\ H_3PO_4$$
$$\to 4\ C_6H_{10}O_4(H_2PO_4)_2 + C_6H_{12}O_6 + 8\ H_2O$$
$$\to 8\ C_3H_6O_3 + 8\ H_3PO_4 + C_6H_{12}O_6$$

B. Oxydative Phase
$$8\ C_3H_6O_3 + 8\ H_3PO_4 + C_6H_{12}O_6 + 6\ O_2$$
$$\to 4\ C_6H_{10}O_4(H_2PO_4)_2 + 6\ CO_2 + 14\ H_2O$$
$$\to 4/n\ (C_6H_{10}O_5)n + 8\ H_3PO_4 + 6\ CO_2 + 10\ H_2O.$$

Im übrigen nimmt EMBDEN gegenüber HILL-MEYERHOF einen in vielen Hinsichten kritischen Standpunkt ein. Man kann nicht sagen, daß hier definitive Klarheit geschaffen sei. Durch die Einsätze dieser drei Forscher — nebst einer Anzahl hier nicht erwähnter — scheint sich jedoch die Frage über die physiologisch-chemischen Prozesse bei Kontraktion im Muskel mit großen Schritten ihrer Lösung zu nähern.

b) Morphologie.

Betrachten wir dagegen die morphologischen Phänomen bei der Muskelkontraktion, müssen wir leider gestehen, daß die Anknüpfungspunkte an die oben geschilderten physiologisch-chemischen Beobachtungen nur sehr wenige sind. Die Kontraktion ist jedoch in gleich hohem Grade ein morphologisches wie ein physiologisches Problem. Hierher gehört nicht allein die Frage über die gröberen Formveränderungen der Muskelfaser, sondern auch die Frage über die morphologischen Veränderungen der kleinsten Teilchen der Muskelfaser ist für das wirkliche Verstehen hierher gehöriger Probleme von Wichtigkeit. An ihrer Lösung müssen deshalb Physiologen und Histologen Hand in Hand arbeiten. Nur auf diesem Wege kann die Lösung des Rätsels der Muskelkontraktion erreicht werden.

Eine Schwierigkeit für das Verstehen des Zusammenhangs zwischen Morphologie und Physiologie besteht darin, daß die Physiologen bei ihren Versuchen darauf angewiesen sind mit dem ganzen Muskel zu arbeiten, während der Histologe seine Studien der einzelnen Muskelfaser oder sogar Teilen davon zuwendet.

---

* Glykogen.

Von altersher ist es bekannt, daß die Muskelfaser bei ihrer Verkürzung dicker wird. Diese Verdickung schreitet wie eine Welle, die Kontraktionswelle (Abb. 80), längs der Muskelfaser weiter. Dabei können Länge und Geschwindigkeit der Ausbreitung der Welle höchst absehbar variieren. ROLLETT (1892) stellte die Geschwindigkeit der Welle in einem roten Kaninchenmuskel (Musc. cruralis) auf 1,5—3,4 m in der Sekunde, die Wellenlänge auf $^1/_4$—$^1/_3$ m fest. In einem weißen Muskel (Musc. semimembranosus) desselben Tieres war die Geschwindigkeit 5,5—11,3 m und die Wellenlänge zwischen $^1/_3$ und nahezu 1 m. Man kann jedoch in der Skeletmuskulatur von *Säugetieren* Kontraktionswellen von bedeutend geringerer Länge finden. In einem Biceps von *Meerschweinchen*, der durch den Nerven zu dauernder (tetanischer) Kontraktion gereizt und in diesem Zustand durch Injektion von körperwarmem Formol-Sublimat fixiert wurde (das Blut wurde vorher mit körperwarmer RINGER-LOCKES-Lösung weggespült), fand ich nur Kontraktionswellen, die in der Länge 40—50 Muskelfächer umfaßten. In diesem Falle waren sonach die Kontraktionswellen in den Muskelfasern bedeutend kürzer, und man sieht dieselben als knotenförmige Schwellungen auf den Fasern. Ich kann deshalb HEIDENHAIN (1911) nicht beistimmen, wenn er anschließend an ROLLETTS Beobachtungen betont, daß die Wellenlängen bei warmblütigen *Tieren* unter allen Umständen viel größer sind als die Faserlänge, und daß eine Innervationsstelle für eine Muskelfaser hinreichend ist. Wir finden auch bei *Säugetieren* tatsächlich eine große Anzahl Innervationsstellen auf jeder Faser, wie AGDUHRs bekannte Untersuchungen dartun. Dieses Verhältnis entspricht dem, was ROLLETT bei *Käfern* fand. Auch beim *Frosche* findet sich eine Mehrzahl von Innervationsstellen. Die Wellenlänge dürfte statt dessen bei ein und derselben Faser bei verschiedenen physiologischen Zuständen variieren können.

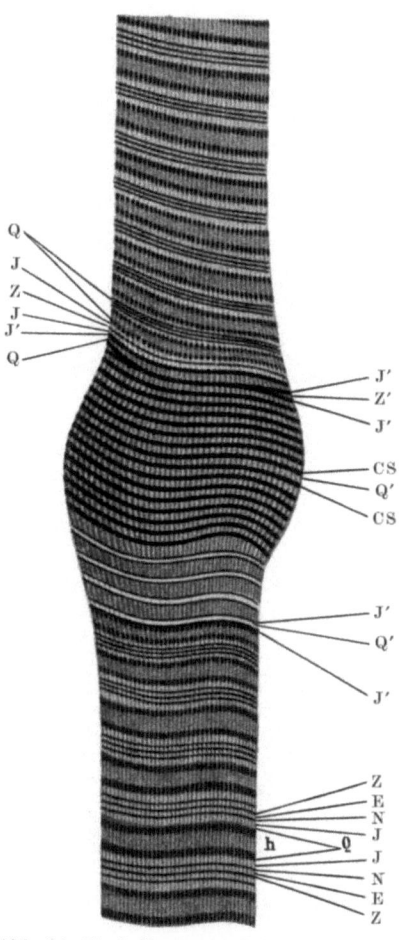

Abb. 80. Muskelfaser von *Prionus corciaceus* mit angelegter Kontraktionswelle. (Nach A. ROLLETT 1891.)

Über diese Verhältnisse kann ich noch keinen vollständigen Bescheid geben, aber es fragt sich, ob die Wellenlänge nicht mit der Größe der Belastung variieren kann. Hierüber sind jedoch fortgesetzte Versuche notwendig.

Betreffs der Veränderungen in der Muskelfaser selbst habe ich in der Historik über ENGELMANNs, ROLLETTS u. a. Beobachtungen berichtet, sowie über die Theorien, die sie in der Folge hiervon glaubten aufstellen zu können. Während der letzten Jahrzehnte scheinen mir, von morphologischem Gesichtspunkt, vor allem die Beobachtungen EMIL HOLMGRENs der Beachtung wert zu sein.

HOLMGREN ging von der bekannten, sog. Kontraktionskurve aus (Abb. 81) und suchte die Bilder, die er bei dem Studium der Muskelfaser fand, nach den Phasen, die die Kurve zeigte, einzupassen. Er erhielt auf diese Weise vier Stadien, die er mit Ausgangspunkt von dem Augenblick, in welchem dem Muskel die Reizung zugeführt wird, wie folgt benannte: 1. **Fakultatives Stadium**, d. h. die Periode der latenten Reizung; 2. **Aktivitäts- oder Kontraktionsstadium**; 3. **Regenerationsstadium**, die Dekreszenz, wenn der Muskel sich wieder verlängert; schließlich 4. **Postregenerationsstadium oder Ruhestadium**. Diese vier Perioden gleichen einander nicht in den verschiedenen Muskulaturarten, sondern verlaufen in Q- und J-Kornmuskulatur auf andere Weise.

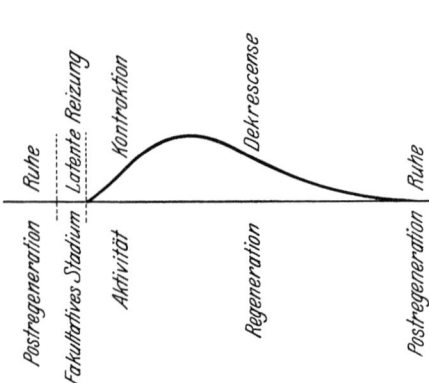

Abb. 81. Zuckungskurve eines Muskels.

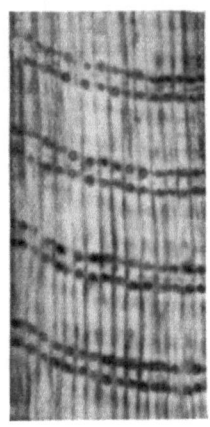

Abb. 82. Skeletmuskel von *Libellenlarve* mit J-Körner. Mikrophoto. (Nach E. HOLMGREN.)

c) Muskeln mit J-Körnern.

Zu dieser Muskelgruppe gehören bei dem *Menschen* alle Skeletmuskeln und übrigens alle Muskeln mit mehr zufälliger Funktion. HOLMGREN charakterisiert (1920) die periodischen Veränderungen dieser Muskulatur bei der Kontraktion auf folgende Weise:

1. In dem **fakultativen Stadium** (Abb. 83) sind die Querscheiben der Myofibrillen intensiv färbbar. Die J-Streifen sind höher, in der Regel mindestens doppelt so hoch wie bei Muskelfasern mit Q-Körnern und die Muskelfächer ebenso. Zwischen den J-Streifen der Fibrillen kann man die ungefärbten J-Körner angedeutet sehen.

2. Bei der **Funktion oder Aktivität** (Abb. 84) ist die Färbbarkeit der Fibrillen verschwunden, gleichzeitig sind sie dick und verkürzt worden. Die Höhe der Muskelfächer ist bedeutend reduziert. Die Grundmembranen lassen sich intensiv färben und bilden die quergestellten Kontraktionsstreifen. Das Stadium geht in die nächste Periode oder

3. das **Regenerationsstadium** (Abb. 85) über, welches sich dadurch auszeichnet, daß, während der Kontraktionsstreifen verblaßt, werden entsprechend der Lage der Querfadennetze und der kugelförmigen Enden der J-Körner, die auf demselben Horizont liegen, regenerative Querbänder gebildet, sonach eines auf jeder Seite der Grundmembranen. Die Myofibrillen sind ungefärbt und mit abnehmender Dicke. Während des Absinkens der Regeneration zur absoluten Ruhe verschwinden die Querbänder und die J-Körner, oder die kugelförmigen Enden der Körner werden intensiv gefärbt. Die Regeneration ist dabei zum

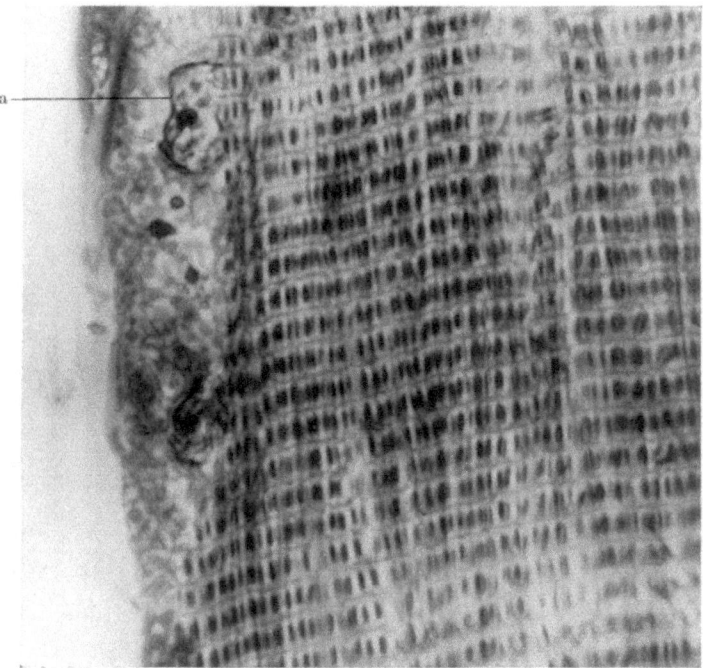

Abb. 83. Längsschnitt einer Muskelfaser aus dem Diaphragma von *Kaninchen*. Fakultatives Stadium. Bei a eine Trophocyte. Mikrophoto. (Nach E. HOLMGREN 1920.)

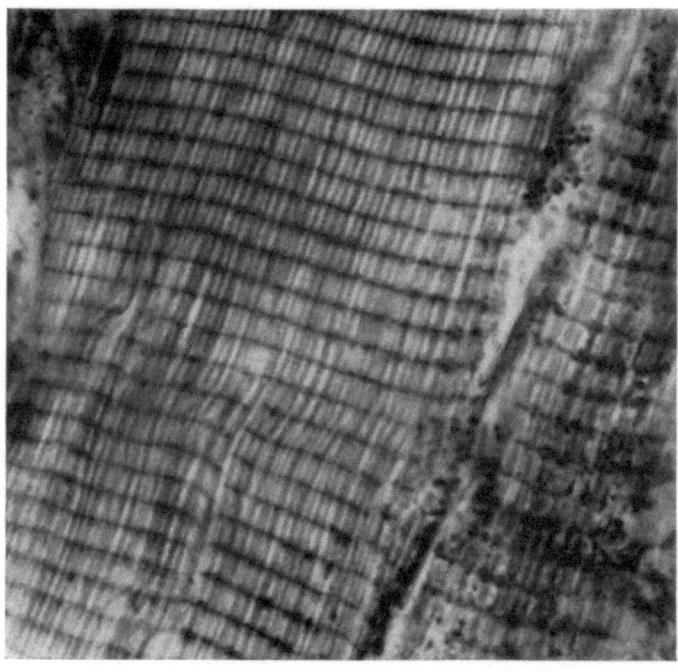

Abb. 84. Diaphragmafaser vom *Kaninchen*. Aktivitätsstadium. Die Kontraktionsstreifen treten deutlich hervor. Mikrophoto. (Nach E. HOLMGREN 1920.)

156 Skeletmuskelgewebe.

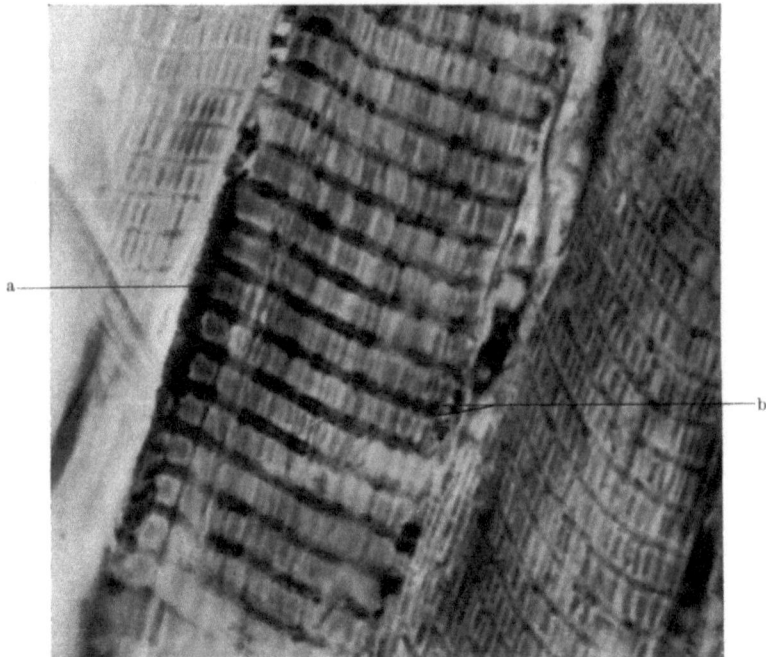

Abb. 85. Diaphragmafaser vom *Kaninchen*. Regenerationsstadium (die linke Faser). Bei a Rand einer stark gefärbten Trophocyte; b regenerative Querstreifen an beiden Seiten der Grundmembran. Mikrophoto. (Nach E. HOLMGREN 1920.)

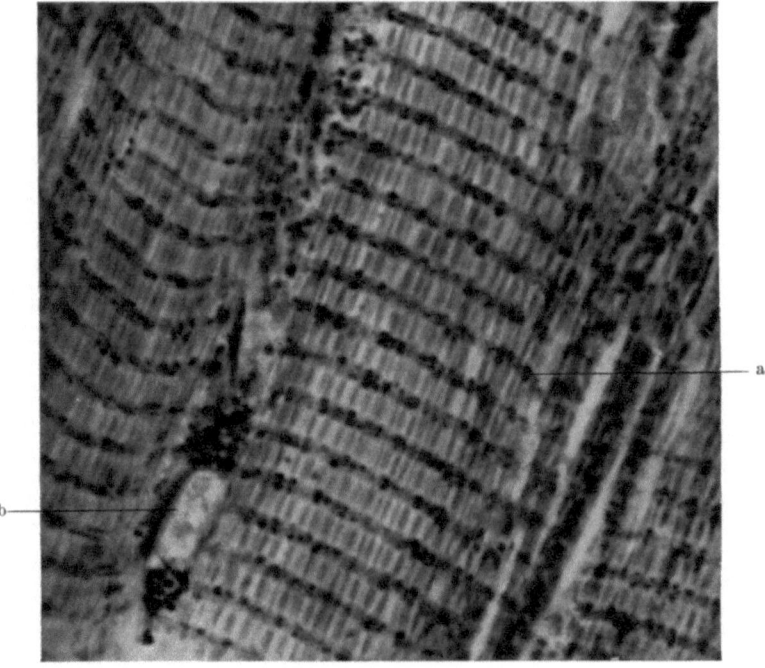

Abb. 86. Diaphragmafasern vom *Kaninchen*. Postregeneration: 1. Phase. a gefärbte J-Körner; b Kern einer stark granulierten Trophocyte. Mikrophoto. (Nach E. HOLMGREN 1920.)

4. Postregenerationsstadium übergegangen. Dieses kennzeichnet sich teils, wie erwähnt, durch zwei Reihen intensiv gefärbte J-Körner zu beiden Seiten der Grundmembranen, teils durch äußerst extensierte und dünne Myofibrillen, ohne spezifische Färbbarkeit. Dieses Aussehen bildet jedoch nur eine Periode im Postregenerationsstadium (Abb. 86), das nach und nach insofern das Aussehen ändert, als aus den gefärbten J-Körnern Verbindungen mit gleichen Körnern am anderen Ende des gleichen Muskelfaches herausfließen (Abb. 87). Hierdurch kommen die Querscheiben der Fibrillen in unmittelbaren Kontakt mit dem gefärbten Inhalt der J-Körner. Diese Farbenveränderung der J-Körner scheint zu beweisen, daß die J-Körner nur die kugelförmigen Enden der im

Abb. 87. Diaphragmafasern vom *Kaninchen*. Postregeneration: 2. Phase. Bei a eine gefärbte Verbindungsbrücke zwischen zwei J-Körnern. Mikrophoto. (Nach E. HOLMGREN 1920.)

übrigen auf der Höhe der Q liegenden dünnen stabförmigen Korngebilde sind. Dieses II. Postregenerationsstadium, dieses II. Ruhestadium, geht darauf bei eingetretener Reizung in das Mobilisierungsstadium oder das fakultative Stadium über, dadurch, daß die J-Körner ihren färbbaren Inhalt an die Querscheiben der Fibrillen abgeben, wodurch die Muskelfaser eine solche Konstitution erhält, daß sie sich unmittelbar kontrahieren kann.

Für seine Untersuchungen benutzte HOLMGREN Material aus weit getrennten *Tier*klassen. Seine Schüler THULIN, SCHWARZ u. a. haben seine Beobachtungen bestätigt und dieselben erweitert.

d) Muskeln mit Q-Körnern.

Hierher gehört bei dem *Menschen* nur die Herzmuskulatur, im übrigen aber in verschiedenen *Tier*klassen verschiedene Muskeln mit intensiver und andauernder Tätigkeit, wie Flügelmuskeln bei *Insekten*, *Vögeln* und *Säugetieren (Fledermäuse)*.

HOLMGREN beschreibt (1920) die Veränderungen in diesen Muskeln auf folgende Weise:

1. **Fakultatives Stadium** (Abb. 88). Aussehen und Färbbarkeit der kontraktiven Fibrillen verhalten sich so, wie man diese seit langem beim Extensionszustand der Muskelfaser kennengelernt hat, d. h. die Muskelfächer sind verhältnismäßig hoch. Q lassen sich intensiv färben; die Fibrillen sind schmal. Zwischen den Q der Fibrillen treten indessen mit außerordentlicher Regelmäßigkeit ungefärbte ovale Korngebilde hervor, deren größter Diameter genau der Höhe der Q entspricht — Q-Körner. Jedes Korn ist von einer schwach gefärbten Membran umgeben. In der Nähe der in die Länge gezogenen Kerne liegen ungefärbte

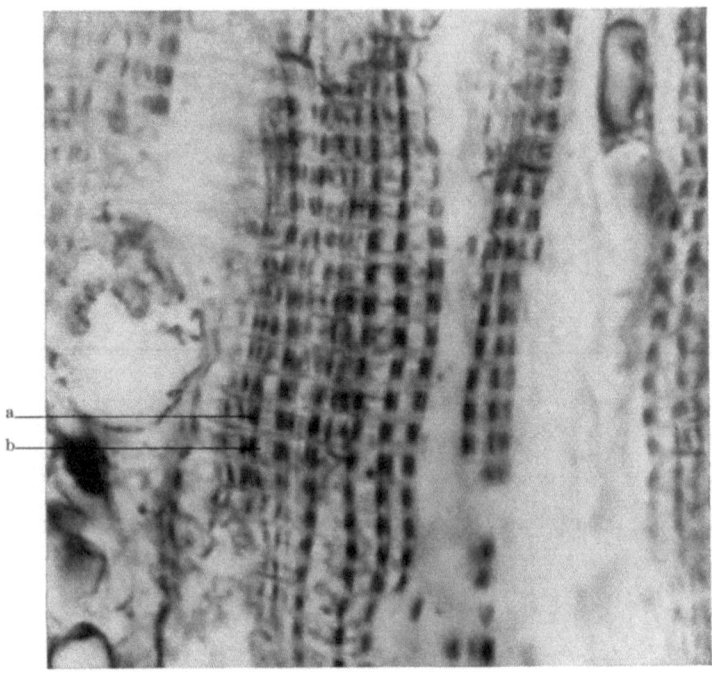

Abb. 88. Herzmuskelfaser vom *Eichhörnchen*. Fakultatives Stadium. Bei a stark gefärbte Querscheiben; b ungefärbte Q-Körner. Mikrophoto. (Nach E. HOLMGREN 1920.)

oder nur schwach färbbare größere und kleinere Granula. Die Telophragmen treten infolge ihrer unbedeutenden Färbbarkeit schwach hervor. Die Muskelfaser zeigt eine verhältnismäßig lockere und weiche Konsistenz.

2. **Aktivitäts- oder Funktionsstadium** (Abb. 89). Auf experimentellem Wege kann man aus obenerwähntem Zustand eine Kontraktion auslösen und dabei beobachten, wie die Muskelfächer in Zusammenhang mit der Verkürzung und Verdickung der Muskelfaser — die gleichzeitig eine weit dichtere und festere, ja harte Konsistenz erhält — wesentlich niedriger werden. Die Veränderung der Myofibrillen bildet, wenn auch nicht die ausschließliche, so doch eine nennenswerte Ursache zu dieser Umgestaltung der Muskelfaser. Sie werden nämlich höchst bedeutend verkürzt und gleichzeitig ihre Dicke vervielfacht. Hierbei wird die Höhe der isotropen Bänder zu minimalen Dimensionen reduziert, und die Färbbarkeit der Querscheiben verschwindet. Die Q-Körner erleiden keine nennenswerten Veränderungen und strecken sich, zufolge der Verkürzung der Muskelfächer, von dem einen Telophragma bis zu dem anderen.

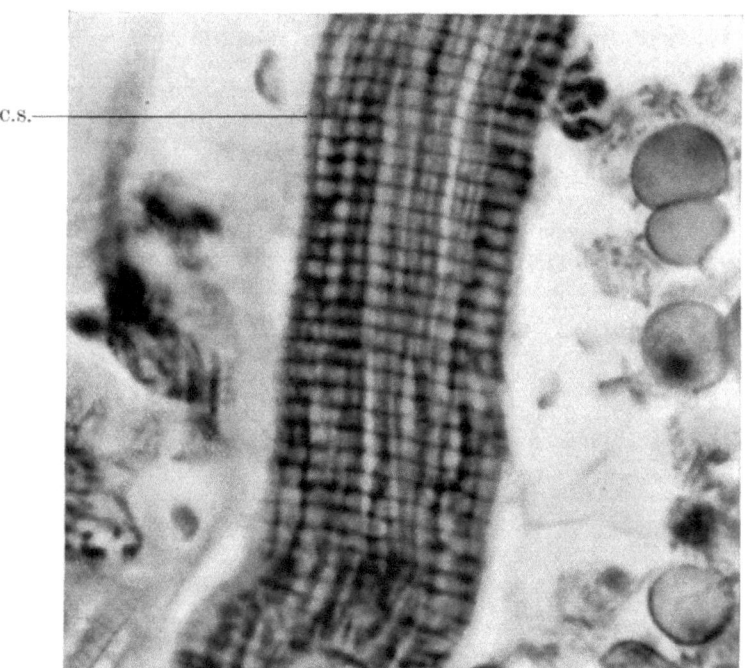

Abb. 89. Herzmuskelfaser vom *Eichhörnchen*. Kontraktionsstadium. Bei C.S. Kontraktionsstreifen. Mikrophoto. (Nach E. HOLMGREN 1920.)

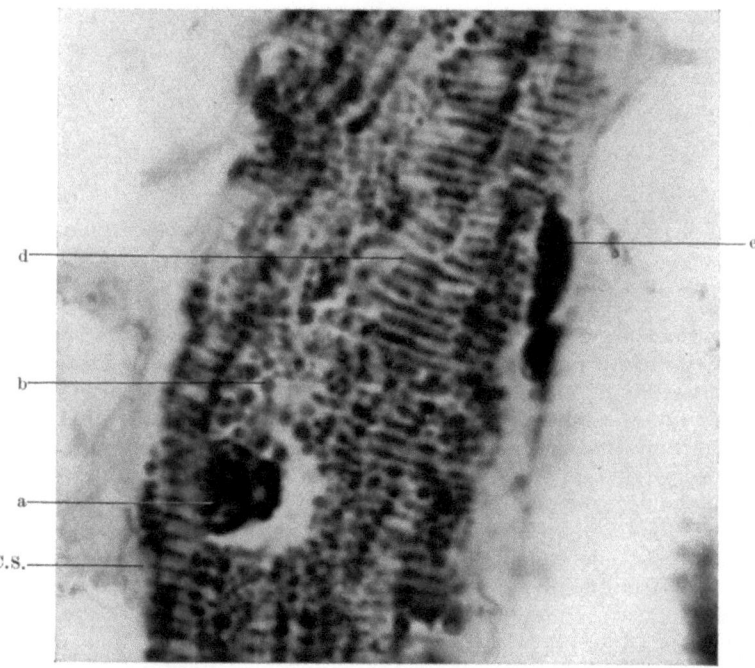

Abb. 90. Herzmuskelfaser vom *Eichhörnchen*. Übergang vom Kontraktions- zum Regenerationsstadium. a Kern der Muskelfaser in Kontraktion; C.S. Kontraktionsstreifen; b Endoplasmakörner; d beginnende regenerative Querbänder; e Kern einer Trophocyte. Mikrophoto. (Nach E. HOLMGREN 1920.)

160 Skeletmuskelgewebe.

Auf dem Horizont der Grundmembranen und Querfasernetze, oder Trophospongien erscheint indessen eine intensive Färbbarkeit, die gegen das Ende der Aktivität an Breite zunimmt. Man pflegt diesen Querstreifen, der seiner Lage nach den Telophragmen entspricht, als Kontraktionsstreifen (C. S.) zu bezeichnen. Gleichzeitig mit diesem gesteigerten Hervortreten der Querstreifen werden in der Umgebung der Kerne immer größere Mengen von gröberen oder feineren, stark färbbaren Granula angehäuft. Die Kerne, die sich der Form nach der der Muskelfasern anpassen, sind mehr gerundet.

3. Regenerationsstadium (Abb. 90 u. 91). Entsprechend dem der myographischen Kurve auf das schnell steigende Energiestadium unmittelbar folgende

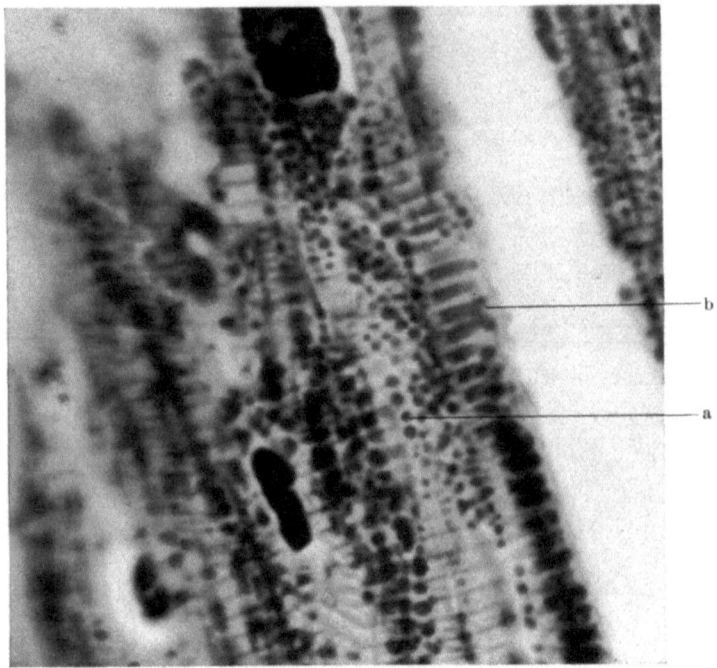

Abb. 91. Herzmuskelfaser vom *Eichhörnchen*. Regeneration. a Endoplasmakörner; b gut ausgebildete, regenerative Querbänder. Mikrophoto. (Nach E. HOLMGREN 1920.)

ausgezogene Stadium der sinkenden Energie, wobei die Muskelfasern wieder der Länge nach gedehnt und schmäler werden, begegnet man einer schnell einsetzenden intensiven Vermehrung der gefärbten interfibrillären Strukturen, die der Aktivität in nicht unwesentlicher Hinsicht das Gepräge gaben, nämlich dem Kontraktionsstreifen und den Sarkosomen um die Kerne. Zu gleicher Zeit nämlich, wenn die Myofibrillen beginnen verlängert zu werden und an Dicke abzunehmen, und dadurch die interfibrillären Interstitien in den immer höheren Muskelfächern größeren Raum gewinnen, fließt die färbbare Materie des Kontraktionsstreifens mehr und mehr in die Muskelfächer aus, wodurch der Horizont der Grundmembranen allmählich an Färbbarkeit abnimmt. Hierdurch entstehen „regenerative Querbänder", d. h. interfibrilläre Materie in Form von Querbändern, worin die Q-Körner eingebettet liegen. Die Myofibrillen dagegen erleiden unter ihrer Streckung und Verdünnung keine tinktoriellen Veränderungen. Die Körneransammlung um die Kerne nimmt zu. Ein Teil dieser Körner sind sicherlich aus den Kernen ausgewanderte Chromiolen

(Chromidienbildung). Die Kerne selbst werden mehr der Länge nach ausgezogen. Je mehr das Stadium der sinkenden Energie der myographischen Kurve sich dem Horizont nähert, desto mehr geben die regenerativen Querbänder Raum für die jetzt intensiv und in gleicher Weise gefärbten Q-Körner, die hierbei ihr größtes Volumen zeigen und schließlich die alleinige färbbare Materie bilden, die zwischen die besonders dünnen und völlig ungefärbten Myofibrillen eingeschoben liegt. So geht das Regenerationsstadium in das morphologische Bild über, das der absoluten Ruheperiode der Muskelfasern entspricht, oder das 4. Postregenerationsstadium (Abb. 92 u. 93). Man kann sagen, daß das morphologische Bild dieser Periode ein nahezu vollständiges Negativ des

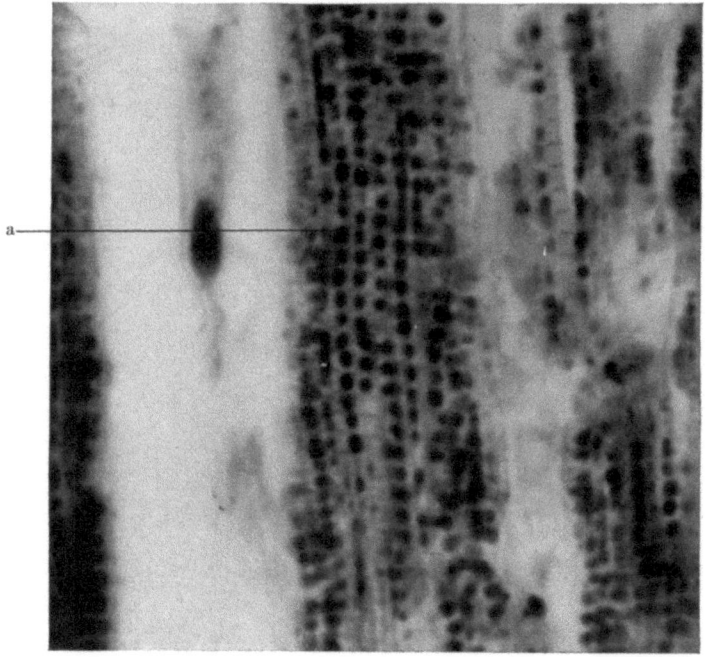

Abb. 92. Herzmuskelfaser vom *Eichhörnchen*. Postregenerations- oder Ruhestadium. Bei a stark gefärbte Q-Körner. Mikrophoto. (Nach E. HOLMGREN 1920.)

fakultativen Stadiums bildet. Nur die Muskelfächer sind noch höher und die Fibrillen noch dünner als während der letztgenannten Periode. Die Myofibrillen sind vollständig ungefärbt, und zwischen ihnen liegen die intensiv färbbaren Q-Körner eingefaßt, in einem solchen Umfange, daß deren Längsdurchschnitt genau der Höhe des anisotropen Segments der Fibrillen entspricht. Das Sarkoplasma um die Kerne enthält in der Regel eine unbedeutende Anzahl stark färbbare Granula von wechselnder Größe. Experimentelle Untersuchungen haben ergeben, daß diesem Extensionsstadium mit nicht färbbaren Querscheiben, aber mit stark färbbaren Q-Körnern, eine Funktion nicht unmittelbar ausgelöst werden kann. Die Periode ist sonach ein absolutes Ruhestadium. Wird eine Reizung zugeführt, geht die Postregeneration erst in das latente Energie, stadium über, in die fakultative Periode, ehe die Kontraktion einsetzen kann. Hierbei geht es so zu, daß die stark gefärbten Q-Körner ihre färbbare Materie an die Querscheiben der dicht anliegenden Fibrillen abgeben. Ist das geschehen, dann sind die Querscheiben intensiv gefärbt und die Q-Körner unfärbbar.

162 Skeletmuskelgewebe.

Diese Beobachtungen sind u. a. von PRENANT und v. EBNER bestätigt worden.

Durch Experimente kann dargelegt werden, daß, wenn die Funktion der Q-Körner, den Produzenten der färbbaren Materie der Querscheiben, ausbleibt, verliert die Muskelfaser ihr Kontraktionsvermögen.

Wenn ein Muskel der oben genannten Art in Tätigkeit ist, greifen bei der Kontraktion nicht alle Muskelfasern auf einmal ein, sondern, während ein Teil der Fasern in Funktion ist, befinden sich die anderen in Regeneration oder in Postregeneration oder in Mobilisierung. Je intensiver die Tätigkeit, desto mehr Muskelfasern sind synchromatisch tätig. Damit kann auch ein

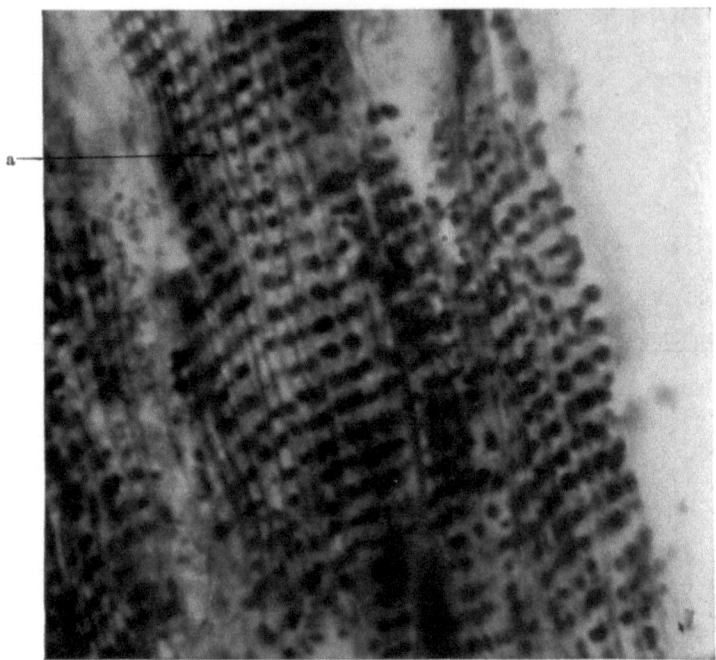

Abb. 93 wie Abb. 92 aber später.

Risiko für ausbleibende Regeneration und die schließliche totale Ermattung des Muskels immer größer werden, weil die Q-Körner an Menge und Größe vermindert werden. Der Muskel bedarf hierbei einer längeren Zeit zur Erholung.

So weit HOLMGRENs Darstellung. Wie aus derselben hervorgeht, denkt er sich die Farbeveränderungen, die in der Muskelfaser in Zusammenhang mit dem Kontraktionsprozeß auftreten, als von Stoffen verursacht, die in der Muskelfaser verschoben werden, Stoffe, teils der Muskelfaser von außen her durch das Trophospongiennetz zugeführt, teils von den Kornbildungen des Endoplasmas herstammend. Zu diesen letzteren gehören auch von den Kernen ausgewanderte Substanzen. Gegen eine solche Deutung stellt sich MARCUS (1924), der übrigens die Beobachtungen HOLMGRENs in großem Umfange bestätigt hat, mit Recht bedenksam; er weist nur auf ,,chemische Prozesse" hin, welche die Färbbarkeit bei den Sarkosomen beeinflussen können.

Wie die Untersuchungen von HILL, MEYERHOF und EMBDEN zeigen, spielen Milch- und Phosphorsäure bei der Kontraktion der Muskelfaser eine sehr bedeutende Rolle. Wir müssen deshalb damit rechnen, daß sich in der Muskelfaser bedeutende Veränderungen in der Wasserstoffionenkonzentration in Zusammenhang mit dem Kontraktionsprozeß abspielen. Derartige Veränderungen beeinflussen, wie wir wohl wissen, in hohem Grade die Färbbarkeit bei histologischen Strukturen. Es ist deshalb wahrscheinlicher, daß die von HOLMGREN nachgewiesenen gesetzmäßigen Farbeveränderungen im Zusammenhang mit der Kontraktion mit Veränderungen des Säuregrades innerhalb des Muskelfasers zusammenhängen, als mit Verschiebungen von Stoffen von Körnern zu Fibrillen usw. Aber auch verschiedene Grade der Substanzdichte können, wie HEIDENHAIN (1911) mit Recht betont, von Bedeutung für Färbungen sein, und wir müssen damit rechnen, daß Veränderungen in der Dichte auch während des Kontraktionsprozesses auftreten.

Abgesehen von diesen Einwendungen herrscht jedoch eine interessante Parallelität zwischen HELMHOLTZs Kontraktionskurve, HILLs Beobachtungen

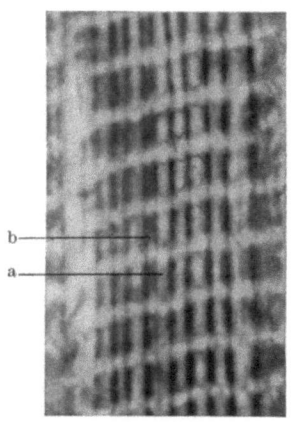 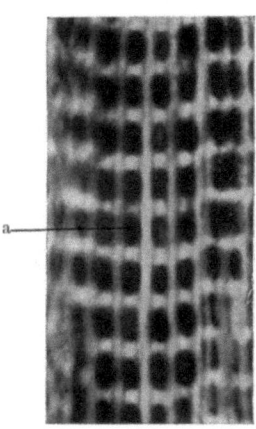

I II

Abb. 94. Veränderung der Färbbarkeit der Q-Körner (a) im fakultativen (I) und Ruhestadium (II). Mikrophoto. a Q-Körner, b Querscheibe. (Nach E. HOLMGREN.)

über die Wärmeentwicklung in der Muskelfaser und HOLMGRENs Beobachtungen über gesetzmäßige Strukturveränderungen. Die drei Phasen der Initialwärme scheinen mit dem fakultativen, Kontraktions- resp. dem Endstadium des regenerativen Stadiums zusammenzufallen, während die verzögerte Wärme später unter dem postregenerativen Stadium einfällt. Die Initialwärme fällt mit der Bildung von Milchsäure zusammen, die verzögerte Wärme mit deren Zerstörung. Wenn die Bildung der Milchsäure während des Latenzstadiums beginnt, muß dieselbe sonach als auch während des Dekreszenzstadiums verweilend gedacht werden, um erst später zu verschwinden. Man muß sich fragen, ob es möglich ist, daß die Säure wirklich die Kontraktion auslöst, da diese aufhören und die Muskelfaser wieder ihre Länge einnehmen kann, trotz der Anwesenheit der Säure. Hier sind fortgesetzte Studien notwendig, und von morphologischer Seite scheint das Interesse sich besonders auf das Studium des Verhaltens des Glykogens während der verschiedenen Stadien der Kontraktion richten zu müssen.

Durch die Untersuchungen HOLMGRENs wird jedoch auch eine andere Frage in den Vordergrund gedrängt. Seit den ältesten Zeiten ist besonders die fibrilläre Masse in der Muskelfaser als deren contractile Substanz betont worden, während das Sarkoplasma als nicht contractil bezeichnet worden ist. HOLMGRENs Untersuchungen zeigen indessen, daß sich auch sowohl im interfibrillären Sarkoplasma sowie im Endoplasma und Kernen wichtige Veränderungen abspielen. Eine Revision der alten Auffassung scheint mir deshalb notwendig. Welche Rolle spielen die verschiedenen Bestandteile im Muskel?

Seitdem KRAUSE (1868) den Begriff Muskelfach aufgestellt hat, wurden besonders die Veränderungen, die sich hierin abspielten, Gegenstand für die Beobachtungen der Histologen. Alle diese deuten gemeinsam darauf hin, daß das **Muskelfach der contractile Elementarteil der Muskelfaser** ist. Das ist bereits von ENGELMANN ausdrücklich betont worden. Im Muskelfach finden wir vor allem Fibrillen und interfibrilläres Sarkoplasma. Nach HOLMGRENS Beobachtungen stehen aber auch Kerne und Endoplasma in Relation zu dem Muskelfach. Das Muskelfach wird teils von den Grundmembranen, teils auch auf den Seiten vom Sarkolemma begrenzt.

Nur eine Minderzahl der Muskelfächer kommen mit den motorischen Nervenendplatten der Muskelfaser in direkten Kontakt; die meisten liegen von den Innervationsstellen mehr oder weniger entfernt. Trotzdem schreitet die Kontraktionswelle über das ganze dazwischenliegende Gebiet fort. Es muß sonach eine leitende Substanz geben, welche die kontraktionauslösende Reizung von Muskelfach zu Muskelfach überführt. Der das am zeitigsten klarstellte war, soweit mir bekannt, ENGELMANN (1875).

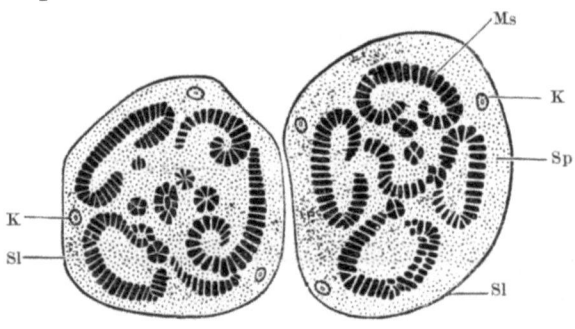

Abb. 95. Querschnitt von den Flossenmuskeln des *Seepferdchens*.
Ms Säulchen; Sp Sarkoplasma; Sl Sarkolemm; K Kern.
(Nach A. ROLLETT aus HEIDENHAIN: „Plasma und Zelle.")

Dieser Forscher schrieb speziell den isotropen Teilen der Fibrillen Leitungsvermögen zu. Wir müssen jedoch jetzt, wie ich betreffs der Untersuchungen von v. EBNER und MARCUS hervorgehoben habe, die Frage offen lassen, ob die Fibrillen wirklich isotrope Teile besitzen und möglicherweise annehmen, daß sie in ihrer ganzen Ausdehnung doppelbrechend sind. Von dieser Eigenschaft abgesehen, scheint es mir jedoch deutlich, daß die einzigen Strukturen, die als Träger des Leitungsvermögens gedacht werden können, gerade die Fibrillen sind. Wie ich oben hervorgehoben habe, durchsetzen sie die Grundmembranen und sind sonach wohl geeignet, die Reizung von dem einen Muskelfach nach dem anderen zu überführen. Hierfür spricht auch der Umstand, daß die weißen, fibrillenreichen Muskeln diejenigen sind, die sich am schnellsten kontrahieren.

Was den Kontraktionsprozeß selbst anbelangt, habe ich 1925 betont, daß wir nicht berechtigt sind, uns denselben als allein an die Fibrillen geknüpft zu denken. Die Flossenmuskeln von *Hippocampus* (Abb. 95) zeigen, daß die Fibrillen, die hier auf dem Querschnitt in guirlandenförmigen Bändern geordnet sind, nicht notwendigerweise die dominierende Masse der Fasern zu bilden brauchen. SCHIEFFERDECKER (1903) fand in roten und weißen *Kaninchen*muskeln, daß die Masse der Fibrillen $12{,}41\%$—$19{,}18\%$ vom Sarkoplasma betrug. RYDÉN und WOHLFAHRT haben neulich in noch nicht publizierten Untersuchungen aus meinem Institute feststellen können, daß in diesen Muskeln das fibrilläre Mesoplasma nur etwa 20% des Faservolumens ausmacht. Dabei sind jedoch sowohl Fibrillen wie das interfibrilläre Sarkoplasma zusammengenommen, da sie sich bei der Feinheit der Fibrillen nicht gesondert messen lassen. Wären in einem solchen Fall die Fibrillen allein contractil, würde das passive

Sarkoplasma einen erheblichen inneren Widerstand in der Faser mitführen, was die Funktionsleistung der Faser nach außen in hohem Grade vermindern würde. Auch in vielen anderen Fällen finden wir, daß das Sarkoplasma einen dominierenden Anteil der Muskelfaser bildet. Andererseits wissen wir auch, seit den Untersuchungen RANVIERS, daß gerade die sarkoplasmischen Fasern diejenigen sind, die sich am besten für andauernde Arbeit eignen. Alles dieses scheint darauf hinzudeuten, daß das Sarkoplasma eine bei der Kontraktion aktive Substanz ist. Besonders dessen Kornbildungen scheinen die morphologische Unterlage für Formveränderungen bilden zu können (Abb. 96), die zu den bekannten Kontraktionsphänomen führen können. Das besagt nicht, daß ich den Fibrillen Beteiligung an der Kontraktion absprechen will. Wir sehen sie gerade verlaufend und verkürzt in dem zusammengezogenen Muskel, und sie müssen

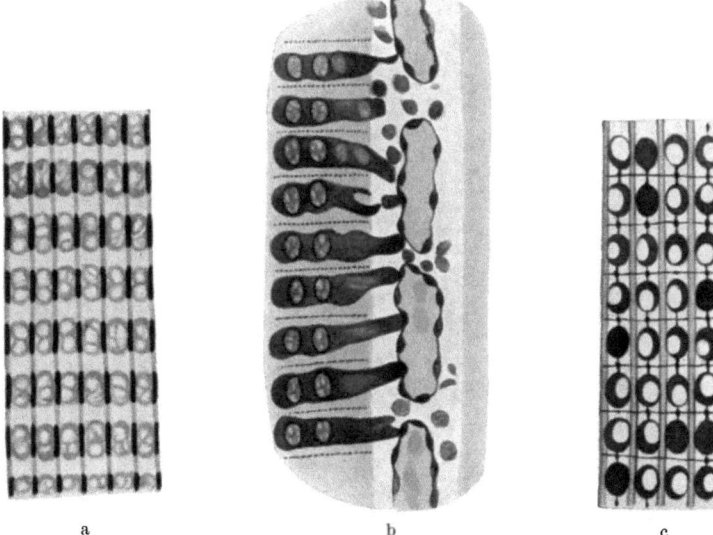

Abb. 96. Form- und Farbeveränderungen der Q-Körner und des Sarkoplasmas in Flügelmuskelfasern von *Libelulla* nach E. HOLMGREN. a Fakultatives, b Regenerations- und c Ruhestadium.

demnach imstande sein, an dem Kontraktionsprozeß teilzunehmen. Dieser dürfte das Resultat eines Zusammenwirkens der Kontraktion der Fibrillen und des Sarkoplasmas sein.

Bei dieser werden die Grundmembranen einander genähert. Diese können als quergestellte Sehnen betrachtet werden, geeignet, Bewegungen der contractilen Elementarteile, der Muskelfächer, direkt zu dem Sarkolemma und im Anschluß an dasselbe befindliche kollagene Netze zu überführen.

Während des ganzen Kontraktionsaktes behält die Grundmembran in der Hauptsache ihre Eigenschaften bei, was natürlich ist, wenn man ihre kollagene Natur bedenkt. Eine Veränderung scheint sich jedoch einzustellen. Sowohl bei frischen als konservierten Präparaten erscheint sie bei Untersuchungen in gewöhnlichem wie polarisiertem Licht zu einem Kontraktionsstreifen (C. S.) verdickt, was, da Doppelbrechung und Färbbarkeit der Q sinkt, zu dem Bilde der „Umkehr der Querstreifung" führt, der viele ältere Verfasser großes Gewicht beilegten. Sie dürfte sich durch die Verdichtung erklären lassen, welche die an den Basen der Muskelfächer belegenen Teile durch die Pressung gegen die festen Grundmembranen erfahren.

C. Beziehungen zum Bindegewebe.

Die Verbindungen des Muskelfadens mit dem Bindegewebe erfolgen durch das Sarkolemma. Es existiert sonach, soweit ich finden konnte, eigentlich nur eine Form der Verbindung zwischen dem Skeletmuskelgewebe und dem Bindegewebe. Während der Entwicklung unserer Kenntnis über hierher gehörige Fragen ist dieses Problem inzwischen in vier Teilprobleme aufgeteilt worden:

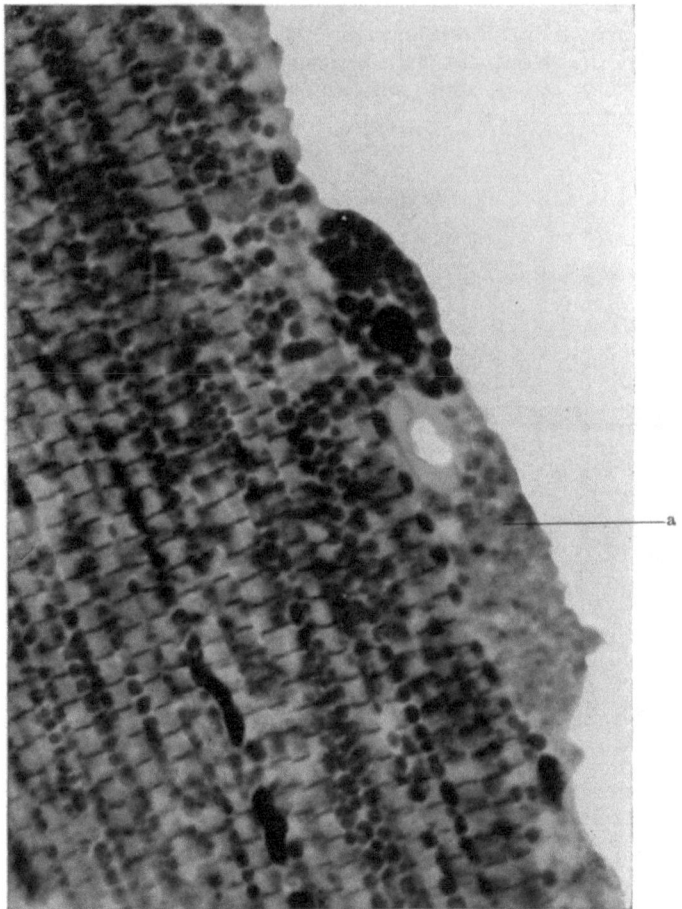

Abb. 97. Sarkosomocyte (a) einer Flügelmuskelfaser von *Ergates faber*. Mikrophoto. (Nach E. HOLMGREN.)

1. Die Frage nach der Verbindung der Muskelfaser mit der Sehne; 2. die Frage nach dem Bau des Sarkolemmas; 3. die Frage nach dem Verhältnis des Sarkolemmas zu den Grundmembranen und 4. nach deren Verhältnis zu dem interstitiellen Muskelbindegewebe.

Da ich über alle diese Fragen an zuständigem Platz Bericht erstatte, scheint mir hier eine Wiederholung unnötig, weshalb ich bitte, die Leser auf die betreffenden Stellen hinweisen zu dürfen; betr. 1. nach S. 223, betr. 2. und 3. nach S. 146 und betr. 4. nach S. 199.

Hier muß auch daran erinnert werden, daß E. HOLMGREN im interstitiellen Bindegewebe der Muskeln Zellen, Sarkosomocyten, beobachtete, die je nach dem Funktionszustand der Muskelfasern ein wechselndes Aussehen zeigten. Sie waren in gewissen Stadien körnig und die Körner sollen in die Muskelfaser übergehen (Abb. 97). HOLMGREN fand es wahrscheinlich, daß diese Zellen mit der Ernährung der Muskelfaser in Zusammenhang stehen.

D. Entwicklung.

Die Skeletmuskelfasern werden aus dem dorsolateralen Teil der Ursegmente, der sog. Muskelplatte, entwickelt. Untersucht man deren Bau auf einem so zeitigen Stadium, wie, da das zugehörige Ursegment eben beginnt sich abzugrenzen, findet man denselben aus einer Sammlung epithelartig gelagerten, polygonalen Zellen zusammengesetzt. Diese Zellen sind die Bildungszellen der Muskelfasern, die Myoblasten.

Über die Weise, auf welche diese sich dann zu den langgestreckten Muskelfasern entwickeln, sind die Meinungen geteilt gewesen. SCHWANN (1839) war der Ansicht, daß mehrere Bildungszellen sich in Reihen ordneten und zusammenschmölzen, wodurch ein langgestrecktes mehrkerniges Gebilde, die primitive Muskelfaser entstehe. Dieses hatte den Charakter einer Röhre, deren Wand aus dem Sarkolemma bestand, auf deren Innenseite sich dann die contractile querstreifige Substanz ablagerte. Gegen die Auffassung SCHWANNS opponierten sich zuerst PREVOST und LEBERT (1844), welche zeigten, daß die Fasern nicht durch Zusammenschmelzung mehrerer Zellen entstehen, sondern durch Zuwachs aus einer einzigen Bildungszelle. REMAK (1845) schloß sich dieser Auffassung an und zeigte, daß bei *Froschlarven* die einzelnen Fasern aus einer einzigen Zelle entstehen, die zuwächst indem sich ihre Kerne teilen. Eine „Höhle" hat er niemals beobachten können. Sobald Kontraktionen auftraten, konnte auch er Querstreifigkeit beobachten. KÖLLIKER führte in seinen bekannten Handbüchern eine ähnliche Auffassung über die Entwicklung aus einer Zelle an.

Während der folgenden Jahrzehnte haben verschiedene Verfasser wechselnde Stellung zu dieser Frage eingenommen. REICHERT (1851), LEYDIG (1852), DEITERS (1861), MARGO (1862), VON WITTICH (1867), CALBERLA (1875), GÖTTE (1875), BREMER (1883), WALDEYER (1883) u. a. m. schlossen sich der Auffassung SCHWANNS an, während M. SCHULTZE (1861), STRICKER (1872), BORN (1873) u. a. sich der von PREVOST und LEBERT zuerst geäußerten Ansicht anschlossen, daß die Muskelfaser sich aus einer einzigen Bildungszelle entwickelt.

Der Auffassung SCHWANNS schloß sich auch GODLEWSKI (1900, 1901, 1902) an. Er gibt jedoch zu, daß auch Entwicklung aus nur einer Zelle vorkommen kann. MLODOWSKA (1908) gibt an, daß die Myoblasten unter Verwischung der Grenzen zu einem Syncytium zusammenfließen (Abb. 99). Ich selbst kann, infolge meiner Beobachtungen, nicht anders, als mich ganz der Auffassung anschließen, daß die Muskelfaser sich durch Zuwachs aus einem einzigen Myoblast entwickelt.

Betreffend die Weise der Vermehrung der Kerne ist in der Literatur sowohl mitotische, als auch amitotische Kernvermehrung beschrieben worden. NICOLAIDES (1883) fand Mitosen nur in den frühesten Entwicklungsstadien. KÖLLIKER (1889) bildet Mitosen in einer Faser von *Siredonlarve* ab. MORPURGO erwähnt Mitosen in wenig differenzierten Elementen. CALDERARA ist der Ansicht, daß nur amitotische Teilung vorkommt, und daß die Mitosen, die beobachtet worden sind, sich im Bindegewebe abspielten. GODLEWSKI fand in der ersten Entwicklungsperiode nur Mitosen, später, nach der sog. physiologischen Degeneration, auch Amitosen.

Diese Frage betreffend habe ich 1919 Beobachtungen gemacht, die mir von Interesse zu sein scheinen, weil sie eine gesetzmäßige Ordnung zwischen Mitosen und Amitosen in der Muskelfaser andeuten. Bei meinen Studien über die Entwicklung der Muskulatur bei *Froschlarven* fand ich nämlich ausschließlich Mitosen in den jungen Myoblasten. Wenn dann durch diese Form der Teilung sich eine Reihe Kerne entwickelt hatten, begannen Amitosen in den zentralen Teilen der Muskelfasern aufzutreten, während Mitosen an den Enden der Fasern auftraten. Nur an diese waren die Mitosen ausschließlich gebunden, während Amitosen ausschließlich in den übrigen Teilen der Fasern vorkamen. Ich habe diese Beobachtung seitdem bei zwei verschiedenen Gelegenheiten von meinen Assistenten kontrollieren lassen, und sie haben beide Male meine Beobachtungen bestätigt. Auch bei *Hühner-* und *Menschenembryonen* habe ich ähnliche Beobachtungen gemacht, wenngleich die Verhältnisse bei diesen, infolge der zahlreichen, im Bindegewebe vorkommenden indirekten Teilungen schwerer zu überblicken sind.

Entwicklung der Fibrillen. Über die früheste Entwicklung der Fibrillen haben sich verschiedene Auffassungen geltend gemacht. Die älteren Verfasser scheinen im allgemeinen der Meinung gewesen zu sein, daß die Fibrillen durch Differenzierung aus dem mehr oder weniger homogenen Protoplasma der Bildungszellen entstehen; v. KUPFER (1845), WAGENER (1880) und RABL (1892). HEIDENHAIN sprach 1901 die Ansicht aus, daß die sichtbaren Fibrillen durch Teilung von submikroskopischen Molekülreihen — „Molekularfibrillen" — entstehen und sonach aus Bündeln von solchen gebildet werden. Über diese Ansichten habe ich im Abschnitt über die Muskelfibrillen berichtet (S. 131). GODLEWSKI (1901, 1902) meint, daß die Fibrillen aus in den Myoblasten befindlichen Körnern entstehen, die erst ungeordnet liegen, später aber zu Reihen angeordnet werden (Abb. 98). Diese Reihen entstehen erst zentral in den Myoblasten, werden

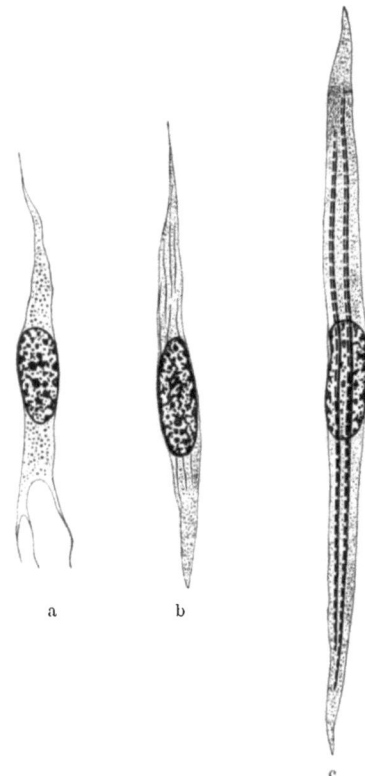

Abb. 98. Myoblasten der Stammuskulatur von *Säugern*; a im Stadium mit feinen Körnchen; b mit homogenen und c mit segmentierten Fibrillen. (Nach GODLEWSKI aus HEIDENHAIN: Plasma u. Zelle.)

dann aber peripher verschoben. Innerhalb dieser Reihen vermehren sich die Körner ohne zu wachsen und sie werden auf diese Weise zusammengedrängt, bis eine homogene Faser entsteht. Ähnliche homogene Fasern hatten WAGENER (1869) und HEIDENHAIN (1899) beobachtet; der letztere in Herzmuskulatur von *Ente*. Nachher tritt Querstreifigkeit in der einheitlichen Faser auf. Die Querstreifen (Q) hält GODLEWSKI von gleicher Natur wie die erst auftretenden Körner. MEVES (1907) und DUESBERG (1909) sind der Ansicht, daß die Myofibrillen sich aus stabförmigen Mitochondrien (Chondriochonten) entwickeln. Auch MLODOWSKA beobachtete körnige Vorstadien zu den Fibrillen. Die Körner schlossen sich zu perlbandähnlichen Fibrillen zusammen. 1911 betont HEIDENHAIN, daß die Bildung von Myofibrillen auf sämtlichen von ihm selbst, GODLEWSKI und MEVES angegebenen Wegen wohl denkbar wären und besonders, daß zwischen ihm und MEVES kein prinzipieller Gegensatz existiere. In diesem Zusammenhang betonte HEIDENHAIN, daß das Vorkommen eines zeitigen Stadiums von homogenen Primitivfibrillen als sichergestellt angesehen werden muß.

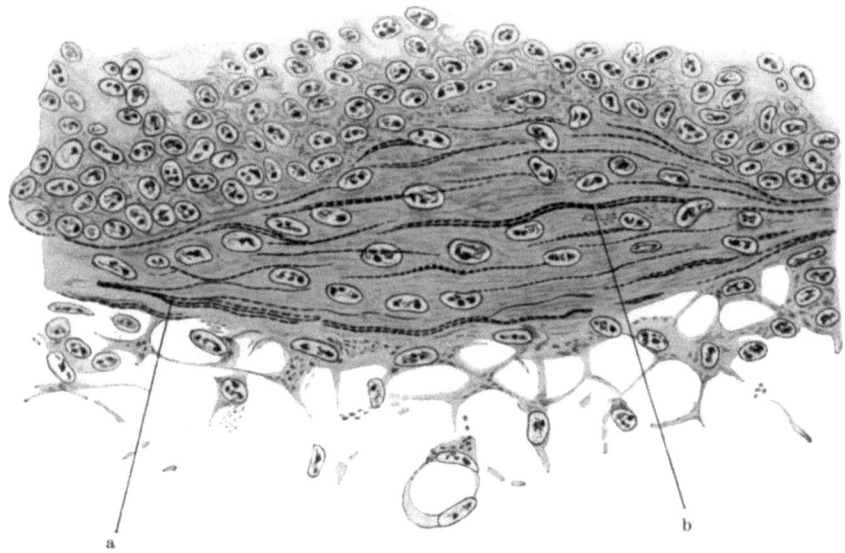

Abb. 99. Myomer von *Huhn*, 5. Tag der Entwicklung. Bei a Fibrille, die sich in vielen Tochterfibrillen spaltet; bei b zwei parallel verlaufende Fibrillen, die wahrscheinlich soeben gespalten sind. (Nach MLODOWSKA 1908.)

Gegen diese Auffassungen muß ich, gestützt auf eigene Beobachtungen am *Frosche* (1920) einwenden, daß ich nicht mit GODLEWSKI vorher existierende Körner beobachten konnte, die sich zu Fibrillen ordnen. Ebensowenig war es mir möglich mit MEVES und DUESBERG anzunehmen, daß Mitochondrien bei der Bildung von Fibrillen eine Rolle spielen. Die von mir angewandte Untersuchungsmethode färbte keine Mitochondrien, wohl aber die Körner, die der Ursprung der Fibrillen zu sein schienen; ferner waren diese Körner unvergleichlich viel feiner als die, in derselben Art von Muskulatur existierenden Mitochondrien. Ferner habe ich kein homogenes Stadium in der Fibrillenentwicklung beobachten können; es scheint mir dieses am besten durch die regressiven Färbungsmethoden erklärt werden zu können, welche die früheren Verfasser angewendet haben.

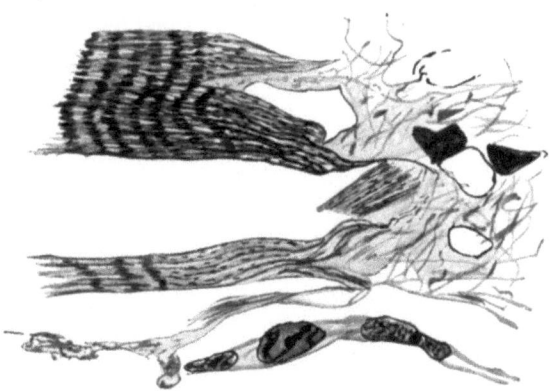

Abb. 100. Spaltung der Fibrillen am Ende der Muskelfasern. Schwanzmuskulatur einer *Kaulquappe*. (Nach HÄGGQVIST 1921.)

Im Jahre 1894 zeigte erst HEIDENHAIN und später MAURER, daß die erstgebildeten Fibrillen sich durch Längsspaltung vermehren, eine Beobachtung, die fernerhin von allen nachfolgenden Untersuchern bestätigt worden ist. Diese

170   Skeletmuskelgewebe.

Längsspaltung beginnt in der Mitte der wachsenden Muskulatur und schreitet nach den Enden zu fort, so daß schließlich ein spulenförmiges Fibrillenbündel entsteht (Abb. 100); in der Mitte der Fasern befinden sich, durch wiederholte

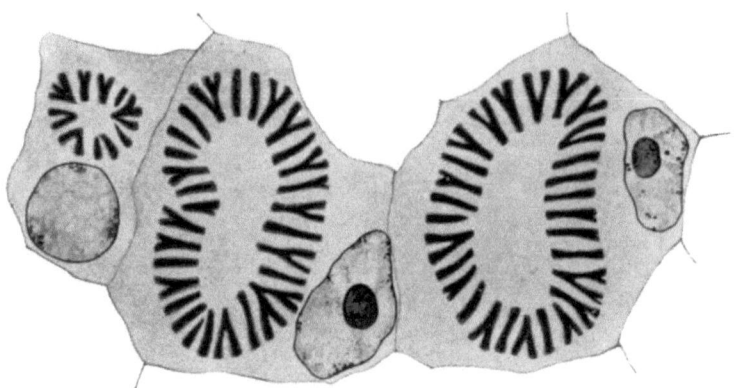

Abb. 101. Radial gestellte Säulchen in drei Muskelfasern von der *Forelle*. Die Abbildungen der Querschnitte deuten an einer Vermehrung durch Spaltung. (Nach M. HEIDENHAIN 1913.)

Spaltung in dem Bündel, eine große Menge Fibrillen, die sich an den Enden zu einer einzigen vereinen. Wie HEIDENHAIN zuerst nachwies, ist diese Vermehrungsweise die Ursache von der Gruppierung der Fibrillen in Bündeln, deren

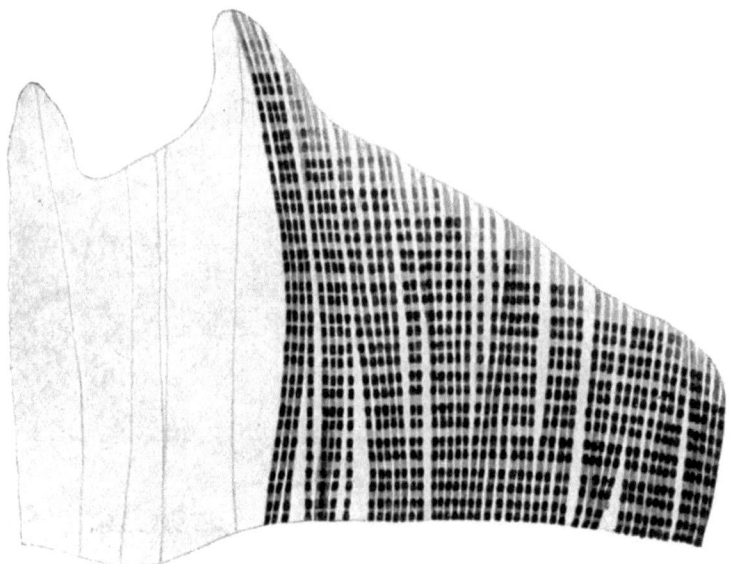

Abb. 102. Faserende aus der Stammuskulatur der *Tritonlarve*. Sublimateisenhämatoxylin. Vergr. 2300×. (Nach M. HEIDENHAIN 1911.)

Querschnitt den COHNHEIMschen Feldern (KÖLLIKER) entspricht. Durch Assimilation, Zuwachs und Teilung von Histomeren niederer Ordnung, kommen nach HEIDENHAIN „Schachtelsysteme (Enkapsis)" zum Vorschein, die nur durch die Annahme einer Teilung von fortpflanzungstauglichen Bildungen verständlich sind. „Die allgemeine Anordnung ist derart beschaffen, daß zunächst einige gröbere Plasmastraßen in der Richtung der Radien vom Zentrum her gegen die Peripherie hin durchschneiden und einige Felder erster Ordnung begrenzen; diese werden dann durch subradiäre Plasmastraßen in Felder zweiter

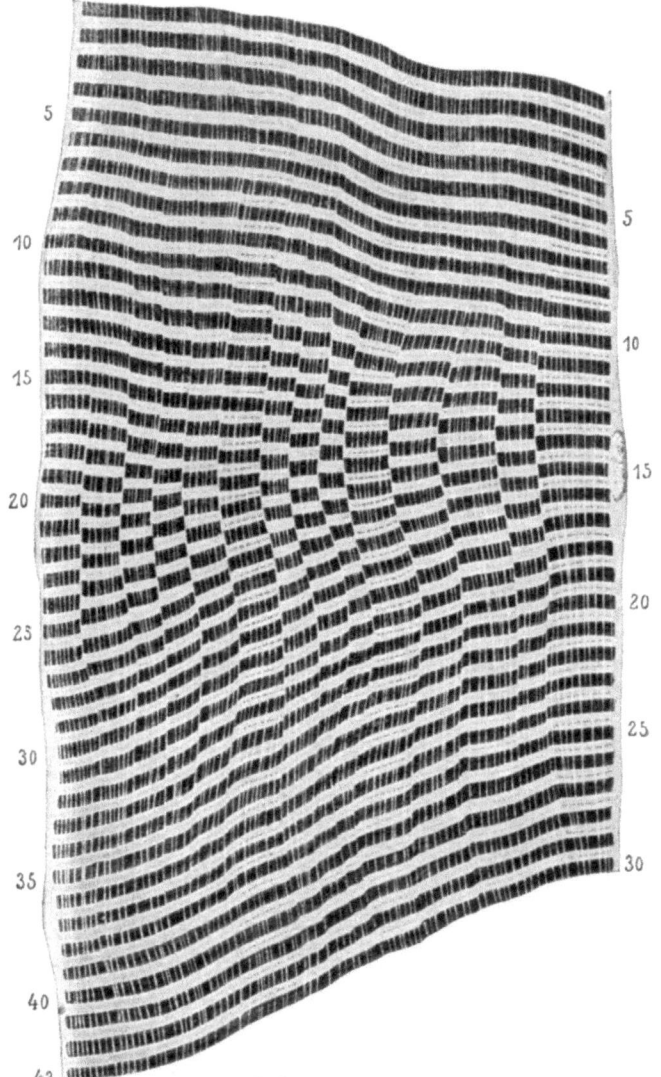

Abb. 103. M.sternothyreoideus, *Hund.* Trichloressigsäure-Eisenhämatoxylin. Noniusfeld mit 14 Pfeilern, 13 Noniusperioden und 13 Commata im Überschusse. Die Ausweichung der durchlaufenden Querstreifung findet beiderseits der Sphenode statt. Vergr. 1440×. (Nach M. HEIDENHAIN 1919.)

Ordnung zerlegt. Indessen sind auch diese letzteren noch gröberer Natur, sie werden aber durch immer feiner werdende Verästigungen des Plasmageäders in Felder einer 3., 4. Ordnung zergliedert" [HEIDENHAIN (1911) vgl. Abb. 69]. Dieser Gedankengang scheint so wohl begründet zu sein, daß er wohl in der Zukunft unerschüttert verbleiben dürfte. Er gilt auch trotz der allgemeinen Form der Säulchen, die ja innerhalb der *Tier*serie bedeutend wechseln kann.

Auch hinsichtlich des Längenwachstums der Fibrillen sucht HEIDENHAIN diesen Gedanken zu verwerten. Schon 1911 wirft er den Gedanken auf die Myokommata als Histomeren zu betrachten; er betont aber, daß er niemals

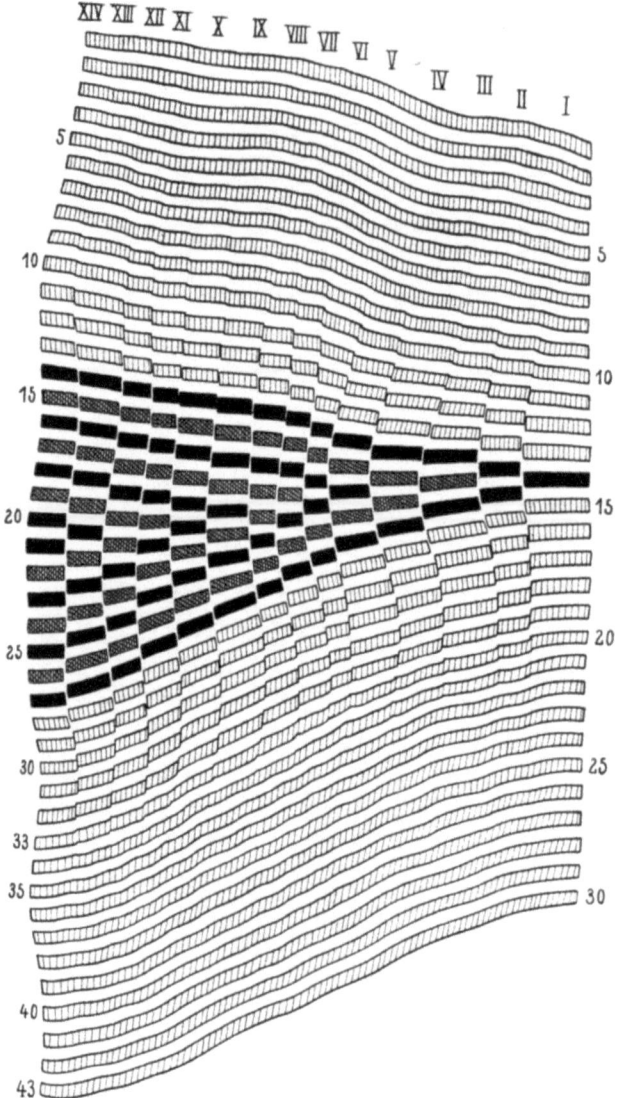

Abb. 104. Pause von Abb. 103. Konstruktion der keilförmigen Sphenode mit der Schneide nach rechts und der Basis von 13 Gliedern nach links. (Nach M. HEIDENHAIN 1919.)

Anzeichen davon gefunden hat, daß bereits funktionierende Kommata zu einer weiteren Entwicklung imstande sein sollten. Statt dessen lenkt er die Aufmerksamkeit auf die Enden der wechselnden Muskelfasern, wo er bei *Amphibien* gefunden hat, daß den Fibrillen stufenweise die Querstreifung in der Höhe eines Muskelfaches, oder etwas mehr, fehlt (Abb. 102). Er ist der Ansicht, daß die mathematisch genaue Einteilung der Muskelfasern zu der Annahme führt, daß die Fasern durch Teilung von kleinsten lebenden Elementen *(Protomeren)* wachsen; diese betrachtet er als von submikroskopischer Größenordnung. 1918 will HEIDENHAIN jedoch die von ihm entdeckten sog. „Noniusperioden" in den Muskelfasern als Folge einer, eventuell mehrerer aufeinanderfolgenden Spaltungen von Muskelfächern erklären.

Mit Noniusperiode meint HEIDENHAIN „die Nebeneinandersetzung zweier parallel verlaufender Fibrillenbündel, von denen das eine auf einer gewissen Strecke eine Zahl n, das andere eine Zahl n + 1 Kommata oder Querstreifungsfolgen enthält". Er hebt ferner hervor, daß durch diese Anordnung die beiden Bündel gegeneinander verschoben erscheinen, und daß erst die genaue Zählung der Muskelfächer zeigt, daß ein Zuschuß von einem Muskelfach erfolgt ist (Abb. 103). Das auf diese Weise zusammengehaltene Fibrillenbündel bezeichnet HEIDENHAIN als „Muskelpfeiler", zum Unterschied von KÖLLIKERS „Säulchen" (Abb. 104). Die durch Verschiebung des Kommatas gebildete keilförmige Figur wird als „Sphenode" bezeichnet.

Wie interessant HEIDENHAINS Gedankengang in dieser Sache auch aussieht, scheint es mir jedoch deutlich zu sein, daß weitere Beweise erforderlich sind, ehe wir berechtigt sind, eine Spaltung bereits funktionierender Muskelfächer anzunehmen.

Bis diese Beweise erbracht sind, scheint mir der Längenzuwachs des Muskelfibrillen durch zwei Phänome zufriedenstellend erklärt zu werden. In erster Linie nehmen die kleinen färbbaren Körner, die bei der Anlage der Fibrille in den Myoblasten auftreten, an Länge zu, bis sie kurze Stäbe bilden und auch die zwischenliegende Substanz scheint an Höhe zuzunehmen. Auf diese Weise entsteht in der einzelnen Fibrille die Differenzierung in Q und J. Aber gleichzeitig wachsen die Enden der Fibrillen zu. Wie dieser Zuwachs tatsächlich vor sich geht, ist mir nicht möglich gewesen zu beobachten. Entweder werden hier neue Körner ausdifferenziert, die sich den Enden der Fibrillen anschließen, oder auch vermehren sich bereits vorher vorbefindliche Körner durch Spaltung. Ohne daß ich mich in diesem Punkt auf direkte Beobachtungen stützen kann, scheint mir die letztgenannte Möglichkeit am meisten wahrscheinlich. Die hier befindlichen feinen Körner liegen äußerst dicht und machen, besonders bei regressiven Färbungsmethoden leicht den Eindruck von homogenen Fibrillenenden. Meine Beobachtungen widersprechen sonach nicht HEIDENHAINS Theorie über die Entstehung der Fibrillen durch Teilung submikroskopischer *Protomeren*. Dagegen scheinen sie mir bestimmt gegen eine Teilung vorher vorbefindlicher Muskelfächer zu sprechen.

Entwicklung des Sarkolemmas. In Myoblasten bei 5 mm langen *Froschlarven* fand ich 1920 eine dünne Begrenzungslinie, die den Myoblasten wie ein Saum umgab. Sie schien mir homogen und von dem übrigen Cytoplasma des Myoblasten wohl abgegrenzt zu sein. Ich deutete diese als eine doppelkonturierte Membran, wobei ich jedoch betonte, daß der Begriff Membran nicht gleichbedeutend mit einer festen Haut aufgefaßt werden dürfte, sondern statt dessen als eine Differenzierung in dem Protoplasma des Myoblasten. Es zeigt alle Charakterzüge, die das Exoplasma mesodermaler Bildungen kennzeichnen. Ich bezeichnete diese Membran als das primäre Sarkolemma. Bei 16 mm langen *Larven* fand ich, wie in dieser Membran ein äußerst feines kollagenes Netzwerk zu gleicher Zeit ausdifferenziert wurde, in der das perimysiale Bindegewebe zwischen den Muskelfasern entwickelt wurde. Hierdurch war der Charakter des Sarkolemmas verändert worden und ich bezeichnete diese veränderte Form als definitives oder sekundäres Sarkolemma.

Zuwachs der Muskeln. Im nahen Zusammenhang mit der Entwicklung steht die Frage der Neubildung von Muskelfasern während des Zuwachsens der Muskeln. WEISMANN (1861) und KÖLLIKER (1867) betonten gegenüber älteren Auffassungen, die geltend machen wollten, daß die Anzahl der Muskelfasern nach Abschluß des Embryonallebens nicht vermehrt werden sollte, daß sogar bei erwachsenen *Tieren* Muskelfasern neugebildet werden konnten. WEISMANN machte geltend, daß dieses durch Spaltung vorher vorbefindlicher Muskelfasern erfolgen sollte. KÖLLIKER (1867) war der Ansicht, daß man außerdem mit einer Neubildung von Fasern ,,von den Bindegewebskörperchen des Perimysium" rechnen müßte. Eine von dieser Auffassung abweichende Meinung vertrat MARGO, der in verschiedenen Arbeiten die Meinung verfocht, daß unentwickelte Muskelfaseranlage, Sarkoplasten, in den Muskeln zu finden wäre, und daß von diesen aus neue Fasern gebildet werden könnten. Dieser Ansicht schloß sich PANETH an, während BARFURTH und MAYER eine abweisende

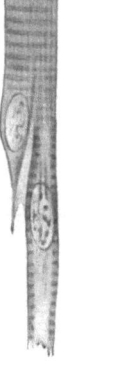
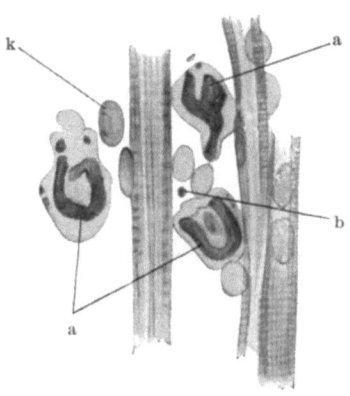

Abb. 105. Aus der Sternalinsertion des M. pectoralis maj. eines 6 Monate alten, *menschlichen* Embryo. Neubildung einer jungen Muskelfaser in Zusammenhang mit einer alten. Vergr. 755 ×. (Nach J. SCHAFFER 1893.)

Abb. 106. Aus der Scapularportion des Cucullaris. Zwischen normalen Fibrillenröhren die Produkte der Sarkolyse. a Sarkolyten, welche durch den Einschmelzungsprozeß von einem protoplasmaartigen Saum umschlossen erscheinen; bei b kleinster nackter Sarkolyt; k freigewordener Muskelkern. (Nach J. SCHAFFER 1893.)

Stellung einnehmen. FELIX (1889) und KÖLLIKER (1889) betonen indessen, daß eine Längsteilung nur in den Muskelspindeln erfolgen kann. Dagegen glaubt SCHAFFER (1893) feststellen zu können, daß eine solche Form der Vermehrung nicht nur bei jungen *Tieren*, sondern gleichwohl bei erwachsenen und auch bei *Menschen* vorkommt. SCHAFFER fand außerdem Neubildungsprozesse, die er als Knospung bezeichnet (Abb. 105). Bei dieser vermehrt sich das Protoplasma in einer älteren Faser unter gleichzeitiger Kernvermehrung; die Kerne rücken auseinander und unter starkem Längenzuwachs werden die Fibrillen in Zusammenhang mit der alten Faser differenziert. Diese Form kommt bei Verschiebung der Muskelbefestigung auf Knochenflächen vor. Teile des kernhaltigen Protoplasmastranges können jedoch frei werden und sind dies die Myoblasten oder Sarkoplasten der früheren Verfasser, die unter Wiederholung der embryonalen Entwicklung die Ursache zur Entstehung neuer Fasern werden.

Die physiologische Muskeldegeneration oder Sarkolyse. Während der Entwicklung der Muskelhistologie haben eine Reihe Verfasser die Aufmerksamkeit darauf gerichtet, daß in dem Muskelgewebe, neben Neubildungsprozessen auch ein Zerstören von Muskelfasern unter physiologischen Verhältnissen vor sich gehe. Der erste, der die Aufmerksamkeit auf diese Fragen richtete, war S. MAYER (1886). Schon zeitiger hatte METSCHNIKOFF (1883) die Degeneration der

Muskulatur im Schwanz von *Amphibien* studiert, bei der amöboide phagocytenverzehrende Zellen seiner Meinung nach eine hervorragende Rolle spielen sollen.

Nach SCHAFFER (1893) beginnt die Degeneration damit, daß Verdichtungen in den Kolumnen der Muskulatur auftreten, entweder auf längeren Fasern oder in Form von „Verdichtungsknoten". Die Kolumnen weichen darauf, wie MAYER beschrieben hat, auseinander und werden in der Quere in kleine Stücke gebrochen, „Sarkolyten". Falls ein Bruchstück einen Kern enthält, kann derselbe, gemäß MAYER, in eine amöboide Zelle übergehen; findet sich kein Kern, entsteht ein Bruchstück, das schnell zerfällt. Hierbei sollen, nach

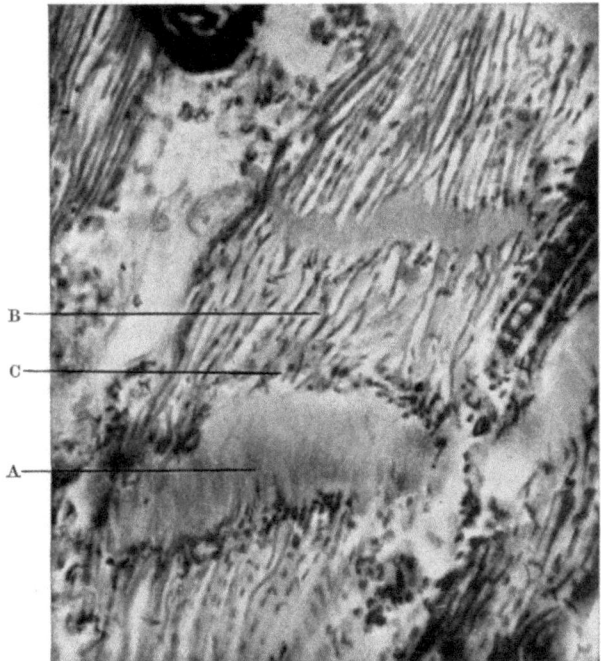

Abb. 107. Degeneration einer Muskelfaser. A Degenerierte Partie; B nichtdegenerierte Partie; C Rand mit Körnern zwischen A und B. Mikrophoto. (Nach J. THULIN 1910.)

MAYER, BARFURTH, BATAILLON und SCHAFFER (Abb. 106), in Übereinstimmung mit METSCHNIKOFFS erster Arbeit, phagocytierte Leukocyten eine hervorragende Rolle spielen. Gegen diese Auffassung ist LOOS (1889) aufgetreten, indem er den Leukocyten nennenswerten Anteil an der Auflösung absprechen will, und auch METSCHNIKOFF hat später (1892) die Meinung vertreten, daß die Auflösung von den Muskelfasern selbst ausgeht. THULIN (1913) bestätigt MAYERS und SCHAFFERS Beobachtungen über die Veränderungen in der Muskelfaser, findet aber, daß die interfibrillären Körner dabei eine bedeutende Rolle spielen (Abb. 107). Auf die Frage nach der Bedeutung der Leukocyten geht er nicht ein.

E. Altersveränderungen.

Über die Altersveränderungen des Muskelgewebes liegen interessante Beobachtungen von SCHIEFFERDECKER betreffs Deltoideus und Diaphragma vor (über die Bedeutung der verschiedenen Bezeichnungen vgl. S. 92 u. f.). Beim

Embryo war die Kernmasse im Diaphragma groß im Verhältnis zur Fasergröße. Er ist deshalb der Meinung, daß erst die Kernmasse und später die Fasermasse gebildet wird. Beim Embryo nimmt die Kernmasse im Vergleich mit der Faserdicke verhältnismäßig stark zu, während bei dem Neugeborenen und aufwärts bis zum Erwachsenen deren Anzahl eine relative Verminderung zeigt. Die relative Kernmasse ist beim Embryo 5—7mal größer als bei dem Erwachsenen, aber bei dem Neugeborenen nur halb so groß oder kleiner als beim Embryo. Nach SCHIEFFERDECKER hängt das mit den verschiedenen funktionellen Verhältnissen zusammen, und er findet es wahrscheinlich, daß, je mehr die Kerngröße sich der für Erwachsene charakteristischen nähere, je mehr muß der Muskel als ausgebildet für seine Funktion angesehen werden. Die Kernlänge ist eines der konstantesten Maße beim Muskel. Das Kernvolumen ist groß beim Embryo. Während der embryonalen Entwicklung wird dasselbe bedeutend verschoben, dagegen weniger während der Kinderjahre bis zum erwachsenen Alter. Die Kerne sind bei einem Embryo von 4 bis 5 Monaten erheblich größer als bei Neugeborenen und Erwachsenen.

„Sehr interessant sind auch die entwicklungsgeschichtlichen Verschiebungen in bezug auf die „Gesamtkernmasse" in einem entsprechenden Stücke der Muskelfasern. Während die Zahl für den Embryo von 5 Monaten mehr als doppelt so groß ist, wie für den Neugeborenen (34:14), nimmt von diesem letzteren an bis zu dem Erwachsenen hin die Gesamtkernmasse um das 10 bis 20fache zu. Eine so starke Vermehrung der Kernmasse müßte also während der kindlichen Entwicklung bis zum Erwachsenen hin eingetreten sein. Die starke Abnahme von dem Embryo bis zum Neugeborenen spricht dafür, daß das Längenwachstum der Fasern in dieser Zeit so schnell vor sich gegangen ist, daß wohl dieselbe Kernzahl für den Querschnitt infolge vielfacher Teilungen der Kerne erhalten bleiben konnte, daß dabei aber gleichzeitig eine die Vermehrung weit überwiegende Verkleinerung der Kerne eingetreten ist ......"

Zwischen den beiden Geschlechtern fand SCHIEFFERDECKER einen bedeutenden Unterschied in der Faserdicke im Diaphragma bei Erwachsenen, den feineren Bau betreffend zeigten aber Kern- und Faserverhältnisse gleiche Werte. Betreffs des Zuwachses der Faserdicke vgl. Abb. 124.

Literatur.

Amici, C. J. B.: (a) Über die Muskelfaser. Übersetzt von LAMBL. Virchows Arch. **16**, 414 (1859). (b) Il Tempo. Giorn. ital. Med. Chir. e Sci. affini **2**, 328 (1858). — **Anglas:** Observation sur les metamorphoses internas des Batraciens anoures. Assoc. franç. pour l'Avance Sci. 33. Sess. Grenoble. — **Apathy, St.:** (a) Über die Schaumstruktur, hauptsächlich bei Muskel- und Nervenfasern. Biol. Zbl. **2**, 78 u. 127 (1891). (b) Contractile und leitende Primitivfibrillen. Mitt. zool. Stat. Neapel **10**, 355—375 (1891—93). (c) Über die Muskelfasern von *Ascaris*. Z. Mikrosk. **10**, 36 u. 319 (1893). (d) Über das allgemeine Vorkommen der KRAUSEschen Membran und des Streifens Z. bei quergestreiften Muskelfasern. Proc. 7. internat. zool. Congr. Boston 1907; erschienen 1912, 177—180. — **Arnold, F.:** Lehrbuch der Physiologie des Menschen. Zürich 1836. — **Arnold, J.:** (a) Über die Abscheidung des indigschwefelsauren Natrons im Muskelgewebe. Virchows Arch. **71** (1878). (b) Über die feinere Struktur und Architektur der Zellen: 3. Muskelgewebe. Arch. mikrosk. Anat. **52** (1898). (c) Über vitale Granulafärbung in den Knorpelzellen, Muskelfasern und Ganglienzellen. Arch. mikrosk. Anat. **55** (1901). (d) Zur Morphologie des Muskelglykogens. Zbl. Path. **19**, 617—619 (1908). (e) Zur Morphologie des Muskelglykogens und zur Struktur der quergestreiften Muskelfaser. Arch. mikrosk. Anat. **73**, 265—287 (1909). — **Asper:** Die Muskulatur des *Flußkrebses*. Inaug.-Diss. Zürich 1877. — **Athanasiu, J. et J. Dragoiu:** Sur la structure de la fibre musculaire striée. C. r. Soc. Biol. Paris **91**, 728—730. — **Aubert:** Über die eigentümliche Struktur der Thoraxmuskeln der *Insekten*. Z. Zool. **4** (1853).

Ballowitz, E.: Über den feineren Bau der Muskelsubstanzen. I. Die Muskelfaser der *Cephalopoden*. Arch. mikrosk. Anat. **39** (1892). — **Bardeen, Ch. R.:** (a) The development of the musculature of the body wall in the pig, including its histogenesis and its relation to the myotomes and to the skeletal and nervous apparatous. Hopkins Hosp. Rep. **9**.

(b) Variation in the internal Architecture of the M. Obliquus Abdominus Externus in certain Mammals. Anat. Anz. **23**, 241—249 (1903). — **Barfurth:** (a) Vergleichende histochemische Untersuchungen über das Glykogen. Arch. mikrosk. Anat. **25** (1885). (b) Versuche über die Verwandlung der *Froschlarven.* Arch. mikrosk. Anat. **27** (1887). — **Barry:** (a) On Fibre. Philos. Trans. Lond. 1842, 89. (b) Neue Untersuchungen über die schraubförmige Beschaffenheit der Elementarfasern der Muskeln. Anat., Physiol. u. wiss. Med, **1850**, 182—190. — **Bataillon:** Recherches anatomique et expérimentales sur la métamorphose des amphiens anoures. Ann. Univ. Lyon **2** (1891). — **Beclard, P. A.:** (a) Elements d'anatomie générale ou description de tous les organes, qui composent le corps humain. Paris et Bruxelles 1827. (b) Elements d'anatomie générale. Nouvelle Ed. par C. J. B. Comet. Bruxelles 1828. **Berlin, W.:** Über die quergestreifte Muskelfaser. Arch. holl. Beitr. Naturheilk. **1**, 417 (1858). **Berres, J.:** Anatomie der mikroskopischen Gebilde des *menschlichen* Körpers. Wien 1837. — **Bichat, X.:** (a) Anatomie générale. Paris 1801. (b) Allgemeine Anatomie. Übersetzt und mit Anmerkungen versehen von C. H. PFAFF. Leipzig 1803. — **Biedermann, W.:** Zur Lehre vom Bau der quergestreiften Muskelfaser. Wien. Sitzgsber. **74**, III (1876). — **Blanchard:** (a) Note sur la présence des muscles striés chez les mollusques acéphales monomyaires. Rev. internat. Soc. Biol. **5**, 356 (1880). (b) De la présence des muscles striés chez les mollusques. C. r. Acad. Sci. Paris **106**, 425—427 (1888). — **Boeck, C.:** Bemaerkninger, oplyste ved Afbildninger, angaaende Anvendelsen af polariseret Lys ved mikroskopiske Undersögelser af organiske Legemer. Förhandlingar vid det af skandinaviska naturforskare och läkare hållna mötet i Göteborg, 1839. S. 107—112. — **Böttcher, A.:** Über Ernährung und Zerfall der Muskelfasern. Virchows Arch. **13**, 232 (1858). — **Bowman, W.:** (a) On the minute structure and movements of voluntary muscle. Philos. Trans. **1** (1841); **2** (1840). (b) Muscle and Muscular Action. Todds Cyclopaedia of Anat., 1841. — **Bremer, L.:** Über die Muskelspindeln nebst Bemerkungen über Struktur, Neubildung und Innervation der quergestreiften Muskelfaser. Arch. mikrosk. Anat. **22**, 318—356 (1883). — **Brück, A.:** (a) Über die Muskelstruktur und ihre Entstehung, sowie über die Verbindungen der Muskeln mit der Schale bei den Muskeln. Zool. Anz. **42**, 7 (1913). (b) Die Entstehung der spiralig gestreiften Muskeln mit heterogenen Fibrillen bei Anodonta und Unio. Zool. Anz. **45**, 173 (1914). — **Brücke, E.:** (a) Über die Ursachen der Totenstarre. Arch. Anat., Physiol. u. wiss. Med, **1842**, 178. (b) Untersuchungen über den Bau der Muskelfasern mit Hilfe des polarisierten Lichtes. Wien. Denkschr., Math.-naturwiss. Kl. **15**, 69—84 (1858). — **Budge, J.:** (a) Bemerkungen über Struktur und Wachstum der quergestreiften Muskelfasern. Arch. physiol. Heilk., N. F. **2**, 71. (b) Über die Fortpflanzung der Muskeln. Moleschotts Unters. **6**, 40—50 (1859). — **Bullard, H. Hays:** On the interstitial Granules and Fat Droplets of Striated Muscle. Amer. J. Anat. **14**, 1 (1912). — **Bütschli, O. u. Schewiakoff, W.:** Über den feineren Bau der quergestreiften Muskeln von *Arthropoden.* Biol. Zbl. **11**, 33—39 (1891).

Cajal, Ramon Y.: (a) Observations sur la texture des fibres musculaires des pattes et des ailes des insects. Internat. Mschr. Anat. u. Physiol. **5**, 205—232 u. 253—276 (1888) (b) Coloration de la fibra musculare. Trav. Labor. Invest. biol. Univ. Madrid **1905**. — **Calderara, G.:** Contributo alla conoscenza dello sviluppo della fibre muscolare striata. Arch. Sci. med. **17**, 89—97. — **Mac Callum, J. B.:** On the histogenesis of the striated muscle fibre, etc. Bull. Hopkins Hosp. **9** (1898). — **Carnoy, J. B.:** La biologie cellulaire. Lierre 1884. — **Clara, Max:** Kleine histologische Mitteilungen. Anat. Anz. **55**, 399 (1922). — **Cohnheim:** Über den feineren Bau der quergestreiften Muskelfasern. Virchows Arch. **34**, 606—622 (1865).

Dobie, W. M.: Observations the minute structure and the mode of contraction of voluntary muscular fibre. Ann. a. Mag. nat. Hist., II. s. **3**, 109 (1849). — **Donitz, W.:** Beiträge zur Kenntnis der quergestreiften Muskelfasern. Reichert u. du Bois-Reymonds Arch. **1871**, 434—446. — **M'Dougall, W.:** (a) On the structure of cross striated muscle and a suggestion as to the nature of its contraction. J. Anat. a. Physiol. norm. path., N. s. **11**, 410 (1897). (b) A theory of muscular contraction. J. Anat. a. Physiol. norm path., N. s. **12**, 187—210 (1898). — **Dwight, H.:** (a) Structure and action of striated muscular fibre. Proc. Boston. Soc. natur. hist. **16**, 119—127 (1873). (b) Monthly microsc. J. **12**, 29 (1874).

Eberth, C. J.: Die Elemente der quergestreiften Muskeln. Virchows Arch. **37** (1866). — **Ebner, V.:** Untersuchungen über die Ursachen der Anisotropi organisierter Substanzen. Leipzig: Wilh. Engelmann 1882. — **Engelmann, Th. W.:** (a) Over den bouw der dwargestreepte spiervezelen. Proc. Verb. Gew. Vergader. Koninkl. Akad. Wetensch. Amsterd. **1871**, Nr 6, 3—4. (b) De structurverandering der dwargestreepte spirvezeles bij contractie. Proc. Verb. Gew. Vergader. Koninkl. Akad. Wetensch. Amsterd. **1872**, Nr. 7, 3—4. (c) Tagebl. 45. Verslg dtsch. Naturforsch. Leipzig **1872**, 153. (d) Mikroskopische Untersuchungen über die quergestreifte Muskelsubstanz. Pflügers Arch. **7**, 33—71 (1873). (e) Mikroskopische Untersuchungen über die quergestreifte Muskelsubstanz. 2. Artikel.

Pflügers Arch. **7**, 155—187 (1873). (f) Contractilität und Doppelbrechung. Pflügers Arch. **11**, 432—464 (1875). (g) Neue Untersuchungen über die mikroskopischen Vorgänge bei der Muskelkontraktion. Pflügers Arch. **18**, 1—24 (1878). (h) Die Protoplasma- und Flimmerbewegung. HERRMANNs Handbuch der Physiologie, Bd. 1, S. 343—408. 1879. (i) Über Bau, Kontraktion und Innervation der quergestreiften Muskelfasern. Congr. internat. Méd. Amsterd. **1879**, 562—583. (k) Mikrometrische Untersuchungen an kontrahierten Muskelfasern. Pflügers Arch. **23**, 571—590 (1880). (l) Über den faserigen Bau der contractilen Substanzen mit besonderer Berücksichtigung der glatten und doppelt schräggestreiften Muskelfasern. Pflügers Arch. **25**, 538—565 (1881); Onderzoekingen. Utrecht. physiol. Labor. **6** II, 325—361. (m) Über den Bau der quergestreiften Substanz an den Enden der Muskelfasern. Pflügers Arch. **26**, 531—536 (1881). (n) Mikrometrische Untersuchungen an kontrahierten Muskelfasern. Onderzoekingen. Utrecht. physiol. Labor. **6** I, 43—67 (1881). (o) Bemerkungen zu einem Aufsatz von FR. MERKEL: Über die Kontraktion der quergestreiften Muskelfasern. Pflügers Arch. **26**, 501—514 (1881). (p) Über den Ursprung der Muskelkraft. Leipzig: Wilh. Engelmann 59 s. 1893.

Felix: (a) Die Länge der Muskelfaser bei dem *Menschen* und einigen *Säugetieren*. Festschrift für KOELLIKER, 1887. (b) Anat. Anz. 1888. (c) Über Wachstum der quergestreiften Muskulatur nach Beobachtungen am *Menschen*. Z. Zool. **48**, 224—259 (1889). — **Ficinus, H. R.:** De fibrae muscularis forma et structura. Inaug.-Diss. Lips. 1836. — **Fick, R.:** (a) Über die Länge der Muskelbündel und die Abhandlung MURK JANSENs über diesen Gegenstand. Z. orthop. Chir. **38**, 1 (1918). (b) Über die Fleischfaserlänge beim *Hund* und Bemerkungen über einige Gelenke des *Hundes*. Sitzgsber. preuß. Akad. Wiss., Physik.-math. Kl. **1921**, 1018. (c) Über die Gewichts- und Querschnittsverhältnisse der Hundemuskeln. Sitzgsber. preuß. Akad. Wiss., Physik.-math. Kl. **1922**, 353. — **Fischera:** Über die Verteilung des Glykogens. Beitr. path. Anat **36** (1904). — **Flögel, J. H. L.:** Über die quergestreiften Muskeln der *Milben*. Arch. mikrosk. Anat. **8**, 69—79. — **Fol, H.:** (a) Sur la structure microscopique de muscles des mollusqiues. C. r. Acad. Sci. Paris **106**, 306 (1888). (b) Sur la répartation du tissu musculaire strié chez les *Invertébrés*. C. r. Acad. Sci. Paris **106** 1178 (1888). — **Fontana:** Traité sur le Venin de la Vipère, avec des observations sur la structure primitive du corps animale. Florence 1781. — **Fredericq, L.:** (a) Génération et structure du tissu musculaire. Mém. couronné. Bruxelles 1875. (b) Note sur la contraction des muscles striés de l'hydrophile. Bull. Acad. Méd. Belg. **41**, 452—457 (1876). — **Froriep, A.:** Über das Sarkolemm und die Muskelkerne. Du Bois-Reymonds Arch. Anat. **1878**, 416—427. — **Fusari:** Etude sur la structure des fibres musculaires striées. Arch. ital. de Biol. (Pisa) **25** (1904).

van Gehuchten, A.: (a) Etude sur la structure intime de la cellule musculaire striée. Cellule **2**, 290—453 (1886); Anat. Anz. **2** (1887). (b) Etude sur la structure intime de la cellule musculaire striée chez les *vertébrés*. Cellule **4** (1888). — **Gerlach, J.:** (a) Handbuch der allgemeinen speziellen Gewebelehre des *menschlichen* Körpers. Mainz 1848. (b) Über das Verhältnis der nervösen und contractilen Substanz des quergestreiften Muskels. Arch. mikrosk. Anat. **13**, 399—414 (1877). — **Gierke:** (a) Physiologische und pathologische Glykogenablagerung. Erg. Path. **11** (1907). (b) Das Glykogen in der Morphologie des Zellstoffwechsels. Beitr. path. Anat. **37** (1905). — **Gilman, P. K.:** The effect of fatigue on the nucléi of voluntary musclecells. Amer. J. Anat. **2**, 227—230 (1902—03). — **Glücksthal, G.:** Zur Kenntnis der verzweigten Muskelfasern. Arch. mikrosk. Anat. **81**, 53. — **Godlewski, E.:** (a) Über die Kernvermehrung in den quergestreiften Muskelfasern. Krakauer Anz. **1900**. (b) Über die Entwicklung des quergestreiften muskulösen Gewebes. Krakauer Anz. **1901**. (c) Die Entwicklung des Skelet- und Herzmuskelgewebes des *Säugetieres*. Arch. mikrosk. Anat. **60** (1902). — **Gorriz, M.:** Sobre un filamento espiral perinuclear de las fibras musculares estriadas. Trab. Labor. Invest. biol. Univ. Madrid **19**, 233. — **Groyer, Fr.:** Über den Zusammenhang der Musculi tarsales (palpebrales) mit den geraden Augenmuskeln beim *Menschen* und einigen *Säugetieren*. Internat. Msche. Anat. a. Physiol. **23**, 210—227 (1906). — **Grunmach:** Über die Struktur der quergestreiften Muskelfaser bei den *Insekten*. Diss. Berlin 1872. — **Grützner, P.:** Zur Anatomie und Physiologie der quergestreiften Muskeln. Rec. zool. Suisse **1**, 665—684 (1884). — **Guieysse, A.:** Etude de la régression de la queue chez les tétards des *amphibiens* anoures. Archives Anat. microsc. **7**, 429. — **Gutherz, S.:** Zur Histologie der quergestreiften Muskelfaser, insbesondere über deren Querschnittsbild bei der Kontraktion. Arch. mikrosk. Anat. **75** (1910).

Haeckel, E.: Über die Gewebe des *Flußkrebses*. Arch. Anat. Physiol. u. wiss. Med. **1857**. — **Häggqvist, G.:** (a) Über die Entwicklung der querstreifigen Myofibrillen beim *Frosche*. Anat. Anz. **52** (1920). (b) Über die Entwicklung und die Verbindungen des Sarkolemms. Anat. Anz. **53** (1920). (c) Wie überträgt sich die Zugkraft der Muskeln auf die Sehnen ? Anat. Anz. **53**, 273—301 (1920). (d) Die Natur und Bedeutung der Muskelgrundmembranen. Verh. dtsch. anat. Ges. **1920**, 71—76. (e) Über den Zusammenhang von Muskel und Sehne.

Z. mikrosk.-anat. Forschg 4, 605—634 (1926). — **Halban, J.:** Die Dicke der quergestreiften Muskelfasern und ihre Bedeutung. Anat. H. 9, 269—308 (1893). — **Hannover, A.:** Bericht über die Leistungen der Skandinavischen Literatur im Gebiete der Anatomie und Physiologie in den Jahren 1841—1843. Arch. Anat. u. Physiol. 1844. — **Harrison, Ross.:** On the Differentiation of Muscular Tissues when Remowed from the Influence of the nervous System. Amer. J. Anat. 2, 4 (1902). — **Haswell, W. A.:** A comparative study of striated muscle. Quart. J. microsc. Sci. 30, 31—50 (1889). — **Hauck, L.:** Untersuchungen zur normalen und pathologischen Histologie der quergestreiften Muskulatur. Dtsch. Z. Nervenheilk. 17, 57 (1900). — **Haycraft, J. B.:** (a) Upon the cause of the striation of voluntury muscular tissue. Quart. J. microsc. Sci. 1881, 307—329. (b) On the minute structure of striped muscle with special reference to a new method of investigation by means of impressions stamped in collodion. Proc. roy. Soc. 49, 76 (1891). — **Heidenhain, M.:** (a) Struktur der contractilen Materie. Erg. Anat. 8 (1898). (b) Beiträge zur Aufklärung des wahren Wesens der faserförmigen Differenzierungen. Anat. Anz. 16, 97—131 (1899). (c) Plasma und Zelle, 2. Lief. Jena 1911. (d) Über die Entstehung der quergestreiften Muskelsubstanz bei der *Forelle*. Arch mikrosk. Anat. 83, 427 (1913). (e) Über die Teilkörpernatur der Fibrillen und Säulchen in der Muskulatur des *Forellenembryos*. Anat. Anz. 44, 251 (1913). (f) Die Entdeckung der Noniusfelder der quergestreiften Muskelfaser. Anat. Anz. 51, 49 (1918). (g) Über die Noniusfelder der Muskelfaser. Anat. H. 56, 321. — **Henle, J.:** (a) Allgemeine Anatomie, 1841. (b) Bericht über die Leistungen in der allgemeinen und speziellen Anatomie. Canstatts Jber. 1852, 1853 u. 1854. (c) Bericht über die Fortschritte der Anatomie und Physiologie im Jahre 1866. — **Hensen, V.:** (a) Über ein neues Strukturverhältnis der quergestreiften Muskelfaser. Arb. physiol. Inst. Kiel. 1868, 1—26. (b) Nachträgliche Bemerkungen über die Struktur der quergestreiften Muskelfaser. Arb. physiol. Inst. Kiel. 1869. **Heppner, C. L.:** Über ein eigentümliches optisches Verhalten der quergestreiften Muskelfaser. Arch. mikrosk. Anat. 5, 137—144 (1869). — **Hermann, L.:** (a) Allgemeine Muskelphysik. Hermanns Handbuch der Physiologie. Leipzig 1879. (b) Über das Verhalten der optischen Konstanten des Muskels bei der Erregung, Dehnung und der Kontraktion. Pflügers Arch. 22, 240 (1880). — **Herzig, A.:** Spindelförmige Elemente quergestreifter Muskeln. Sitzgsber. Akad. Wiss. Wien, Math.-naturwiss. Kl. 30, 73—74 (1858). — **Hill, A. V.** u. **O. Meyerhof:** Über die Vorgänge bei der Muskelkontraktion. Erg. Physiol. 22 (1923). — **Hogdkin** and **Lister:** Froriegs n. Not. XVIII, 1837. — **Holmgren, E.:** (a) Über die Trophospongien der quergestreiften Muskelfasern usw. Arch. mikrosk. Anat. 71, 165—247 (1907). (b) Über die Sarkoplasmakörner quergestreifter Muskelfasern. Anat. Anz. 31, 609—621 (1907). (c) Studien über die stofflichen Veränderungen der quergestreiften Muskelfasern. Skand. Arch. Physiol. (Berl. u. Lpz.) 21, 287—314 (1908). (d) Untersuchungen über die morphologisch nachweisbaren stofflichen Umsetzungen der quergestreiften Muskelfasern. Arch. mikrosk. Anat. 75, 240—336 (1910). (e) Neue Beiträge zur Kenntnis der quergestreiften Muskelfasern. Le Nevraxe. 14, 279—296 (1913). (f) Von den Q- und I-Körnern der quergestreiften Muskelfasern. Anat. Anz. 44, 225—240 (1913). (g) Lärobok i histologi. Stockholm 1920. — v. **Holst, L.:** De structura musculorum in genere et annulatorum musculis in specie observ. microsc. Dorpat 1846. — **Home** and **Bauer:** Philos. Trans. roy. Soc. Lond. 1818. — **Hooke, R.:** Micrographia, or some physiological descriptions of minute bodies by magnif. glases. London 1665. — **Hürtle, K.:** (a) Über die Struktur des quergestreiften Muskels im ruhenden und tätigen Zustande und über seinen Aggregatzustand. Biol. Zbl. 27 (1907). (b) Über die Struktur der quergestreiften Muskelfasern von Hydrophilus im ruhenden und tätigen Zustand. Pflügers Arch. 126 (1909).

Jansen, Murk:. On the lenght of Muscle-Fibres and its Meaning in Physiology and Pathology. J. Anat. a. Physiol. 47, 319 (1913). — **Jones, W.:** Appareil névro-magnétique des muscles. Ann. Chim. et Physic. III. s. 10, 111 (1844). — **Jordan, H.:** (a) The Microscopic Structure of Striped Muscle of Limulus. Papers Dep. Marin. Biol. Carnegie Inst. Wash. 2, 273 (1917). (b) Studies on Striped Muscle Structure. Anat Rec. 13, 1 (1917); 16, 203 u. 217 (1919); 19, 97. — Amer. J. Anat. 27, 1 (1920).

Kaufmann, K.: Über die Kontraktion der Muskelfaser. Reichert u. du Bois-Reymonds Arch. 1874, 273—285. — **Keferstein, W.:** Über den feineren Bau der quergestreiften Muskeln von *Petromyzon marinus*. Reichert und du Bois-Reymonds Arch. 1859, 548. — **Knoblauch, Aug.:** Die Arbeitsteilung der quergestreiften Muskulatur und die funktionelle Leistung der „flinken" und „trägen" Muskelfasern. Biol. Zbl. 28, 468 (1908). — **Knoche, V.:** Über die sog. interstitiellen Körner (Koelliker) der Flügelmuskulatur der *Insekten*. Anat. Anz. 34, 165—167 (1909). — **Knoll, P.:** (a) Über helle und trübe, weiße und rote quergestreifte Muskulatur. Sitzgsber. Akad. Wiss. Wien, Math.-naturwiss. Kl. III 98 (1889). (b) Über protoplasmaarme und protoplasmareiche Muskulatur. Denkschr. math.-naturwiss. Kl. Wien. Akad. 58 (1891). (c) Zur Lehre von den doppelt schräggestreiften Muskelfasern. Sitzgsber. Akad. Wiss. Wien Math.-naturwiss. Kl. 101, 498—514 (1892). (d) Einige Bemerkungen zur Lehre von der Beschaffenheit und Funktion der Muskelfasern. Lotos,

N. F. **15**, 25—35 (1895). — **Koelliker, A.:** (a) Über die Endigungen der Hautnerven und den Bau der Muskeln. Z. Zool. **8**, 311—325 (1856—1857). (b) Handbuch der Gewebelehre des *Menschen*, 5. Aufl. Leipzig 1867. (c) Beiträge zur vergleichenden Anatomie und Histologie: 4. Entwicklung der quergestreiften Muskelfasern des *Menschen* aus einfachen Zellen. 6. Entwicklung der Muskelfasern der *Batrachier*. Z. Zool. **9**, 138. (d) Zur Kenntnis der quergestreiften Muskelfasern. Z. Zool. **47**, 689—710 (1888). — **Kramer, H.:** Bemerkungen über das Zellenleben in der Entwicklung des *Froscheies*. Arch. Anat., Physiol. u. wiss. Med. 1848. — **Krause, W.:** (a) Über den Bau der quergestreiften Muskelfaser, I. HENLE u. PFEUFFER, Bd. 33, S. 265—270. 1868. (b) Über den Bau der quergestreiften Muskelfaser, II. HENLE u. PFEUFFER, Bd. 34. 1869. (c) Die Querlinien der Muskelfasern in physiologischer Hinsicht. Z. Biol. **5**, 411—430 (1869). — **Krebs, H. A.:** Über die Färbbarkeit des Skeletmuskels. Arch. mikrosk. Anat. **97**, 554 (1923). — **Kroch, F.:** Beiträge zur Anatomie und Pathologie der quergestreiften Muskelfaser. Dtsch Z. Chir. **120**, 302 (1912). — **Kühne, W.:** Über direkte und indirekte Muskelreizung mittelst chemischer Agentien. Ein Beitrag zur Lehre von der selbständigen Reizbarkeit der Muskelfasern. Reichert u. du Bois-Reymonds Arch. **1859**, 213. — **Kuhne, W.:** (a) Untersuchungen über Bewegungen und Veränderungen der contractilen Substanzen. Reichert u. Du Bois-Reymonds Arch. **1859**, 564. (b) Eine lebende *Nematode* in einer lebenden Muskelfaser beobachtet. Virchows Arch. **1863**. — **Kunkel, A. J.:** Studien über die quergestreifte Muskelfaser. KOELLIKER-Festschrift 1887.

Lebert: Recherches sur la formation des muscles dans les animaux vertébrés etc. Ann. des Sci. natur. **11** (1849). — **Leeuwenhoek, A.:** Arcana naturae detecta, seu. Epist. ad. soc. reg. anglic. scriptae ab anno 1680 ad 1695. — **Lelievre, Aug. et Ed. Retterer:** Structure de la fibre musculaire du squelette des Vertébrés. C. r. Soc. Biol. Paris **66**, 602 (1909). — **Levi, G.:** La reale existenza della miofibrille nel cuore dell'embrione di pollo. Osservazioni sue cuore vivende e su elementi collivati in vitro. Atti Accad. naz. Lincei, V. s. **31**, 425—428 (1922). — **Lewis, Margaret Reed:** Muscular Contraction in Tissue-Cultures. Contrib. to Embryol. **9**, 191 (1920). — **Lewis, W. H.** and **M. R. Lewis:** Behavior of cross striated Muscle in Tissue-Cultures. Amer. J. Anat. **22**, 169 (1917). — **Leydig:** (a) Zur Anatomie und Entwicklungsgeschichte der Lacinularia Socialis. Z. Zool. **3**, 456 (1852). (b) Über Tastkörperchen und Muskelstruktur. Arch. Anat., Physiol. u. wiss. Med. **1856**, 150—159. — **Lieberkühn, N.:** Über das contractile Gewebe der Spongien. Reichert u. du Bois-Reymonds Arch. **1867**, 74. — **Lindhard:** On the structure of some Muscles in the Frog. Köpenhamm 1925.

MacMunn, C. A.: Über das Myohämatin. Z. physiol. Chem. **13**, 497—499 (1899). — **Mandl, M.:** Traté pratique du Microscope. Paris 1839. — **Marceau, N. F.:** Sur les fibres musculaires dites doublément striées obliquement. Bibliogr. anat. **1907**, 108. — **Marcus, H.:** (a) Über die Struktur der Muskelsäulchen. Anat. Anz. **45**, 425 (1913). (b) Über den feineren Bau quergestreifter Muskeln. Arch. Zellforschg **15**, 393. (c) Über die Struktur und die Entwicklung quergestreifter Muskelfasern, besonders bei Flügelmuskeln der *Libellen*. Anat. Anz. **52**, 410 (1920). (d) Weitere Untersuchungen über den Bau quergestreifter Muskeln. Anat. Anz. **55**, 475. — **Margo, Th.:** Neue Untersuchungen über die Entwicklung, das Wachstum, die Neubildung und den feineren Bau der Muskelfasern. Moleschotts Unters. **6**, 327 (1859). — Denkschr. Akad. Wiss. Wien. Math.-naturwiss. Kl. II **20** 1—74 (1862). — **Marshall, C. F.:** Further observations on the histology of striped muscle. Quart. J. microsc. Sci. **31**, 65 (1891). — **Martin, H.:** Recherches sur la structure de la fibre musculaire striée et sur les analogies de structure et de fonction entre le tissu musculaire et les cellules à batonnets. Arch. Physiol. norm. et Path. Paris, II. s. **9** (1882). — **Martyn:** On the anatomy of muscular fibre. Béalés Arch. **1862**, 227. — **Maurer, F.:** Die Elemente der Rumpfmuskulatur bei *Cyclostomen* und höheren *Wirbeltieren*. Morph. Jb. **21**, 473—616 (1894). — **Mayer, G.:** Die sog. Sarkoplasten. Anat. Anz. **1** (1886). — **Meige, Ed.:** The structure of the Element of crosstriated Muscle, and the Changes of Form which it under goes during contraction. Z. allg. Physiol. **8**, 81 (1908). — **Melland, B.:** A simplified view of the histology of the striped musclefibre. Quart. J. microsc. Sci., N. s. **25**, 371—390 (1885). — **Mercier:** Les processus phagocytaires pendant la métamorphose des Batraciens anoures. Arch. de Zool. **5** (1906). — **Merkel, Fr.:** (a) Der quergestreifte Muskel. I. Das primitive Muskelelement der *Arthropoden*. Arch. mikrosk. Anat. **8**, 244—268 (1872). (b) Der quergestreifte Muskel. II. Der Kontraktionsvorgang im polaisierten Licht. Arch. mikrosk. Anat. **9** (1873). (c) Über die Kontraktion der gestreiften Muskelfasern. Arch. mikrosk. Anat. **19** (1881). — **Metchnikoff, E.:** (a) Untersuchungen über die mesodermalen Phagocyten einiger *Wirbeltiere*. Biol. Zbl. **1883**. (b) Atrophie des muscles pendant la transformation des Batraciens. Ann. Inst. Pasteur **6** (1892). — **Meves, Fr.:** Über Neubildung quergestreifter Muskelfasern nach Beobachtungen am *Hühnerembryo*. Anat. Anz. **34**, 161—165 (1909). — **Mingazzini, P.:** (a) Sul preteso reticolo plastinico della fibra muscolare striata. Bull. Soc. natur. Naples **2**, 24—41 (1888). (b) Contributo alla conoscenza della fibra muscolare striata. Anat. Anz. **4**, 742—748 (1889). — **Mlodowska, J.:** Zur Histogenese der Skeletmuskeln. Krakauer Anz. 1908. — **Montgomery, E.**: Zur Lehre von der Muskelkontraktion. Pflügers Arch. **25** (1881). — **Mörner, K. A. H.**: Beobachtungen über den Muskelfarbstoff. Nord. med. Ark. (schwed.) Fest. **6**, 2 (1897). — **Morpurgo, B.**: (a) Über die Regeneration des quergestreiften Muskelgewebes bei neugeborenen weißen *Ratten*. Anat. Anz. **16** (1899). (b) Über die Verhältnisse der Kernwucherung zum Längenwachstum an den quergestreiften Muskelfasern der weißen *Ratten*. Anat. Anz. **16**, 88—91 (1899). — **Morton, H.**: Quer- und spiralgestreifte Muskelfasern bei Pulmonaten. Sitzgsber. Heidelberg. Akad. Wiss. Math.- naturwiss. Kl. B, Biol. Wiss. 1918. — **Motta-Coco, A.**: (a) Contributio alla studio della struttura de sarcolemma nella fibre muscolari striate. Monit. zool. ital. **10**, 253 (1899). (b) Genesi delle fibre muscolari striati. Boll. Soc. natur. Napoli, I. s. **13**, H. 1 (1900). — **Munk, H.**: Zur Anatomie und Physiologie der quergestreiften Muskelfaser der *Wirbeltiere*, mit Anschluß von Beobachtungen über die elektrischen Organe der *Fische*. Nachr. Ges. Wiss. Göttingen, Math.-physik. Kl. 1858, Nr 1. — **Muys**: Muscolara artificiosa fabrica. Lugd. Batav. 1751.

Naetzel: Die Rückbildung der Gewebe im Schwanz der *Frosch*larve. Arch. mikrosk. Anat. **6**, 425. — **Nasse, O.**: (a) Zur mikroskopischen Untersuchung des quergestreiften Muskels. Pflügers Arch. **17** (1878). (b) Zur Anatomie und Physiologie der quergestreiften Muskelsubstanz. Leipzig 1882. — **Naville, A.**: Histogénese et régénération du muscle chez les Anoures. Archives de Biol. **32**, 37—171 (1922). — **Newman, D.**: New theory of contraction of striated muscle and demonstration of the composition of the broad dark bands. J. Anat. a. Physiol. **13**, 549—576 (1879). — **Nicolaides, R.**: (a) Über die karyokinetischen Erscheinungen der Muskelkörper während des Wachstums der quergestreiften Muskeln. Arch. f. Physiol. 1883, 441—444. (b) Über die mikroskopischen Erscheinungen bei der Kontraktion der quergestreiften Muskeln. Du Bois-Reymonds Arch. 1885, 150—156.

Paneth, H.: Die Entwicklung von quergestreiften Muskelfasern aus Sarkoplasten. Sitzgsber. Akad. Wiss., Wien, Math.-naturwiss. Kl. III. **92** (1885). — **Pappenheimer, A. M.**: Über juvenile familiäre Muskelatrophie. Zugleich ein Beitrag zur normalen Histologie des Sarkolemms. Beitr. path. Anat. **44**, 430 (1908). — **Pekelharing, C.**: Über die von H. OSKAR SCHULTZE behauptete Kontinuität von Muskel- und Sehnenfibrillen. Anat. Anz. **45**, 104 (1913). — **Plenk, H.**: Die Muskelfasern der *Schnecken* und das Problem der Schrägstreifung. Anat. Anz. **55**. — **Prenant, M.**: (a) Questions relatives aux cellules musculaires. Arch. ives de Zool. **1** (1903). (b) Apropes de disque N de la substance musculaire striée. C. r. Soc. Biol. Paris **58** u. **59** (1904—1905). — **Prevost et Dumas**: Magendi J. **3** (1823). — **Prochaska, G.**: De carne musculari. Wien 1778. — **Pump, W.**: Über die Muskulatur der Mitteldarmdrüse von *Crustaceen*. Ein Beitrag zur Kenntnis der Streifen Z und M der quergestreiften Muskelfasern. Arch. mikrosk. Anat. **85**, 167 (1914).

Queckett, J.: A practical treatise on the use of the microscope. London 1848.

Ranvier, L.: (a) Propriétés et structure différentes des muscles rouges et des muscles blancs chez les lapins er chez les raies. C. r. Acad. Sc. **77**, 1030—1034 (1873). (b) De quelques faites relatifs à l'histologie et à la physiologie des muscles striés. Arch. de Physiol. **6**, 1—15 (1874). (c) Note sur les muscles de la nageoire dorsale de l'hippocampe. Arch. de Physiol. **6**, 16—18 (1874). (d) Du spectre produit par les muscles striés. Arch de Physiol. **6**, 774—780 (1874). (e) Du spectre musculaire. C. r. Acad. Sc. **78**, 1572—1575 (1874). (f) Traité technique d'histologie, 1. Aufl. Paris 1875; 2. Aufl. Paris 1889. (g) Leçons d'anatomie générale sur le systemè musculaire. Paris 1880. (h) Les muscles de la vie animale à contraction brusque et a contraction lente chez leslievre. C. r. Acad. Sci. Paris **107**, 971 (1888). — **Rees, van J.**: Beiträge zur Kenntnis der inneren Metamorphose von Musca vomitoria. Zool. Jb., Anat. Abt. **3**, 1—134 (1889). — **Reichert, K. B.**: (a) Bericht über die Leistungen in der mikroskopischen Anatomie des 1846. Arch. Anat., Physiol. u. wiss. Med. 1847. (b) Jahresbericht für 1847. Arch. Anat., Physiol. u. wiss. Med. 1848. (c) Über die contractile Substanz (Sarcode, Protoplasma) und deren Bewegungserscheinungen bei Polythalamien und einigen anderen niederen *Tieren*. Reichert u. du Bois-Reymonds Arch. 1865, 749—761. **Reiser, K.**: Die Einwirkung verschiedener Reagenzien auf den quergestreiften Muskelfaden. Diss. Zürich 1860, 28 S. — **Remak, R.**: (a) Über die Zusammenziehung der Muskelprimitivbündel. Arch. Anat., Physiol. u. wiss. Med. 1843, 182. (b) Über die Entwicklung der Muskelprimitivbündel. Frorieps N. Notiz, Bd. 55—57. 1845. — **Renaut, J.**: (a) Note sur les disques accessoires des disques minces dans les muscles striés. C. r. Acad. Soc. biol. **85**, 964—967 (1877). (b) Sur les disques accessoires de la zone des disques minces etc. C. r. Soc. biol. **58**, 184—187 u. 390—393 (1904—1905). — **Renaut, J. et G. Dubreuil**: Sur la cloison, on strie sarcoplasmique ordonnatrice transversale de la substance contractile des muscle striés. C. r. Soc. biol. **59**, 189—191 (1905). — **Retterer, Ed. et A. Lelievre**: (a) Variations de structure des muscles squelettiques selon le genre de travail (statique ou dynamique) q'uils fournissent. C. r. Soc. Biol. Paris **66**, 1002 (1909). (b) De la structure et de la valeur protoplasmique du sarcoplasma. C. r. Soc. Biol. Paris **72**, 587 (1912). — **Retzius, G.**: (a) Zur Kenntnis der quergestreiften Muskelfasern. Biol. Unters. 1881, 1—26. (b) Muskelfibrille und Sarkoplasma. Biol. Unters., N. F. **1**, II, 51—88 (1890). (c) Die Verbindungen zwischen dem Sarkolemma und den Grundmembranen der Muskelfibrillen in bildlicher Darstellung. Biol. Unters., N. F. **19**, 57. — **Riedel, B.**: Das postembryonale Wachstum der Weichteile: A. Muskeln. Unters. anat. Inst. Rostock 1874, 74—83. — **Robin, C.**: Mémoire sur la naissance et de la développement des élements musculair de la vie animale et du coeur. Gaz. méd. Paris **1855**. — **Rolett, A.**: (a) Über freie Enden quergestreifter Muskelfäden im Inneren der Muskeln. Sitzgsber. Akad. Wiss, Wien., Math.-naturwiss. Kl. **21**, 176—180 (1856). (b) Untersuchungen zur näheren Kenntnis des Baues der quergestreiften Muskelfaser. Sitzgsber. Wien. Akad. Wiss., Math.-naturwiss. Kl. **24**, 291—312 (**1857**). (c) Untersuchungen über den Bau der quergestreiften Muskelfasern I. Wien. Denkschr., Math.-naturwiss. Kl. **49**, 81—132 (1885). (d) Untersuchungen über den Bau der quergestreiften Muskelfasern II. Wien. Denkschr., Math.-naturwiss. Kl. **51**, 23—68 (1885). (e) Muskel. Real-Enzyklopädie der gesamten Heilkunde, 2. Aufl. 1888, S. 521. (f) Über die Flossenmuskeln des *Seepferdchens* (Hippocampus antiquorum) und über Muskelstruktur im allgemeinen. Arch. mikrosk. Anat. **32** (1888). (g) Muskel. Real-Enzyklopädie der gesamten Heilkunde, 2. Aufl., 1888, S. 551. (h) Anatomische und physiologische Bemerkungen über die Muskeln der *Fledermäuse*. Sitzgsber. Akad. Wiss. Wien, Math.-naturwiss. Kl. III **98**, 169—183 (1889). (i) Über Wellenbewegung in den Muskeln. Biol. Zbl. **11**, 180—188 (1891). (j) Untersuchungen über Kontraktion und Doppelbrechung der gestreiften Muskelfasern. Denkschr. Wien. Akad. **58**, 41—98 (1891). (k) Über die N-Streifen (Nebenscheiben), das Sarkoplasma und die Kontraktion der quergestreiften Muskelfasern. Arch. mikrosk. Anat. **37** (1891). (l) Über die Kontraktionswellen und ihre Beziehung zu der Einzelzuckung bei den quergestreiften Muskelfasern. Pflügers Arch. **52**, 201—238 (1892). — **Ronjon**: Notes sur les derniers éléments auxquels on puisse parvenir par l'analyse histologique des muscles striés. C. r. Acad. Sc. Paris **81**, 375 (1875). — **Rouget, Ch.**: (a) Recherches sur les éléments de tissus contractiles. Gaz. méd. Paris **1857**, No 1. (b) Sur les phénomènes de la polarisation qui s'observent dans quelques tissus des végétaux et des animaux etc. Brown-Séquards de Physiol. **5**, 247—271 (1862). (c) Mémoire sur le développement embryonaire des fibres musculaires de la vie animale et du coeur. Brown-Séquards. J. de Physiol. **6**, 459—465 (1863). (d) Mémoire sur les tissus contractiles et la contractilité. Brown-Séquards. J. de Physiol. **6**, 647—700 (1863). — **Roule, L.**: Sur la structure des fibres musculaires appartenant aux muscles rétracteurs des valves des Mollusques lamellibranches. C. r. Acad. Sci. Paris **106**, 872 (1888). — **Rutherford, W.**: On the structure and contraction of striped muscle of crab and lobster. Proc. roy. Soc. Edinburgh **17**, 146—149 (1890).

Sachs, C.: Die quergestreifte Muskelfaser. Reichert u. du Bois-Reymonds Arch. Anat. a. Physiol. **1872**, 607—648. — **Sanchez**: L'appareil réticulaire de *Cajal-Fusari* des muscles striées. Trav. Labor. Recherch. histol. Univ. Madrid **5** (1907). — **Schäfer, E. A.**: (a) On the structure of striped muscular fibre. Proc. roy. Soc. **21**, 242—245 (1873). (b) On the minute structure of legmuscles of the waterbeetle. Philos. trans. **163**, 429—443 (1874). (c) On the minute structure of the muscle of sarcostyles wich form the wing-muscles of insects. Proc. roy. Soc. **49**, 76 (1891). (d) On the structure of cross-striated muscle. Internat. Mschr. Anat. u. Physiol. **8**, 177—238 (1891). — **Schaffer, J.**: Beiträge zur Histllologie und Histogenese der quergestreiften Muskelfasern des *Menschen* und einiger *Wirbeltiere*. Sitzgsber. Akad. Wiss. Wien, Math.-naturwiss. Kl. III **102**, 7—148 (1893). — **Scheffer, U.**: (a) Über eine mikroskopische Erscheinung am ermüdeten Muskel. Münch. med. Wschr. **49**, 998 (1902). (b) Weiteres über mikroskopische Erscheinungen am ermüdeten Muskel. Wien. klin. Rdsch. **1903**. — **Schenk, F.**: Über den Aggregatzustand der lebendigen Substanz, besonders des Muskels. Pflügers Arch. **81**, 584—594 (1900). — **Schieffedecker, P.**: (a) Weitere Ergebnisse meiner Untersuchungen am Muskeln. Sitzgsber. niederrhein. Ges. Naturheilk. **1903**. (b) Über Muskeln und Muskelkerne. Verh. Ges. dtsch. Naturforsch. **1908**, 518. (c) Muskeln und Muskelkerne. Leipzig: Joh. Ambr. Barth 1909. (d) Untersuchungen über den feineren Bau und die Kernverhältnisse des Zwerchfelles in Beziehung zu seiner Funktion, sowie über das Bindegewebe der Muskeln. Pflügers Arch. **139** 337 (1911). (e) Untersuchungen einer Anzahl von Muskeln von Rana esculenta in bezug auf ihren Bau und ihre Kernverhältnisse. Pflügers Arch. **140**, 363. (f) Über die Ergebnisse meiner Arbeiten zur Biologie des *Menschen*geschlechtes. Biol. Zbl. **42**, 200 (1922). — **Schiefferdecker, P. u. R. Schultze**: Beiträge zur Kenntnis der myotomica cong. usw. Dtsch. Z. Nervenheilk. **25**, 1 (1903). — **Schipiloff, C. u. A. Danilewsky**: Über die Natur der anisotropen Substanzen des quergestreiften Muskels und ihre räumliche Verteilung im Muskelbündel. Hoppe-Seylers Z. **5**, 349 (1881). **Schlater**: Histologische Untersuchungen über das Muskelgewebe. Arch. mikrosk. Anat. **66** (1905) u. **69** (1907). — **Schmincke, A.**: (a) Die Regeneration der quergestreiften Muskelfasern bei den *Wirbeltieren*. Verh. physik.-med. Ges. Würzburg **39**, 164 (1907). (b) Die Regeneration der quergestreiften Muskelfasern bei den *Sauropsiden*. Beitr. path. Anat. **43**, 519 (1908). — **Schmirnowa. W.**: Über Regenerationserscheinungen des Muskelgewebes bei der Metamorphose von Rana temporaria. Arch. mikrosk. Anat. **84**, 300 (1914). — **Schmitz, A.**: Zur Entwicklung der quergestreiften Muskulatur. Z. Kinderheilk. **30**, 21. — **Schneider**: Über das Sarkolemm. Zool. Beitr. **2** (1890). — **Schultze, M.**: Über Muskelkörperchen und was man eine Zelle nennt. Reichert u. du Bois-Reymonds Arch. **1861**, 1—28. — **Schwalbe**:

Über den feineren Bau der Muskelfasern wirbelloser *Tiere*. Arch. mikrosk. Anat. **5**, 205—247 (1869). — **Schwalbe** u. **Mayeda:** Über die Kalibergröße der quergestreiften Muskelfasern. Z. Biol. **27**. — **Schwann, Th.:** (a) MÜLLERs Handbuch der Physiologie, 2. Aufl., Bd. 2, S. 33. Koblenz 1835—1837. (b) Mikroskopische Untersuchungen über die Übereinstimmung in der Struktur und dem Wachstum der *Tiere* und Pflanzen. Berlin 1839. — **Schwartz, N.:** Studien über quergestreifte Muskulatur beim *Menschen* mit besonderem Bezug auf die Nahrungsaufnahme der Muskelfasern. Anat. Anz. **45**, 538 (1914). — **Sczelkow:** Zur Histologie der quergestreiften Muskeln. Virchows Arch. **18**, 215 (1860). — **Skey, F. C.:** On the Elementary Structure of the Muscular Fibre of Animal and Organic Life. Philos. trans. **1837**. — **Stannius:** Über den Bau der Muskeln von Petromyzon fluviat. Nachr. Ges. Wiss. Göttingen, Math.-physik. Kl. **1852**, Nr 17. — **Stephan, Ph.:** Die kernähnlichen Gebilde des Muskelprimitivbündels. Z. rat. Med. 3. Reihe **10**, 204—237 (1861).

Terre, L.: Contribution à l'étude de l'histologie et de l'histogenèse du tissu musculaire chez l'abeille. C. r. Soc. Biol. Paris, XI. s. **1889 I**, 896—898. — **Thin, G.:** (a) On the minute anatomy of muscle and tendon. Edinburg med. J. **1874**, 3. (b) On the structure of muscular fibre. Quart. J. microsc. Sci. **16** (1876). — **Thulin, I.:** (a) Studien über den Zusammenhang granulärer, interstitieller Zellen mit den Muskelfasern. Anat. Anz. **33**, 193—205 (1908). (b) Morphologische Studien über die Frage nach der Ernährung der Muskelfasern. Skand. Arch. Physiol. (Berl. u. Lpz.) **22**, 191—220 (1909). (c) Beitrag zur Frage nach der Muskeldegeneration. Arch. mikrosk. Anat. **79**, 206 (1911). (d) Studien über die Flügelmuskelfasern von Hydrophilos piceus. Anat. H. **46**, 186—252 (1912). (e) Über eine eigentümliche Modifikation der trachealen Verzweigungen in den Muskeln. Anat. Anz. **41**, 465—477 (1912). (f) Über Kunstprodukte in mikroskopischen Präparaten quergestreiften Muskelfasern. Anat. Anz. **46**, 23—29 (1914). (g) Muskelfasern mit spiralig angeordneten Säulchen. Anat. Anz. **33**, 241. (h) Studier över ögonmusklernas histologi. Sv. Läksällsk. Hdl. **1914**, 1—32. (i) Contribution a l'histologie des muscles oculaires chez *l'homme* et chez les singes. C. r. Soc. Biol. Paris **74** (1914). (k) Etude sur la dégénération des fibres musculaires striées chez les embryons de *mammifères*. Bibliogr. Anat. **24**, 1 (1914). (l) Note sur la dégénération physiologique des fibres musculaires striées chez les embryons de *sélachiens*. C. r. Soc. Biol. Paris **76**, 186 (1914). (m) Ist die Grundmembran eine regelmäßig vorkommende Bildung in den quergestreiften Muskelfasern. Arch. mikrosk. Anat. **86**, 318—337 (1915). (n) Recherches sur l'importance des mitochondries pour la métamorphose de la queue des batraciens anoures. Bibliogr. Anat. **20**, 333—342. — **Tourneux, F.:** Sur les modifications structurales que présentent les muscles jaunes du dytique pendant la contraction. J. Anat. a. Physiol. norm. Path. **28**, 572 (1892). — **Treviranus:** Vern. Schriften I. 1816.

Valentin, G.: (a) Historia envolutionis systematis muscularis prolusio. Vratislaviae 1832. (b) Handbuch der Entwicklungsgeschichte des *Menschen*. Berlin 1835. (c) Repertorium. 1838. (d) Muskeln. Encycl. Wörterb. med. Wiss., Bd. 24, S. 203—220. 1840. (e) Entwicklung der Gewebe des Muskel-, Blutgefäß- und Nervensystems. Arch. Anat., Physiol. u. wiss. Med. **1840**, 194. (f) Gewebe des *menschlichen* und *tierischen* Körpers. WAGNERs Handwörterbuch der Physiologie, Bd. 1, 1842. — **Viallanes, H.:** Recherches sur l'histologie des *insects*. Ann. Sci. natur. **14**, 1—348 (1882).

Wagner, G. R.: (a) Über die Muskelfasern der *Evertebraten*. Reichert u. du Bois- Reymonds Arch. **1863**, 211—233. (b) Die Entwicklung der Muskelfaser. Schrift. Ges. Beförd. ges. Naturwiss. Marburg 1869, S. 23. (c) Über die Querstreifen der Muskeln. Sitzgsber. Ges. Beförd. ges. Naturwiss. Marburg 1872. (d) Über die quergesreifte Muskelfibrille. Arch. mikrosk. Anat. **9**, 712—723 (1873). (e) Über einige Erscheinungen an den Muskeln lebendiger Corethra plumicornis-larven. Arch. mikrosk. Anat. **10**, 293—310 (1874). (f) Über die Entstehung der Querstreifen auf den Muskeln und den davon abhängigen Erscheinungen. Arch. mikrosk. Anat. **1880**, 253—279. (g) Die Entstehung der Querstreifen auf den Muskeln. Pflügers Arch. **30**, 511—535 (1883). — **Weber, E.:** Muskelbewebung. WAGNERs Handwörterbuch der Physiologie, Bd. 3. 1846. — **Weber, E. H.:** Über E. WEBERs Entdeckungen in der Lehre von der Muskelkontraktion. Arch. Anat. Physiol. u. wiss. Med. **1846**, 483. — **Weismann, A.:** Über das Wachsen der quergestreiften Muskeln nach Beobachtungen am *Frosch*. Z. rat. Med. 3. Reihe **10**, 263—284 (1861). — **Weiss, G.:** (a) Sur l'architecture des muscles. C. r. Soc. Biol. Paris **4**, 410—411 (1897). (b) Le muscle dans la série animale. Rev. gén. Sci. pures et appl. **1901**. — **Welcker, H.:** Bemerkungen zur Mikrographie: II. Über elastische Faser, Muskelfaser und Darmepithel. Z. rat. Med., N. F. **8**, 226 (1857). — **Welcker, H.** u. **A. Jahn:** Die kernähnlichen Gebilde der quergestreiften Muskelfasern und die Frage nach der Existenz eines plasmatischen Gefäßsystems der Muskeln. Z. rat. Med. 3. Reihe **10**, 238—262 (1861). — **Will, Fr.** Einige Worte über die Entstehung der Querstreifen an Muskeln. Arch. Anat., Physiol. u. wiss. Med. **1843**, 353—364. — **Winslow, J. B.:** Exposition anatomique de la structure du corps humaine. Paris 1732.

IV. Organe des aktiven Bewegungsapparates.
A. System der glatten Muskulatur.
1. Anordnung der glatten Muskelfasern zu Muskeln und Muskelmembranen.

Die contractilen Faserzellen können in gewissen Fällen allein ohne Verbindung mit anderen ähnlichen Bildungen auftreten. Sie können da, wie dies in den feinsten, nichtcapillaren Gefäßen oft der Fall ist, die klassische Spindel- oder Bandform (Abb. 108) haben, oder auch sind sie verzweigt, ja sogar vielstrahlig in ihrer Form.

Diese glatten Muskelzellen bestehen, wie ich S. 20 ausführlicher dargelegt habe, aus einem kernhaltigen Endoplasma, einem fibrillenführenden Mesoplasma und einem Exoplasma, in welchem sich präkollagene, kollagene oder sogar elastische Fasernetze in größeren oder kleineren Mengen entwickelt haben und welches mit dem Protoplasma der außerhalb liegenden Bindegewebszellen direkte Verbindung hat. Diese Protoplasmakontinuität kann man, wenn man will, als ein Erbe des Mesenchymgewebes ansehen, aus welchem sich sowohl glatte Muskelzellen als auch Bindegewebszellen entwickelt haben.

Die glatten Muskelzellen treten jedoch oft in Verbänden gesammelt zu Bänder (Abb. 110), Muskelnetzen (Abb. 109), kleineren Muskeln oder in Membranen ausgebreitet, wie wir sie aus den Wänden der visceralen Hohlorgane des Körpers, Darm, Blase usw. kennen, auf. In diesen Fällen sind sie Teile eines Syncytiums, was ich S. 28 zu beweisen versucht habe, und der Ausdruck „Zelle" ist gewissermaßen unrichtig. Wo ich also in der Fortsetzung diese Bezeichnung benutze, geschieht dies in der Bedeutung von Zellterritorium als Teil eines Syncytiums. Handelt es sich um ein mehr oder weniger weitmaschiges Netz, setzt das fibrillenführende Mesoplasma von Zellterritorium zu Zellterritorium fort, ebenso dehnt sich das mehr oder weniger ausgebildete Exoplasma in Form einer Sarkolemmbildung aus und umschließt das syncytiale Netz (Abb. 112a).

Über den Aufbau dieser glatten Muskelnetze aus Muskelzellen hat BENNINGHOFF, der die glatte Muskulatur des Endokards eingehend studiert hat, kürzlich (1926) eine besonders wertvolle Darstellung gegeben, nach welcher ich mir die Freiheit nehme, folgendes anzuführen: „Die Verbindungen, welche die glatten Muskelzellen untereinander eingehen können, sind dreierlei Art. Erstlich findet man bei schon gestreckt verlaufenden Fasern, daß in weiten Abständen voneinander zwei Kerne angetroffen werden, ohne daß der Zelleib mitsamt Fibrillen irgendeine Unterbrechung erlitte (Abb. 109). Wir müssen also jetzt schon sagen, daß hier zwei Zellterritorien unmittelbar ineinander übergehen. Eine solche Verbindung braucht zweitens nicht durch den Hauptteil der Zelleiber zu erfolgen, sondern kann durch abgezweigte Brücken von wechselnder Breite vor sich gehen (Abb. 109). Ich habe mich durch genaueste Untersuchung einwandfrei davon überzeugen können, daß hier keine Anlagerung der Verbindungsarme vorliegt, sondern ein wirklicher Übergang einer Zelle in die andere mitsamt den Fibrillen.

Abb. 108. Bandförmige, glatte Muskelzellen einer Herzarterie. Vergr. 830×. (Nach K. W. ZIMMERMANN aus Z. Anat. 68, 1923.)

In dieses Verbindungsstück können sogar die Kerne hineinragen. Diese Verbindungszüge können außerordentlich lang werden, wenn die Zellen weit auseinanderliegen, so daß es gar nicht möglich ist, sie mit der wünschenswerten Vergrößerung in einer Zeichnung unterzubringen". „Auf solche Weise kann nun eine Zelle mit mehreren anderen in der mannigfachsten Weise sich verbinden. Liegen die Elemente weit auseinander, so gehen die Verbindungsäste von irgendeiner Stelle des Zelleibes oft unter stumpfem Winkel in lang geschwungenem Bogen zu den Nachbarn. Liegen hingegen die Muskelfasern dichter beieinander, so streckt sich der Zelleib, und die Ausläufer treten unter mehr spitzem Winkel vom Rumpf ab, um den Übertritt zu vollziehen. Wir haben dann im Prinzip dieselbe Anordnungsweise vor uns wie im Herzmuskel. So kann ein Gewirr von Anastomosen entstehen, das wie die Schienenstränge eines Rangierbahnhofs einen vielseitigen Austausch der Fasern darstellt (Abb. 109). Wir

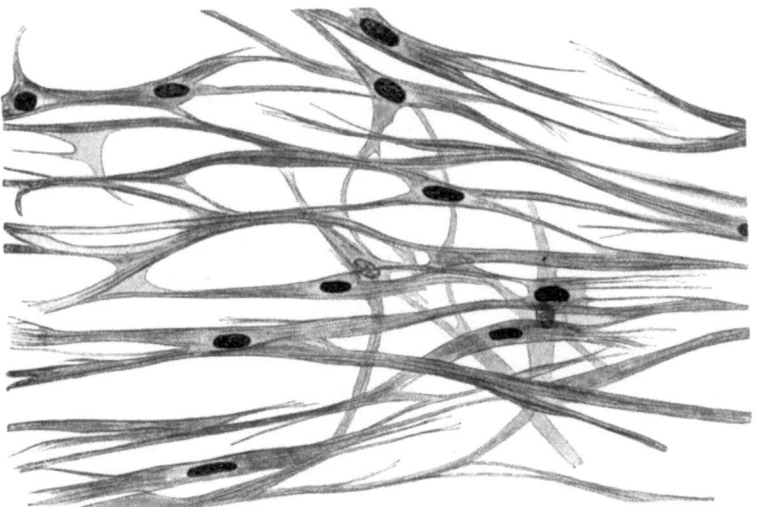

Abb. 109. Lockeres Faserzellennetz mit syncytialem Zusammenhang der Zellen. Vergr. 350×. (Nach A. BENNINGHOFF aus Z. Zellforschung 4, 1927.)   Abb. 110. Muskelband. (Nach ROUGET.)

haben es hier also mit einem wahren Syncytium von glatter Muskulatur zu tun." „Die dritte Art der Zellverbindung schließlich geschieht durch nackte Fibrillen."

Derselbe Verfasser gibt auch eine sehr bezeichnende Schilderung über die Änderung der Verhältnisse, wenn das Muskelnetz an Dichte zunimmt: „Im lockeren Zellnetz durchstrahlen die Zellausläufer die Fläche des Häutchens in allen möglichen Richtungen, indem sie die Membran annähernd gleichmäßig versorgen. Die Form der Einzelzelle wird dadurch vielgestaltig, es finden sich zahlreiche Verzweigungen nach vielen Richtungen (Abb. 111a)." „Nehmen nun in einer Muskelhaut die Faserzellen an Zahl zu, dann recken sich die dichter gelagerten Zellen in die Länge und treten damit als Ganzes an die Stelle der früheren Ausläufer, deren Funktion sie in verstärktem Maße übernehmen. Die Verzweigung wird geringer, die Äste gehen unter einem spitzen Winkel ab (Abb. 111b, c). Schiebt sich das Zellnetz unter gleichzeitiger Reckung jetzt noch weiter zusammen, dann werden immer mehr Seitenäste überflüssig, die

Muskelbrücken können nur noch im spitzen Winkel von dem Zellkörper sich abspalten, es entsteht ein Bild ähnlich wie bei der Herzmuskulatur (Abb. 111c)."

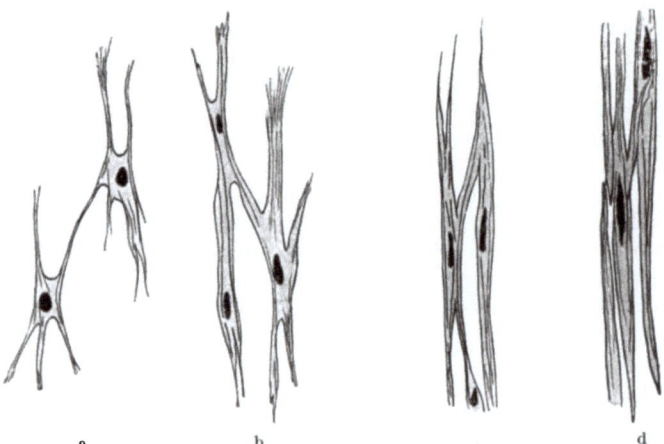

Abb. 111. Schema der Umformung des lockeren Faserzellnetzes zur dicht gepackten Muskulatur mit Spindelzellen unter Schließung der Maschen des Syncytiums. (Nach BENNINGHOFF 1927.)

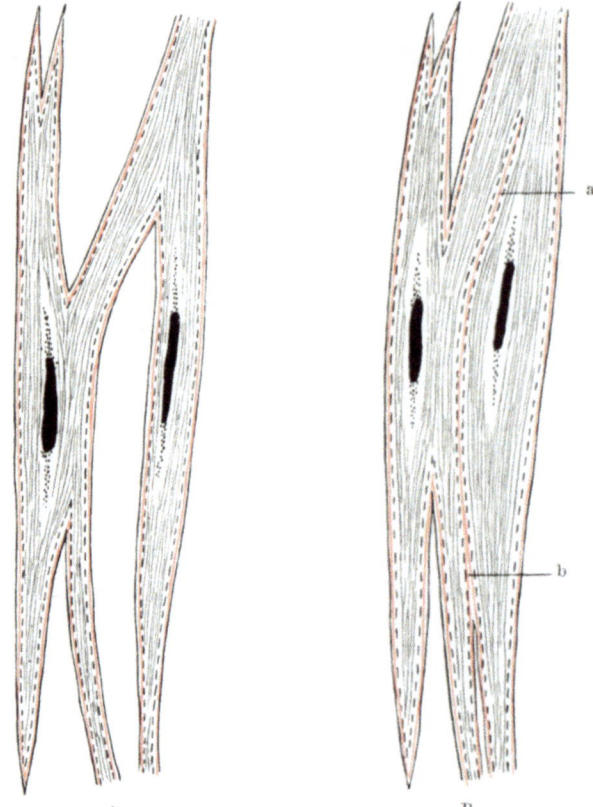

Abb. 112. Schema über das Verhalten der kollagenen Membranen bei lockerer bzw. dichter Lagerung der glatten Muskelzellen. Bei A ist der Membran für zwei Zellen gemeinsam, bei B besitzen die Zellen je eine Membran.

„Als Endglied der Reihe erscheint die eng gebündelte Muskulatur, wie sie in größeren Massen im Körper sich darbietet, und daher als Hauptform angesehen wird (Abb. 111d). Entweder tritt sie als Balkennetz auf oder als Häute gleicher Stärke wie in der Darmwand."

BENNINGHOFF meint, daß, wenn die Zellen dicht gelagert werden, keine querlaufenden Anastomosen zwischen ihnen vorkommen, sondern nur die oben erwähnten spitzwinkeligen. Dies ist insofern richtig, als wir an die myofibrillenführenden, mesoplasmatischen Anastomosen denken.

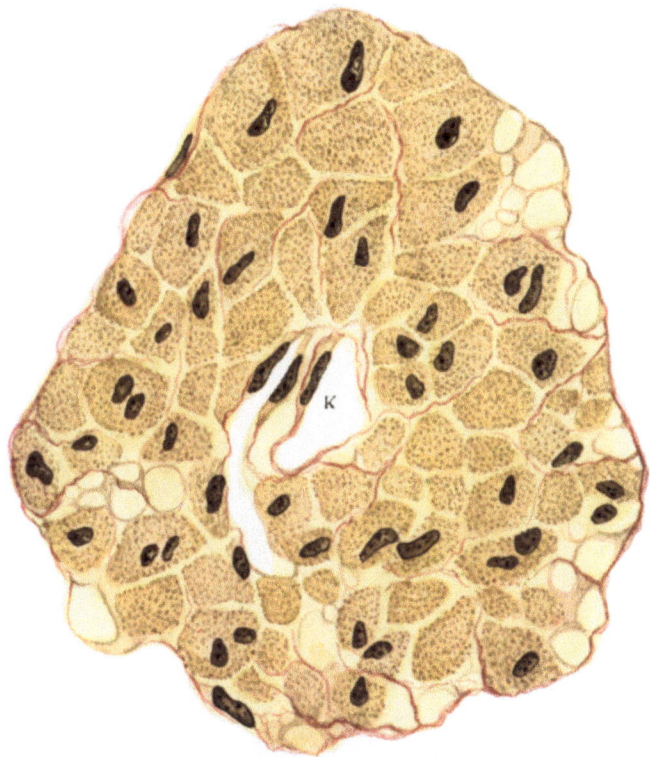

Abb. 113. Querschnitt eines M. arrector pili aus der Kopfhaut eines *Menschen*. K Gefäße. Zwischen den „Zellen" sind die kollagenen Fasernetze unvollständig entwickelt und man sieht hier das Exoplasma, welches von einer „Zelle" zur anderen übergeht. Behandlung: Sublimatformol HANSENS Eisentrioxyhämamatein und Säurefuchsin-Pikrinsäure-Färbungen. Vergr. 1330 ×.

Bei der dichten Zusammenpackung der Zellen werden diese mehr spindelförmig, was auch BENNINGHOFF betont. Die Exoplasmazonen der angrenzenden Zellen legen sich dann dicht aneinander und verschmelzen dabei der Länge nach (Abb. 112 B), so daß das ganze Bündel glatter Muskelzellen, auch von den oben besagten Anastomosen abgesehen, ein Syncytium bildet. Diese Anastomosen sind dabei in erster Hand als fibrillenführende Verbindungen zwischen den mesoplasmatischen Zonen anzusehen.

So ist ein glatter Muskel aufgebaut, wie wir dies beispielsweise im M. arrector pili sehen. Ebenso sind auch die Muskelbündel, welche die Wandbekleidungen in getrennten Organen bilden, aufgebaut. Jedes Bündel bildet ein Syncytium, wo die fibrillenführenden Mesoplasmazonen der spindelförmigen Zellen in die entsprechenden Gebiete der angrenzenden Zellen übergehen, so daß lange Bänder ähnlich den von ROUGET abgebildeten (Abb. 110) entstehen. Die exoplasmatischen

188   Organe des aktiven Bewegungsapparates.

Zonen aber sind für diejenigen Zellen gemeinsam, deren Längsseiten aneinander grenzen (Abb. 112 B), und die präkollagen — kollagen — elastischen Membranen, welche sich in diesem Exoplasma entwickelt haben, können für zwei Zellen gemeinsam sein (was unten näher besprochen werden soll).

Abb. 114. Muskelbündel aus der Ringfaserschicht des Dünndarmes eines *Menschen*.
Bei a anastomosierende Bündel. Mikrophoto.

Auf diese Weise wird das glatte Muskelbündel oder die Muskelfaser von einem glatten Muskelsyncytium gebildet. Diese Bündel sind lange bandförmige Gebilde, welche mehr oder weniger weitmaschige Netze bilden, indem von dem einen Bündel Äste abgespalten werden, die sich mit den angrenzenden Muskelbündeln genau in derselben Weise verbinden, wie diese BENNINGHOFF bezüglich der einzelnen Zellen geschildert hat. Liegen die Muskelbündel weniger dicht, bilden die Anastomosen größere Winkel und das Netz wird relativ weitmaschiger wie in der Blase. Sind die Muskelbündel dichter gelagert, wie im Darm, werden sie mehr in die Länge gezogen, verlaufen parallelfaserig und die Anastomosen gehen in spitzigen Winkeln ab (Abb. 114). Sie erinnern dabei an die spitzwinkeligen Anastomosen der Herzmuskulatur. Die glatte Muskulatur ist demnach immer netzförmig angeordnet, wenn sie als Wandbekleidung in verschiedenen Organen auftritt, aber die Netze haben verschiedenartige Weite und die Maschen variieren in ihrer Größe. Sind die Maschen eng, bekommt die glatte Muskulatur durch die Streckung der Bündel faserigen Charakter und man kann dann durch Zerreißen der Anastomosen Fasern isolieren mit einem zirkulären, in Längsrichtung gehenden oder schrägen Verlauf, als Teile der sog. zirkulären, longitudinalen oder schrägen Schichte, wie wir sie in der Tunica muscularis verschiedener Organe finden. Wie aus Abb. 114 hervorgeht, handelt es sich doch nicht um eine eigentliche parallelfaserige Schicht, sondern um spitzwinkelige Netze.

2. Das membranöse Bindegewebe und die Sehnen glatter Muskeln.

Der erste, welcher im Gegensatz zu der etwas älteren Lehre von den „Zellbrücken" hervorhob, daß die glatten Muskelzellen von elastischen Fasernetzen zusammengehalten werden, war DRASCH (1894). SCHAFFER, der 1899 dieser Frage ein besonders eingehendes Studium widmete, fand die Muskelzellen von längs- und querverlaufenden Faserstrukturen umgeben, von welchen ein Teil bei Zusatz von Essigsäure schwellte, während ein anderer, die elastischen Fasern, unverändert blieb. Als Beispiel für seine Auffassung dieser Bildungen will ich das Resümee seiner Beschreibung über die glatte Muskulatur des Nabelstranges bei Homo wiedergeben (S. 240): „Zwischen den Muskelfasern findet sich ein zartes, von Lücken durchsetztes Bindegewebe, welches schon an frisch isolierten Bündeln als undeutlich netzige, stellenweise querfaltige Zeichnung zu beobachten ist und welches mit dem Bindegewebe des Nabelstranges in unmittelbarem Zusammenhange steht.

Es besteht der Hauptmasse nach aus durchbrochenen, häutchenartigen Bildungen, aus einem Wabenwerk, dessen Scheidewände im optischen oder sehr dünnen wirklichen Durchschnitte ein Fasernetz vortäuschen kann. Außerdem finden sich in diesem Zwischengewebe spärliche elastische Fasern und zellige Elemente".

HENNEBERG (1900) kommt zu demselben Resultate wie SCHAFFER. Er vergleicht das Fachwerk, welches die Bindegewebsmembranen an den Wänden bilden, mit den „Zellen einer Bienenwabe" und sagt, daß ebenso wie jede solche Zelle eine Larve enthält, jedes Fach eine glatte Muskelzelle in sich birgt (Abb. 115). Die Bindegewebsnatur der Membranen geht seiner Ansicht nach, außer aus den Färbungsverhältnissen, deutlich aus deren direkter Verbindung mit kernführenden Bindegewebsmassen hervor. Er digerierte auch Muskulatur mit Trypsin, was HOEHL bereits früher (1898) versucht hatte, und findet wie dieser die Membranen unverdaut. Von großem Interesse ist auch die Beobachtung HENNEBERGs von Öffnungen in den Membranen, die teils regelmäßig in

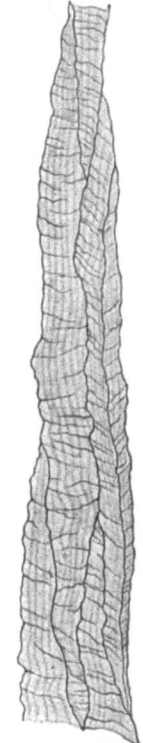

Abb. 115. Bindegewebiges Wabenwerk im Längsschnitt aus der Rectalmuskulatur des *Pferdes*. (Nach HENNEBERG aus Anat. H. 14, 1900.)

190   Organe des aktiven Bewegungsapparates.

der Längsrichtung des Faches angeordnet, teils mehr unregelmäßig vorkommen.

Von ganz besonderem Interesse ist ferner die Darstellung der Bindegewebsmembranen von HEIDENHAIN, auf welche ich später zurückkommen werde.

Betrachtet man ein kleineres glattes Muskelbündel, sieht man, was die angeführten Verfasser schon mitgeteilt haben, nach geeigneter Bindegewebsfärbung

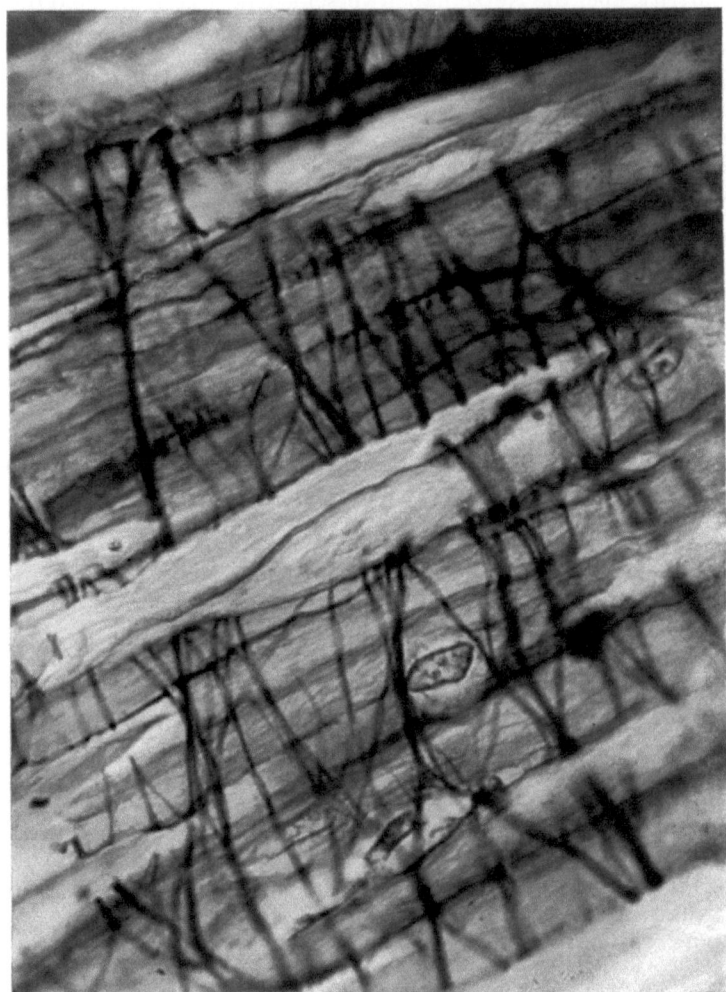

Abb. 116. Glatte Darmmuskulatur einer *Katze*. Behandlung: CARNOYS Gemisch, WEIGERTS Elastinmethode. (Nach E. HOLMGREN, Lärobok i histologi, 1920.)

sich zwischen den verschiedenen Zellterritorien ein Netzwerk von feinen Membranen erstrecken. Diese Membranen bestehen in Wirklichkeit aus äußerst feinen Netzen von präkollagenen und kollagenen Fibrillen, wie ich und andere das bei dem Sarkolemm der quergestreiften Muskelfaser beschrieben haben. Da und dort trifft man auch elastische Fasern, welche in der Regel in Querrichtung verlaufen [HOLMGREN (1904), Abb. 116]. Untersucht man die Verhältnisse genauer, ist man erstaunt über die Eigentümlichkeit, daß diesen Membranen keine Bindegewebszellen folgen. Nur in gröberen Interstitien finden wir Bindegewebszellen, doch kommen diese äußerst spärlich vor. Man dürfte hier jedoch über den Bindegewebscharakter der Membranen streiten können, zumal ja Bindegewebe äußerst zellarm sein kann. Studiert man indes die Entwicklungsverhältnisse der glatten Muskelfaser an Serienschnitten (siehe S. 41), wird man finden, daß es sich nicht um ein Einwachsen von Bindegewebe zwischen die Muskelzellen handelt, sondern die kollagenen Elemente entstehen „in loco" (MC GILL). Nach meinen eigenen Beobachtungen geschieht dies zuerst in einzelnen Fäserchen, welche später immer mehr an Zahl zunehmen, bis die Membranbildungen fertig sind.

Untersucht man nun ein kleines Muskelbündel in adultem Stadium, wird man finden, daß die kollagenen Membranen nicht überall gleich stark entwickelt sind, sondern daß sie da und dort fehlen. An diesen Stellen, welche den Öffnungen entsprechen dürften, die HENNEBERG im Fachwerk wahrgenommen

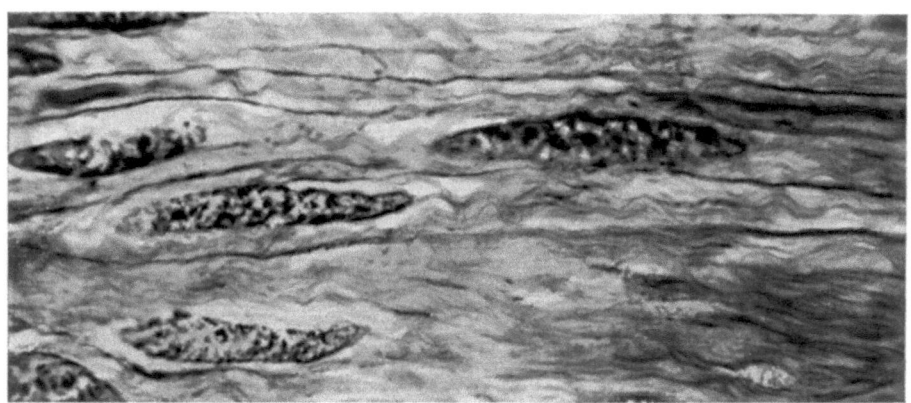

Abb. 117. Glattes Muskelsyncytium aus der Darmwand von *Triton*. Fibrillenführende Mesoplasmaanastomosen sind sichtbar. (Mikrophoto nach E. HOLMGREN 1920.)

hat, sehen wir aber auf nicht geschrumpften Präparaten das Protoplasma auch zwischen die angrenzenden Zellterritorien hinein fortsetzen (Abb. 117). Dies Protoplasma kann myofibrillführend sein, ist es aber oft nicht (Abb. 113), sondern hat nach HANSEN-Färbung eine hellere Farbe. Ein solches helles Protoplasma umgibt auch, wie wir sehen, die kollagenen Membranen, wenn diese entwickelt sind. Nach außen stehen die Membranen in adultem Stadium mit kernführenden Bindegewebsmassen in Verbindung, wie es schon HENNEBERG betont hat.

Man muß sich da fragen, ob wir berechtigt sind, diese Membranbildungen als Bindegewebe anzusprechen. Meines Erachtens sind wir es nicht. Wahr ist ja, daß Bindegewebe durch präkollagene, kollagene und elastische Strukturen gekennzeichnet ist, aber ein ebenso wichtiges Element im Bindegewebe ist die Bindegewebszelle und diese fehlt in den Membranen der glatten Muskulatur. Diese entwickeln sich auch, was ich oben schon hervorgehoben habe, innen in dem glatten Muskelsyncytium hauptsächlich ohne Verbindung mit Bindegewebszellen, also aus dem Muskelprotoplasma. Unter diesen Umständen scheint mir der Name Bindegewebe unrichtig, wir müssen vielmehr von einer kollagen-elastischen Membranbildung sprechen. Diese liegen auch nicht außerhalb der glatten Muskelzelle, wie die Wände der Bienenwabenzelle um die Larve, sondern die Membranen haben sich in der äußersten Schicht, im Exoplasma der Muskelzellen entwickelt, ganz in derselben Weise wie die kollagenen

192   Organe des aktiven Bewegungsapparates.

Elemente des Sarkolemmas sich in der äußersten Protoplasmaschicht der quergestreiften Muskelfaser entwickelt haben.

Nehmen wir als Ausgangspunkt eine Muskulatur, welche als ein weitmaschiges Netz gebaut ist, so kann das Schema 112A dazu dienen, die Verhältnisse zu beleuchten, wie ich sie sehe. In der äußersten Schicht der glatten Muskelzellen, im Exoplasma, sind die kollagen-elastischen Membranen entwickelt, was durch

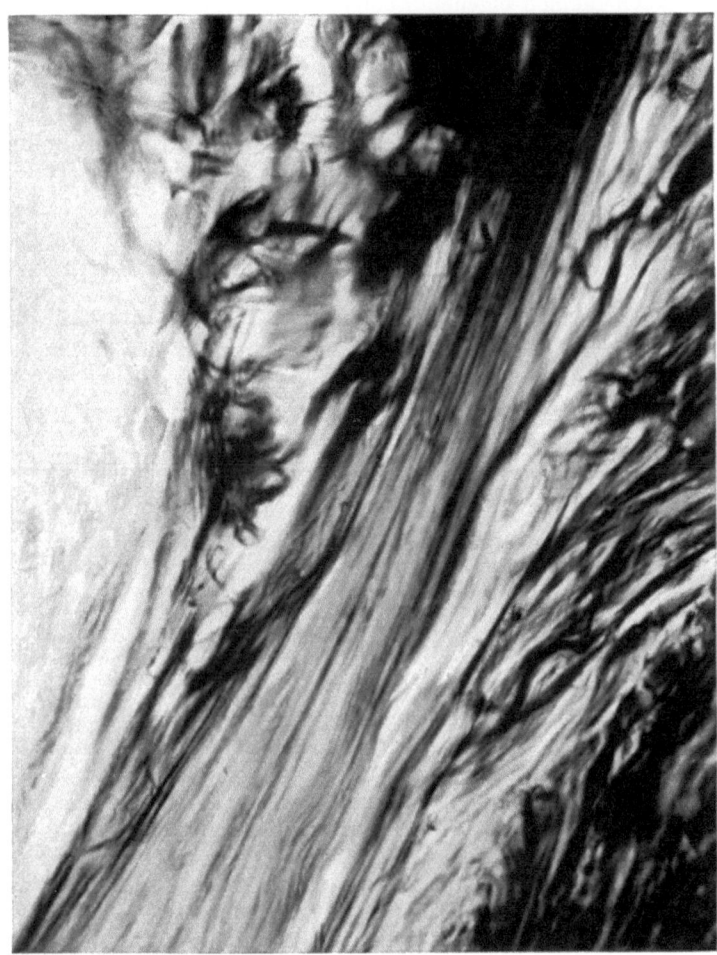

Abb. 118. Längsschnitt eines M. arrector pili. Die elastischen Fasern sind am Ende des Muskels längsgeordnet.

die rote Linie angedeutet wird. Die Verbindungen dieser Membranen, wie auch die des Exoplasmas überhaupt, mit dem in den breiten Interstitien befindlichen Bindegewebe sind nicht eingezeichnet. Sind die Zellen dichter gelagert, verschmelzen die Exoplasmazonen (Abb. 112B bei a und b); die Verschmelzung kann dabei unvollständig sein wie bei a, wo die Membranen nicht verschmolzen sind, sondern jede Muskelzelle mit ihrer Membran versehen ist, trotzdem sie im selben Exoplasma liegen. Dieses Verhalten entspricht der Beschreibung M. HEIDENHAINs: ,,werden hingegen die Interstitien ein wenig breiter, so sind die Längsmembranellen gespalten und zwischen ihnen kommen die Quermembranellen (über diese weiter unten) zum Vorschein (links im Schema Abb. 13).

Wird dagegen die Zusammenlagerung sehr dicht, dann wird die kollagenelastische Membran für die beiden angrenzenden Zellen gemeinsam, was HEIDENHAIN mit den Worten beschreibt: ,,Sind die Interstitien auf ein Minimum beschränkt, so scheinen die Längsmembranellen der Nachbarzellen gemeinsam zu sein" (auf der rechten Seite des Schemas Abb. 13).

Die kollagenen und elastischen Strukturen, welche die Membranen bilden, sind nach den Spannungsverhältnissen angeordnet. Wir können deshalb im

Abb. 119. M. arrector pili mit Sehne. Kopfhaut vom *Menschen*. Mikrophoto. Vergr. 160×.

Anschluß an M. HEIDENHAIN (1901) längslaufende Strukturen und quergehende, von ihm als ,,Längs- und Quermembranellen" bezeichnet, unterscheiden. In diese Membranen, welche in der Hauptsache aus äußerst feinen kollagenen und — wo die Spannung geringer ist — aus präkollagenen Netzen bestehen, finden wir elastische Fasern eingewoben. Diese sind bedeutend gröber als die kollagenen Fasern und bilden ein grobmaschiges Netz (Abb. 116). Im Innern der Muskelmasse ist dieses Netz hauptsächlich in Querrichtung der Zellen geordnet und umspinnt da Gruppen von zwei oder mehreren Muskelzellen (Abb. 116). Im M. arrector pili werden die elastischen Strukturen gegen das Ende des Muskels hin längslaufend (Abb. 118) und setzen aus dem Exoplasmagebiete des Muskelbündels in das Bindegewebe der Lederhaut hinaus zu einer wirklich elastischen Sehne gesammelt fort (Abb. 119). Diese breitet sich in der Fortsetzung pinselförmig aus und geht in die elastischen Elemente der Lederhaut über.

Welche Bedeutung haben die kollagen-elastischen Membranen in der glatten Muskulatur? Wenn wir uns eine solche Muskulatur ohne kollagene und elastische Strukturen denken, ist es anzunehmen, daß diejenigen Teile, welche sich nicht im Kontraktionszustand befinden, bei der Zusammenziehung anderer Gebiete einer sehr starken Dehnung ausgesetzt werden würden. Das Vorhandensein tragfähiger Strukturen scheint wohl geeignet, einer solchen Überdehnung entgegenzuarbeiten, und hierbei scheint auch die direkte Verbindung der kollagenen und elastischen Elemente mit dem außerhalb der Muskelbündel liegenden Bindegewebe wohl imstande zu sein, auf dieses einen Teil der Spannung zu übertragen. In Übereinstimmung hiermit scheinen sie in der Peripherie der Muskelbündel stärker entwickelt zu sein (Abb. 113), während wir im Innern vorherrschend feine präkollagene Fasernetze antreffen.

3. Gefäße der glatten Muskeln.

Bezüglich der Gefäße der glatten Muskulatur ist zu der Schilderung, welche ARNOLD (1871) davon gegeben hat, nicht viel hinzuzufügen. Dieser Verfasser schreibt: ,,In den Bindegewebslagen, welche die Muskelmembranen und Muskelbündel umkleiden, verlaufen größere, kleinere und kleinste arterielle Gefäße, die zu einem Netz von Capillaren sich auflösen, aus dem die Venen mit feinen Wurzeln entspringen. Die venösen Stämmchen liegen gleichfalls in dem umhüllenden Bindegewebe. Dagegen durchziehen die Capillaren die Muskellagen selbst. Die Maschen des Capillarnetzes sind bald mehr länglich, bald mehr rund oder rhomboidal, mäßig weit. Die dasselbe zusammensetzenden Capillargefäße zeigen keine wesentlichen Besonderheiten''.

Ähnliche Darstellungen haben auch spätere Verfasser gemacht, welche die Gefäße der glatten Muskulatur in speziellen Organen untersucht haben. So sagt HELLER (1872), welcher die Gefäße des Dünndarms beschrieben hat, ,,daß ihr Capillarnetz die bekannten länglichen Rechtecke zeigt, deren Längsdurchmesser dem Muskelfaserverlaufe entspricht'', und DJÖRUP (1922) äußert sich in ähnlicher Weise über die Gefäßverhältnisse im Ventrikel. Die Capillaren breiten sich an der Oberfläche der Muskelbündel oder Fasern aus, von hier aber können sie, wie aus Abb. 113 ersichtlich ist, zusammen mit wirklichem Bindegewebe in die Bündel eindringen.

4. Formveränderungen und Zellverschiebungen bei der Kontraktion.

Im Jahre 1904 hat GRÜTZNER die Aufmerksamkeit auf ein sehr eigentümliches Verhältnis bei der glatten Muskulatur gelenkt. Ich will ihm selbst das Wort überlassen (S. 76): ,,Füttert man z. B. einen *Frosch* stark, tötet ihn nach 24 Stunden und legt seinen Magen in 3—4 prozentige Formalinlösung. Legt man ferner in die gleiche Lösung den völlig leeren Magen eines zweiten gleich großen *Frosches*, der lange gehungert hat, so gleichen die beiden Hälften des in der Mitte durchschnittenen ersten Magens zwei dünnen Papierkappen. Der Hungermagen dagegen ist viel kleiner, seine Wandungen sind viel dicker. Macht man mikroskopische Schnitte quer durch beide Magenhäute, etwa in ihrer Mitte, so ist zunächst die Schleimhaut des gefüllten Magens ganz glatt und niedrig, die des leeren vielfach gefaltet und hoch. Die Muskelhaut des ersten ist natürlich außerordentlich dünn. Sie mag vielleicht aus 4—5 konzentrischen Lagen contractiler Faserzellen bestehen. Die viel dickere Muskelhaut des Hungermagens mag deren gegen 20 enthalten.

Es hat also unzweifelhaft ein Neben- und Übereinanderschieben der contractilen Elemente stattgefunden....''

Derselbe Verfasser spricht auch davon, daß die Zellen in dem ausgespannten Magen bedeutend länger sind als in dem kontrahierten. Aber außerdem muß eine Querverschiebung der Zellen stattgefunden haben. Er diskutiert auch die Möglichkeit, daß die dünne Muskelwand ebenfalls aus 20 Schichten bestehe, kommt aber nach einer Untersuchung zu dem Resultate, daß sie nicht mehr gedehnt als ,,etwa noch einmal so lang sind". Zur Erklärung dieses Phänomens gibt er folgendes Schema (Abb. 120).

Auf die Ermahnung GRÜTZNERs hin nahm A. MÜLLER (1907) dieses Problem nur Behandlung auf. Er bestätigt die gemachte Beobachtung, daß die Magenwand bei *Fröschen* und *Salamandern* in ausgespanntem Zustande weniger Schichten von Muskelzellen enthält als in kontrahiertem und daß demnach eine Verschiebung stattfinden muß. Er ist auch der Meinung, daß ein vorher gebildeter Mechanismus vorhanden ist, um diese Verschiebung zu ermöglichen, und diesen findet er in dem intramuskulären Bindegewebe, welches durch seine Dehnbarkeit ein Gleiten der Zellen möglich mache.

Dieser Gedankengang MÜLLERs scheint mir schwer verständlich. Die kollagenelastischen Membranen sind oft für angrenzende Muskelzellen gemeinsam in der Weise wie — um das Gleichnis HENNEBERGs anzuwenden — die Wände in einer *Bienen*wabe für angrenzende Zellen gemeinsam sind. Diese Membranen scheinen mir eher dazu geeignet, eine Verschiebung zu verhindern.

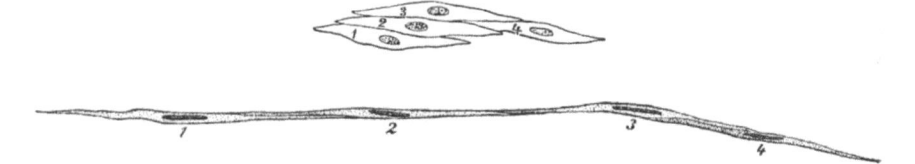

Abb.120. Schema zur Erklärung der ,,Zellverschiebung" der glatten Muskulatur. (Nach GRÜTZNER 1904.)

Auch der kontinuierliche Verlauf der Fibrillen dürfte eine solche unmöglich machen, wenn es sich um ganze Zellen handelt. Damit will ich jedoch keineswegs sagen, daß die Beobachtung GRÜTZNERs unrichtig sei. Dazu ist sie, nachdem die Aufmerksamkeit auf dieses Verhalten gelenkt worden ist, allzu leicht zu bestätigen.

Eine neue Möglichkeit zur Erklärung des Phänomens scheint sich indessen mit der Entdeckung derjenigen Anastomosen, welche Mc GILL und BENNINGHOFF beschrieben haben, zu eröffnen. Durch diese wird eine Verschiebung von Kernen und Endoplasma ermöglicht, welche — besonders wenn das fibrillenführende Mesoplasma gleichzeitig gedehnt und daher schmäler wird — im Querschnitt den Eindruck einer verminderten Zellmenge hervorbringen muß.

B. System des willkürlichen Bewegungsapparates.

1. Muskeln.

a) Zusammenfügung der Muskelfasern zu Muskeln.

Ältere Verfasser nahmen allgemein an, daß die quergestreifte Muskelfaser dieselbe Länge habe wie das sichtbare Muskelbündel. So sagt KÖLLIKER (1852): ,,Die Länge der Muskelfasern entspricht im allgemeinen derjenigen der vom bloßen Auge sichtbaren Bündel der Muskeln, da dieselben, soviel wir wissen, nirgends in den mittleren Teilen derselben enden, wechselt mithin sehr und beträgt auf der einen Seite kaum 1—2''' (Stapedius, Tensor tarsi), auf der anderen mehr als einen Fuß (Sartorius, Latissimus usw.)". Der erste, welcher nachwies, daß oben gemachte Beschreibung nicht immer den wirklichen Verhältnissen entspricht, war A. ROLLETT, der in einer Arbeit mit der Überschrift: ,,Über freie Enden quergestreifter Muskelfäden im Innern der Muskeln" (1856) zeigt, daß eine Menge Muskelfasern in einer ausgezogenen Spitze zwischen den übrigen im Innern der Muskeln enden. Solche Fasern stellte er beim *Menschen, Rind, Kaninchen, Frosch* und *Karpfen* fest und er schließt daraus auf deren allgemeines Vorkommen. Beim *Menschen* wurden intramuskuläre, spitzige Faserenden im M. biceps brachii, Pectorialis major, Rectus femoris, Flex. poll. brevis und Transv. abd. konstatiert und Verf. konnte in diesen Muskeln keinerlei auffallende Variation in der Anzahl derselben finden. Ob in beiden Enden spitzige Fasern vorhanden sind, konnte er nicht entscheiden und auch nicht die Proportion zwischen intramuskular endigenden Fasern und solchen, die in beiden Enden an Sehnen ansetzen. Betreffs des ersteren Punktes wurde

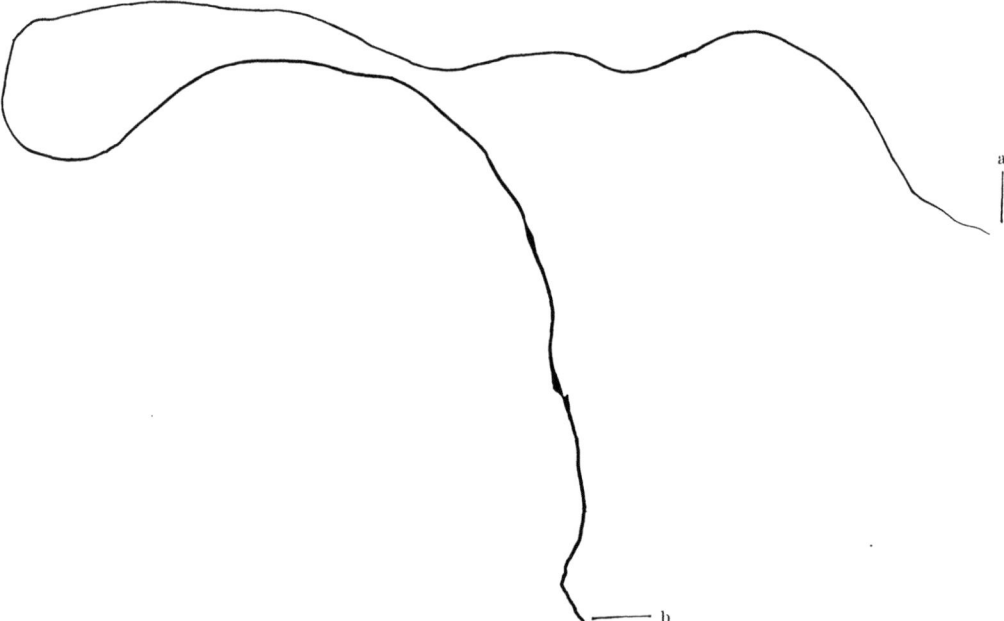

Abb. 121. Skeletmuskelfaser vom *Rinde*, isoliert. a Spitzes Ende, b abgebrochenes Ende. Vergr. 8,5×. Mikrophoto von Prof. F. C. C. Hansen.

unser Wissen von E. H. Weber und Herzig ergänzt, welche beide das Vorkommen von Muskelfasern, spitzig an beiden Enden, bewiesen. Weber hielt sogar diese Form für die normale. Kölliker (1867) meint unter Bezugnahme auf die Untersuchungen von Herzig, Biesiadecki und seine eigenen, daß folgendes Verhältnis gesetzmäßig sei: ,,In kleinen Muskeln (Seitenmuskeln der *Fische*, Gliedermuskeln der *Fledermaus*, Muskeln des *Frosches*) besitzen meinen Erfahrungen zufolge alle Muskelfasern die Länge des Gesamtmuskels und enden meist beiderseits abgerundet, in größeren Muskeln dagegen sind die Fasern kürzer als der Gesamtmuskel und betragen nicht mehr als 3—4 cm Länge (Herzig, Krause, Kölliker)". Er glaubt jedoch nicht dafür haften zu können, daß die Ziffer 3—4 cm Allgemeingültigkeit hat.

In bezug auf die Anordnung der beiden Typen der Muskelfasern im Muskel hebt Kölliker hervor, daß die im Innern der größeren Muskeln vorkommenden Fasern spindelförmig sind, während nach den Enden des Muskels hin Fasern vorhanden sind, die auf der einen Seite in einer Spitze, auf der anderen, der Sehne zugekehrten Seite entweder abgerundet oder mit einer etwas stumpfen Spitze enden.

Die Auffassung, welche damit zum Ausdruck gekommen ist, dürfte nunmehr, soweit sie sich auf Form und Anordnung der Muskelfasern bezieht, als richtig angesehen werden können. Ich gebe in der Abb. 63 und 121 Photographien von Muskelfasern (vom *Rinde*) wieder, welche Professor F. C. C. HANSEN in Kopenhagen die Liebenswürdigkeit hatte, mir zur Verfügung zu stellen. Dieser Forscher hat seit mehr als 20 Jahren Isolierungspräparate für Unterrichtszwecke herstellen lassen. Die eine Faser ist langgestreckt spindelförmig (Abb. 63, die Zerfaserung in der Mitte berührt die Faser selbst und es sind dort Fibrillenbündel sichtbar). Die andere Faser bezeichnet Professor HANSEN als peitschenschnurförmig, ein meiner Ansicht nach malerischer Ausdruck. BARDEEN (1903) und LINDHARDT (1926) (Abb. 122) haben dieselben Verhältnisse fernerhin bekräftigt; der erstere durch Untersuchungen des M. obl. ext. abd. bei *Katze, Hund, Meerschweinchen, Kaninchen* und *Menschen*, letzterer bei einigen *Frosch*arten. BARDEEN teilt folgendes Schema (Abb. 123) über die Anordnung der Muskelfasern mit. Bei a eine makroskopische Einheit, bei b sieht man, wie die Muskelfasern zu einem Bündel geordnet sind (in der Mitte). Er gibt jedoch keine Maße für die Länge der Fasern an. FRORIEP fand im Sartorius des *Menschen* 8 cm und FELIX sogar 12,3 cm lange Fasern. SCHULTZE gibt eine Maximallänge von 12,3 cm an. Er spricht auch von einer Minimallänge von 5,3 cm, was natürlich unrichtig ist. Eine Minimallänge ist schwierig anzugeben. (Siehe ferner S. 125.)

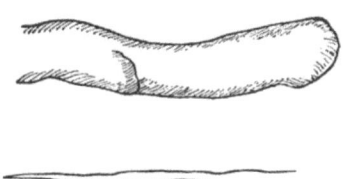

Abb. 122. Die zwei Enden einer 19,4 mm langen Muskelfaser aus M. sartorius von *Rana esculenta*. (Nach LINDHARD 1926.)

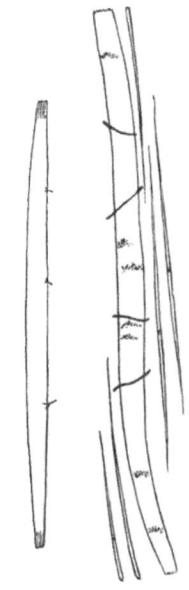

a   b
Abb. 123. Makroskopische „Einheit" aus der distalen Portion eines *menschlichen* M. obl. ext. abd. isoliert (a); b zeigt im Zentrum ein Faserbündel von demselben Muskel des *Hundes*, an dessen Seiten einige isolierte Muskelfasern gezeigt werden. (Nach BARDEEN 1903.)

Die Muskelfasern liegen, von Bindegewebe umgeben, in Gruppen geordnet. Dabei können sich die Verhältnisse in den verschiedenen Muskeln recht verschieden gestalten. In gewissen Fällen treten sie in Übereinstimmung mit dem in Abb. 123 wiedergegebenen Schema von BARDEEN auf, was seinerseits mit der oben angeführten früheren Beschreibung von KÖLLIKER übereinstimmt. Bei Rana temporaria fand LINDHARDT (1926), daß die zylindrischen Fasern im M. gastrocnemius paarweise geordnet sind, so daß eine dicke und eine dünne Faser zusammenliegen (Abb. 125). Ein solches Verhalten findet man dagegen nicht in Muskeln von Rana esculenta. Im Zwerchfell fand SCHIEFFERDECKER (1911) in verschiedenen Altern, daß große Fasern von kleinen umgeben wurden (Abb. 124). Es werden auch Anastomosen zwischen Muskelfasern, z. B. in den Augenmuskeln, erwähnt. Dieser Sachverhalt ist aber noch zu wenig untersucht. Es lassen sich daher gegenwärtig unmöglich irgendwelche allgemeingültige Schlüsse über die Anordnung aufstellen.

198 Organe des aktiven Bewegungsapparates.

Durch die Einteilung in Gruppen werden primäre, sekundäre usw. Bündel von Muskelfasern gebildet, welche durch immer gröbere interstitielle Bindegewebsmassen getrennt und zusammengehalten werden. Diese Bündel von

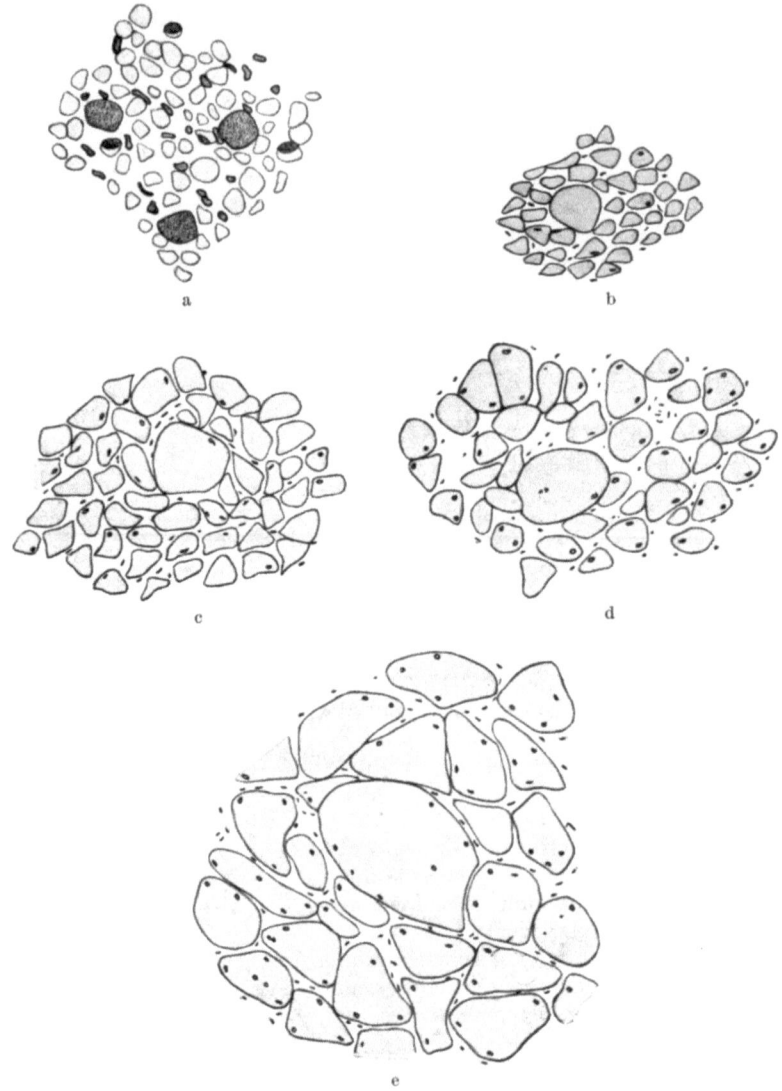

Abb. 124. Faserquerschnitte von Zwerchfellen von *Menschen* verschiedenen Alters. a Vom Embryo von 5 Monaten; b eines männlichen Neugeborenen; c einer Frau von 47 Jahren; d eines Mannes von 35 Jahren und e eines Mannes von 60 Jahren. Große Fasern sind überall von kleinen umgeben. (Nach SCHIEFFERDECKER 1911.)

ungefähr 3. Ordnung sind es, welche als die für das bloße Auge sichtbaren Muskelfasern zutage treten. Diese makroskopischen Fasern können eine bedeutend größere Länge als die eigentlichen Muskelfasern haben. So gibt FICK (1925) die Faserlänge (die makroskopische), um hier nur einige der längeren anzuführen, bei einem gesunden *Menschen* mit 51,0 cm im M. sartorius; 31,0 cm

im M. gracilis; 22 cm im M. glutaeus max., 19,0 cm im M. adductor magn., 18,5 cm im M. tensor fasciae lat. an. In derartigen langen Bündeln finden wir da die Muskelfasern vorwiegend in der Weise angeordnet, wie dies BARDEEN für den M. obl. ext. abd. beschrieben hat.
In nächster Nähe der Enden liegen die peitschenschnurförmigen Muskelfasern mit dem stumpfen Ende der Sehne zugewendet und im Muskel in einer ausgezogenen Spitze endend. Im Innern finden wir hauptsächlich spindelförmige Muskelfasern. Die spitzigen Enden schließen vom Sarkolemma umgeben im interstitiellen Bindegewebe. Dabei ragen die spindelförmigen mit ihrem einen Ende über das spitze Ende der peitschenschnurförmigen hinaus, neue spindelförmige schieben sich über das andere Ende der erstgenannten vor usw. und schließlich kommen wiederum peitschenschnurförmige, welche mit ihrem stumpfen Teile das andere Muskelende bilden, das in die Sehne fortsetzt.

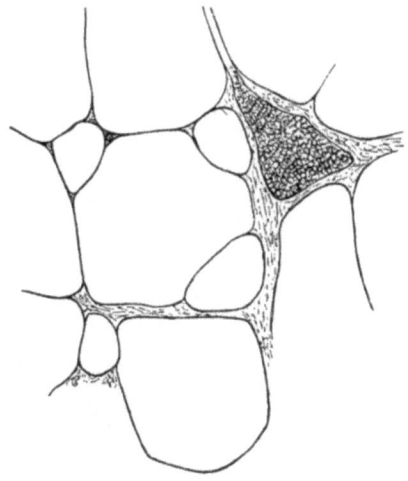

Abb. 125. Querschnitt eines gekochten M. gastrocnemius von *Rana temporaria*, die verschiedene Dicke der Fasern zeigend. (Nach LINDHARDT 1926.)

Aber auch in kürzeren Muskeln als die vorher angeführten kommt es oft vor, daß die einzelnen Muskelfasern kürzer sind als die von ihnen gebildeten Bündel. So fand LINDHARDT (1926) im M. sartorius bei Rana esculenta in einem Falle folgendes Verhältnis:

   der Muskel (längstes Bündel) . . . . . 27,9 mm,
   durchschnittliche Länge der Bündel . . 25,5 ,,
   durchschnittliche Länge von 117 Fasern. 17,2 ,,

In einem Muskel von 26 mm Länge fand er eine Faserlänge variierend von 5,2 mm bis 24,0 mm. Es ist demnach wahrscheinlich, daß auch in Muskeln, welche bedeutend kürzer sind als die maximale Faserlänge, Fasern vorkommen, die nicht von Sehne zu Sehne reichen. Ob wiederum Fasern, die mit ihren beiden Enden mit Sehnen in Verbindung stehen, wirklich in einigen Muskeln vorkommen, läßt sich augenblicklich nicht feststellen. Es sieht jedoch aus, als ob eine solche Anordnung seltener wäre, als man früher angenommen hat.

Der Muskel erscheint, mit bloßem Auge betrachtet, je nach der Lagerung der Primitivfasern und der Menge intramuskularen Bindegewebes zwischen den Muskelfasern, resp. zwischen den Bündeln verschiedener Ordnung mehr oder weniger grobfaserig. Als Beispiel hierfür können der M. glutaeus maximus und die Gesichtsmuskulatur dienen.

Die sichtbaren Muskelbündel können ihrerseits dann in kompakte Bündel geordnet sein, es bilden sich dicke oder spindelförmige Muskeln, oder aber sie können nebeneinander liegen, so daß hautförmig ausgebreitete Muskeln entstehen. In den ersteren sind da die Bündel (= die makroskopischen Fasern) kürzer als der Muskel als Ganzes. Wir stoßen hier wiederum auf dasselbe Prinzip wie oben beim Verhalten der einzelnen Fasern zum Muskelbündel.

b) Das intramuskuläre Bindegewebe.

Jede Muskelfaser ist, wie bereits S. 146 dieses Handbuches beschrieben worden ist, außen von einem Sarkolemma umgeben. Bei dem entwickelten Muskel findet man in demselben als mechanisch tragende Struktur ein äußerst feinmaschiges Netz von kollagenen Fasern. Diese hängen nach innen mit der Grundmembran des Muskels zusammen, nach außen gehen sie in ein feinfaseriges Bindegewebe, Endomysium (Abb. 125) genannt, über. Letzteres bildet rings um die Faser einen Maschensack, den PETERSEN (1924) mit den Maschen in einem Strumpfe vergleicht. In demselben trifft man dicht an den Muskelfasern körnige Zellen, die, wie E. HOLMGREN angenommen hat, Trophocyten sind. Sie wurden

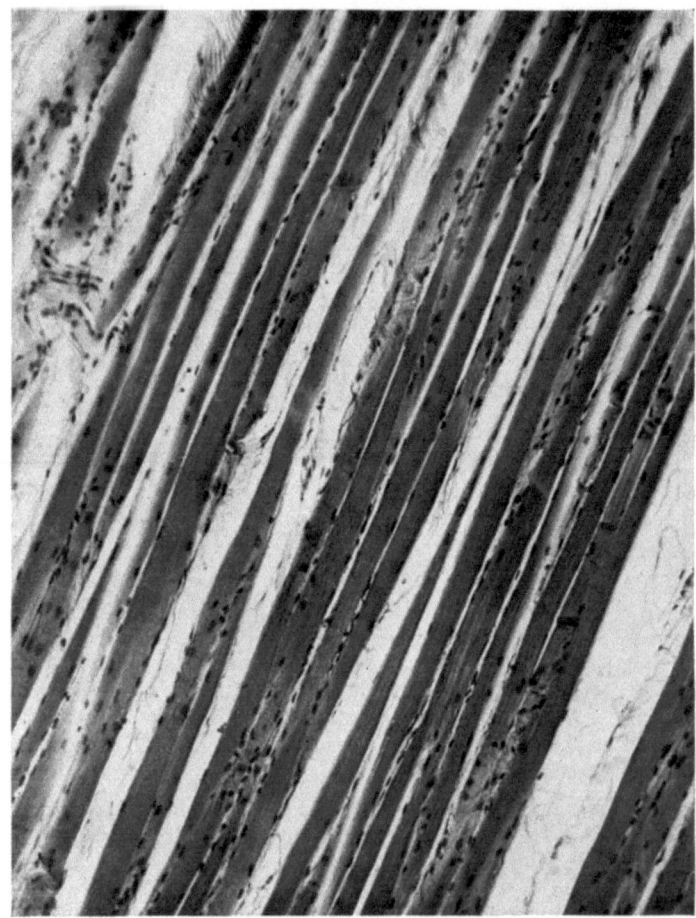

Abb. 126. Längsschnitt eines Skeletmuskels des *Menschen*. Mikrophoto. (Nach E. HOLMGREN 1920.)

von ihm als Sarkosomocyten bezeichnet. Außerdem sieht man ab und zu elastische Fasern, die gewöhnlich in der Längsrichtung der Muskelfaser angeordnet sind (SCHIEFFERDECKER). Sie kommen in sehr verschiedener Menge in den verschiedenen Muskeln vor (s. S. 208). Im Endomysium trifft man auch die zur Ernährung des Muskels nötigen Blutcapillaren. Nach SCHIEFFERDECKER findet sich auch zwischen den Muskelfasern „fibrillenloses" Bindegewebe, d. h. Bindegewebe mit argentofilen — präkollagene — Fasern. Dieses Bindegewebe dient vor allem für die Ernährung der Muskelfasern.

Das Endomysium setzt sich kontinuierlich in das Perimysium internum fort. Dieses besteht aus einem lockeren, mehr grobmaschigen Bindegewebe, das die angrenzenden Muskelfasern ohne Unterbrechung umgibt und sie so gleichzeitig trennt und zu Bündeln zusammenhält. Dieses Bindegewebe ist es auch, das die nacheinander liegenden Muskelfasern in langen Muskeln vereinigt, so daß die oben besprochenen, langen Bündel gebildet werden. In diesem Bindegewebe, das kollagene und elastische Fasern enthält, finden wir die präcapillaren Gefäße, welche die vorerwähnten Capillaren mit Blut versehen, resp. dieses daraus entfernen. Die genannten Faserbündel wiederum werden von gröberen

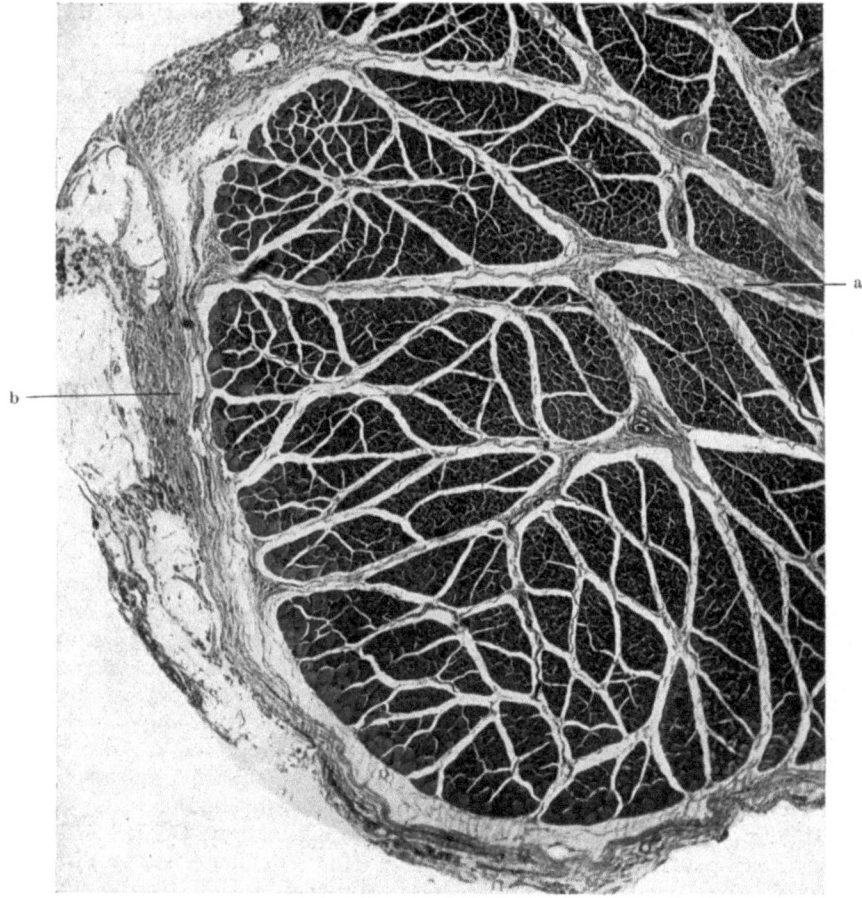

Abb. 127. Querschnitt eines Skeletmuskels vom *Menschen*. a Grobe Bindegewebssepta im Innern des Muskels; b Muskelfascie. (Nach E. HOLMGREN 1920.)

Bindegewebssepta, Perimysium externum, zu größeren oder kleineren Gruppen gesammelt (Abb. 127). Dieses Bindegewebe enthält die in der Regel transversal verlaufenden Verzweigungen der Hauptgefäße des Muskels. Es hängt einerseits direkt mit dem Perimysium internum zusammen, andererseits geht es nach außen hin in eine den ganzen Muskel einhüllende Fascia über. Außer kollagenen Fasern finden wir auch hier feine elastische Fasern in ziemlich reichlicher Menge (KÖLLIKER). Wie ich S. 208 näher besprechen werde, wechselt die Menge und Struktur der Muskelbindegewebe sehr, so daß man, wie SCHIEFFERDECKER gezeigt hat, annehmen muß, daß jeder Muskel in dieser Hinsicht ein individuelles Gepräge hat.

c) Muskelfascien.

Die Wörter Fascia, Aponeurosis und Sehne wurden zu verschiedenen Zeiten und in verschiedenen Ländern teils durcheinander benutzt, um dieselbe Sache zu bezeichnen, teils haben sie — wenn ein Unterschied in ihrer Verwendung gemacht worden ist — in verschiedenen Ländern verschiedene Bedeutung gehabt. Ich erachte es daher für angemessen, die Bedeutung, welche ich im folgenden diesen Wörtern zu geben beabsichtige, klarzulegen.

In der deutschen, englischen und skandinavischen Literatur hat das Wort Fascia teils die Bindegewebshülle bezeichnet, welche die einzelnen Muskeln bekleidet, teils wurde es auch für die fibrösen Bindegewebsmassen benutzt, welche dem Muskel als Ursprung dienen. In diesen Ländern wurde das Wort Aponeurosis in großer Ausdehnung in gleicher Weise verwendet. So wird ,,Aponeurosis palmaris" oft als ,,Fascia palmaris" bezeichnet; ebenso oft ,,Aponeurosis lumbodorsalis" als ,,Fascia lumbodorsalis". Aponeurosis wird oft als eine ausgebreitete Sehne gekennzeichnet. Die französische Literatur unterscheidet schon seit BICHATS Zeiten zwischen ,,Aponéuroses d'insertion" und ,,Aponéuroses d'enveloppes" ou de contention.

In dieser Arbeit werde ich, wie dies sowohl in der deutschen als auch in der skandinavischen Literatur in der Regel geschieht, das Wort ,,Fascia" für die Bindegewebshülle der Muskeln anwenden, also entsprechend Aponéuroses d'enveloppes der Franzosen. Mit dem Worte ,,Sehne" bezeichne ich die parallelfaserigen Bindegewebsausbreitungen, welche dem einzelnen Muskel oder Gruppen von Muskeln, die nach derselben Achse streben, als Insertion dienen. Das Wort ,,Aponeurosis" behalte ich für dasjenige Bindegewebe vor, das mehreren, gegeneinander in mehr oder weniger winkelrechten Richtungen arbeitenden Muskeln dient.

Die Muskelfascien sind der Teil des Perimysium externum, der den ganzen Muskel bekleidet und sie bestehen eigentlich aus einem aponeurotischen Bindegewebe, da sie in Schichten übereinander liegende Fibrillen enthalten. Innerhalb jeder Schicht sind die Fibrillen in unter sich parallelen Bündeln geordnet, aber in angrenzenden Schichten ist die Fibrillenrichtung verschieden. Die Fibrillen in den verschiedenen Schichten bilden zueinander in der Regel einen rechten Winkel, da in gewissen Schichten die Richtung der Fibrillen zu derjenigen der Muskelfasern winkelrecht ist, während sie in anderen parallel zu letztgenannten zieht. Die Fibrillenrichtung in der Fascia entspricht demnach den in derselben herrschenden Spannungsverhältnissen. In gewissen Fällen bilden jedoch die Fibrillen mehr oder weniger spitze Winkel zueinander und man sieht auch ab und zu, daß die eine Fibrillenrichtung überwiegt. Die Muskelfascien sind oft von Fettzellen infiltriert, welche bisweilen so zahlreich sein können, daß sie ein wirkliches Fettgewebe bilden. Dieses wird von kollagenen Membranen in Lamellen gespalten. Es sind auch zahlreiche elastische Fibrillen anzutreffen.

Wo der Muskel von Sehnenbändern überdeckt wird, ist die Fascia mit der Sehne intim verbunden. Nach außen geht die Fascia in ein lockeres fetthaltiges Bindegewebe über, das eine Verschiebung des Muskels gegen die Umgebung ermöglicht.

Innerhalb der Fascia sieht man Netze von Blutcapillaren verlaufen, die zwischen den verschiedenen Fibrillenbündeln liegen. Es kommen auch Gefäße von präcapillarem Typus mit vereinzelten glatten Muskelzellen in ihren Wänden vor. Die Gefäße der Fascie sind intim mit derjenigen des Muskels verbunden.

d) Gefäße der Muskeln.

Blutgefäße. Bei Verfassern vor dem 19. Jahrhundert findet man in der Regel nur sehr unvollständige Angaben über die Gefäßverhältnisse der Muskeln. So sagt z. B. WINSLÖV (1732) darüber nur, daß die Bindegewebsmembranen, welche die Muskelfasern zusammenhalten, von den feinsten Verzweigungen der Arterien, Venen und Nerven durchsetzt sind. HALLER (1757) dagegen gibt einen sehr detaillierten Bericht sowohl über das Verhalten der Arterien wie der Venen im Muskel. Er führt an, daß gewöhnlich mehrere Arterienstämme zum selben Muskel gehen, wo sie sich gleichmäßig im Bindegewebe verteilen. Zweige derselben Arterienstämme resp. verschiedener Stämme bilden Anastomosen miteinander. Die Arterien lösen sich schließlich in feine Zweige auf, die nur dazu bestimmt sind, Flüssigkeit zu führen, weil ihr feines Kaliber die roten Blutkörperchen nicht einläßt.

Aus dieser Äußerung scheint mir hervorzugehen, daß HALLER bei den Capillaren der Muskeln ein Kaliber beobachtet hatte, das kleiner ist als der Durchmesser der roten Blutkörperchen. Er ist jedoch, wie ältere Verfasser, der Ansicht, daß das Blut den Muskeln ihre Farbe schenke.

Auch die Venen beschreibt HALLER ziemlich genau und erwähnt ihre reichlichere Anastomosenbildung. Er hebt hervor, daß sie oft durch Klappen abgeschlossen werden und betont, daß es keinen Muskel gibt, in dessen Venen solche fehlen.

Auch bei BICHAT (1802) sind die Angaben ziemlich genau. Er schildert, daß die Arterien hauptsächlich in der Nähe der Mitte der Muskeln eindringen, und daß sie erst zwischen die gröberen Bündel kriechen, um schließlich, nach wiederholten Teilungen, als Haargefäße den Muskelfasern zu folgen. „Wenige Organe haben im Verhältnis zu ihrem Volumen soviel Blut."

Bei BECLARD (1828) findet man eine ähnliche Schilderung. Dieser Verfasser hebt jedoch hervor, daß die Venen reichlicher entwickelt sind als die Arterien, und betont ferner, daß die Farbe der Muskeln nicht auf dem Blutgehalt beruht.

Auch ARNOLD (1844) weist darauf hin, daß die Muskeln reich an Gefäßen sind, die im Bindegewebe verlaufen. Ziemlich große Stämme dringen quer zwischen die Muskelbündel und verteilen sich in kleinere Stämme, die in der Längsrichtung der Bündel verlaufen. Die feinsten Gefäße bilden dichte, längsgehende Netze um die sekundären und primitiven Bündel, jedoch so, daß sie der Richtung der Muskelfasern entsprechen. Die Capillaren gehören zu den engsten des Körpers. Die Venen treten zwischen den Bündeln hervor und bilden größere Stämme.

KÖLLIKER (1850) führt gleichfalls an, daß die gröberen Gefäßstämme an einer oder mehreren Stellen in den Muskel eindringen. Arterien und Venen liegen zusammen, wobei die ersteren, und zwar sogar ihre Zweige 4. bis 5. Ordnung von zwei Venen begleitet sind. Sie dringen in schräger oder querer Richtung in die Muskeln ein, wo sie sich im Perimysium internum in spitzen oder stumpfen Winkeln faserförmig teilen. Die feinsten Verzweigungen verlaufen parallel mit den Muskelfasern und bilden zwischen ihnen Capillarnetze mit rechtwinkligen Maschen, deren Längsachse der Muskelfaser parallel läuft. Die Stämme, die in dieser Richtung verlaufen, liegen in den Zwischenräumen zwischen verschiedenen Fasern. Durch Austausch von Anastomosen zwischen diesen Gefäßen wird ein Flechtwerk von Capillaren gebildet, das die Muskelfasern umspinnt.

Im M. pectoralis major fand KÖLLIKER bei den gefüllten Capillaren eine Weite von 4,5—6,7 μ und bei den leeren eine solche von 3,5—4,5 μ.

Ungefähr gleichartig ist die Beschreibung, die man später bei RANVIER (1875), TOLDT (1877) und noch anderen Verfassern findet.

Der erstgenannte von diesen Verfassern gibt jedoch im Jahre 1880 in seinen bekannten Vorlesungen über das Muskelsystem eine sehr eingehende Schilderung von den Gefäßverhältnissen der Muskeln. Er betont dabei zunächst, daß die Muskeln nicht, wie mehrere innere Organe, vasculäre Individuen sind. Er weist ferner auf einen bedeutenden Unterschied in der Anordnung bei dem weißen und roten Muskeln hin. Bei den ersteren findet er Verhältnisse, wie sie oben nach mehreren älteren Verfassern beschrieben wurden. Ich will mich deshalb bei diesem Teil seiner Schilderung nicht aufhalten. In der Fortsetzung seiner Beschreibung über die Blutgefäße der Muskeln sagt er:

„Mais ceux des muscles rouges, tels que le demi-tendineux et le soléaire du lapin présentent des particularités intéressantes sur lesquelles je dois insister maintenant.

1º Les capillaires des muscles rouges sont toujours extrêmement sinueux, même quand on a pris soin de fixer la masse musculaire dans sa forme après l'avoir mise et maintenue dans un état d'extension convenable. Ce fait s'explique de lui-même par la grande élasticité du muscle. 2º Leurs mailles sont moins allongées que dans les muscles pâle, de telle sort que si, chez ces derniers, elles représentent des rectangles allongés, dans les muscles rouges elles affectent presque la forme de carrés. Ceci revient à dire que, les branches longitudinales étant supposées en même nombre dans un muscle pâle et dans un rouge, les branches transversales sont plus nombreuses dans ce dernier. La surface circulatoire est par ce fait même notablement augmentée. 3º Elle l'est encore davantage par suite du diamètre plus considérable des capillaires des muscles rouges. Ici donc et tout d'abord, nous trouvons une disposition qui semble indiquer une circulation sanguine plus complète au sein de la masse musculaire.

Mais le dernier fait qu'on observe, et le plus remarquable sans contredit, c'est que, sur un grand nombre de branches transversales réunissant les capillaires longitudinaux, on constate l'existence de dilatations fusiformes. Les veinules qui partent du réseau posseident des dilatations encore plus considérables, qui offrent, au premier coup d'oeil l'apparence de petits anéurysmes minuscules."

RANVIER betont, daß durch diese Anordnung auf die Masse des roten Muskels ein bedeutend größeres Volumen Blut kommt als auf eine entsprechende Masse des weißen Muskels.

Am genauesten scheint jedoch SPALTEHOLZ (1888) die Gefäßverteilung in der Skeletmuskulatur studiert zu haben. Er untersuchte *Hunde, Kaninchen* und *menschliche* Neugeborene. Die Hauptzüge seiner Schilderung will ich im folgenden referieren.

Beim *Hund* wird die Hauptmenge des Blutes den einzelnen Muskeln durch wenigstens zwei Arterien zugeführt. Diese können parallel mit den Muskelfasern eindringen oder in mehr oder weniger querer Richtung. Im letzteren Falle biegen sie sich bogenförmig, bis sie parallel mit der Faserrichtung verlaufen. Zwischen den Stämmen und ihren Zweigen bilden sich Anastomosen, so daß ein grobes Netz entsteht. Aus diesem entwickeln sich dann mehrere immer feinere Netze höherer Ordnung, aus welchen zum Schluß die Capillaren hervorgehen.

Die Stämme, welche die Capillaren versorgen, gehen in querer Richtung ab, die Capillaren dagegen verlaufen parallel mit den Fasern. Meistens sind sie durch rechtwinklige Anastomosen verbunden, man findet aber auch oft lange Capillaren, die keine solchen Verbindungen zeigen. Diese sind nicht so häufig, wie man es dadurch, daß die Schnittpräparate so leicht fehlgedeutet werden, gewöhnlich annimmt.

Die Capillaren liegen in den Rändern der polygonalen Muskelfasern, von welchen jede von einer Capillare begleitet ist, aber nur auf eine kurze Strecke von ein und derselben Capillare; anderseits versorgt jede einzelne Capillare mehrere Muskelfasern. Im kontrahierten Muskel haben die Capillaren einen geschlängelten Verlauf, wodurch die Berührungsfläche zwischen den Muskelfasern und dem Haargefäß vergrößert wird. SCHIEFFERDECKER (1903) teilt

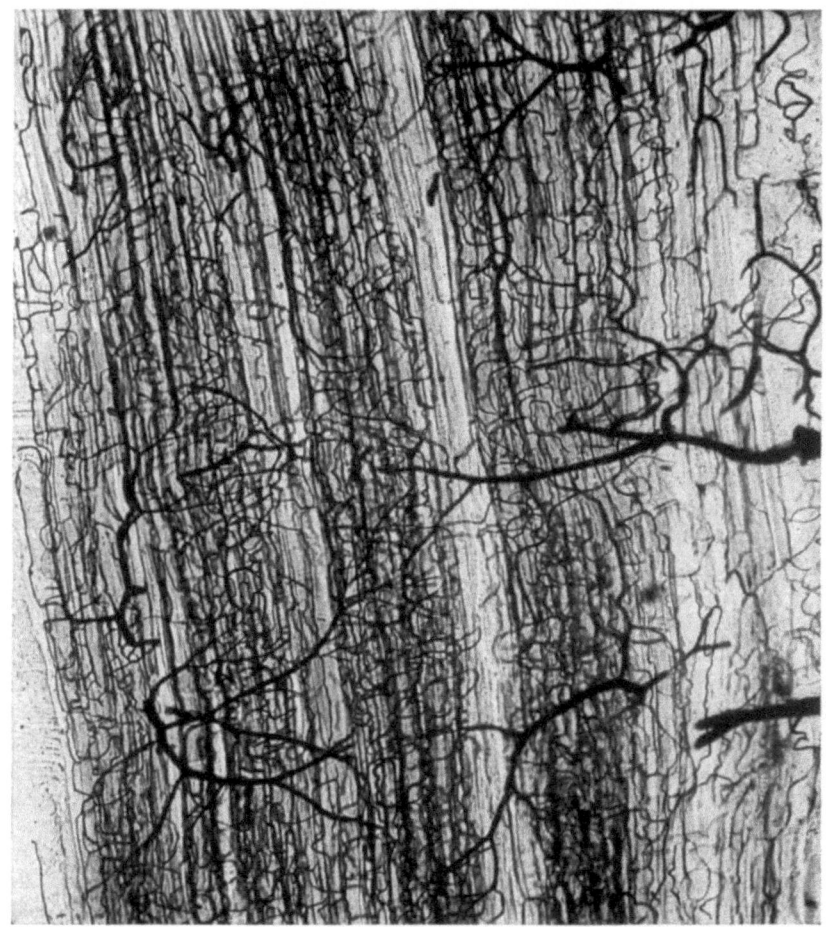

Abb. 128. Längsschnitt eines gefäßinjizierten Skeletmuskels vom *Menschen*. Mikrophoto. (Nach E. HOLMGREN.)

die interessante Beobachtung an *Kaninchen*- und *Menschen*muskeln mit, daß eine Menge von Muskelkernen den Capillaren entlang angeordnet ist, sowohl wenn die letzteren im schlaffen Muskel gerade verlaufen, als wenn sie bei dessen Kontraktion geschlängelt werden. Es fanden sich jedoch auch Kerne, die nicht das geschilderte Lageverhältnis zeigen, in dem er eine Erklärung für die Lage der Skeletmuskelkerne nächst dem Sarkolemma sieht.

Die Venen liegen stets mit den Arterien zusammen, und für jede von den letzteren findet sich im Muskel nur eine von den ersteren. Sie sind bis in die feinsten Verzweigungen hinaus reichlich mit Klappen versehen; besonders regelmäßig sitzen Klappen dort, wo eine kleinere Vene in eine größere einmündet.

Auch diese Gefäße bilden Netze, die, wie in anderen Organen, gröber sind als die entsprechenden arteriellen. Ihre Anordnung ist immer und bis ins einzelne derart, daß sie eine möglichst rasche Abfuhr des venösen Blutes aus dem Muskel gewährleistet.

Auffallend ist das gegenseitige Verhältnis der Arterien und Venen. Jede größere Vene folgt in allen ihren Verzweigungen einer gewissen Arterie, so daß das dem Muskel durch eine gewisse Arterie zugeführte Blut unter normalen Verhältnissen hauptsächlich durch die entsprechende Vene abfließt. Nur wenn ein Hindernis in der letzteren entsteht, fließt das Blut durch vorhandene Anastomosen auch in andere Venen. Die Anastomosen zwischen den Arterien untereinander reichen nicht aus, um einen etwa abgesperrten Hauptstamm zu ersetzen. Anders verhält es sich bei den Venen.

„Jeder Muskel bildet für den Blutstrom ein in sich geschlossenes Ganzes. Die vorhandenen Anastomosen mit den Gefäßen des umgebenden Gewebes sind zu fein, als daß sie bei plötzlichem Verschluß eines Astes von Bedeutung sein könnten."

Auch die Untersuchungen KROGHs scheinen mir hier erwähnenswert. Dieser Forscher berechnete die Anzahl der Blutcapillaren in der quergestreiften Muskulatur per Quadratmillimeter bei nachstehenden *Tier*formen auf die aus der folgenden Tabelle ersichtlichen Ziffern; jedoch mit dem Vorbehalt, daß die Anzahl der Berechnungen in gewissen Fällen zu gering ist, um exakte Werte zu garantieren:

Dorsch 400
Frosch 400
Pferd 1400
Hund 2500
Meerschweinchen 3000

Die Anzahl der Capillaren scheint also in direkter Beziehung zur Intensität des Stoffwechsels zu stehen. Diese Anzahl ist bei kleinen *Säugetieren* höher als bei großen und bei den letztgenannten höher als bei den kaltblütigen *Tieren*. Der Sauerstoffdruck, der nach der Anzahl der Capillaren als für die Funktion des Muskelgewebes notwendig berechnet werden kann, ist äußerst niedrig.

Lymphgefäße. Die quergestreiften Skeletmuskeln scheinen zu denjenigen Organen des menschlichen Körpers zu gehören, deren Lymphgefäßverhältnisse am schwersten klarzustellen sind. Dies wird von mehreren Verfassern, die sich mit der Frage beschäftigten, direkt betont, und geht auch mit aller wünschenswerten Deutlichkeit aus der variierenden Art und Weise hervor, in der verschiedene Forscher — besonders in älteren Zeiten — die Lymphgefäße der Skeletmuskulatur beschrieben. Manche meinen, daß sie reichlich vorhanden sind, andere sprechen den Muskeln, praktisch genommen, die Lymphgefäße vollständig ab.

Zur ersteren Gruppe können wir HALLER, BICHAT (1802), BECLARD (1828), FOHMANN (1840) und ARNOLD (1844) rechnen.

Während die beiden erstgenannten Verfasser die Lymphgefäße nur im Vorbeigehen erwähnen und die Schwierigkeit ihres Nachweises betonen, sagt BECLARD (S. 270): „Des vaisseaux lymphatiques se voient distinctement dans les intervalles de la plupart des muscles, et dans l'épaisseur de quelquesuns; quant a la manière dont ils en naissent, elle est inconnue: peutêtre sont-ils la continuation du tissu cellulaire intermediaire aux fibres". FOHMANN gibt in seiner Arbeit „Mémoire sur les vaisseaux lymphatiques" (S. 28) an: „Les vaisseaux lymphatiques" . . . . „s'épanouissent en forme de plexus et de réseaux dont les rameaux deviennent d'autant plus tenus qu'ils se rapprochent de leur dernière distribution". Derselbe Verfasser hebt auch hervor, daß die Lymphgefäße der Muskeln keine Klappen haben.

Nach ARNOLD verhalten sich die Lymphgefäße genau so wie die Blutgefäße. Sie bilden longitudinale gröbere und feinere Netze und kommen sowohl ,,in der Muskelsubstanz" wie an der Oberfläche der Muskeln in großer Menge vor.

Im Gegensatz zu diesen Verfassern erklärt HERBST (1844), daß die Muskeln gleich den Nerven und Knochen zu den an Lymphgefäßen ärmsten Organen des Körpers angehören. Er bringt dies damit in Zusammenhang, daß diese Organe einen sehr wenig regen Stoffwechsel haben (S. 114): ,,Wie der Stoffwechsel in diesen Organen geringer ist als in den anderen, so tritt auch das Bedürfnis der Lymphgefäßtätigkeit bei ihnen weniger hervor." Er meint sehr richtig, daß sich das Vorkommen der Lymphgefäße auf die Ausbreitungsgebiete des Bindegewebes beschränkt, da dieses aber sehr spärlich ist, zieht er hieraus den Schluß, daß auch die Lymphgefäße nicht reichlich vorhanden sein können.

KÖLLIKER (1852) schließt sich in der Hauptsache der Ansicht HERBSTs an. Er gründet seine Darstellung auf mikroskopische Beobachtungen, weil die Injektionstechnik auf diesem Gebiete so leicht mißlingt. ,,1. Kleine Muskeln haben keine Lymphgefäße." In kleinen Muskeln, wie Subcruralis, Sternothyreoideus, Platysma, Omohyoideus und Costocervicalis, deren Gefäße sich in vollem Ausmaße überblicken lassen, sieht man keine Spuren von Lymphgefäßen, weder im Innern der Muskeln noch in Verbindung mit den ein- und austretenden Blutgefäßen. ,,2. Bei den größten Muskeln finden sich im Begleit des zu ihnen tretenden Gefäßbündels hie und da einzelne spärliche Lymphgefäße." So fand KÖLLIKER unter den Blutgefäßen zum Rectus femoris ein einziges Lymphgefäß, ebenso beim Cruralis. Dagegen fand er am langen Kopf des Biceps femoris gar keines. Außer den angeführten findet sich eine geringe Zahl von Lymphgefäßen, die die Muskelgefäße der Extremitäten begleiten. Was die Masse der größeren Muskeln betrifft, ist KÖLLIKER zu diesem Zeitpunkte der Ansicht, daß Lymphgefäße nur ,,in dem reicheren Perimysium zwischen den größeren lockeren Abteilungen" vorkommen, besonders dort, wo Fett entwickelt ist. Dieselbe Ansicht findet man in den späteren Auflagen des Handbuches der Histologie vom selben Verfasser. TEICHMANN (1861) gelang es nicht, Lymphgefäße in den Skeletmuskeln zu injizieren.

C. LUDWIG und F. SCHWEIGGER-SEIDEL, die im Jahre 1872 eine Untersuchung über Lymphgefäße der Sehnen publizieren, fanden, daß aus den von diesen Gefäßen gebildeten Netzen abführende Stämme in die Muskulatur eindringen könnten, wo sie unter Austausch von Anastomosen meistens paarweise kleineren Venen folgten. Ob diese Gefäße Zuflüsse aus den eigenen Lymphgefäßen der Muskeln erhalten, konnten die Verfasser nicht entscheiden. Sie heben vielmehr hervor, daß es ihnen nicht gelungen war, Lymphgefäße in den Muskeln zu injizieren, weshalb sie an die Möglichkeit denken, daß die in diesen Organen gebildete Lymphe durch die Lymphgefäße der Sehnen abfließt.

Im Jahre 1877 teilen G. und F. E. HOGGAN mit, daß sie die lange gesuchten Lymphgefäße in den Skeletmuskeln gefunden hätten. Studiert man indes die Arbeiten dieser Verfasser näher, so scheinen sie mir — ohne daß ich den Wert ihrer Beobachtungen sonst irgendwie herabsetzen möchte — gerade in dieser Beziehung recht wenig zu enthalten. Sie beschreiben im Bindegewebe auf beiden Seiten von den breiten Muskeln, die die Körperhöhlen decken, ausgebreitete Netze von Lymphgefäßen (die abführenden mit Klappen versehen). Von diesen können Zweige die Muskeln durchdringen. Außerdem entwickeln sich Zweige, die parallel mit der Faserrichtung verlaufen und, in der Muskelmasse verschwindend, endigen. Die Verfasser heben auch hervor, daß es fraglich ist, inwieweit die oben erwähnten Netze dem Muskel angehören, weisen aber in diesem Zusammenhang auf die letzterwähnten Zweige hin.

SAPPEY gelang es im Jahre 1874 nicht, Lymphgefäße in den Skeletmuskeln nachzuweisen, im Jahre 1885 soll er aber nach BAUM Abbildungen von den die Intercostalmuskeln versorgenden Lymphgefäßen gegeben haben, die er auch bis in die regionären Drüsen verfolgen konnte.

L. HEIDENHAIN, der im Jahre 1899 Studien über die Verbreitungswege des Mammacarcinoms veröffentlichte, fand, daß dieses im M. pectoralis major in Hohlräume vordringt, die den Blutgefäßen folgen. Diese Kanäle hält er offenbar für Lymphgefäße. In diesem Zusammenhang mag erwähnt sein, daß es OELSNER (1901) nicht gelang, Lymphgefäße in diesem Muskel zu injizieren. Durch Massieren der Injektionsstelle konnte er die Interstitien zwischen den Muskelfasern füllen und von ihnen aus ein am Sternum liegendes Lymphgefäßnetz injizieren.

Im Jahre 1911 sagt BAUM von den Lymphgefäßen in Muskeln des *Rindes*, daß sie eine recht große Konstanz zeigen. Er gibt an, daß er bei dieser *Tier*art sämtliche Skeletmuskeln und ihre Sehnen injizieren konnte. Über den Verlauf der Lymphgefäße in den Muskeln macht er jedoch keine Angaben, sondern beschäftigt sich mit dem Verhalten der abführenden Stämme. Sie verlassen die Muskeln im allgemeinen an anderen Stellen als die Blutgefäße, zeigen aber doch eine gewisse Regelmäßigkeit in ihrem Verlauf.

Beim *Hunde* findet derselbe Verfasser (1918) etwas abweichende Verhältnisse. Hier verlassen die Lymphgefäße die Muskeln zusammen mit den Blutgefäßen; nur ein kleinerer Teil tritt an anderen Stellen aus. Diese Gefäße bilden in der Regel ein sehr grobmaschiges Netz im Perimysium externum.

e) Unterschiede im Bau der Muskeln verschiedener Körpergegenden.

Die Muskeln des *menschlichen* Körpers zeigen in ihrem Bau, wie es schon die makroskopische Anatomie lehrt, eine Menge Variationen: Bald sind sie zu dünnen Platten ausgebreitet, bald zu massiven Muskelmassen von wechselnder Form zusammengefügt. Auch die Beziehung der Muskelbündel verschiedener Ordnung zu den Sehnen, sowie ihr Übergang in diese ist variierend. Da die gewöhnlichen Lehrbücher der Anatomie darüber Aufschluß geben, übergehe ich diese Verhältnisse hier, um die Aufmerksamkeit statt dessen auf die große Zahl von Variationen im mikroskopischen Bau der verschiedenen Skeletmuskeln zu richten, die, vor allem durch eine Reihe verdienstvoller Arbeiten von SCHIEFFERDECKER, zu unserer Kenntnis gelangten.

Diese Variationen betreffen sowohl den feineren Bau der Muskelfasern, wie auch deren Länge und Dicke, die Menge des kollagenen und elastischen Bindegewebes zwischen den Fasern oder zwischen den Faserbündeln usw. und damit auch die Gruppierung der Fasern in den Bündeln. Ich will im nachstehenden versuchen, nach den Arbeiten der letztgenannten Verfasser einige wichtigere Angaben über die erwähnten Verhältnisse herauszuheben. Für einen detaillierten Bericht reicht der angesetzte Raum nicht aus, weshalb ich für ein eingehenderes Studium der Einzelheiten auf die Originalarbeit verweisen muß.

Die Augenmuskeln gehören nach REHN (1901) zu den sauerstoffreichsten Muskeln. Sie sind beim *Menschen* äußerst feinfaserig. Die Durchschnittszahl des Faserquerschnittes im M. rect. oculi sup. variierte bei 5 untersuchten *Menschen* zwischen 125,8—183,8 μ^2. Ein Unterschied zwischen Männern und Frauen war bezüglich dieses Muskels nicht zu beobachten, was SCHIEFFERDECKER im Gegensatz zu den von SCHWALBE und MAYEDA gemachten Angaben betont;

System des willkürlichen Bewegungsapparates. 209

diese galten jedoch einer Anzahl anderen Muskeln, bezüglich derer man sich eine verschiedenartige Arbeitsweise bei verschiedenen Individuen denken kann. Das interstitielle Bindegewebe ist sehr reichlich, und besonders die elastischen Elemente sind in den geraden Augenmuskeln reichlich vertreten, indem sie nicht nur im Perimysium externum vorkommen, sondern auch im Perimysium internum; im M. rect. oculi sup. spricht SCHIEFFERDECKER sogar von einer

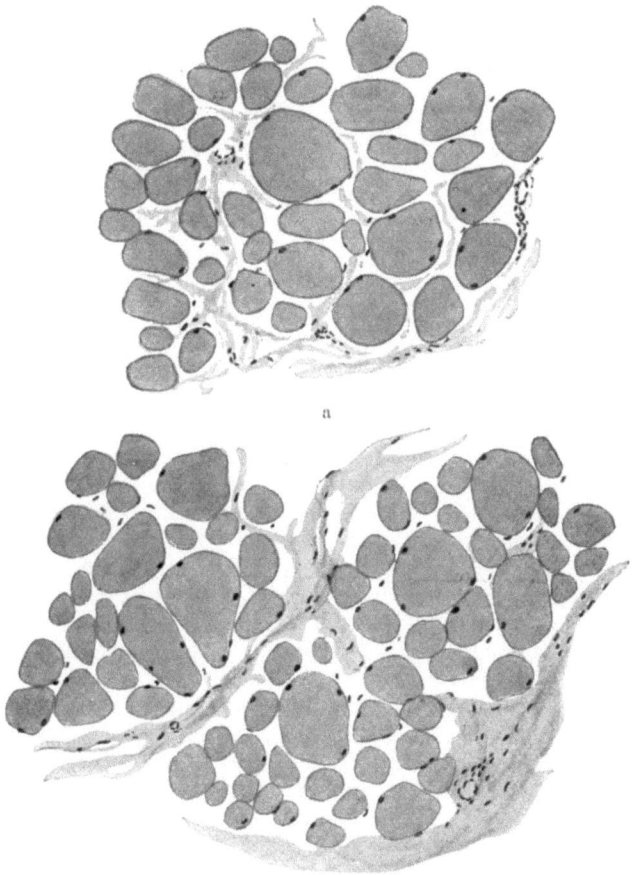

Abb. 129. a Masseter eines deutschen Mannes; b Masseter eines Chinesen von 30 Jahren. (Nach SCHIEFFERDECKER 1919.)

Pars elastica und einer Pars muscularis. Er gibt ferner eine Reihe wertvoller Detailaufschlüsse über gewisse Strukturen und ihre gegenseitigen Beziehungen in den Muskeln.

Bezüglich der angewendeten Bezeichnungen sei auf das Kapitel über die Herzmuskulatur verwiesen, wo ich (auf S. 89 u. f.) über sie berichtet habe. Für den M. rectus oculi gelten folgende Durchschnittswerte bei fünf untersuchten Individuen:

Faserquerschnitt	147,2 —183,8 μ^2	Relative Fasergröße	15,9 — 22,7
Absolute Kernzahl	0,50— 0,93	Kernlänge	10,7 — 12,3 μ
Absolute Kerngröße	7,3 — 7,5 μ^2	Kernvolumen	85,3 — 99,2 μ^3
Absolute Kernmasse	3,6 — 7,7	Modifizierte Kernzahl	0,46— 0,91
Relative Kernmasse	2,3 — 4,2	Gesamtkernmasse	44,6 — 93,7
Relative Fasermasse	26,6 — 42,8		

Handbuch der mikroskop. Anatomie II/3. 14

Der M. levator palpebrae superioris wurde an zwei erwachsenen Menschen untersucht. In bezug auf den Bau stimmten die beiden Befunde gut miteinander überein: Die Bündel sind ziemlich unregelmäßig geformt und durch verschieden breite Bindegewebssepta getrennt. Die Querschnitte der Muskelfasern sind bald durch breitere, bald durch schmälere Bindegewebssepta voneinander gesondert. Der Muskel enthält reichlich elastisches Gewebe, jedoch nicht so reichlich wie der M. rectus oculi sup. Die Querschnitte der Muskelfasern sind abgerundet und von wechselnder Größe, so daß ziemlich kleine zwischen bedeutend größeren liegen.

Faserquerschnitt	174,9 —315,0 μ^2	Relative Fasergröße	39,9 — 55,9	
Absolute Kernzahl	0,28— 0,44	Kernlänge	11,3 — 12,1 μ	
Absolute Kerngröße	4,4 — 5,6 μ^2	Kernvolumen	49,7 — 68,0 μ^3	
Absolute Kernmasse	1,2 — 2,5	Modifizierte Kernzahl	0,31— 0,46	
Relative Kernmasse	0,7 — 0,8	Gesamtkernmasse	15,5 — 31,3	
Relative Fasermasse	128,0 —142,6			

Der M. levator palpebrae sup. soll nach vorliegenden Untersuchungen sowohl phylo- wie ontogenetisch aus dem M. rect. oculi sup. herstammen. Seine eigenartige Funktion hat jedoch dazu geführt, daß er sich in einer spezifischen Weise entwickelte, die sowohl bezüglich der Faser-, wie der Kernverhältnisse von der des Muttermuskels abweicht. Auch in bezug auf die Aufteilung in Bündel, die Verhältnisse des Bindegewebes und der elastischen Materie weicht er vom Rectus ab (SCHIEFFERDECKER).

Kaumuskeln. Masseter von zwei erwachsenen Deutschen und einem Chinesen, M. pterygoideus int. von einem Mann, und M. temporalis von einer Frau. In all diesen *menschlichen* Kaumuskeln liegen Fasern von sehr wechselnder Dicke gemischt nebeneinander, oft sehr dünne neben sehr dicken, es finden sich aber auch alle Übergangsgrößen (Abb. 129). Die groben Fasern können eine 80mal größere Querschnittsfläche haben als die schmalen. Dies ist nach SCHIEFFERDECKER ein eigentümliches Bild, das weder bei den anderen untersuchten Skeletmuskeln vom *Menschen*, noch bei den Kaumuskeln von *Tieren* zu finden ist. Am stärksten war diese Eigentümlichkeit beim Masseter ausgeprägt. Das Bindegewebe ist in den Kaumuskeln des *Menschen* ungewöhnlich reich entwickelt (Abb. 130), sowohl im Vergleich zu seinen Skeletmuskeln als auch im Vergleich zu den Kaumuskeln der *Säugetiere*. Seine Anordnung ist die für rote Muskeln charakteristische. Die rote Farbe der Kaumuskeln ist bekannt. Elastische Elemente kommen äußerst spärlich vor und hauptsächlich nur im Anschluß an Blutgefäße in breiteren Interstitien; der M. pterygoideus machte jedoch im untersuchten Falle eine Ausnahme, indem er reichlich mit elastischen Fasern versehen war.

	Masseter	Pterygoideus int.	Temporalis
Faserquerschnitt	308 —484 μ^2	467 μ^2	248 μ^2
Absolute Kernzahl	0,52— 0,72	1,39	0,39
Absolute Kerngröße	4,2 — 6,0	4,95	4,91
Absolute Kernmasse	2,2 — 4,3	6,91	1,93
Relative Kernmasse	0,7 — 1,1	1,5	0,7
Relative Fasermasse	91,6 —145,6	67,5	128,5
Relative Fasergröße	66,3 — 96,1	94,3	50,5
Kernlänge	9,7 — 12,5 μ	11,9 μ	8,8 μ
Kernvolumen	41,0 — 75,1 μ^3	59,0 μ^3	43,0 μ^3
Modifizierte Kernzahl	0,57— 0,65	1,24	0,47
Gesamtkernmasse	23 — 46	73	20

Die Faserquerschnitte des Zwerchfells sind im allgemeinen recht abgerundet, auch wenn die Fasern dicht liegen. Ab und zu werden in augenfälliger Weise sehr große Querschnitte angetroffen, die dicht von kleineren umgeben sind (Abb. 124). Die großen sind mehr abgerundet, die kleinen mehr polygonal. In gewissen Fällen fehlten jedoch beim *Menschen* die groben Fasern, ohne daß die

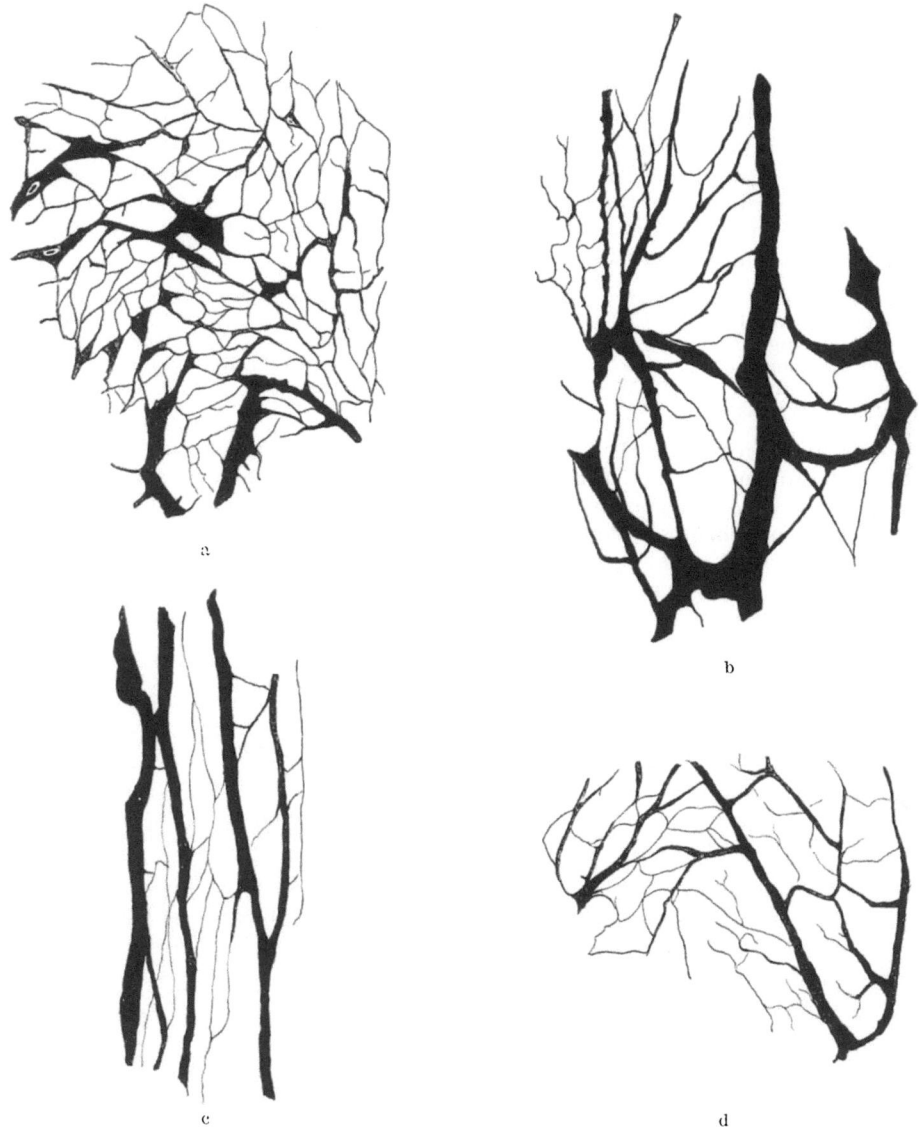

Abb. 130. Bindegewebegerüst im Querschnitt: a vom Masseter eines deutschen Mannes; b vom Masseter einer Frau; c aus dem Temporalis derselben Frau; d aus Pterygoideus int. eines deutschen Mannes. Vergr. 25×. (Nach SCHIEFFERDECKER 1919.)

Ursache eruiert werden konnte. Andererseits fanden sie sich auch bei Embryonen und bei einem untersuchten *Hund*. Auf Längsschnitten war zu konstatieren, daß nur ein Teil der Fasern gerade verlief, während andere einen welligen Verlauf zeigten; vielleicht beruhte dies darauf, daß sich die ersteren in Kontraktion befanden, was Verf. jedoch nicht feststellen konnte, weil die Querstreifung undeutlich war. Die Kerne lagen in den ausgewachsenen Muskeln „randständig", es waren aber auch verhältnismäßig zahlreich im Innern gelegene Kerne zu konstatieren. SCHIEFFERDECKER erinnert diesbezüglich an REHNs Untersuchungen (1901), nach welchen das Zwerchfell zu den sauerstoffreichsten Muskeln im Körper der *Säugetiere* gehören soll, und hebt hervor, daß es als ein exquisit roter Muskel zu betrachten sei. Die Kerne sind im allgemeinen stäbchenförmig oder längsoval, man findet aber auch kürzere Formen. Die stäbchenförmigen haben eine variierende Länge, so daß ganz große unvermittelt neben kleinen liegen. Kernreihen kommen im Zwerchfell aller Erwachsenen häufig vor.

Das kollagene Bindegewebe war ,,in mäßiger Menge" vorhanden, man konnte aber individuelle Variationen konstatieren. Zwischen den Muskelfasern lag meist ,,fibrillenloses Bindegewebe" — d. h. präkollagenes — mit argentophilen Fibrillen. Elastische Elemente fanden sich im allgemeinen wenig; die individuellen Variationen waren jedoch groß.

Faserquerschnitt	645,3 —1207,5 μ^2	Relative Fasergröße	125,7 — 233,3
Absolute Kernzahl	1,3 — 2,3	Kernlänge	13,0 — 14,5 μ
Absolute Kerngröße	4,7 — 11,0	Kernvolumen	66,2 — 143,0 μ^3
Absolute Kernmasse	6,5 — 23,3	Modifizierte Kernzahl	1,32— 2,15
Relative Kernmasse	0,97— 1,34	Gesamtkernmasse	87,12— 307,4
Relative Fasermasse	74,6 — 103,3		

Der M. biceps brachii einer männlichen Leiche erwies sich als deutlich in Bündel aufgeteilt. Die Bindegewebssepta zwischen ihnen waren verhältnismäßig schmal, diejenigen zwischen den Fasern sehr schmal. Elastische Elemente fanden sich nur in den Septa zwischen den Bündeln, nicht zwischen den einzelnen Fasern. Die Muskelkerne — meist ,,randständig" — waren teils plattgedrückt, teils ragten sie gegen das Innere des Muskels vor. Sie waren von wechselnder Länge, bald lang und schmal, bald runder, im allgemeinen herrschte aber ein Mittelmaß von Länge und Breite vor.

Faserquerschnitt	1106,8 μ^2	Relative Fasergröße	159,0
Absolute Kernzahl	1,60	Kernlänge	12,9 μ
Absolute Kerngröße	7,0	Kernvolumen	97,3 μ^3
Absolute Kernmasse	11,2	Modifizierte Kernzahl	1,72
Relative Kernmasse	1,0	Gesamtkernmasse	167,4
Relative Fasermasse	99,0		

Der M. deltoides derselben Leiche hatte auf dem Querschnitt rundlichere Muskelfasern als der Biceps; Bindegewebssepta von ziemlich regelmäßiger Breite, bald außerordentlich schmal, bald ziemlich breit. Die Kerne waren verhältnismäßig groß und lagen meist am Sarkolemma, innere Kerne kamen jedoch öfter vor als im Biceps. Das elastische Gewebe war reichlicher als im Biceps, und auch zwischen den einzelnen Muskelfasern kam es in Form von netzförmig anastomosierenden Fasern vor.

Faserquerschnitt	900,6 μ^2	Relative Fasergröße	128,0
Absolute Kernzahl	1,34	Kernlänge	12,6
Absolute Kerngröße	7,03	Kernvolumen	95,6
Absolute Kernmasse	9,4	Modifizierte Kernzahl	1,48
Relative Kernmasse	1,0	Gesamtkernmasse	141,5
Relative Fasermasse	95,6		

Der M. pectoralis maj. hatte sehr dicht angeordnete Fasern, deren Querschnitt bald scharfe, bald mehr abgerundete Ränder zeigte. Die Kerne lagen nächst dem Sarkolemma, ab und zu fand man aber einen Kern im Innern. Sie waren bald ziemlich lang und schmal, bald rund, überwiegend waren jedoch Zwischenformen. Die sehr schmalen Bindegewebssepta enthielten mehr elastisches Bindegewebe als die der beiden vorhergehenden Muskeln, aber bei weitem nicht so viele wie im Musc. rect. oculi sup.

Faserquerschnitt	874,5	Relative Fasergröße	143,0
Absolute Kernzahl	1,52	Kernlänge	14,7 μ
Absolute Kerngröße	6,1	Kernvolumen	93,5 μ^3
Absolute Kernmasse	9,3	Modifizierte Kernzahl	1,44
Relative Kernmasse	1,02	Gesamtkernmasse	134,6
Relative Fasermasse	97,6		

Der M. serratus ant. hat sehr dichtliegende Fasern, deren Querschnitt eine ähnliche Form hat wie beim letztbesprochenen Muskel. Die Kerne liegen meistens „randständig", sind mäßig abgeplattet und von sehr variierender Form. Elastische Elemente im Bindegewebe so spärlich wie im Biceps.

Faserquerschnitt	683,4	Relative Fasergröße	180,0
Absolute Kernzahl	1,50	Kernlänge	15,6 μ
Absolute Kerngröße	6,3	Kernvolumen	106,2 μ^3
Absolute Kernmasse	9,5	Modifizierte Kernzahl	1,34
Relative Kernmasse	1,39	Gesamtkernmasse	142,0
Relative Fasermasse	72,1		

SCHIEFFERDECKER macht auch Angaben über die Kaumuskeln bei einer Reihe von *Säugetieren*, die roten und weißen Muskeln von *Kaninchen* und *Karausch*, sowie über eine Anzahl von Muskeln bei gewissen *Vögeln, Fröschen* und *Petromyzon*. Da es hier zu weit führen würde, all diese ausführlichen und wertvollen Untersuchungen im Detail zu referieren, verweise ich auf die Originalarbeiten.

Zusammenfassend dürfte man sagen können, daß jeder Muskel einen für die betreffende Tierart charakteristischen Bau hat, sowohl in bezug auf das Aussehen der Muskelfasern, die Anordnung in Bündeln und den Bindegewebsgehalt, als auch auf die Menge und Verteilung von Kernsubstanz, Sarkoplasma usw. Dieser individuelle Grundtypus des Muskels ist von erblichen Faktoren abhängig. In gewissen Grenzen kann er sich dann verändern, je nachdem, in welcher Weise die verschiedenen Individuen ihre Muskeln anwenden. Hier ist jedoch noch sehr viel Arbeit zu leisten, bevor wir das ganze Problem überblicken können, das durch SCHIEFFERDECKERs mühsame Arbeit aufgerollt wurde.

2. Sehnen und Aponeurosen.

a) Bau der Sehnen.

Die Sehnen sind aus Sehnenfasern (Abb. 131 u. 132) aufgebaut, von denen man sagen kann, daß sie den einzelnen Muskelfasern in der Skeletmuskulatur entsprechen. Bezüglich des histologischen Baues der einzelnen Sehnenfasern verweise ich auf das Kapitel über das Bindegewebe in diesem Handbuch und möchte hier nur daran erinnern, daß es vor allem durch die parallele Anordnung der kollagenen Fibrillen charakterisiert ist. Die Sehnenfasern liegen in Bündel (Abb. 133) geordnet, die ihrerseits zu größeren und kleineren Gruppen oder Bündeln höherer Ordnung vereint sind. Zwischen den einzelnen Primitivfasern findet sich ein lockeres, interstitielles Bindegewebe, das Endotenonium, das in ein zwischen den Bündeln gelegenes Peritenonium internum übergeht. Mehrere Bündel zusammen sind wieder von einem Peritenonium externum umgeben.

Einander benachbarte primäre Bündel weisen im allgemeinen eine parallele Anordnung auf, was in der Regel auch bei den sekundären Bündeln der Fall ist. Die Bündel höherer Ordnung haben dagegen oft einen anderen Verlauf.

Dieses Verhalten wurde zuerst von PARSONS (1894) an der Achillessehne beobachtet. Dieser Verf. sah nämlich, daß die in Rede stehende Sehne beim *Biber* aus zwei separaten Teilen besteht, die umeinander und die Plantarissehne gedreht liegen wie die Fasern in einem Strick. Einen ähnlichen Verlauf

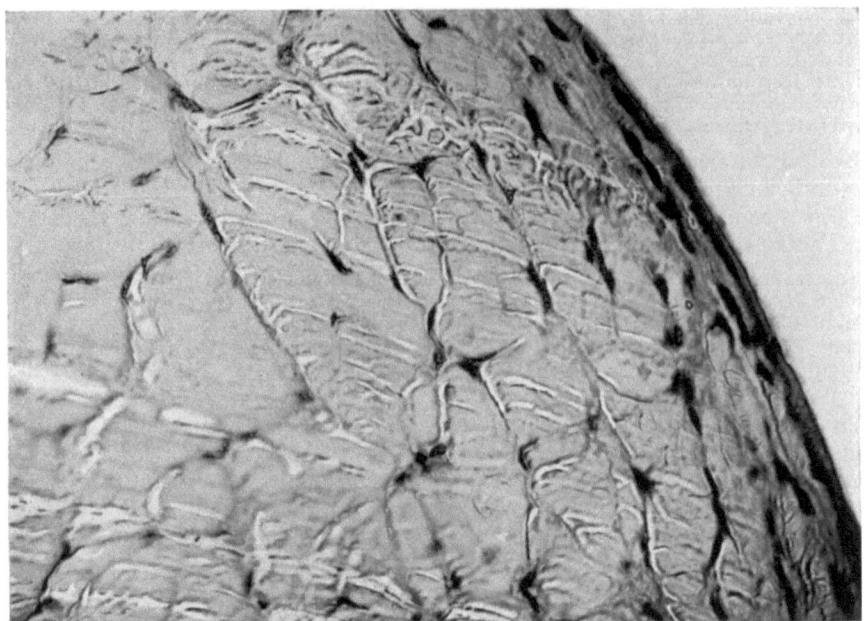

Abb. 131. Querschnitt einer Sehnenfaser des *Menschen*. (Mikrophoto nach E. HOLMGREN.)

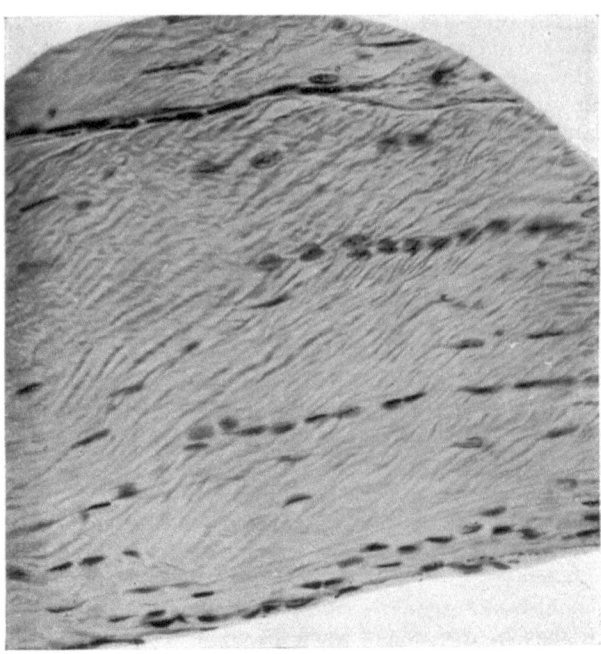

Abb. 132. Längsschnitt einer Sehnenfaser des *Menschen*. (Mikrophoto nach E. HOLMGREN.)

wiesen die Fasern in der Achillessehne beim *Menschen* auf, wenn auch die Verhältnisse hier durch die starke Entwicklung des Soleus und die Anpassung an die aufrechte Körperhaltung modifiziert waren. Die Fasern vom inneren

Muskelbauch gehen schräg nach unten und außen über den Rest der Sehne und inserieren auf deren Außenseite. Der Soleusteil der Sehne ist in ähnlicher Weise gedreht. PARSONS war der Ansicht, daß die Spiraldrehung mit der Torsion des Fußes vom Fetalleben bis zum adulten Stadium zusammenhänge. Über diesen Punkt ist ALEZAIS, der die Frage im Jahre 1899 zum Gegenstand seines Studiums machte, anderer Ansicht. Er findet bei gewissen *Säugetieren*, daß die Achillessehne eine Rinne bildet, in der sich die Plantarissehne bewegt, und meint, daß die Spiraldrehung mit dieser Rinnenbildung zusammenhänge.

Abb. 133. Längsschnitt einer Sehne des *Menschen*. (Mikrophoto nach E. HOLMGREN.)

FORSSELL (1915) konstatiert, daß die Sehnenfasern auch in gewissen anderen untersuchten Sehnen von *Rindern, Ziegen, Schweinen, Hunden, Bären, Hühnern* und vom *Menschen* einen spiralförmigen Verlauf aufweisen können. Er betont ferner, daß die Sehnenstruktur in verschiedenen Teilen einer Sehne je nach ihrer Funktion verschieden ist. Über diesen Punkt hatte DAMMANN schon früher (1908) interessante Beobachtungen gemacht. Er fand vor allem einen bedeutenden Unterschied im Bau der Sehnen beim *Pferd* und *Rind*. Bei der letztgenannten *Tierart* ist das Peritenonium, besonders das Pt. internum, bedeutend kräftiger entwickelt als beim *Pferde*. Die in die Sehne eindringenden Bindegewebszüge sind beim *Rinde* dicker und verzweigen sich unter Anastomosenbildung so oft, daß man im ganzen Sehnenquerschnitt ein gleichmäßiges, außerordentlich dichtes und starkes Netzwerk findet, das in seinen Maschen nur eine verhältnismäßig geringe Zahl primärer Bündel enthält. Oft dringen feine Bindegewebszüge sogar in die primären Bündel ein. Das formlose Bindegewebe ist überhaupt so reichlich, daß es die Fibrillen fast überwiegt. Beim

Pferde ist das Bild ganz anders. Das eindringende Bindegewebe bildet feinere Balken, und das Peritoneum int. ist nicht so stark verzweigt; nur eine kleinere Zahl von Balken dringt in die Sehne ein, und diese verzweigen sich nur einige wenige Male unter Anastomosenbildung. Hierbei zeigen verschiedene Teile des Sehnenquerschnittes oft einen verschiedenen Bau, weshalb DAMMANN meint, daß die Sehne gleich dem Knochen eine innere Architektonik hat. Bei kaltblütigen *Pferden* ist das formlose Bindegewebe reichlicher als bei edlen.

Dagegen fand DAMMANN keinen Unterschied im Bau der Sehnen, als er die Beugesehnen der Klauen von *Stallkühen* mit den entsprechenden Sehnen von

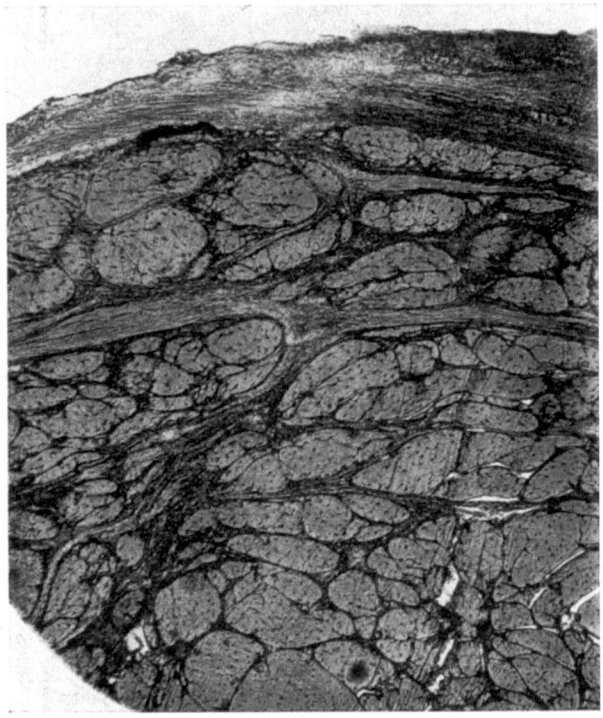

Abb. 134. Querschnitt einer Sehne des *Menschen*. Die Peritenonium ext. und int. sowie die bündelweise Anordnung der Sehnenfasern treten deutlich hervor. (Mikrophoto nach E. HOLMGREN.)

Arbeitsochsen verglich; er glaubt jedoch, daß man aus diesen Versuchen nicht darauf schließen darf, daß in den Sehnen nicht kleinere Strukturunterschiede als Folge der Arbeit auftreten können.

SRDÉNKO (1921) fand, daß Beugesehnen beim *Menschen* an den Stellen, wo sie einem Druck ausgesetzt sind, bis zu einer gewissen Tiefe fester und kompakter werden, und das interstitielle Bindegewebe ist hier spärlicher; es besteht nur aus einem feinen Netz von kollagenen und elastischen Fibrillen. Die oberflächliche Partie desjenigen Teiles der Sehne, der den Druck trägt, ist nicht in sekundäre und tertiäre Fascikeln aufgeteilt, wie es in Sehnen der Fall zu sein pflegt, die nur dem Zug dienen. Ferner verlaufen die Sehnenfasern in diesen Gebieten nicht parallel mit der Achse der Sehne, sondern sie nehmen eine schräge oder transverselle Richtung und biegen in Spiralen ab. Außerdem sollen die Sehnenfasern miteinander anastomosieren, so daß das Gewebe ein spongiöses Aussehen bekommt. Das spongiöse Gebiet hat eine wechselnde Ausdehnung, je nach dem Druck, dem die Sehne ausgesetzt war. Die oberflächlicher gelegenen Zellen produzieren eine ,,hyaline Intercellularsubstanz" und umgeben sich mit ,,einer Kapsel", wodurch sie Knorpelzellen gleichen. Diese Transformation progrediiert mit den Jahren und kann sich in das Innere der Sehne erstrecken. Beim *Pferde* zeigen die Beugesehnen nach DRAHN (1922) an Stellen, wo sie einem Druck ausgesetzt sind, eine noch ausgeprägtere Verwandlung in der Richtung zum Knorpel. Dieser Forscher untersuchte beim *Pferd* ,,die Gleitsehne" des Biceps brachii, die über dem Tuberculum intermedium humeri einem sehr starken Druck ausgesetzt ist. Ein Längsschnitt durch diese Region der Sehne zeigt, daß diese hier aus Schichten von untereinander verschiedener Struktur aufgebaut sind. Zu innerst auf der Gleitfläche gegen den Knochen findet sich eine Schicht von hyalinem, an die ,,Grundsubstanz" im hyalinen Knorpel erinnerndem Aussehen, wonach eine Schicht von Faserknorpel mit Fibrillen folgt, die wellig in der Längsrichtung der Sehne verlaufen. In einer nach außen davon folgenden dünnen Schicht verlaufen die kollagenen Züge teils schräg oder rechtwinklig gegen die Längsrichtung der Sehne, teils auch in der letztgenannten Richtung; die Zellen sind in diesem Gebiet vom Typus der Knorpelzellen und nehmen mit der Entfernung von der Gleitfläche an Dichte ab. In der nächsten Schicht verlaufen die kollagenen Fascikel in der für Sehnen charakteristischen Weise, zwischen ihnen finden sich aber Inseln von Faserknorpel, die jedoch um so mehr an Größe und Dichte abnehmen, je mehr man sich von der Gleitfläche entfernt.

Fassen wir die Resultate dieser Untersuchungen zusammen, so scheint mir aus ihnen deutlich hervorzugehen, daß die Sehnen keineswegs so einfach gebaut sind, wie man es gewöhnlich dargestellt sieht. Sie sind im höchsten Grade der mechanischen Beanspruchung, der sie ausgesetzt sind, funktionell angepaßt. Dies geht auch aus TRIEPELs Arbeiten (1902, 1903, 1922) hervor. Er studiert die funktionelle Anpassung der Sehne von einem ganz anderen Gesichtspunkte, indem er von der Annahme ausging, daß die Größe des Querschnittes einer Sehne in einer gewissen Abhängigkeit von der Tätigkeit des dazu gehörigen Muskels steht. Das Verhältnis zwischen Muskel- und Sehnenquerschnitten nennt er ,,Querschnittsquotient". Dieser kann in gewissen Muskeln so groß sein, daß man annehmen muß, die Muskelkraft sei ausreichend, um die Sehne zu zerreißen. TRIEPEL rechnet hierbei mit einem Grenzwert von 60; wird diese Zahl überschritten, so würde die Festigkeit der Sehne nicht der maximalen Stärke des Muskels entsprechen.

Nun können Muskeln durch Übung gestärkt werden, es braucht aber trotzdem nicht zu einer Sehnenruptur zu kommen. Der Sehnenquerschnitt muß also gleichfalls zunehmen. Bei ausgebliebener oder herabgesetzter Muskeltätigkeit wird auch der Umfang der Sehne dünner als normal. Es ist also klar, daß er von der Funktion des Muskels abhängig ist. Wie die Dickenzunahme zustande kommt, ist dem Verf. unklar, da die Muskelkraft ja in einer Ebene wirkt, die rechtwinklig zu den Querdimensionen der Sehne steht.

Der Querschnittsquotient ist nicht konstant für denselben Muskel bei verschiedenen Individuen und auch nicht für verschiedene Muskeln desselben Individuums. Mit wachsenden Muskelquerschnitten steigt auch der Quotient, weil der Sehnenquerschnitt weniger zunimmt als der Muskelquerschnitt. Der erstere ist im Leben des Individuums weniger variabel als der letztere. Nach TRIEPEL kann man annehmen, daß die Größe des Sehnenquerschnittes von zwei Faktoren abhängt, nämlich einerseits von der Tätigkeit des dazugehörigen Muskels und anderseits von gewissen erblichen Verhältnissen.

In 33 untersuchten Fällen betrug der Muskelquotient im Durchschnitt für den Extensor carpi radialis longus 15,1; für den Semitendinosus 29,3 und für den Gracilis 23,9.

Bezüglich der hier erwähnten Verhältnisse muß ich sagen, daß es sehr schwer ist, sich eine Vorstellung über den physiologischen Querschnitt eines Muskels zu machen. Damit kann nur der Querschnitt derjenigen Muskelfasern gemeint sein, die auf einmal in Tätigkeit sind. Da die Muskelfasern indes, wie oben gesagt, Spindelform oder die Form eines Peitschenschnurendes haben, wechselt die Größe ihres individuellen Querschnittes fast von Muskelfach zu Muskelfach, wodurch es unmöglich ist, sich eine annähernd richtige Auffassung von der funktionellen Querschnittfläche zu bilden. Man dürfte allerdings im allgemeinen annehmen können, daß ein dickerer Muskel kräftiger ist als ein dünnerer, wir dürfen aber nicht vergessen, daß in der Menge des interstitiellen Bindegewebes, wie SCHIEFFERDECKER zeigte, sehr große Variationen vorkommen können. Auch bei der Sehne bringt dieses Verhalten mit sich, daß die Größe des physiologischen Querschnitts — ich meine damit den Gesamtquerschnitt der in der Richtung der Zugkraft verlaufenden Sehnenfibrillen — unmöglich genau abzuschätzen ist. Dies geht mit aller Deutlichkeit aus den oben besprochenen Beobachtungen von DAMMANN hervor.

Was das interstitielle Bindegewebe in der Sehne betrifft, so hat es einen relativ lockeren, filzartigen Charakter. Im Peritenonium internum und externum finden sich nach KÖLLIKER (1859) außer kollagenen auch elastische Fasern. Ein Teil von ihnen ist dicker und verläuft in der Längsrichtung der Sehne, andere sind feiner und verbinden die stärkeren miteinander, so daß die Sehnenbündel von einem elastischen Netz durchsetzt und umsponnen werden. Es können auch Knorpel- und Fettzellen auftreten, die letzteren meistens in lockeren Sehnen wie an den Mm. intercostales, dem M. triangularis sterni, Masseter usw.

Über Altersveränderungen in Sehnen hat BATSON (1927) Beobachtungen mitgeteilt. Er untersuchte die Sehnen des M. digit. prof. und fand, daß diese, wo sie über das distale Ende der volaren Oberfläche des Radius gleiten, konstant eine Fascikulierung und Abtrennung von Fragmenten zeigen, was auf eine hier vor sich gehende Abnutzung deutet. Diese progrediiert mit dem Alter, was beim Vergleich zwischen den runden Sehnen des Neugeborenen und den zerschlissenen Sehnen von alten Individuen mit Exostosen hervorgeht. Sehnen von Individuen in den mittleren Jahren zeigen einen Zustand, der zwischen den beiden ebenerwähnten liegt.

b) Bau der Aponeurosen.

Wie ich bei der Besprechung der Muskelfascien hervorgehoben habe, ist die Grenze zwischen Fascie, Aponeurose und Sehne in der anatomischen Literatur ziemlich verschwommen. Es scheint mir jedoch richtig zu sein, die Bezeichnung Aponeurose für die ausgebreiteten Bindegewebsplatten zu reservieren, die mehreren Muskeln als Ansatzstelle dienen, vorausgesetzt, daß die Zugrichtungen der Muskeln größere oder kleinere Winkel miteinander bilden. Man könnte die Aponeurose deshalb auch eine zusammengesetzte Sehne nennen. Sie enthält nämlich Bindegewebszüge nach all den Richtungen, in welchen die dazugehörigen Muskeln ihre Zugwirkung ausüben.

Ebenso wie in der Sehne findet man auch in der Aponeurose Sehnenfasern als Bauelemente. Bezüglich des Baues dieser Sehnenfasern verweise ich auf das Kapitel über Bindegewebe dieses Handbuches. Die Sehnenfasern liegen auch in der Aponeurose zu primären und sekundären Bündeln gesammelt, die denjenigen in den Sehnen gleichen. Diese Bündel liegen indes in Schichten geordnet, die einander decken. Von jeder Schicht kann man sagen, daß sie die platte Sehne eines gewissen Muskels bildet, indem die Fasern und Bündel in der Zugrichtung dieses Muskels orientiert sind. Oft findet man jedoch, daß die Aponeurose mehr Schichten besitzt, als Zugrichtungen vorhanden sind. In solchen Fällen sind die Sehnenbündel mehrerer Schichten in derselben Weise gerichtet, d. h. sie laufen parallel, zwischen diese Schichten sind aber Sehnenfasern mit einer anderen Verlaufsrichtung eingeschoben. Die Orientierung der Sehnenfasern ist nämlich in den angrenzenden Schichten verschieden, indem sie Muskeln entsprechen, die in verschiedenen Richtungen wirken.

Zwischen den Sehnenfasern einer Schicht liegt lockeres Bindegewebe, das hier dem Endotenonium entspricht, ebenso um die primären Bündel, entsprechend dem Peritenonium internum, nur ist dieses Bindegewebe etwas reichlicher. Auch zwischen den verschiedenen Schichten findet sich spärliches interstitielles Bindegewebe, das die Schichten zugleich trennt und verbindet.

c) Die Gefäße der Sehnen und Aponeurosen.

Blutgefäße. KÖLLIKER betont in den früheren Auflagen seines bekannten Handbuches, daß die Sehnen äußerst arm an Blutgefäßen sind; kleine Sehnen sollen überhaupt keine besitzen und durch das angrenzende lockere Gewebe ernährt werden, während stärkere Sehnen in ihren äußeren Teilen spärliche Gefäßnetze aufweisen.

SAPPEY machte im Jahre 1866 eine eingehende Untersuchung über die Blutgefäße der Sehnen. Er fand, daß sie ihren Ursprung aus größeren Gefäßstämmen der Umgebung nehmen, Zweige an die Sehnenscheide abgeben, und Netze um die Sehne bilden. Von diesen Netzen dringen Arterien und Venen zwischen die Sehnenbündel in die Tiefe, verzweigen sich und anastomosieren miteinander in der ganzen Ausdehnung der Sehne. Auf diese Weise bilden sie in der Sehne Gefäßarkaden verschiedener Ordnung, wodurch die sekundären Bündel schließlich von einem Capillarnetz umgeben werden.

Im Jahre 1877 zeigte BERKENBUCH an den Beugesehnen der Hände und Füße, daß sie Gefäße erhalten, welche an der Knocheninsertion, von der Palmarfläche und durch die Vincula tendinea in die Sehne eindringen. Diese Gefäße bilden auf der Oberfläche ein Netz, und nur wenige Zweige dringen in das Innere ein. Auf gewissen Gebieten gelang es ihm jedoch, Gefäße nachzuweisen. Da er bei *Kälbern* und jungen *Schweinen* eine reichlichere Gefäßversorgung fand, nahm er an, daß gewisse Gefäße beim *Menschen* mit zunehmendem Alter obliterieren. WOLLENBERG (1905) untersuchte die Arterien der Sehnen mittels Röntgenaufnahmen nach Injizierung von Quecksilberterpentin; die Resultate waren jedoch im großen ganzen negativ. ARAI (1907) injizierte die Gefäße mit Tusche. Er fand, daß die Sehnen von mehreren Seiten Arterien erhalten: 1. Von den Muskelarterien und von den Gefäßen des angrenzenden Binde- und Fettgewebes, 2. von den durch die Vincula tendinea gehenden Arterien, 3. von den Gelenksarterien und 4. von den Gefäßen des Periosts und der Bänder. Die Arterien verzweigen sich und anastomosieren miteinander, und zwar in den verschiedenen Teilen der Sehne in variierender Weise. An Stellen, die von Schleimscheiden bedeckt sind, bilden die Capillaren in diesen entweder Maschen oder zottenförmige Schlingen. Auf kleineren Gebieten der untersuchten Sehnen fanden sich keine Capillaren; hier kamen Knorpelzellen vor. Die Venae comitantes waren in der Regel einfach, mitunter jedoch doppelt. RAU (1914) schließlich untersuchte Sehnen von Neugeborenen, älteren Kindern und Erwachsenen, indem er erwärmte Gelatine, der Zinnober beigemengt war, injizierte. Die Präparate wurden nach der Methode von SPALTEHOLZ durchsichtig gemacht. Bei Neugeborenen und ebenso bei einem dreijährigen Kinde und einem 17 jährigen Mädchen konnte er die Beobachtungen ARAIS in der Hauptsache bestätigen.

Bei einem Mann im Alter von 28—29 Jahren war die Menge der längsverlaufenden Gefäße bedeutend reduziert, und bei einem 39jährigen und 45jährigen Mann fehlten diese ganz. Die bei neugeborenen und jüngeren Individuen außerordentlich reichlich vorhandenen Blutgefäße nehmen also nach dem Alter von 25 Jahren bedeutend an Menge ab.

Lymphgefäße. LUDWIG und SCHWEIGGER-SEIDEL (1872) studierten die Lymphgefäße in der Aponeurose, die sich beim *Hunde* über dem Kniegelenk durch Zusammenfluß der Fascia lata mit den Sehnen des M. rectus femoris biceps und der Vasti bildet. Sie fanden auf der Oberfläche gröbere, bauchig erweiterte Lymphgefäße, die in der Richtung der Sehnenfasern verliefen und durch feinere Zweige von gleichmäßiger Dicke verbunden waren. Die Gefäße hafteten enge an der Unterlage. Flüssigkeit konnte sich jedoch zwischen dieser und den Gefäßen ausbreiten. Von diesem oberflächlichen Netz gingen Zweige ab, welche die Aponeurose in ihrer ganzen Dicke durchsetzten und sich mit dem auf der anderen Oberfläche befindlichen Lymphgefäßnetz verbanden.

Auch auf runden Sehnen war ein ähnliches oberflächliches Lymphgefäßnetz zu konstatieren. Im Inneren dieser Sehnen waren die Lymphgefäße spärlicher, und Queranastomosen zwischen den Lymphgefäßen kamen um so weniger vor, je weiter im Inneren der Sehne die Lymphgefäße lagen. Die Maschen im oberflächlichen Netz sind rechtwinklig; die aus ihm hervorgehenden Stämme sind klappenlos und begleiten feine, wenngleich noch mit bloßem Auge sichtbare Blutgefäße. Oft ziehen sie durch einen angrenzenden Muskel, um die gröberen Stämme zu erreichen, wobei sich in der Regel zwei Stämme auf beiden Seiten einer kleinen Vene lagern. Andere Stämme nehmen ihren Weg zwischen den benachbarten Muskeln in dem dort befindlichen Bindegewebe. LUDWIG und SCHWEIGGER-SEIDEL fanden in allen stärkeren Fascien und Sehnen, so in der Fascia temporalis, plantaris, in Zwischenmuskelfascien, in der Scheide des Rectus abdominis, der Achillessehne, den Sehnen der breiten Bauchmuskeln, dem Masseter, den Glutäen usw. Lymphgefäße in derselben Zahl und Anordnung. Nur wenn die Sehnen sehr dünn waren, konnte die Injektion in gewissen Fällen aus technischen Ursachen mißlingen. Die Lymphe wird durch Druckschwankungen in den Lymphgefäßen bei der Spannung und Erschlaffung der Sehne vorwärts getrieben.

d) Sehnenscheiden.

Nach außen sind die Sehnen gewöhnlich von einem lockeren, aus Bindegewebslamellen zusammengesetzten Bindegewebe, dem *Paratenonium* (MAYER) umgeben. Durch die Verschiebbarkeit der Lamellen gegeneinander wird die Verschiebbarkeit der Sehne gegen die Gewebe ermöglicht, in welchen sie eingebettet liegt.

In gewissen Gebieten sind die Sehnen jedoch mit besonderen, ihre Verschiebbarkeit erhöhenden Gebilden versehen, den Sehnenscheiden, *Vaginae tendinum*, die gleichzeitig auch den Widerstand bei der Verschiebung in hohem Grade vermindern.

Die Sehnenscheiden scheinen zuerst von WINSLOW (1732) beschrieben worden zu sein. Was ihren feineren Bau betrifft, wurden jedoch bis zur zweiten Hälfte des 19. Jahrhunderts keine eigentlichen Fortschritte gemacht. Im allgemeinen wurde die Frage des Baues dieser Gebilde im Zusammenhang mit dem der Gelenkkapseln behandelt, und zwar im Anschluß an die Histologie der Synovialmembran. Nach dem Jahre 1838, in dem HENLE zuerst die innere Flächenauskleidung der Synovialmembran beschrieb, entwickelte sich ein langwieriger wissenschaftlicher Meinungsaustausch über die Frage, ob diese Bekleidung aus Epithel- oder

Pseudoepithelzellen von Bindegewebsnatur bestände. Im Laufe dieser Diskussion — ein Referat darüber würde hier zu weit führen — äußerten sich gewisse Verfasser auch über den Bau der Sehnenscheiden und Schleimbeutel, von dem sie meinten, daß er demjenigen der Synovialmembran analog sei.

Die Sehnenscheiden können als doppelwandige Röhren betrachtet werden, in deren Innerem die Sehne so liegt, daß die innere Wand der Röhre fest mit der Sehne verbunden ist und sich mit dieser bewegt, während die äußere Röhre unbeweglich mit den außerhalb von der Sehne liegenden Weichteilen verbunden ist. Zwischen diesen beiden Röhren findet sich ein spaltförmiger Raum, der mit einer zähen, klebrigen Flüssigkeit, der Synovia, gefüllt ist, die bei Bewegung der Sehne die Friktion zwischen den beiden Röhren verringert. An den Enden der Sehnenscheiden schlägt sich die äußere Röhre um, setzt sich auf die Sehne fort und bekleidet diese, indem sie die ebenerwähnte innere Röhre bildet. Bei jungen Individuen sind die beiden Röhren längs des ganzen Verlaufs der Sehnenscheide außerdem durch eine Duplikatur, das Mesotenonium, verbunden, in dem sich das äußere Blatt wie bei einem Mesenterium auf die Sehne hinüberschlägt und in das innere Blatt übergeht. Bei erwachsenen Individuen wird das Mesotenonium nachher durchbrochen und kann schließlich auf eine Anzahl von kleineren Bandresten, Vincula tendinea, reduziert werden.

In der Sehnenscheide können wir also zwei Blätter unterscheiden, ein Sehnenblatt, das Epitenonium, oder das tendinöse Blatt und ein parietales Blatt.

Das innere Blatt wird von einer oder mehreren Schichten epithelartig abgeplatteter Bindegewebszellen gebildet, die nach innen, zur Sehne zu, ohne bestimmte Grenze in das lockere Bindegewebe des Peritoneum externum übergehen. Diese Zellschicht ist im Innern der Sehnenscheide einfach und dünn [HAUCK (1925)], weshalb die Sehne hier unbekleidet und glänzend erscheint. Gegen die Umschlagsränder an den Enden der Sehnenscheide zu findet man mehrere Zellschichten und auch das Peritenonium externum verdickt sich hier etwas. An diesen Stellen erscheint die Sehne „wie von einer zarten Haut" [HAUCK (1925)] bekleidet.

Das parietale Blatt der Sehnenscheide wird von zwei Schichten gebildet, einer Außenschicht, der aus längsverlaufenden strammen Bindegewebsfasern bestehenden gefäßreichen Vagina fibrosa [HAUCK (1925)], und einer Vagina mucosa s. synovialis, aus gleichfalls gefäßreichem Bindegewebe, das gegen das Lumen von mehreren Schichten epithelähnlicher Bindegewebszellen bekleidet wird. Diese „Mucosa" kann in Falten oder Zotten aufgehoben sein, die, wie es bei Gelenken der Fall ist, in das Lumen hineinragen. An Stellen, wo die Sehne eine winkelförmige Biegung macht, kann die Sehnenscheide durch Ligamente verstärkt sein. Diese sollen nach HAUCK keine Synoviabekleidung besitzen und nackt zum Lumen vordringen, wo sie von einer innersten Schicht dichter, zirkulär verlaufender Bindegewebszüge abgeschlossen werden. Die Ränder der Ligamente können dabei „portioartig" ins Lumen vorspringen, so daß sich hinter ihnen synoviabekleidete Rezesse bilden.

RETTERER (1895—1896) hat die Entwicklung der Sehnenscheiden beschrieben. Die Sehne ist anfangs von embryonalem Bindegewebe umgeben, das unmittelbar an ihr mehrere, mit der Hauptachse der Sehne konzentrische Schichten bildet. Ein Teil der Zellen nimmt eine langgestreckte abgeplattete Form an und lagert sich der Sehne parallel; diese Zellen haben ovale Kerne. An ihren Enden sammelt sich reichlich Protoplasma, während dieses längs der Oberflächen der Zellen stark reduziert ist. Das Protoplasma geht ohne deutliche Grenze in das Protoplasma der Nachbarzellen über. Längs der Oberflächen der Zellen werden Fibrillen abgelagert. Auf gewissen Gebieten sammelt sich in den Maschen der Zellen eine schleimige Substanz. Je nachdem, wie reichlich diese ist, zerfließen die Zellen und schmelzen mehr oder weniger vollständig ein, wodurch sich leere Lücken von unregelmäßiger Form bilden, aus welchen das Cavum synoviale hervorgeht. Wo Gefäße und Nerven verlaufen, bildet sich jedoch gewöhnliches Bindegewebe, aus dem das Mesotenonium seinen Ursprung nimmt. Die oberflächlichen Zellen sind Bindegewebszellen wie die Elemente, welche die Hauptmasse der Sehnenscheide oder die peritendinöse Schicht bilden. Die Zellen bestehen aus einem Kern, einem homogenen perinuclearen Gebiet und einer fibrillären Masse, die angrenzende Zellen verbindet. Die oberflächlichen Zellen werden Endothelzellen und bekleiden die Sehnenscheiden gegen das Lumen.

FALDINO (1921) war der Ansicht, daß der Druck während des Wachstums und der Bewegungen der Muskeln nebst einem Zerfließen der Zellen die Entwicklung der Sehnenscheiden verursache. Zu teilweise ähnlichen Resultaten kam LUCIEN (1907). Er meint, daß man schon bei 30—33 mm großen Embryonen Anlagen der Sehnenscheide unterscheiden kann. Es entwickelt sich hier ein schleimiges Bindegewebe, das später in gewissen Gebieten zerfließt, wodurch ein Hohlraum entsteht. Auf begrenzten Gebieten verschwindet das Schleimgewebe jedoch nicht, sondern entwickelt sich zu Bindegewebe. Auf diese Weise bildet sich das Mesotenonium, das primär größere Teile der Sehne an die Scheide befestigt. Das Schicksal der Mesotenonien ist jedoch verschieden; in einer großen Anzahl von Fällen verschwinden sie ganz oder teilweise während der Entwicklung. SHIELDS (1923), der die Entwicklung von Sehnenscheiden bei *Menschen*- und *Schwein*embryonen beschreibt, findet, daß sie bei den letzteren beginnt, sobald die Frucht eine Länge von 30 mm erreicht hat. Die Mesodermzellen verlieren in gewissen Gebieten ihre Ausläufer, wodurch sich eine Höhle bildet, die von platten Mesothelzellen begrenzt ist.

e) Schleimbeutel (Bursae mucosae).

Ebenso wie der Bau der Sehnenscheiden geschildert wurde, behandelte man die Fragen der Bursen zusammen mit den Synovialhäuten in den Gelenken, und die Diskussionen über all diese Gebilde betrafen die Frage, ob ihre Auskleidung aus Epithelzellen oder nur aus epithelähnlichen Bindegewebszellen bestehe. CORNIL und RANVIER (1869) hielten die Bursen für seröse Höhlen, die von einem Endothel ausgekleidet seien, das den Bindegewebszellen entspricht. KRAUSE (1876) wies darauf hin, daß die Bursen keine innere Membran besitzen, die vom Bindegewebe der Umgebung isoliert werden kann. Der Beutel ist von sich kreuzenden Bindegewebsfasern begrenzt, die nicht mit Endothel bekleidet sind, wohl aber mit polygonalen Bindegewebszellen. KÖLLIKER (1859) war der Ansicht, daß die Beutel von einer Synovialmembran ausgekleidet und mit einer kolloidähnlichen Flüssigkeit gefüllt seien. Er erwähnt auch, daß sie in ihrem Innern fransenähnliche Fortsätze aufweisen können, die nichts anderes sind als Gefäßfortsätze der Synovialmembran. Im Jahre 1889 gibt er eine ähnliche Schilderung.

RETTERER (1895) fand, daß sich die Schleimbeutel in einer der Bildung der Sehnenscheiden analogen Weise entwickeln. Anfangs ist ein embryonales Bindegewebe von netzförmigem Bau mit weiten Maschen zu beobachten. Dieses verschwindet, und an seiner Stelle entsteht das Lumen.

Vom histologischen Gesichtspunkte können wir die Beobachtungen über den Bau der Schleimbeutel folgendermaßen zusammenfassen. Zu innerst sind sie von abgeplatteten Bindegewebszellen bekleidet. Diese sind nicht so regelmäßig, wie Endothelzellen es zu sein pflegen, und sie decken auch die Oberfläche nicht vollständig, es finden sich vielmehr zwischen ihnen unregelmäßige kleine Intercellularräume, durch welche die Bursen mit den Salträumen des außerhalb liegenden Bindegewebes kommunizieren. Bei Silberimprägnierung färben sich keine Schlußleisten, wie es beim Endothel der Fall ist. Die Bindegewebszellen auf der Oberfläche gehen nach außen in die dort befindlichen Zellen über. Sie bestehen gleich diesen aus Endoplasmagebieten, haben aber nur auf ihrer einen Seite, der nach außen gewendeten, ausgebildetes Exoplasma („Bindegewebsgrundsubstanz"). Hier sind auch kollagene Fibrillen entwickelt, die in variierender Richtung die Bursa umgeben und deren eigentliche Wand bilden. Ihr Verlauf richtet sich in jedem einzelnen Falle nach den herrschenden Spannungsverhältnissen. Das Bindegewebe kann auch in das Lumen der Bursa in Form von Fransen oder Falten hineinragen, die denjenigen entsprechen, welche man in Gelenken findet.

f) Muskelrollen (Trochleae musculares).

An Stellen, wo die Sehnen während ihres Verlaufes die Richtung ändern, finden sich Gleitflächen, die der Sehne an der Biegungsstelle als Stütze oder Ansatzstelle dienen. Sie können zweierlei Art sein.

1. Die Trochleae osseae (RAUBER-KOPSCH) sind Knochenflächen, die mit hyalinem Knorpel bekleidet sind.
2. Die Trochleae fibrosae (RAUBER-KOPSCH) bestehen aus schlingenförmigen Bändern, deren beide Enden vom Knochen ausgehen, oder von aufgefaserten Sehnen anderer Muskeln. Zu der ersteren Gruppe gehört die Trochlea des M. obliq. oculi sup. Sie wird von einem Bande, dem Ligamentum suspensorium trochleae, gebildet, das aus der Spina oder Fovea trochlearis entspringt und sich nach einer schlingenförmigen Umbiegung am Margo supraorbitalis ansetzt. Durch diese Schlinge gleitet die Muskelsehne. Wo sie dem Ligament anliegt, sitzt in diesem ein halbmondförmiger hyaliner Knorpel von ungefähr 6 mm Länge und 4 mm Breite eingelagert, der die eigentliche Trochlea bildet. Zwischen dem Knorpel resp. dem Ligament und der Sehne findet sich ein leicht verschiebbares, paratendinöses Bindegewebe, aber keines von beiden Gebilden wird von einem synoviaähnlichen Gewebe bekleidet (SCHWALBE). Ähnliche Beobachtungen habe ich selbst machen können.

3. Verbindung von Muskeln und Sehnen.

Die Frage bezüglich der Verbindung der Muskelfasern mit den Sehnen ist für das Verständnis der Wirkungsweise des Muskels von größter Bedeutung. Schon in älteren Zeiten beantworteten verschiedene Verfasser diese recht verschiedenartig. So erklärt FONTANA (1781): „J'ai vu les faisceaux charnus se terminer charnus et finir ainsi leur cours, et j'ai vu les faisceaux tendineux primitifs s'insinuer entre les faisceaux charnus, mais non point former un tout avec eux. En un mot les uns ne finissent pas ou les autres commencent; mais ils s'insinuent les un dans les autres comme les dents de deux roues, qui s'engrènent et montent les unes sur les autres ce sont surtout les fils tendineux, qui s'avancent très loin parmi les fils musculaires".

Von der in dieser Weise dargelegten Ansicht lassen sich zwei getrennte Theorien hinsichtlich der Muskel-Sehnenkontinuität ableiten. Gemäß des einen Gedankenganges ist das konische, abgerundete oder mehr abgeplattete Ende der Muskelfaser am Bindegewebe befestigt. Nach einem anderen gehen die Bindegewebsfasern der Sehne in das zwischen den Muskelfasern liegende Bindegewebe über. Als frühe Verfechter der erstgenannten Anschauung können GERBER, GÜNTER, BOWMAN und teilweise auch KÖLLIKER angesehen werden, während sich VALENTIN, BRUNS, TREVIRANUS und ARNOLD der zweiten Theorie angeschlossen zu haben scheinen.

Mit dem Durchbruch der Zellenlehre nahm bekanntlich der Gedanke, die Zellen als scharf voneinander abgegrenzte Körper — entweder Blasenbildungen oder später Protoplasmaklumpen — anzusehen, eine dominierende Rolle in der histologischen Literatur ein. Man stellte sich die Zellen als von Kittsubstanz oder Zement zusammengehalten vor, so ungefähr wie die Steine einer Mauer durch den Mörtel zusammengehalten werden. Unter solchen Umständen ist es nicht zu verwundern, daß man zu einer ähnlichen Erklärung griff, als es sich um das Problem über die gegenseitige Verbindung zwischen Muskelfaser und Sehne handelte.

Die Ansicht, daß ein „Kitt" Muskelfaser und Sehne verbinde, wurde besonders durch WEISMANN (1861) und RANVIER (1875) gestützt. Ersterer behandelte Muskeln vom *Frosch* eine halbe Stunde lang mit 35% Kalilauge und fand dann, daß man durch „leichtes Streichen" die Muskelfasern von den Sehnen ablösen konnte. Bei mikroskopischer Untersuchung konnte er feststellen, daß die Fasern überall von ihrem Sarkolemm umgeben waren. Daraus zog er den Schluß, daß letzteres durch einen „Kitt" mit der Sehne verbunden war. Dieser „Kitt" löste sich in 35% Kalilauge und die Muskelfasern lösten sich deshalb von der Sehne. Einen kontinuierlichen Zusammenhang zwischen Sarkolemm und Sehne — eine Auffassung, welche REICHERT schon 1845 vertreten hatte — verneinte WEISMANN bestimmt.

Eine ähnliche Verbindung zwischen Muskelfaser und Sehne glaubte WEISMANN außer in *Frosch*muskeln auch bei *Arthropoden, Insekten, Fischen, Reptilien, Vögeln* und *Säugetieren* feststellen zu können.

Die Untersuchungen RANVIERs können als eine Fortsetzung der WEISMANNschen angesehen werden. Außer Versuchen mit Kalilauge machte dieser Forscher Experimente mit in Wärme erstarrten *Fröschen* (1875). Setzt man nämlich einen lebenden *Frosch* in auf 55^0 C erwärmtes Wasser, dann erstarrt dessen Muskulatur, so daß das Tier steif wie ein Stock wird. Bei der Untersuchung der Muskulatur von solchen Tieren fand RANVIER, daß sich die contractile Materie aus dem Sarkolemma in die Enden der Muskelfasern zurückgezogen hatte, so daß dieses dort einen von Muskelprotoplasma befreiten Schlauch bildete. Dieser stand jedoch immerfort mit der Sehne in Verbindung. Aus diesen Versuchen zog nun RANVIER folgenden Schlußsatz: „Il reste plusieurs points à discuter au sujet de l'union intime des fibres musculaires et des tendons. Ce mode d'union n'est pas aussi simple que l'a dit WEISMANN et que l'ont répété à sa suite la pluspart des histologistes. D'après les faites que nous avons exposés, il ne suffit pas d'admettre l'existence d'un ciment, il faut en supposer deux et de nature differente: l'un qui relierait la fibre musculaire au sarcolemme et qui se dissoudrait à une température de 55^0, l'autre qui reunirait le sarcolemme à la cupule du tendon et qui conserverait à cette température toute sa solidité".

Durch diese Veröffentlichungen war eine experimentelle Stütze für die Auffassung bezüglich der Muskel-Sehnenverbindung gegeben worden, welche **Kontiguitäts- oder Appositionstheorie** genannt wurde.

Diese wurde auch Ende des 19. Jahrhunderts und zu Anfang dieses Jahrhunderts die vorherrschende Erklärung für das berührte Problem. Sie wird noch so spät wie 1911, z. B. von SCHIEFFERDECKER bei der Behandlung der Rumpfmuskulatur bei Petromyzon fluviatilis angeführt. „Die zentralen Muskelfasern können also nur an der Grundsubstanz des Bindegewebes anhaften[1], mit dieser müssen sie irgendwie verklebt sein."

---

[1] Im Original kursiviert.

Neben dieser Theorie hatte sich jedoch schon frühzeitig der Gedanke an einen direkten Übergang der Muskelfasern in Sehnenfasern entwickelt.

Bereits in der bekannten „Exposition anatomique" (1732) von WINSLÖW heißt es: „Les fibres dont le muscle est composé sont apellées en general Fibres Motrices ou Fibres Mouvantes. Chacune de ces fibres est en partie charnuë et en partie Tendineuse, comme le Muscle entier". Diese Erklärung dürfte, in eine modernere Nomenclatur gebracht, so formuliert werden können, daß die Muskelfasern direkt in die Sehnenfasern übergehen. Das Problem, wie sich dieser Übergang im einzelnen gestaltet, war noch nicht erwacht, was darauf beruhte, daß man damals noch keine Kenntnis von der feineren Struktur sowohl der Muskelfaser als auch der Sehnenfaser hatte.

Derselbe Gedankengang ist im Jahre 1836 bei EHRENBERG wiederzufinden, der erklärt: „Ich bemerke dabei, daß ich seit langer Zeit auch die feinste Muskelfaser, die ich aber nicht hohl sehe, ebenfalls spindelförmig erkannt habe, indem jeder einzelne quergefaltete Faden an beiden Enden in einen einzelnen zarten spiralförmigen Sehnenfaden übergeht". Auch dieser Verfasser spricht von einer Muskelfaser, welche, wie er annimmt, als Ganzes in den Sehnenfaden übergeht. Dieselbe Betrachtungsweise kommt während der folgenden Jahrzehnte und sogar noch bis gegen Ende des 19. Jahrhunderts bei einer großen Anzahl von Verfassern zum Ausdruck. Die Fibrillenstruktur in den Muskelfasern hatte aber immer mehr das Interesse der Forscher erregt und bereits im Jahre 1850 spricht KÖLLIKER in seiner bekannten „Mikroskopischen Anatomie" von der Möglichkeit, daß neben einer Verbindung durch Kontiguität, in Muskeln, welche geradlinig in ihre Sehnen übergehen, eine Fibrillenkontinuität existiert. „Im ersteren[1] gehen die Muskelbündel unmittelbar in Sehnenbündel über, in der Weise, daß keine scharfe Grenze zwischen den beiderlei Gebilden existiert und das ganze Bündel von Muskelfibrillen in ein ungefähr gleichstarkes Bündel von Sehnenfäserchen sich fortsetzt. Von diesem Verhalten habe ich mich bei gewissen Muskeln des *Menschen* aufs Bestimmteste überzeugt und namentlich die Musculi intercostales, deren Bündel sich leicht voneinander lösen und viele eingestreute Sehnenstreifen enthalten, hierzu am tauglichsten gefunden." Trotz dieser bestimmten Äußerungen — er gibt auch eine Abbildung über den Übergang — hegte KÖLLIKER dennoch doch gewisse Bedenken gegen den Gedanken an einen direkten Fibrillenübergang und betont die Möglichkeit einer Fehldeutung. Er übergab auch später diese Theorie.

In ähnlicher Richtung, aber ohne Bedenken, sprachen sich FICK (1856), WAGENER (1863), GOLGI (1880, 1882), PODWYSSOZKI (1887), EIMER (1892) u. a. aus. Richtig aktuell wurde diese Theorie doch erst, als O. SCHULTZE (1911) seine Untersuchungen über die Muskel-Sehnenverbindung veröffentlichte. Dieser Forscher ging bei seinen Untersuchungen von Beobachtungen an der Rückenflossenmuskulatur bei *Hippocampus* aus, teilt aber auch Beobachtungen betreffs *Amphioxus*, *Amphibien* und *Menschen* mit.

Durch seine Untersuchungen gewann SCHULTZE die bestimmte Überzeugung, daß die Myofibrillen ohne Unterbrechung in die Sehnenfibrillen übergingen: „Schon mit starken Trockensystemen erkennt man deutlich[2], daß die Muskelfibrillen mit den Sehnenfibrillen ein Ganzes bilden". ..... „Mit der Immersion kann man dann völlig sicher schon an diesen Zupfpräparaten, also ohne Schnittuntersuchung, feststellen, daß die einzelne Myofibrille ihre Zusammensetzung aus isotropen und anisotropen Teilchen verliert und sich kontinuierlich in die Sehnenfibrille fortsetzt."

---

[1] *M. Soleus.*
[2] Bei *Hippocampus.*

Betreffend *Amphioxus* heißt es: ,,**Die Myofibrillen gehen kontinuierlich in die Bindegewebsfibrillen des Myoseptums über, um in dieses umzubiegen**". Bezüglich der Muskulatur der *Amphibien*: ,,Diese Bilder genügen, um sich zu überzeugen, daß genau dasselbe Verhalten gültig ist, wie bei *Hippocampus* und *Amphioxus*, d. h. es besteht innigste Kontinuität von Muskel- und Bindegewebsfibrillen. Sie erfolgt noch innerhalb der Muskelfaser, d. h. innerhalb des Sarkolemms an dem Ende der Muskelfaser, wo zugleich eine reichlichere Sarkoplasma-Anhäufung typisch ist. Auch die Durchbohrung des Sarkolemmas ließ sich mit Sicherheit beobachten". In bezug auf den *Menschen* versichert er, daß dasselbe Verhalten Gültigkeit hat, betont aber, daß das Verhalten des Sarkolemmas noch näher untersucht werden muß. Endlich hebt er hervor, daß das beschriebene Verhalten durch histogenetische Studien klargelegt werden muß. Über die physiologische Bedeutung seiner Untersuchungen sagt er: ,,Meine Beobachtungen, über die ich Ihnen Mitteilung zu machen, mir erlauben möchte, haben zu dem Ergebnis geführt, daß die Vorstellung, welche wir dahin von dem Zustandekommen der sinnfälligen Lebensäußerung, der willkürlichen Bewegung, bezüglich der Kraftübertragung seitens der Muskeln auf die Sehnen haben, auf ungenügender histologischer Basis ruht und eine ganz unzulängliche und unrichtige ist".

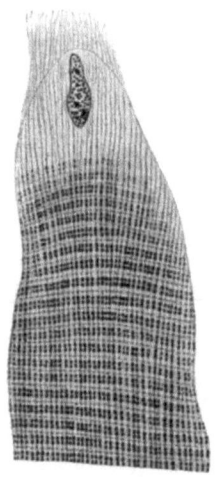

Abb. 135. Ende einer quergestreiften Muskelfaser der Zunge des *Menschen*. Vergr. 900×. (Nach SOBOTTA 1924.)

SCHULTZEs Ansichten gewannen teils lebhaften Beifall, teils waren sie einer eingehenden Kritik ausgesetzt. Hier möchte ich nur hervorheben, daß ihm das Verdienst gebührt, mit der alten Kittheorie endgültig aufgeräumt zu haben. Auf dem Anatomenkongreß in Leipzig, wo er seine Resultate vorlegte und seine Präparate demonstrierte, wurden seine Untersuchungen auch allgemein geschätzt und FRORIEP, MAURER, HELD, ROUX, STRAHL, FICK, MOLLIER und EMMEL schlossen sich seiner Anschauung an. SCHULTZEs Schüler LOGINOW bekräftigte durch seine mit derselben Technik ausgeführten Untersuchungen die Beobachtungen seines Lehrers. Später glaubte STUDNIČKA (1920 und 1923) nach Beobachtungen an *Amphioxus*, *Amblystoma mexicanum* und *Triton taeniatus* die vorerwähnte Auffassung SCHULTZEs bestätigen zu können.

Der eifrigste Verteidiger derselben ist jedoch SOBOTTA. Ersterer erklärt in einer Arbeit (1924): ,,Es behält also OSKAR SCHULTZE durchaus recht; es gibt einen unmittelbaren Übergang von Muskelfibrillen in Sehnenfibrillen, wie er auch an menschlichen Muskeln leicht nachweisbar ist" (Abb. 135). Neben dieser direkten Kontinuität zwischen Muskelfaser und Sehne nimmt aber der letztgenannte Forscher eine Verbindung zwischen diesen beiden Organen durch Vermittlung des Sarkolemmas an, eine Verbindung, der die größte physiologische Bedeutung zugeschrieben wird. Dies hat eine besondere Vorgeschichte.

Um diese zu verfolgen, müssen wir auf FONTANAs oben zitierte Äußerung zurückgreifen und auf die Anschauung, welche in der Folge VALENTIN, BRUNS, TREVIRANUS und ARNOLD vertraten; diese Forscher schrieben dem intramuskulären Bindegewebe und dessen Verbindung mit der Sehne eine entscheidende Bedeutung zu, wo es sich um die Erklärung des Mechanismus der Muskel-Sehnenkontinuität handelte.

Die von REICHERT vorgebrachte Auffassung kann als eine Variante dieser Ansicht bezeichnet werden. Dieser Forscher, der die Verhältnisse beim *Flußkrebs* untersucht hat, meinte, das Sarkolemma habe Bindegewebsnatur. Wenn sich die Sehne dem Ende der Muskelfaser nähert, dehnt sie sich in einen Schlauch aus, der, die Muskelfaser umkleidend, als Sarkolemm fortsetzt. Viele Verfasser, u. a. KÖLLIKER, bestritten die Richtigkeit dieser Auffassung und vor allem die Bindegewebsnatur des Sarkolemmas.

In der Tat muß die Theorie, wie ich hier unten zeigen werde, in wichtigen Punkten komplettiert werden, um die vom Muskel ausgeübte Übertragung der Zugkraft auf die Sehne erklären zu können. REICHERT meinte, die Verdickung, welche die Muskelfaser bei ihrer Kontraktion aufweist, gebe eine genügende Erklärung für die Kraftübertragung. Durch diese sollte das intramuskuläre Bindegewebe auseinandergezogen werden und zur Folge haben, daß ein Zug an den Enden der Muskelfaser entstünde.

Dieser Gedankengang erlangte eine recht große Ausbreitung unter den Histologen und wurde in mehreren Lehr- und Handbüchern aufgenommen: Zu den Anhängern dieser Betrachtungsweise gehörte TOLDT (1877). Er behauptet hinsichtlich des Verhaltens des Muskels zur Sehne: ,,Was nun den histologischen Befund anbelangt, so habe ich durch zahlreiche Untersuchungen die Überzeugung erlangt, daß sich die Perimysia der einzelnen Muskelfasern direkt in die Elemente der Sehnenfascikel fortsetzen. Man kann dies am sichersten erkennen, wenn man eine enthäutete Extremität eines kleinen *Tieres* (*Kaninchen* oder *Meerschweinchen*) auf 24 Stunden in eine sehr dünne Chlorgoldlösung (0,5 pro Mille) bringt und dann nach gehörigem Auswaschen mit salzsaurem Wasser dieselbe durch mehrere Tage in einer Mischung von 1 Teil absoluten Alkohols und 2 Teilen Wassers liegen läßt. Zerzupft man dann das Sehnenende eines von den, in ihrer natürlichen Spannung erhaltenen Muskeln in derselben Alkoholmischung (wobei man die Nadeln immer nur an die Sehnenstümpfe ansetzt), so erkennt man sehr leicht, daß jede einzelne Muskelfaser an ihrem Ende stumpf abgerundet oder mehr weniger zugespitzt ist und das Sarkolemma als eine in sich geschlossene Membran dem Endstück der Muskulatur gerade so anliegt, wie allenthalben an ihrer Peripherie. Das Perimysium der Muskelfaser schließt sich kelchartig über dem Ende der letzteren und läuft ohne Unterbrechung in das Bindegewebe der Sehne fort. In derselben Weise verhalten sich alle Muskelfasern an ihrem, der Sehne oder ihren Ausläufern unmittelbar zugewendeten Ende; aber auch dort, wo sich das Muskelfleisch direkt an Skeletbestandteile anheftet, gehen die Perimysia der einzelnen Fasern ohne Unterbrechung in das Bindegewebe des Periostes (Perichondriums) ein. Ganz ähnlich gestaltet sich auch das Verhältnis überall, wo Muskelfasern im Inneren des Muskelkörpers ihr Ende erreichen. Indem so eine jede Muskelfaser innerhalb eines ihr allseitig anliegenden, bindegewebigen Schlauches sich befindet, so werden alle Formveränderungen der ersteren auf den letzteren übertragen. Man hat sich demzufolge die Wirkung jeder einzelnen Muskelfaser so nicht vorzustellen, daß sie an einer Sehnenfaser, wie an einem Strange, ziehe, daß ihre Kontraktion nur mittels ihrer beiden Enden auf die zu bewegenden Teile wirke; sie überträgt vielmehr entlang ihrer ganzen Oberfläche eine jede Veränderung nach der Länge und Dicke auf ihr Perimysium und dieses pflanzt im gegebenen Falle den Zug auf die Sehne fort, d. h. der Muskel gelangt zu seiner Wirkung **durch die Kontinuität des bei seinem Aufbau verwendeten Bindegewebes von seinem Ursprung bis zu seiner Insertion**".

Auch PRENANT, BOUIN und MAILLARD (1911) stimmen dieser Ansicht bei, indem sie in ihrem Handbuch betonen: ,,On peut dire que se petit tendon est le prolongement du tissu conjonctif endomysial et peut-être aussi du sarcolemme qui entourent la fibre musculaire".

Ebenso haben sich v. FRORIEP, BALDWIN und VAN HERWERDEN dieser Anschauung angeschlossen. Die letztgenannte digerierte die Muskelsubstanz mittels Trypsin weg, das das Kollagen des Bindegewebes unberührt ließ, und sie fand (1910): ,,Am Muskelende wird das Sarkolemm von den feinsten sich umbiegenden Fibrillen verdeckt, welche die Fortsetzung der parallel verlaufenden Sehnenfibrillen bilden. Dieser parallelfaserige Verlauf hört auf, sobald die kollagenen Fibrillen in die Nähe des Sarkolemms geraten; sich umbiegend, schmiegen sie sich den Seitenwänden des Sarkolemms an. In dem leeren Muskelschlauch werden sie niemals angetroffen". Zu einem ähnlichen Resultate kam auch PÉTERFI (1913). Er verwendete teils SCHULTZEs Technik, die er als wenig beweisend ablehnt, teils auch verschiedene ,,elektive" Bindegewebsfärbungen. Sein Material bestand aus Larven von *Salamander* und *Triton*, ebenso aus *Frosch-* und *Mäuse*muskeln.

Später habe ich mich, aber auch PETERSEN und SOBOTTA sich dieser Auffassung angeschlossen, doch mit dem Unterschiede, daß ich und PETERSEN uns nicht von der Kontinuität der Myofibrillen mit den Sehnenfibrillen haben überzeugen können, welche von SOBOTTA u. a. eifrig verteidigt wird. Diese legen aber auch das physiologische Hauptgewicht auf die kraftvermittelnde Rolle des Sarkolemmas und des Perimysiums, während sie der Fibrillenkontinuität nur eine geringe funktionelle Bedeutung beimessen. Ich schrieb (1920) für die Kraftüberführung zwischen Muskelsubstanz und der kollagenen Struktur den Grundmembranen eine wichtige Rolle zu, welche die beiden letztgenannten Verfasser verneinen. Zu meiner Ansicht hat sich später auch LINDHARD (1926) bekannt. CLARA hat ganz neulich (1931) die Ansicht vorgeführt, daß die meisten Muskelfasern sich zwar nach der von mir und anderen verfochtenen Meinung verhalten, daß aber auch Fasern vorkommen, die einen kontinuierlichen Fibrillenübergang zeigen. Leider scheinen die letztgenannten Fasern nicht ausgewachsen zu sein in seinen Abbildungen. S. 146 habe ich über das Verhalten des Sarkolemmas und des Bindegewebes unter sich des näheren berichtet. Hier nachstehend soll nun die Rolle des Sarkolemmas und der Grundmembranen bei der Kraftüberführung besprochen werden.

Die kollagene Struktur des Sarkolemmas geht direkt in die des Endomysiums über, welche ihrerseits in das Perimysium fortsetzt. PETERSEN denkt sich schematisch die einzelne Muskelfaser von einem Strumpf mit rhombischen Maschen umhüllt. Wenn sich die Muskelfaser zusammenzieht, wird sie kürzer, dicker und härter, die Maschen dehnen sich in Querrichtung aus und die Länge der Muskelfaser wird verkürzt. ,,Man kann sagen, der Muskel wirke nicht durch Verkürzung, sondern durch Verdickung." Alle Bindegewebsschichten des Muskels folgen dem Muskel bei der Kontraktion und auf diese Weise sollte die Kontraktionskraft durch das interstitielle Bindegewebe des Muskels vermittelt werden.

Dieses Raisonnement würde unter der Voraussetzung als zufriedenstellend angesehen werden können, teils daß alle Querschnitte der Muskelfaser sich immer gleichzeitig im Kontraktionsstadium befänden, d. h. daß die Kontraktionswelle immer bedeutend länger wäre als die einzelne Muskelfaser, teils auch, daß die Muskelfaser gleichmäßig dick, von prismatischer oder Stabform wäre. Nur falls diese Voraussetzungen beide gleichzeitig vorlägen, würde diese zuletzt von PETERSEN abgegebene Erklärung als zufriedenstellend erachtet werden können. Die Gründe für diese Behauptung sind folgende.

Die Maschen in dem von PETERSEN angenommenen Strumpfe sind dehnbar, d. h. einerseits können sie sich in der Längsrichtung des Muskels, andererseits in dessen Querumfang ausdehnen. Nur wenn alle Maschen gleichzeitig in der Querrichtung der Faser gedehnt und in der Längsrichtung verkürzt wären, würde ein wirklicher Zug im Bindegewebe am Ende der Muskelfaser zustande kommen. Ist aber die Kontraktionswelle bedeutend kürzer als die Muskelfaser, wird die Folge der von PETERSEN vermuteten Anordnung zwar, daß sich die Maschen innerhalb des Kontraktionsgebietes in der Längsrichtung verkürzen und in der Querrichtung dehnen. In den anderen, nicht kontrahierten Teilen der Muskelfasern aber hindert nichts, daß sich die Maschen der Länge nach ausdehnen. Dies muß besonders der Fall werden, wenn eine Kraft der Verkürzung entgegenarbeitet. Die nicht kontrahierte Muskelfaser ist ja bedeutend dehnbar. Aus an meinem Institute angestellten Untersuchungen geht aber mit jeglicher nur wünschenswerten Deutlichkeit hervor, daß sich die einzelne Kontraktionswelle, wenigstens bei *Meerschweinchen*muskeln, nur über 25—50 Muskelfächer erstrecken kann. Unter diesen Umständen ist es, meines Erachtens nach, ziemlich unwahrscheinlich, daß eine rein lokale Verdickung der Muskelfaser eine Bedeutung für den Zug in den Sehnen haben solle.

Die Form der Muskelfaser ist ebenfalls von großer Bedeutung in diesem Zusammenhang. Wie bereits oben hervorgehoben wurde, ist die quergestreifte Muskelfaser in der Regel spindel- oder peitschenschnurförmig. Demzufolge wird die Verdickung der Muskelfaser in den verschiedenen Teilen der Faser höchst verschiedenartig. Befindet sich die Kontraktionswelle in einem dicken Teile der Faser, wird die Verdickung bedeutend stärker, als wenn sie einen schmalen Teil trifft. Sie ist nämlich proportional gegenüber dem Quadrate des Diameters. Wäre nun die Verdickung der Muskelfaser das für die Funktion Wesentliche, so würde daraus notgedrungen folgen, daß das Maß der Zusammenziehung, je nachdem die Kontraktionswelle durch die Muskelfaser zieht, höchst bedeutend wechseln würde. Es scheint mir daher wenig wahrscheinlich, daß der Mechanismus für die Überführung der Muskelkraft derjenige sein dürfte, welchen PETERSEN zuletzt verfochten hat, ein Gedankengang, dem übrigens auch SOBOTTA, sowie viele frühere Verfasser beizustimmen geneigt scheinen.

Woran wir festhalten müssen — das habe ich schon früher betont und in dieser Beziehung stimmt PETERSEN mit mir überein — ist, daß die Kraftüberführung in der ganzen Länge der Muskelfaser vor sich geht[1]. Den Mechanismus hierfür werde ich unten genauer besprechen. Die Übertragung kann nicht nur an den Enden der Muskelfaser geschehen, denn dann würde die Strecke, welche zwischen den Enden und der Kontraktionswelle liegt, resp. das was zwischen zwei gleichzeitigen Kontraktionswellen liegt, einer Dehnung ausgesetzt sein. Durch diese würde ein bedeutender Kraftverlust entstehen und es ist in höchstem Grade unwahrscheinlich, daß ein so starker Zug auf die Sehne würde ausgeübt werden können, damit ein nennenswerter Widerstand dürfte überwunden werden können.

Auch für die Frage der Fibrillenkontinuität ist die Form der Muskelfaser von ausschlaggebender Bedeutung. Wie ich S. 129 hervorgehoben habe, können wir uns nicht alle Myofibrillen innerhalb einer Muskelfaser gleich lang denken. Stellen wir uns da auf den Standpunkt, daß die Fibrillen in kollagene Fibrillen übergehen (Abb. 136), müssen wir auch annehmen, daß dieselben längs der konischen Seitenflächen der Muskelfaser perforieren. Diese Myofibrillen haben eine Länge, die nur einen größeren oder geringeren Bruchteil der längsten ausmacht. In Schema habe ich zwei Myofibrillen A B und a b eingezeichnet, von welchen die letztere nur $1/4$ so lang ist wie die erstere. Nehmen wir nun an, daß sich die Muskelfaser um $50^0/_0$ verkürzen kann, und daß sie 4 cm lang ist, so finden wir, daß a—b

---
[1] Schon TOLDT hat übrigens dasselbe hervorgehoben.

nur 1 cm ist und sich auf 0,5 cm verkürzen kann, im Gegensatz zu 2 cm der Muskelfaser. Die zu a—b gehörenden Sehnenfibrillen würden sich also 0,5 cm verschieben, während diejenigen von A B 2 cm verschoben werden. Wir würden also eine Beweglichkeit der Sehnenfibrillen unter sich voraussetzen müssen, welche sicher nicht existiert. Außerdem würde gegen Ende der Kontraktion die ganze Belastung nur auf die längsten Fibrillen einwirken, d. h. die Kontraktionskraft des Muskels würde auf einen Bruchteil gesunken sein. Das Absurde in diesem Resultat sollte eigentlich nicht betont zu werden brauchen. Aber das Räsonnement gilt nicht nur um die konischen, sondern auch um die spindelförmigen Muskelfasern, die verschiedene Verfasser beschrieben haben.

Wenn wir also daran festhalten, daß die von der Muskelfaser entwickelte Kraft von jedem Punkt ihrer Länge aus auf das Muskelbindegewebe übertragen werden kann, müssen wir uns daran erinnern, daß dieses Bindegewebe hauptsächlich Strukturen enthält, die geeignet sind, den Zug auf die Sehne zu übertragen. Die kräftigsten und wichtigsten kollagenen Strukturen verlaufen nämlich in der Zugrichtung der Muskelfaser. In der Querrichtung kommen

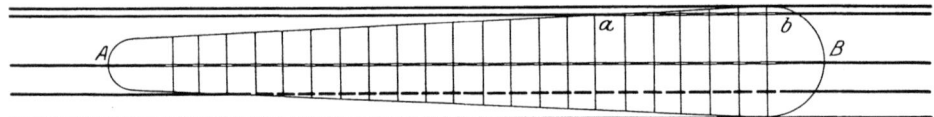

Abb. 136. Erklärung im Text.

nur lockerere und teilweise elastische Elemente vor, welche der durch die Kontraktion erfolgenden Verdickung wenig oder gar keinen Widerstand entgegenstellen. Jede Verkürzung in einem Teile der Muskelfaser erzeugt auf diese Weise einen Zug im Bindegewebe am Ende der Faser und, da die gleiche Anzahl Muskelfächer an der Kontraktionswelle, in welchem Teile der Muskelfaser dieselbe sich auch befinden mag, beteiligt ist, wird die gesamte Verkürzung während der ganzen Zeit, welche die Kontraktionswelle dauert, gleich groß. Die quer- oder schrägziehenden Fasern verursachen, daß der Zug aus den einzelnen Muskelfasern auf die ganze Sehne übertragen wird, falls diese gerundet ist oder mehr strangförmiges Aussehen hat. Zu diesem Umstande trägt auch die Verflechtung der Sehnenbündel bei. Anders gestaltet sich das Verhältnis, wenn flache, ausgebreitete Muskeln mittels abgeplatteter und ausgebreiteter Sehnen inserieren. In diesem Falle kann auf gewisse Teile der Sehne ein stärkerer Zug ausgeübt werden, während andere Gebiete weniger oder gar nicht daran beteiligt sind.

Wir kommen so zu der Frage, wie die vom Muskel entwickelte Zugkraft auf das interstitielle Muskelgewebe fortgepflanzt wird. Das kollagene Netz des Sarkolemmas hängt direkt mit den kollagenen Fascikeln des Endomysiums zusammen und durch dieses mit dem Perimysium. Diese Verbindungen des Sarkolemmas sind nicht auf einzelne Punkte lokalisiert, sondern kommen längs der ganzen Ausdehnung der Muskelfaser sowie auch an den Enden der Faser zustande. Soweit ist also die Sache leicht verständlich. Es dürfte auch hinsichtlich dieser Verbindungen zwischen den verschiedenen Verfassern auf diesem Gebiete Einigkeit bestehen. Einige z. B. STUDNIČKA und SOBOTTA möchten zwar geltend machen, daß das kollagene Netzwerk, das der Muskelfaser am nächsten liegt, nicht zum Sarkolemm, sondern zum perimysialen Bindegewebe gehört. Wenn ich auch nicht dieser Ansicht beipflichten kann, so ist die Meinungsverschiedenheit auf diesem Punkte in diesem Zusammenhange ohne Interesse.

Die eigentliche Schwierigkeit lag darin, zu erklären, wie die vom Muskelprotoplasma entwickelte Kraft auf das kollagene Netz des Sarkolemmas übertragen wird. Ist man mit PETERSEN der Ansicht, daß die Muskelfaser durch ihre Verdickung wirkt, dann löst sich diese Schwierigkeit von selbst. Wie ich oben betont habe, muß man aber, meines Erachtens nach, daran festhalten, daß es die Verkürzung der Muskelfaser ist, welche bei deren Tätigkeit von Bedeutung ist. Dies setzt jedoch eine tragkräftige Verbindung zwischen dem Inneren der Muskelfaser und den kollagenen Strukturen des Sarkolemmas voraus. Die einzigen Strukturen, welche hier in Frage kommen können, sind die Grundmembranen. Daß diese intim mit dem Sarkolemma zusammenhängen, dürfte nunmehr nach den Arbeiten von AMICI, E. HOLMGREN und HEIDENHAIN u. a. von den Muskelhistologen allgemein anerkannt sein. Sie sind auch infolge ihrer von mir zuerst nachgewiesenen, kollagenen Natur sehr wohl als kraftüberführende Struktur geeignet.

Wie zu erwarten war, stutzten viele Verfasser vor diesem Gedanken zurück, daß die seit alters her bekannten und beobachteten Strukturen, welche wir Grundmembranen nennen, kollagene Bildungen sein sollten, die sich innerhalb des Protoplasmas der Muskelfasern entwickelt haben. Ich sehe mich daher in diesem Zusammenhange gezwungen, eine Übersicht über die von mir für diese Annahme vorgebrachten Gründe anzuführen, um so mehr, als gewisse Verfasser (SOBOTTA, KREBS u. a.) unter Nichtbeachtung meiner Auslegungen hervorgehoben haben, daß ich nur die tinktoriellen Eigenschaften der Membranen als Stütze für meine Ansicht berücksichtigt hätte.

1. Die Grundmembranen werden mit verschiedenen „elektiven" Bindegewebsfärbungen (HANSENs, MALLORYs, TRAINAs, Blauschwarz B, Brillantschwarz 3 B und Vanadium-Hämatoxylin) wie Kollagen gefärbt.

2. Die Grundmembranen quellen in verdünnten Säuren, aber nicht in konzentrierten oder in Alkalien. In derselben Weise verhält sich Kollagen.

3. Die Grundmembranen werden nach Kochen in destilliertem Wasser aufgelöst und verschwinden. Auch Kollagen wird beim Kochen im Gegensatz zu den übrigen normalen, echten Eiweißstoffen und Albumoiden aufgelöst.

4. Nach längerer Alkoholbehandlung verliert das Kollagen die Fähigkeit, in Leim umgewandelt zu werden. Die Grundmembranen werden unter gleichen Verhältnissen nach stundenlangem Kochen nicht aufgelöst.

5. Chlor- und Jodkali verzögern nach MÖRNER den Übergang des Kollagens in Gelatin. Die Auslösung der Grundmembranen wird auf dieselbe Weise verzögert.

Hier sei noch hinzugefügt:

6. Kollagen ist in der Querrichtung der Fibrillen optisch doppelbrechend; so auch die Grundmembranen.

Dagegen wurde eingewendet, daß die Färbungen wenig beweisend sind. Es wäre wünschenswert, daß verschiedene Verfasser auch in anderen Beziehungen einen ähnlichen kritischen Standpunkt einnehmen. Betrachten wir da zuerst HANSENs Bindegewebsfärbung, so hat, soweit mir bekannt, nicht geltend gemacht werden können, daß dieselbe, sorgfältig ausgeführt, etwas anderes als Kollagen färbt, trotzdem wir heute eine Erfahrung besitzen, die sich über den dritten Teil eines Jahrhunderts erstreckt. Wenn auch die meisten der oben aufgezählten Farbstoffe sauer sind, kann dies doch nicht von Vanadium-Hämatoxylin behauptet werden. Verschiedenartige Farbstoffe färben also die Grundmembranen in derselben Weise wie Kollagen. Dies, muß man sagen, macht es wahrscheinlich, daß wir es hier mit einer kollagenen Struktur zu tun haben.

Diese Wahrscheinlichkeit wird dadurch bestärkt, daß sowohl das Verhalten bei Behandlung mit verdünnten Säuren als auch beim Kochen und anderen Reagenzien mit dem Verhalten des Kollagens übereinstimmt. Unter diesen Voraussetzungen dürfte mit vollem Recht behauptet werden können, daß es in hohem Grade wahrscheinlich ist, daß es sich hier um eine kollagene Struktur handelt. Wann ist übrigens die kollagene Natur einer histologischen Struktur sicherer bewiesen worden? Welche Gründe sprechen dagegen, daß die Grundmembranen aus kollagenen Netzen bestehen! Bisher ist bei der Diskussion, welche stattgefunden hat, nichts vorgebracht worden. Es ist ja doch keine Glaubensfrage, sondern ein wissenschaftliches Problem, das erörtert wird!

Ich muß demnach dabei bleiben, daß die Grundmembranen mit größter Wahrscheinlichkeit kollagene Netze sind. Sie sind zwischen den Muskelfächern angeordnet, welche, wie ENGELMANN schon hervorgehoben hat, als die physiologischen Muskelelemente zu betrachten sind, und sie müssen die Verschiebungen mitmachen, welche auf Formveränderungen der Muskelfächer folgen. Man dürfte sie mitquergestellten Sehnen für die funktionellen Muskelelemente vergleichen können. Sie stehen mit kollagenen Strukturen des Sarkolemmas, was eine einfache HANSEN-Färbung zeigt, in intimem Kontakt und mittels derselben mit dem Bindegewebe des Endo- und Perimysiums.

Abb. 137. Befestigung von einigen Muskelfasern aus dem M. rect. abd. des *Frosches* am Inscriptio tendinea. HANSENS Eisentrioxyhämatoxylin-Säurefuchsin-Pikrinsäuremethode. (Nach HÄGGQVIST 1920.)

Es sind also in erster Hand die Formveränderungen der Muskelfächer, welche auf dieses Bindegewebe übertragen werden. Die kollagenen Strukturen bilden demnach ein mechanisch tragkräftiges „Gerüstwerk" nicht nur rings um die einzelnen Muskelfasern, sondern dasselbe erstreckt sich auch in diese hinein und umschließt jedes Muskelfach. Die Kontinuität der Muskelfaser wird, wie ich Seite 142 nachgewiesen habe, von den Fibrillen aufrechterhalten, welche die Grundmembranen in ihrem Verlauf von Muskelfach nach Muskelfach perforieren.

Die Enden der Muskelfaser werden von dem interstitiellen Bindegewebe „kelchartig" umfaßt. In dieses strahlen auch kollagene Fasern aus dem Sarkolemma ein, wo dieses die Muskelfaserenden umschließt. Dieses ist also ebenfalls einigermaßen an der Kraftüberführung beteiligt, obzwar in keinem höheren Grade als jeder andere Teil in der Peripherie der Muskelfaser.

Das Bindegewebe, welches ein Faserende umschließt, kann entweder, wenn die Faser im Innern des Muskels endigt, in das interstitielle Bindegewebe übergehen, welches zwischen anderen, den Enden näherliegenden Muskelfasern vorkommt, oder auch in die Sehne am Ende des Muskels fortsetzen.

Die einzelnen Sehnenfasern nehmen im interstitiellen Bindegewebe des Muskels ihren Ursprung. Dieses verursacht auch die Entstehung von Endothenonium und Perithenonium usw.

Letztgenannte sind also keine Fortsetzung an entsprechenden Bildungen innerhalb des Muskels, sondern sie gehen zusammen mit den eigentlichen Sehnenfibrillen aus der Bindegewebsmasse des Muskels hervor.

4. Verbindung von Sehnen und Skeletteilen.

KÖLLIKER (1859) war der Ansicht, daß sich die Muskeln entweder direkt oder mittels einer Sehne an einen Knochen oder Knorpel ansetzen können. Im ersteren Falle erstrecken sie sich, ohne den Knochen resp. den Knorpel selbst zu erreichen, bis zum Periost resp. Perichondrium, wo sie zugespitzt endigen. Die Sehnen verbänden sich mit dem Knochen resp. dem Knorpel, entweder direkt oder indirekt durch Vermittlung des Periosts oder Perichondriums, deren gleichartige Elemente die Sehnenfasern, kontinuierlich in sie übergehend, verstärken. Bei direkter Verbindung mit dem Knochen näherten sich die Sehnenfasern im rechten oder schrägen Winkel dessen Oberfläche und nehmen ohne Beteiligung des Periosts an Erhöhungen oder Vertiefungen des Knochens ihren Ansatz. Das Periost soll an diesen Stellen vollständig fehlen. Oft enthielten Sehnen, wo sie sich an den Knochen ansetzen, Haufen von Knorpelzellen, oder auch inkrustierende Kalksalze.

RANVIER (1880) findet diese Darstellung in gewissen Beziehungen unrichtig. Er meint, daß die Zellen der Sehne, in der Nähe des Knorpels, an den sie sich inserieren, den Charakter von Knorpelzellen annehmen. In anderen Fällen wird die Sehne ossifiziert, und ihre Zellen nehmen dann den Charakter von Knochenzellen an. Übrigens handelt es sich nicht um eine einfache Juxtaposition von Sehne und Skeletstück, sondern die Verbindung ist intimer und solider. Untersucht man z. B. die Ansatzstelle der Achillessehne am Calcaneum bei einem Fetus auf Schnitten, die der Sehnenrichtung parallel angelegt wurden, in polarisiertem Licht, so sieht man, daß die Substanz der Sehne diejenige des Knorpels durchdringt, so daß eine sehr intime Verbindung zustande kommt. Die kollagenen Sehnenfasern falten sich sozusagen pinselartig auf und dringen tief in den Knorpel ein, wie die Haare einer Bürste, wenn diese in eine weiche Masse hineingedrückt wird. Die Knorpelstreifen verhalten sich in der entsprechenden Weise. Wenn die Verknöcherung fortschreitet, verwandeln sich die Zellen der Sehne in Knochenzellen, und die Sehnenfasern verkalken. Man findet sie im Knochen des Erwachsenen als SHARPEYsche Fasern, die den Knochen fast bis zu den Medullarräumen durchsetzen.

Zu dieser Schilderung von RANVIER ist nicht viel hinzuzufügen. Die kollagenen Elemente der Sehnen gehen kontinuierlich in die kollagene Substanz des Knorpels oder Knochens über. Wenn die Sehne sich an einem Knorpel ansetzt, kann man, beim Übergang, zwischen den Sehnenbündeln einzelne Chondrinbälle sehen. Die Sehnenbündel setzen sich in das Innere des Knorpels fort und werden allmählich ebenso wie die kollagene Substanz des Knorpels ganz von Chondrin durchtränkt, das sie maskiert. Wenn die Sehne in einen Knochen einstrahlt, wird sie in Bündel aufgefasert, die eine Strecke weit in das Innere des Knochens verfolgt werden können; sie sind dabei gar nicht oder nur schwach verkalkt und treten unter dem bekannten Bilde der SHARPEYschen Fasern im Knochen hervor. Zwischen den Bündeln ist die Verkalkung vollständiger, und das Sehnengewebe nimmt hier den Charakter von Knochen an. Eine Strecke nach innen von der Oberfläche verkalken die Sehnenbündel vollständig, und der Übergang in den Knochen wird so vollständig.

5. Verbindung von Sehnen mit Weichteilen.

Außer an Knorpel oder Knochen können sich Sehnen an fibröse Häute, Bänder und Gelenkkapseln ansetzen. In gewissen Fällen sind auch kurze Zwischensehnen, Inscriptiones tendineae, zwischen zwei Segmenten eines Muskels entwickelt. In diesen Fällen setzt sich das interstitielle Bindegewebe eines Muskelbauches in das entsprechende Bindegewebe eines anderen fort, wobei auch einander kreuzende Bindegewebsbündel auftreten. Da diese Bindegewebszüge enge mit kollagenen Netzen im Sarkolemma der einzelnen Muskelfasern zusammenhängen, kann die Zugkraft von dem einen Muskelbauch auf den anderen übertragen werden.

In fibröse Häute gehen die Sehnenfasern unmerklich über, ohne Änderung ihrer Kontinuität [KÖLLIKER (1859)]. An die Haut, besonders die des Gesichtes und des Halses, setzen sich zahlreiche Muskeln an. Die Muskelfasern können sich dabei in die tieferen Schichten des Strat. reticulare erstrecken, meist liegen sie aber im subcutanen Fettgewebe. Die einzelnen Sehnenfasern können ein Stück ins Corium hinein verfolgt werden, wo sie sich im filzartigen Bindegewebe verlieren. An Gelenkkapseln bilden die sich dort inserierenden Sehnen Verstärkungen, die sich ausbreiten und in das eigene Bindegewebe der Kapsel übergehen.

Literatur.

Alezais: (a) Le tendon d'Achille chez *l'homme*. C. r. Assoc. Anat. Montpellier **1902**, 86. (b) La torsion du tendon d'Achille chez *l'homme*. C. r. Soc. Biol. Paris. XI. s. 1, 728—729 (1899). — **Arai, H.:** Die Blutgefäße der Sehnen. Anat. H. 34, 363—382 (1907). — **Arnold:** (a) Anatomie des *Menschen*. Bd. 1. 1845. (b) Über die Abscheidung des indigschwefelsauren Natrons in Muskelgewebe. Virchows Arch. 71, 1—31 (1877). — **Bartels, P.:** Das Lymphgefäßsystem. Bardelebens Handb. d. Anat. des Menschen. Jena 1909. — **Batson, O. V.:** The functional attrition of tendons. Anat. Rec. (Abstr.) 38, 3—4 (1928). — **Batson, O. V.** und **M. M. Zimmiger:** Experimental production of annular ligaments. Anat. Rec. Ref. 27, 196 (1924). — **Baum, Hermann:** (a) Lymphgefäße der Muskeln und Sehnen der Schulterngliedmaßen des *Rindes*. Anat. H. 44, 625—657 (1911) (b) Die Lymphgefäße der Skeletmuskeln des *Hundes*, ihrer Sehnen und Sehnenscheiden. Ber. ü. tierärztl. Hochschule Dresden **1917**, 54 S. — **Beclard:** Elémens d'Anatomie générale. Bruxelles 1828. — **Benninghoff, Alfred:** Über die Formenreihe der glatten Muskulatur und die Bedeutung der ROUGETschen Zellen an den Capillaren. Z. Zellforschg 4, 125 (1927). — **Berkenbuch:** Die Blutversorgung der Beugesehnen der Finger. Nachr. Ges. Wiss. Göttingen, Math.-physik. Kl. **1887**. — **Bichat, X.:** Anatomie générale. Paris 1802. — **Chemin:** Deuxième série de recherches sur les gaines synoviales tendineuses du pied. J. méd. Bordeaux **1896**. — **Clara, Max:** Über die Kontinuität der Muskel- und Sehnenfibrillen. Z. mikrosk.-anat. Forsch 23, 321—334 (1931). — **Cornil et Ranvier:** Manuel d'histol. pathol. 1 Ed. **1869**, 438. — **Dammann, O.:** Vergleichende Untersuchungen über den Bau und die funktionelle Anpassung der Sehnen. Arch. Entw.mechan. 26, 349—372 (1908). — **Disselhorst:** Vergleichende Untersuchung über den Bau und die funktionelle Anpassung der Sehnen an den Extremitäten unserer Arbeits*tiere*. Arb. landw. Inst. Halle. 3 (1913). — **Djörup, Fr.:** Untersuchungen über die feinere topographische Verteilung der Arterien in den verschiedenen Schichten des *menschlichen* Magens. Z. Anat. 64 (1922). — **Drahn, Fr.:** Über den histologischen Bau der Gleitsehne des Musculus biceps brachii beim *Pferde*. Arch. mikrosk. Anat. 96, 39 (1922). — **Drasch:** Der Bau der Giftdrüsen des gefleckten *Salamanders*. Arch. f. Anat. **1894**. — **Faldino, G.:** Contributo allo studio dello sviluppo dei tendini. Chir. Org. Movim. 5, 51—96 (1921). — **Fick, A.:** (a) Statische Betrachtung der Muskulatur des Oberschenkels. Z. ration. Med. 9 (1849). (b) Über zweigelenkige Muskulatur. Arch. f. Anat. **1879**. (c) Gesammelte Schriften. Bd. 1, S. 415. Würzburg 1903. — **Fick, R.:** (a) Über die Fleischfaserlänge beim *Hund* und Bemerkungen über einige Gelenke des *Hundes*. Sitzber. preuß. Akad. Wiss., Physik.-math. Kl. 54 1018—1033 (1921). (b) Messungen und Betrachtungen über die Muskelfaserlänge bei Muskelschrumpfung. Wien. Arch. inn. Med. 10, 471—496 (1925). (c) Anatomische Untersuchungen an einigen der *Teneriffaschimpansen*, namentlich über die Gewichts- und Querschnittsverhältnisse der Muskeln. Sitzsber. preuß.Akad. Wiss., Physik.-math. Kl. 9, 162—197 (1925). — **Fohman:** Memoire sur les vaisseaux lymph. 1840, p. 28. — **Forssell, Gerh.:** Über die funktionelle Struktur der Sehnen. Z. Tiermed. 18, 467 (1915).

Grützner, P.: Die glatten Muskeln. Erg. Physiol. 3 (1904).
Häggqvist, G.: (a) Über die Entwicklung der quergestreiften Myofibrillen beim *Frosche*. Anat. Anz. 52 (1920). (b) Die Natur und Bedeutung der Muskelgrundmembranen. Verh. anat. Ges. Jena 1920, 71—76. (c) Über die Entwicklung und die Verbindung des Sarkolemms. Anat. Anz. 53 (1920). (d) Wie überträgt sich die Zugkraft der Muskeln auf die Sehnen? Anat. Anz. 53, 273—301 (1920). (e) Über den Zusammenhang von Muskel und Sehne. Z. mikrosk.-anat. Forschg 4, 605—634 (1926). — **Haller, Albert von:** (a) Elementa physiologiae corporis humani. Lans. 1757—66. (b) De partium corporis humani fabrica et functionibus. Bernae 1777. — **Hauck, G.:** Ein Beitrag zur Anatomie und Physiologie der Finger- und Handgelenksehnenscheiden. Arch. klin. Chir. 136, 150—160 (1925). — **Heidenhain, L.:** Über die Ursachen der lokalen Krebsrezidive nach Amputatio mammae. Arch. klin. Chir. 39, 97—166 (1889). — **Heidenhain, M.:** (a) Struktur der contractilen Materie. Erg. Anat. 8 (1893). (b) Struktur der contractilen Materie. 2. Abschnitt. Erg. Anat. 10 (1900). (c) Plasma und Zelle, II. Lief. Jena 1911. — **Henneberg, B.:** Das Bindegewebe in der glatten Muskulatur und die sog. Intercellularbrücken. Anat. H. 14 (1900). — **Herbst:** Das Lymphgefäßsystem. Göttingen 1844. — **Herpin, A.:** Note sur l'aponevrose du grand dorsal. Bibliogr. anat. 13, 25—29 (1904). — **Hoggan, G. et Fr. E.:** (a) Note sur les lymphatiques des muscles striés. Gaz. méd. Paris 1879, 350. (b) Etude sur les lymphatiques des muscles striés. J. Anat. et Physiol. 15 584—611 (1879). — **Holmgren, E.:** Zur Kenntnis der zylindrischen Epithelzellen. Arch. mikrosk. Anat. 65 (1905). — **Howe, Lucien:** The Muscle of the Eye. London 1907.

Kaneko, Iro: Über die Beziehung von Muskel und Sehne. Jap. J. Sc. Abstr. 2 (1925). — **v. Kölliker, A.:** (a) Beiträge zur Kenntnis der glatten Muskeln. Z. Zool. 1 (1849). (b) Mikroskopische Anatomie. Bd. 2, 1852. (c) Handbuch der Gewebelehre. 2. Aufl., 1855. (d) Handbuch der Gewebelehre. 5. Aufl., 1867. — **Kotchy:** Über die Anatomie der Sehnenscheiden. Mitt. Ver. Ärzte Steiermark. 19. Verslg 1892, 20—25. — **Krause, W.:** Allg. mikrosk. Anat. 1876, S. 96.

Lazarenko, Th.: Sur le rapport du muscle strié et du tendon et de la structure du sarcolemme. Bull. Inst. biol. Perm. 1, 19—27 (1922). — **Lindhard, J.:** On the structure of some muscles in the Frog. Physiol. Papers Krozh. Kopenhagen 1926. — **Lotze:** Untersuchungen über die Beugesehne am Fuße des *Pferdes*. Inaug.-Diss. Leipzig 1911. — **Lucien, M.:** (a) Sur le développement des coulisses fibreuses des gaînes synoviales et des aponévroses du poignet et de la main. Nancy 1907. (b) Développement des coulisses fibreuses et des gaînes synoviales annexées aux tendons de la region anteriure du cou-de-pied. Bibliogr. anat. 18, 53—61 (1908). (c) Développement des coulisses fibreuses et des gaînes synoviales annexées aux péroniers latéraux. Bibliogr. anat. 17, 289—298 (1908). — (d) Les gaînes synoviales carpiennes des fléchisseures des doigts chez *l'homme*. Les premières ebanches embryonaires-leur constitution définitive. Bibliogr. anat. 20, 70—79 (1910). — **Ludwig, C. und Schweigger-Seidel, F.:** Die Lymphgefäße der Fascien und Sehnen. Leipzig: S. Hirzel 1872.

Mc Gill, C.: (a) The structure of smooth muscle of the intestine in the contracted condition. Anat. Anz. 30 (1907). (b) The histogenesis of smooth muscle in the alimentary canal and respiratory tract of the pig. Internat. Mschr. Anat. u. Physiol. 24 (1907). (c) The structure of smooth muscle in the resting and in the contracted condition. Amer. J. Anat. 9 (1908). (d) Fibroglia fibrils in the intestinal wall of Necturus and their relation to myofibrils. Internat. Mschr. Anat. u. Physiol. 25 (1908). — **Malinowsky, J. S.:** (a) Die Synovialscheiden des Handrückens. Vorl. Mitt. Russk. Wratsch. 11, 616 (1912). (b) Die Synovialscheiden des Handrückens bei Erwachsenen und Kindern. Učen. Zap. Imp. Kasankajo Univ. 1913. — **Mollison:** Die Körperproportionen der *Primaten*. Habilschr. Zürich. Leipzig 1910.

Obersteiner: Über Entwicklung und Wachstum der Sehnen. Sitzgsber. ksl. Akad. Wiss. II 56 (1867). — **Oelsner, L.:** Anatomische Untersuchungen über die Lymphwege der Brust mit Bezug auf die Ausbreitung der Mammacarcinoms. Med. Diss. Breslau; Arch. klin. Chir. 64, 134—158 (1901). — **Olsovsky, Ot.:** Příspêvek literarné historický k otasze spojené, svalu se slachon. Biol. Listy (tschech.) 10, 89—92 (1924).

Parsons, F. G.: On the Morphology of the Tende-Achilles. J. Anat. a. Physiol. 5, 28, Teil 4, 414—418 (1894). — **Peterfi, T.:** Untersuchungen über die Beziehungen der Myofibrillen zu den Sehnenfibrillen. Arch. mikrosk. Anat. 83 (1913).

Ranvier, L.: (a) Traité technique d'histologie. Paris 1875. (b) Lecons d'Anatomie génerale sur le Système musculaire. Paris 1880. (c) Les éléments et les tissus du système conjonctive. Leçons, faites au Collège de France. J. Microgr. 1889, 1890, 1891. — **Rau, Erich:** Die Gefäßversorgung der Sehnen. Anat. H. 50, 677—693 (1914). — **Recklinghausen, G. v.:** Lymphgefäßsystem. Strickers Handbuch der Gewebelehre, 1871. — **Rehns, Jules:** Contribution à l'étude des muscles priviligiés quant à l'oxygène disponible. Arch. internat. Pharmacodynamie 8, 203—205 (1901). — **Renaut:** Traité d'histologie pratique.

Tome 1. 1888. — **Renyi, G. v.:** Gibt es einen unmittelbaren Zusammenhang zwischen Muskel- und Sehnenfibrillen während der Entwicklung der Muskelfaser? Anat. Anz. **58**, 339 (1924). — **Retterer, Ed.:** (a) Sur le développement des cavités closes tendineuses et des bourses muqueuses. C. r. Soc. Biol. Paris. X. s. **2**, 70—73 (1895). (b) Sur le développement morphologique et histologique des bourses muqueuses et des cavités peritendineuses. J. l'Anat. **32**, 256—300 (1896). — **Rollet, A.:** Über freie Enden quergestreifter Muskelfäden im Innern der Muskeln. Sitzgsber. Akad. Wiss. Wien 1856. — **Rouget, Charles:** (a) Mémoire sur les tissus contractiles et la contractilité. J. de Physiol. Publ. par Brown-Séquard. Tome 6, 1863. (b) Mémoire sur le développement, la structure et les propriétés physiologiques des capillaires sanguins et lymphatiques. Arch. Physiol. norm. et Path. **5** (1873). (c) Note sur le développement de la tunique contractile des vaisseaux. C. r. Acad. Sci. Paris **79** (1874). (d) Sur la contractilité des capillaire sanguins. C. r. Acad. Sci. Paris **88** (1879). — **Roux, W.:** Über die Selbstregulation der morphologischen Länge der Skeletmuskeln. Jena. Z. Naturwiss. XVI. N. F. 9 (1883).

Sappey: (a) Anatomie, Physiologie et Pathologie des vaisseaux lymphatique. Paris 1874. (b) Description et iconographie des vaisseaux lymphatiques, considérés chez *l'homme* et les *vertébrés*. Paris 1885. (c) Recherches sur les vaisseaux et les nerves des parties et vibreuses et fibrocartilagineuses. C. r. Acad. Sci. Paris **62**, 1116 (1866). — **Schaffer, Josef:** (a) Zur Kenntnis der glatten Muskelzellen, insbesondere ihrer Verbindung. Z. wiss. Zool. **66**, 214—268 (1899). (b) Über Knorpelbildung an den Beugesehnen der *Vögel*. Zbl. Physiol. **16**, 118—120 (1902). (c) Elastische Sehnen bei *Säugetieren*. Verh. anat. Ges. Anat.Anz. **60**, 283 (1925), Erg.-H. — **Schiefferdecker, P.:** (a) Weitere Ergebnisse meiner Untersuchungen an Muskeln. Sitzgsber. niederrhein. Ges. Natur- u. Heilk. Bonn 1903, 1—3 u. 12—19. (b) Beiträge zur Kenntnis der Myotonia congenita, der Tetanie mit myotonischen Symptomen, der Paralysis agitans und einiger anderer Muskelkrankheiten, zur Kenntnis der Aktivitätshypertrophie und des normalen Muskelbaues. Dtsch. Z. Nervenheilk. **25**, 1—345 (1903). (c) Nerven- und Muskelfibrillen, das Neuron und den Zusammenhang der Neuronen. Sitzgsber. niederrhein. Ges. Natur- u. Heilk. Bonn **1904**, 1—4. (d) Beiträge zur Kenntnis der Myotonia congenita, der Tetanie mit myotonischen Symptomen, der Paralysis agitans und einiger anderer Muskelkrankheiten, zur Kenntnis der Aktivitätshypertrophie des normalen Muskelbaues. Dtsch. Z. Nervenheilk. **25**, 27—245 (1904). (e) Eine Eigentümlichkeit im Baue der Augenmuskeln. Sitzgsber. niederrhein. Ges. Natur- u. Heilk. **1904**, 1—4. (f) Über die Lidmuskulatur des *Menschen*. Sitzgsber. niederrhein. Ges. Natur- u. Heilk. Bonn **1905**, 1—3. (g) Muskeln und Muskelkerne. Leipzig: Joh. Ambr. Barth 1909. 317 S. (h) Untersuchungen über die Rumpfmuskulatur von Petromyzon fluviatilis in bezug auf ihren Bau und ihre Kernverhältnisse, über Muskelfaser als solche und über das Sarkolemm. Arch. mikrosk. Anat. **78**, 422—495 (1911). (i) Untersuchungen über den feineren Bau und die Kernverhältnisse des Zwerchfelles in Beziehung zu seiner Funktion, sowie über das Bindegewebe der Muskeln. Pflügers Arch. **139**, 337—427 (1911). (k) Untersuchungen einer Anzahl von Muskeln von Rana esculenta in bezug auf ihren Bau und ihre Kernverhältnisse. Pflügers Arch. **140**, 363—435 (1911). (l) Untersuchung einer Anzahl von Muskeln von *Vögeln* in bezug auf ihren Bau und ihre Kernverhältnisse. Pflügers Arch. **150**, 487—548 (1913). (m) Untersuchung einer Anzahl von Kaumuskeln des *Menschen* und einiger *Säugetiere* in bezug auf ihren Bau und ihre Kernverhältnisse nebst einer Korrektur meiner Herzarbeit (1916). Pflügers Arch. **173**, 265—384 (1919). (n) Über die Differenzierung der *tierischen* Kaumuskeln zu *menschlichen* Sprachmuskeln. Biol. Zbl. **39**, 421—432 (1919). — **Schields, R. T.:** On the development of tendon sheaths. Contrib. to Embryol. **73**, 55—61 (1924). — **Schmidt, V.:** Die Frage über den Übergang der Muskelfasern in die Sehne und die Histogenese der Muskelfasern. Bull. Inst. rech. biol. et Station biol. Univ. Perm. **4**, 85—101 (1925). — **Schmidtchen, Paul:** Die Sehnenscheiden und Schleimbeutel der Gliedermaßen des *Rindes*. Diss. med. Gießen 1906. — **Schultze, O.:** (a) Sitzgsber. physik.-med. Ges. Würzburg 1910. (b) Über den direkten Zusammenhang von Muskelfibrillen und Sehnenfibrillen. Arch. mikrosk. Anat. **79** (1912). (c) Zur Kontinuität von Muskelfibrillen und Sehnenfibrillen. Anat. Anz. **44**, 477 (1913). — **Schwalbe, G.:** (a) Mem. obliqui oculi. Lehrbuch Anat. Sinnesorgane; Hoffmanns Lehrb. Anat. Mensch. S. 233—234. Erlangen 1887. (b) Graefe-Saemisch's Handb. ges. Augenheilkunde. 1. Aufl. Bd. 1, 1874. — **Sobotta, J.:** Über den Zusammenhang von Muskel und Sehne. Z. mikrosk-anat. Forschg **1**, H. 2 (1924). — **Spalteholz:** Die Verteilung der Blutgefäße im Muskel. Abh. sächs. Ges. Wiss., Phys.-math. Kl. 509—528 (1888). — **Srdinko, Otakar, V.:** (a) Zur Histologie der *menschlichen* Sehne. Vestn. král, ceské spolec. nank. Prag 1916. (b) Über die funktionelle Struktur der Sehnen des M. peronaei longi und M. tibial. post. beim *Menschen*. Lekarské Rozhledy. Prag 1916. (c) Über die funktionelle Architektur der *menschlichen* Sehnen an den Biegungsstellen. Rozpr. Akad. **101**, 2 (1917). (d) Sur l'histologie du tissu tendieux dans les fle xures. Bull. internat. Acad. Soc. Bohême **1922**. — **Strasser, H.:** Zur Kenntnis der funktionellen Auffassung der quergestreiften Muskeln. Stuttgart: Ferdinand Enke 1883. — **Studnička, F. K.:** (a) Die lateralen Rumpfmuskeln von *Amphioxus*. Anat. H. **58** (1920).

(b) Svalova vlakua a pojivovéfibrily. Biol. Listy (tschech.) 8 (1922); Anat. Ber. 1, 365. (c) Muskelfasern und Bindegewebsfibrillen. Anat. Anz. 57 (1924). — **Sutton, J. Bl.**: Ligaments, their nature and morphology. Ed. 3. London: Lewis 1902.
Teichmann: Das Saugadersystem, vom anatomischen Standpunkte aus bearbeitet. S. 124. Leipzig 1861. — **Thürler**: Studien über die Funktion des fibrösen Gewebes. Inaug.-Diss. Zürich 1884. — **Tichonow**: Die Blutgefäße der langen Sehnen an der volaren Fläche des Vorderarmes und der Hand. Russk. chir. Arch. 18, 850—874 (1902). — **Toldt, C.**: Lehrbuch der Gewebelehre. Stuttgart 1877. — **Triepel**: Über das Verhältnis zwischen Muskel- und Sehnenquerschnitt. Verh. anat. Ges. 16. Verslg Halle 1902, 131—136. — **Triepel, H.**: (a) Einführung in die physikalische Anatomie, III. Teil: Die trajektoriellen Strukturen. Wiesbaden 1902. (b) Der Querschnittsquotient des Muskels und seine biologische Bedeutung. Anat. H. 22, 249—305 (1903). (c) Darwinismus und Lamarckismus, der Querschnittsquotient der Muskeln. Anat. Anz. 56, 181—202 (1922).
Weber, Eduard: Abh. sächs. Ges. Wiss., math.-physik. Kl. 1851. — **Wehner, Ernst**: Experimentelles zur Sehnenregeneration. Münch. med. Wschr. 69, 1710 (1922). — **Winslow, J. B.**: Exposition Anatomique de la structure du corps humain. Paris 1732. — **Wollenberg, G. A.**: Die Arterienversorgung von Muskeln und Sehnen. Z. orthop. Chir. 14, 312 bis 331 (1905). — **Worobjeff, W. P.**: Die Blutgefäße der Fußsehnen. Sapiski Charkow. Univ. Charkow 1908.

Namenverzeichnis.

Die *kursiven* Zahlen weisen auf das Literaturverzeichnis hin.

AAGAARD, O. C. und H. C. HALL *104*.
ACHUCARRO und CALANDRE 84, *100*.
ACKERKNECHT, E. *100*.
AEBY 50, 52, 96, *100*, *104*, 126.
AGDUHR *104*, 153.
AIME, P. *100*.
ALEZAIS 215, *234*.
AMICI 58, 110, 111, 139, 141, 147, 176, 231.
AMORIN 56, *100*.
ANGLAS 176.
APATHY 22, *45*, 120, 123, 124, 137, 141, 176.
ARAI 219, *234*.
ARNOLD 1, 25, 49, 56, 57, 58, 98, 106, 107, 128, 137, 194, 203, 206, 224, 226, *234*.
— F. *100*, *176*.
— J. *45*, *101*, *104*, *176*.
ASAI 147.
ASCHOFF, L. *104*.
ASPER 176.
ATHANASIU und DRAGOIU 84, *101*, 147, *176*.
— J., J. DRAGOIU et G. CHINEA *45*.
AUBERT *176*.
AUTENRIETH 106.

BABES, V. *101*.
BALDWIN 124, 227.
BALLI, RUGGERO *45*.
BALLOWITZ, E. *176*.
BANKS s. JORDAN 97, *102*.
BARDEEN 122, 126, 176, 197, 199.
BARFURTH 4, 16, 35, 38, *45*, 174, 175, *177*.
BARRY *177*.
BARTELS, P. *234*.
BATAILLON 175, *177*.
BATSON, O. V. 218, *234*.
— — und M. M. ZIMMIGER *234*.
BAUER s. HOME *179*.
— und HORE 106.
BAUM, HERMANN 208, *234*.
BECCARI, NELLO *45*.
BECLARD 106, *177*, 203, 206, *234*.
BENDA 5, 23, 24, *45*.
BENNINGHOFF, ALFRED 30, *45*, 184, 187, 188, 195, *234*.

BERBLINGER, W. *101*.
BERKENBUCH 219, *234*.
BERLIN, W. *177*.
BERNER 8, 12.
— s. HOLTH 40, *46*.
BERNSTEIN 81.
BERRES, J. *177*.
BETHE 31, *45*.
BICHAT, X. 1, *45*, 48, 106, 115, *177*, 203, 206, *234*.
BIEDERMANN *45*, *177*.
BISIADECKI 126, 127, 196.
BLANCHARD *177*.
BLIX 80, *101*, 150.
BOECK 107, *177*.
BÖTTCHER, A. *177*.
BOHEMANN, H. *45*.
BOIS-REYMOND, DU s. DU BOIS-REYMOND.
BORN 167.
BOUIN 227.
BOWMAN 58, 107, 108, 110, 125, 147, *177*, 223.
BRÄUNIG *104*.
BRANCHARD 119.
BREMER 167, *177*.
BROWICZ 51, *101*.
BRÜCK 124, *177*.
BRÜCKE 3, 110, 112, 120, 139, 141, *177*.
BRUNO 52, 61, 63, 74, *101*.
BRUNS 224, 226.
BRUYNE 20, *45*.
BUDGE, J. *177*.
BÜTSCHLI *45*.
— und SCHEWIAKOFF 120, 137, *177*.
BULLARD *101*, *104*, 124, 137, *177*.
BURIAN, FRANZ *101*, *104*.
BUSACHI 4, 16, 38, *45*.

CAJAL, RAMON Y s. RAMON Y CAJAL.
CALANDRE s. ACHUCARRO 84, *100*.
CALBERLA 167.
CALDERARA 167, *177*.
CARNOY, J. B. *177*.
CHEMIN *234*.
CHIARUGI 51, 88, *101*.
CHINEA, G. s. ATHANASIU, J. *45*.
CHLOPKOW 52, 61, *101*.

CLARA, MAX *177*, 228, *234*.
COHN, A. E. *104*.
COHNHEIM 111, 112, *177*.
CORNIL und RANVIER 222, *234*.
CURRAN, E. J. *104*.

DAMMANN, O. 215, 216, 218, *234*.
DANILEWSKY 116.
— s. SCHIPILOFF 146, *182*.
DANINI, F. *101*.
DEITERS 147, 167.
DE WITT s. WITT, DE.
DIEM, FRANZ *45*.
DIETRICH, A. *101*.
DJÖRUP, FR. 194, *234*.
DISSELHORST *234*.
DOBIE 109, 135, 139, 140, 141, 144, *177*.
DÖNITZ 113, 140, *177*.
DONDERS, F. C. *101*.
DOUGALL, W. M' s. M'DOUGALL, W.
DRAGOIU s. ATHANASIU *45*, 84, *101*, 147, *176*.
DRAHN, FR. 217, *234*.
DRASCH 4, 16, 34, 36, 37, *45*, 189, *234*.
DU BOIS-REYMOND 30, 31, *45*, 121, 150.
DUBREUIL, G. *45*.
— — s. RENAUT, J. *47*.
DUESBERG 168, 169.
DUMAS 106.
— s. PREVOST 33, *47*, *181*.
DURAND, A. *101*.
DWIGHT 115, *177*.

EBERTH 51, 52, 68, *101*, *177*.
EBNER, v. 17, 51, 52, 53, 58, 61, 63, 64, 66, 67, 68, 69, 70, 72, 73, 75, 76, 81, 82, 84, *101*, 116, 121, 137, 138, 141, 142, 143, 145, 146, 162, 164, *177*.
ECKHARD *101*, 147.
EDWARDS 106.
EHRENBERG 225.
EINER 225.
EMBDEN 80, 125, 152, 162.
EMMEL 226.
ENDERLEIN 141.

Namenverzeichnis.

ENGELMANN 3, 4, 21, 23, 24, 45, 70, 113, 114, 115, 116, 118, 120, 121, 136, 141, 144, 146, 150, 153, 164, *177*, 232.
ERLANGER, J. *104*.

FABER 8, 12.
FAHR 97, 100, *104*.
FALDINO, G. 222, *234*.
FAVRE s. REGAUD 138.
FEDELE, MARCO *101*.
FELIX 125, 126, 127, 174, *178*.
FENN 31, *45*.
FERRARI s. MARCHESINI 41, *47*.
FICINUS, H. R. *178*.
FICK 198, 225, 226, *234*.
— R. *178*, *234*.
FISCHERA *178*.
FLACK, M. W. s. KEITH, A. *104*.
FLEMMING *45*, 51, *101*.
FLETCHER und HOPKINS 151.
FLÖGEL 113, 123, 136, 140, 141, 143, 144, 146, *178*.
FOHMANN 206, *234*.
FOL 119, *178*.
FONTANA 106, 111, 129, *178*, 223, 226.
FORSMARK 3, 6, 8, 9, 10, 11, 12, 13, 14, 15, 39, 40, 41, *45*.
FORSSELL, GERH. *46*, 215, *234*.
FORSTER, E. *101*.
FRANK, A. *104*.
FRANKENHÄUSER 21, *46*.
FRAZER, J. E. *46*.
FREDERICO 144.
FREDERICQ *46*, 115, *178*.
FRISH 96, *104*.
FRORIEP 115, 125, 147, *178*, 197, 226, 227.
FÜRTH, v. 36, *46*.
FUSARI *178*.

GALIANO 52, 76, *101*.
GARNIER 5, 16, *46*.
GASTALDI 50, *101*.
GEGENBAUER 96, *104*.
GEHUCHTEN, VAN 118, 119, 120, 128, 136, 141, *178*.
GERBER 223.
GERLACH, J. *178*.
GIBSON, A. G. *101*.
GIERKE *178*.
GILMAN, P. K. *178*.
GLASER 53, *101*.
GLEISS 148.
GLÜCKSTHAL, G. *178*.
GODLEWSKI 86, 87, 88, *101*, 122, 167, 168, *178*.
— s. HOYER 52.
GÖTTE 167.

GOLDENBERG, B. *101*.
GOLGI 225.
GORRIZ, M. *178*.
GRIESMANN 147.
GRIMM, O. A. 21.
GROYER, FR. *178*.
GRÜNHAGEN 9.
GRÜTZNER, P. 32, *46*, 148, *178*, 194, 195, *235*.
GRUNERT 8, 9, 12.
GRUNMACH *178*.
GRYNFELTT 3, 8, 9, 10, 11, 40, *46*.
GÜNTER 223.
GUIEYSSE, A. *178*.
GUTH 31, *46*.
GUTHERZ 123, 178.

HAECKEL, E. *178*.
HÄGGQVIST 83, 129, 130, 142, 144, 147, 168, 173, *178*, 228, *235*.
HALBAN 125, *179*.
HALL, H. C. s. AAGAARD, O. C. *104*.
HALLER, ALBERT V. 203, 206, *235*.
HAMPELN 9.
HANNOVER, A. *179*.
HANSEN 21, 25, 44, 126, 197.
HARRISON, ROSS. *179*.
HASWELL, W. A. *179*.
HAUCK 122, 125, *179*, 221, *235*.
HAYCRAFT, J. B. *179*.
HEERFORDT 3, 8, 9, 10, 40, *46*.
HEIDENHAIN 4, 5, 8, 17, 19, 20, 21, 23, 24, 25, 26, 27, 30, 34, 35, 38, 52, 53, 54, 56, 57, 58, 60, 61, 63, 64, 65, 66, 68, 69, 70, 71, 72, 73, 74, 75, 77, 87, 88, 97, 116, 121, 123, 124, 130, 131, 132, 133, 134, 135, 137, 140, 143, 144, 146, 150, 153, 163, 168, 169, 170, 171, 172, 173, 190.
— L. 208, *235*.
— M. 5, 14, 16, 21, 22, 23, 37, *46*, 51, 58, 76, 82, 86, *102*, 122, 131, *179*, 192, 193, 231, *235*.
— R. 34, 36, 37, *46*.
HEIDERICH 35, 36, 37, *46*.
HELD 226.
HELLER 194.
HENLE 2, 3, 9, 10, 96, *104*, 136, *179*, 220.
HENNEBERG, B. 28, 30, 35, 37, 44, *46*, 189, 191, *235*.
HENSEN 112, 113, 140, 144, *179*.
HEPPNER 112, *179*.
HERBST 207, *235*.
HERMANN, L. *179*.

HERPIN, A. *235*.
HERTWIG, O., und R. HERTWIG 9.
— R. s. HERTWIG, O. 9.
HERTZ 41, *46*.
HERWEDEN, VAN 124, 227, 228.
HERZIG 110, 127, *179*, 196.
— s. WEBER 126.
HERZOG 4, 40, 41, *46*.
HESSE *46*.
HESSLING, V. 96, *104*.
HEUBNER, W. *102*.
HEYNOLD 6.
HILL 80, 125, 150, 151, 162.
— A. V., und O. MEYERHOF *179*.
HOCHE 51, 52, 60, 61, 72, 80, 84, *102*.
HODGKIN and LISTER *179*.
HOEHL *46*, *102*, 189.
HOFFMANN, PAUL *102*.
HOFMANN 96, *104*.
HOGGAN, F. E. 207.
— G. und F. E. *235*.
HOLL, M. *104*.
HOLMGREN 17, *46*, 52, 57, 59, 60, 66, 67, 68, 78, 80, 81, *102*, 113, 123, 124, 127, 128, 129, 132, 137, 138, 140, 141, 143, 145, 153, 154, 157, 158, 162, 163, 164, 167, *179*, 190, 231, *235*.
HOLST, L. v. *179*.
HOLTH und BERNER 40, *46*.
HOME *46*, 106.
— and BAUER *179*.
HOME s. BAUER 106.
HOOKE, R. 105, *179*.
HOPKINS s. FLETCHER 151.
HOWE, LUCIEN *235*.
HOYER 51, 87, 96, *102*, *104*.
— und GODLEWSKI 52.
HÜRTHLE 81, 123, 132, *179*.
— K. und K. WACHHOLDER *102*.
HÜTTENBRENNER 9, 12.
HUNTER, J. *179*.
HUXLEY 127.

JAHN, A. s. WELCKER, H. *183*.
JANSEN, MURK *179*.
JARRISCH, E. *46*.
JEROPHEEFF 9.
JOHNSTONE, PAUL N. *104*.
— — — und F. H. WAKEFIELD *104*.
JONES 108, 109, 110, 146, *179*.
JORDAN *102*, 106, 124, *179*.
— und BANKS 97, *102*.
— H. E., and K. B. STEELE *102*.
JOSUE, O. *104*.
JULER 9, 12.

KALBERMATTEN, J. DE *46*.
KAMMERMANN, WERNER *104*.
KANEKO, IRO *235*.
KAUFMANN 115, *179*.
KAZAKOFF, W. *46*.
KEFERSTEIN, W. *179*.
KEITH, A., und M. W. FLACK *104*.
KENT, S. *104*.
KILIAN *46*.
KING 97, *104*.
KLECKI 35, *46*.
KLEIN, E. *46*.
KNOBLAUCH, AUG. *179*.
KNOCHE 123, 137, *179*.
KNOLL 121, 133, 148, *179*.
KNOWER, H. MC. E. *104*.
KÖLLIKER 2, 3, 4, 6, 7, 8, 9, 16, 25, 26, 29, 33, 34, 36, 41, *46*, 49, 50, 51, 52, 53, 68, 80, 96, *102*, *104*, 109, 110, 111, 112, 113, 119, 120, 123, 125, 126, 127, 128, 130, 131, 132, 133, 135, 136, 147, 167, 170, 173, 174, *180*, 195, 196, 197, 201, 203, 207, 218, 219, 222, 223, 225, 227, 233, 234, *235*.
KÖNIG 56, *102*.
KOLOSSOW *46*.
KORNFELD, W. *46*.
KOTCHY *235*.
KOTZENBERG *46*.
KRAMER, H. *180*.
KRAUSE, W. 6, 57, 58, 106, 112, 113, 122, 123, 124, 126, 139, 141, 143, 144, 148, 164, *180*, 196, 222, *235*.
KREBS 142, *180*, 231.
KROCH, FR. *180*.
KÜHNE 111, 126, *180*.
KÜLBS, F. *104*.
KULTSCHIZKY 4, 16, 18, 20, 38, *46*.
KUNKEL, A. J. *180*.
KUPFFER, V. 168.
KURKIEWICZ, T. *102*.

LANGERHANS 51, *102*.
LANKESTER 148.
LAURENS, H. *104*.
LAUTH 106.
LAZARENKO, TH. *235*.
LEALAND 109, 110, 139, 141.
LEBERT 33, *46*, *102*, *180*.
— s. PREVOST 108, 167.
LEEUWENHOEK 48, 49, 50, 51, 53, *102*, 105, 138, *180*.
LEHMANN 59, *102*.
LEHNERT 96, *104*.
LELIÈVRE, A., et E. RETTERER *102*, *180*.

LELIÈVRE, A. s. RETTERER, ED. *181*.
LENHOSSEK, V. 21, 22, *46*.
LEVI 88.
— G. *102*, *180*.
LEVY, L. *102*.
LEWIS 88, 124.
— M. *102*, *180*.
— — s. LEWIS, W. *102*, *180*.
— W. and M. LEWIS *102*, *180*.
LEYDIG 109, 110, 127, 136, 147, 167, *180*.
LHAMON, RUSKIN M. *104*.
LIEBERKÜHN, N. *180*.
LILLIE 35, *46*.
LINDHARD 126, 129, *180*, 197, 199, 228, *235*.
LISTER s. HODGKIN *179*.
LOGINOW 124.
LOOS 175.
LOTZE *235*.
LUCIEN, M. *235*.
LUDWIG, C., und F. SCHWEIGER-SEIDEL 207, 220, *235*.

MAAS 56.
MAC CALLUM, J. B. *102*, *177*.
M'DOUGALL 121, 123, *177*.
MC GILL, C. 5, 6, 18, 19, 20, 23, 24, 25, 28, 30, 35, 36, 41, 43, 44, *46*, 191, 195, *235*.
MAC MUNN 59, *102*, 118, 138, 148, *180*.
MAIER, A. *102*.
MAILLARD 227.
MALLORY 77.
MALINOWSKY, J. S. *235*.
MANDL 107, 147, *180*.
MARCEAU 52, 53, 54, 57, 58, 61, 69, 71, 72, 73, 75, 77, 78, 86, 87, 88, 97, 98, 99, 100, 130, 149.
— F. *102*, *104*.
— N. F. *180*.
MARCHESINI und FERRARI 41, *47*.
MARCUS 22, 23, *47*, 52, 58, 60, 63, 65, 66, 77, 83, 84, *102*, 130, 131, 132, 137, 138, 142, 143, 144, 145, 148, 162, 164, *180*.
MARGO 111, 147, 167, *180*.
MARSHALL 119, 120.
— F. *47*.
— C. F. *180*.
MARTIN 130, 131, *180*.
MARTYN *180*.
MAUNOIR *47*.
MAURER 121, 169, *180*, 226.
MAYEDA 125, 208.
— s. SCHWALBE *183*.
MAYER 150, 174, 175, 220.

MAYER, G. *180*.
— S. 174.
MEIGE, ED. *180*.
MEIGS 36, *47*, 123.
MEISSNER 34, 36, 37, *47*.
MELLAND 118, 120, *180*.
MERCIER *180*.
MERKEL 9, 70, 112, 113, 116, 118, 141, 144, *180*.
MERTON 124.
METSCHNIKOFF 174, 175, *180*.
MEVES 123, 168, 169, *180*.
MEYER 148.
MEYERHOF 80, 81, *102*, 125, 151, 152, 162.
— O. s. HILL, A. V. *179*.
MICHEL 40, *47*.
MINERVINI 51, 96, *102*, *104*.
MINGAZZINI 119, *180*.
MINOT *47*, 147.
MIRNESCO, TH. 98, *105*.
MLODOWSKA 123, 167, 168, *180*.
MÖLLENDORFF, V. 142.
MÖNCKEBERG 97, 100, *105*.
MÖRNER 59, *102*, 138, *181*.
MOLESCHOTT 29, *47*.
MOLLARD s. RENAUT 52, 53, 54, 56, 57, 58, 59, 61, 64, 68, *103*.
MOLLIER 226.
MOLLISON *235*.
MONTGOMERY, E. *181*.
MORIYA 52, *102*.
MORPURGO 122, 127, 167, *181*.
MORTON, H. *181*.
MOTTA, COCO 122, *181*.
MÜLLER, A. 195.
MULLER, ERIK *47*.
MUNK, H. *181*.
MUYS *181*.

NAETZEL *181*.
NAGAYO, M. *105*.
NASSE 115, 144, 146, 150, *181*.
NAVILLE, A. *181*.
NEUBER *102*.
NEWMAN 116, *181*.
NICOLAIDES 118, 167, *181*.
NICOLAS, A. *47*.
NIEUWENHUIJSE 52, *102*.
NOYONS und v. UEXKÜLL 31, 32, 33, *47*.
NUSSBAUM 4, 41, *47*.
NYSTRÖM 67, 68, *102*.

OBERMEYER, O. H. F. 96, *105*.
OBERSTEINER *235*.
OELSNER, L. 208, *235*.
OESTREICH 53, *103*.
OGATA, T. *105*.
OLIVO, OLIVIERO *103*.
OLSOVSKY, OT. *235*.

Paladino, G. *103.*
Palczewska 52, 61, 67, 69, 72, 73, 82, *103.*
Palicki, B. *103.*
Paneth 174, *181.*
Pappenheimer 123, 147, *181.*
Parnas 31, *47.*
Parsons, F. G. 213, 215, *235.*
Pascual 52, 56, *103.*
Pecten 122.
Pekelharing, C. *181.*
Peterfi, T. 124, 147, 148, 228, *235.*
Petersen, G. *105,* 228, 229, 231.
Pfitzner, W. s. Stilling, H. *47.*
Pincus s. Pohl *103.*
Plenk 137, 150, *181.*
Podwyssozki 225.
Pohl und Pincus *103.*
Prenant 122, 141, 162, *181,* 227.
Prevost 106.
— und Dumas 33, *47, 181.*
— und Lebert 108, 167.
Prochaska 106, *181.*
Przewoski 51, 70, *103.*
Pump, W. *181.*
Purkinje 95, 96, *105.*
Pyossenyes, A. *103.*

Quast 52, 83, 84.
Quekett 109, 110, 112, 141, *181.*

Rabl 168.
Ramon y Cajal 53, 61, *101,* 118, 120, 136, 138, *177.*
Ranvier s. Cornil 222.
— L. 3, 4, 7, 26, *47,* 51, 56, 96, *103, 105,* 115, 116, 119, 121, 136, 138, 147, 148, 165, *181,* 204, 224, 233, *235.*
Rau, Erich 219, *235.*
Recklinghausen, G. v. *235.*
Rees, J. van *181.*
Regaud 57, 60, *103.*
— und Favre 138.
Rehns, Jules 208, 212, *235.*
Reichert 29, *47,* 96, *105,* 111, 147, 167, *181,* 224, 226, 227.
Reiser, K. *181.*
Remak 33, *47,* 50, 53, 96, *103, 105,* 108, 111, 167, *181.*
Renaut 17, *47,* 57, 88, *105,* 115, *181, 235.*
— und Mollard 52, 53, 54, 56, 57, 58, 59, 61, 64, 68, *103.*

Renaut, J., et G. Dubreuil *47.*
Renyi, G. v. *236.*
Retterer, E. 221, 222, *236.*
— — et A. Lelièvre *181.*
— — s. Lelièvre, A. *102, 180.*
Retzer, R. *105.*
Retzius 9, 11, 40, *47,* 66, 77, 80, 116, 118, 120, 123, 136, 137, 140, 144, 146, *181.*
Riedel 115, *182.*
Riesser 31, *47.*
Robin 33, *182.*
Rohde 41.
Rollet 26, 35, *47,* 58, 61, *103,* 110, 117, 118, 119, 120, 121, 126, 128, 136, 141, 143, 144, 153, *182,* 195, *236.*
Ronjon *182.*
Roskin 36, *47.*
Rouget, Charles 3, 4, 14, 18, 23, 24, 29, 34, 37, *47, 182, 236.*
Roule 41, *47,* 119, *182.*
Roux, W. 226, *236.*
Rumjantzew 88, *103.*
Rutherford, W. *182.*
Rydén 164.

Sachs 115, *182.*
Sagitta 122.
Saguchi 56, *103.*
Salter 127.
Sanchez *182.*
Sappey 208, 219, *236.*
Schäfer 115, 116, 121.
— E. A. *182.*
Schaefer, P. *103.*
Schaffer 5, 14, 16, 20, 30, 35, 36, 37, *47,* 54, 56, 121, 133, 150, 174, 175, *182,* 189, *236.*
Schaper 5, 18, 24, 25, *47.*
Scheffer 122, 137, *182.*
Schenk 122, *182.*
Schewiakoff s. Bütschli 120, 137, *177.*
Schiefferdecker 53, 54, 56, 88, 89, 91, 92, 93, 94, 95, *103,* 123, 125, 127, 128, 130, 133, 143, 175, 176, *182,* 197, 200, 201, 205, 208, 209, 210, 212, 213, 218, 224, *236.*
— P. und R. Schultze *182.*
Schipiloff 116.
— und Danilewsky 146, *182.*
Schlater *103, 182.*
Schmaltz, R. *105.*
Schmidt, V. *236.*
— W. J. *47.*
Schmidtchen, Paul *236.*

Schmincke 123, *182.*
Schmirnowa, W. *182.*
Schmitz, Ä. *182.*
Schneider 118, 147, *182.*
Schockaert 85, 88, 97, 98, *103, 105.*
Schultz 21, 23, 24, 25, 26, 30, 31, 35, *47.*
Schultze 83.
— F. E. *47.*
— M. 111, 128, 136, 167, *182.*
— O. 124, 197, 225, *236.*
— R. s. Schiefferdecker, P. *182.*
Schumacher, S. *47.*
Schwalbe 9, 21, 22, 26, *47, 182,* 208, 223, *236.*
— und Mayeda *183.*
Schwann 2, 3, 107, 108, 146, 167, *183.*
Schwartz, N. *183.*
Schwarz 150, 157.
Schweigger-Seidel 51, 52, 96, *103, 105.*
— — F., s. Ludwig, C. 207, 220.
Sczelkow *183.*
Searle 49, *103.*
Sharpey 112, 139.
Shields, R. T. 222, *236.*
Simroth 150.
Skey 107, *183.*
Skworzow, R. *103.*
Sobotta, J. 83, 147, 226, 228, 229, 230, 231, *236.*
Solger 54, 87, 88, *103.*
Spadolini, J. *103.*
Spalteholz 204, 219, *236.*
Sprengel 106.
Srdénko, O. 216, *236.*
Stannius *103, 183.*
Steele, K. B. s. Jordan, H. E. *102.*
Stephan 111, *183.*
Stiénon 97, 100, *105.*
Stilling, H. und W. Pfitzner *47.*
Stock, W. *47.*
Strahl 226.
Strasser, H. *236.*
Stricht, van der, und Todd 97, 98, 99, *105.*
Stricker 167.
Stübel 35, 36, *47.*
Studnička, F. K. 21, 84, *103,* 127, 146, 226, 230, *236.*
Svedberg, T. 138.
Sweet, F. H. *105.*
Szili, v. 4, 12, 40, 41, *47.*

Tandler 61, 97, 100, *103.*
Tang 97, 98, 99, *105.*
Tawara 97, 98, 99, 100, *105.*
Tebb 142.
Teichmann 207, *236.*

Terre 122, *183*.
Theorell, H. 138.
Thin, G. *183*.
Thorel, Ch. 105.
Thürler *237*.
Thulin 57, 60, 123, 124, 127, 128, 132, 137, 138, 141, 145, 149, 150, 157, 175, *183*.
Tichonow *237*.
Todd s. Stricht, van der 97, 98, 99, 105.
Toldt, C. 147, 204, 227, 229, *237*.
Tourneux, F. 121, *183*.
Treviranus 106, *183*, 224, 226.
Triepel, H. *48*, 217, *237*.
Tufts 97, *105*.

Uexküll, v., s. Noyons 31, 32, 33, *47*.
Ungar, R. *105*.

Valentin 3, *48*, 49, *103*, 106, 107, 183, 224, 226.
Veratti 138.
Verheyen 33.
Verzar, Fr. *48*.
Viallanes, H. *183*.
Vimtrup, B. J. *48*.
Vries, de 40, *48*.

Wachholder, K. s. Hürthle, K. *102*.
Wagener 3, 111, 113, 115, 168, 225.
Wagner 33, 51, 106, 140.
— G. R. *103*, *183*.
— R. 33, *48*.
Wakefield, F. H. s. Johnstone, Paul N. *104*.
Waldeyer 147, 167.
Walter, C. R. *48*.
Weber 196, *237*.
— und Herzig 126.
— E. 109, 147, *183*.

Weber E. H. 110, *183*.
Wehner, Ernst *237*.
Weismann 50, 52, 68, *103*, 126, 174, *183*, 224.
Weiss, G. *183*.
Welcker 111, *183*.
— H. und A. Jahn *183*.
Werner, G. *48*.
— M. 52, 69, 72, 73, *103*.
Widmark 8, 9, 10, 12, 13, 14.
Will, Fr. *183*.
Wimpfheimer, G. *48*.
Winkler 51, 52, 84, *103*.
Winslow 1, 33, *48*, 106, *183*, 203, 220, 225, *237*.
Witt, de 97, *105*.
Wittich, von 167.
Wohlfahrt 164.
Wollenberg, G. A. 219, *237*.
Worobjeff, W. P. *237*.

Zimmermann 22, *48*, 52, 61, 69, 72, 86, *103*.

Sachverzeichnis.

Aktivitätsstadium bei Muskelkontraktion 154, 158.
Altersveränderungen des Herzmuskelgewebes 88.
— in Sehnen 218.
— des Skeletmuskelgewebes 175.
Anastomose zwischen dichtgelagerten Zellen 187, 188.
— im Mesenchym 18.
—, Mesoplasma-, in glatter Muskulatur 191.
— der Muskelzellen 29.
— zwischen Sehnenfasern 216.
Anisotrope Substanz 144.
Aponeurosis, Bau 218.
—, Begriff 202.
—, Gefäße der 219.
—, Lymphgefäße in der 220.
Appositionstheorie 224.
Arterien s. Gefäße.
Atrioventrikulares System, Bau, Entwicklung 99f.
Augenmuskeln, Bau 208f.

Basichromatin des Kerns 21.
Beugesehnen, Arbeitseinfluß 216.
Bewegungsapparat, aktiver, Organe des 184.
—, willkürlicher 195f.
Bindegewebe in der Aponeurose 218, 219.
—, fibrillenloses 200.
— in glatter Muskulatur 17, 19.
— und glatte Muskulatur, Beziehung 37.
— interstitielles, im Augenmuskel 209.
—, interstitielles, im glatten Muskelgewebe 20.
—, interstitielles, und Grundmembran, Zusammenhang 85.
—, interstitielles, in der Sehne 218.
—, intramuskuläres 199.
— in Kaumuskeln 210.
—, kollagenes und fibrillenloses, im Zwerchfell 212.
— in kontrahierter Muskulatur 36.

Bindegewebe bei Kraftübertragung in Herz- und Skeletmuskulatur 83.
—, membranöses 27, 189.
—, Menge und Struktur 201.
— und Muskelfaser, Beziehungen 166.
— und Muskelgewebe, Beziehungen 20.
— um Sehnen 220.
Bindegewebszelle, Fehlen in der Membran 191.
Binnenfibrillen 23.
Binnenkerne in Skeletmuskelgewebe 128.
Blutgefäße s. Gefäße.
Bruchsche Membran 9, 10, 40.
Bursae mucosae s. Schleimbeutel.

Capillaren s. Gefäße.
Centrodesmos, Centriolen 22.
Chitinöse Oberflächenschicht der Muskelfasern 64.
Chondriokonten im Herzmuskelgewebe 85.
—, Myofibrillenentwicklung aus 168.
Chondriomiten in Purkinje-Fasern 98.
Chromatin der Kerne 21.
Chromidien-Bildung 161.
Chromiolen und Querbänderbildung 160.
Cloison transversale 141.
Cohnheimsche Felderung 133, 136.
Cytoplasma des Atrioventrikularsystems 100.
— des Dilatator pupillae 10, 11.
— epithelialer Muskelzellen 8.
— glatter Muskulatur 38.
— des Skeletmuskelgewebes 128.

Disdiaklasten 116.
Disque accessoire 144.
— claire 144.
— epais 58, 144.
— mince 141.
— transversale 144.
Dobiescher Streifen 140, 141, 144.

Doppelbrechung der Fibrillen 146.
— der Muskeln 116, 117.

Elektrische Reizung, Muskelkontraktion nach 31.
Elementarfibrillen 122.
Endmembran im Skeletmuskelgewebe, Geschichtliches 112.
Endomysialmembran um Purkinje-Fasern 97.
Endomysium 200.
Endoplasma, Begriff, Eigenschaften 21f.
— der epithelialen Muskelzelle 8.
— des Herzmuskelgewebes 56.
— der Purkinje-Fasern 97, 98.
— im Skeletmuskel 128.
— und Verstärkungsbänder des Dilatator pupillae 13, 15.
Endotenonium 213.
Epitenonium 221.
Epithelzellen des epithelialen Muskelgewebes 7.
Erregungssteuerung glatter Muskulatur 31.
Exoplasma s. a. Sarkolemma.
—, Begriff, Eigenschaften 21, 27f.
— des Herzmuskelgewebes, Begriff 64.
Exosarkoplasma 53, 61.
Extension der Muskelzellen und elastische Fibrillen 39.

Fakultatives Stadium bei Muskelkontraktion 154, 158.
Faltenbildung passiv kontrahierter Zellen 37.
Fascikelbildung des Herzmuskels 71.
Fasern-Bau in verschiedenen Körpergegenden 208.
— und Bindegewebe, Beziehungen 166.
—, elastische, und Herzmuskelkontraktion 84.

16*

Sachverzeichnis.

Fasern, elastische, in Kaumuskeln 210.
—, elastische, in Längsmembranellen 17.
—, elastische, Längsordnung am Muskelende 192.
—, färberische Veränderung bei Kontraktion 162.
—, glatte, Anordnung zu Muskeln 184f.
— in glatten Skeletmuskelzellen 36.
— aus glatten Zellen 4.
— -Größe und Kernmasse, Beziehungen 176.
— des Herzmuskels, Dicke 53.
—, Kontraktionswelle an den 153.
— und Kraftübertragung 229.
—, Länge 197, 198, 199.
— -Neubildung während Muskelwachstum 173, 174.
—, Querstruktur 138.
—, rote und weiße 148.
— mit spiralförmig verlaufenden Fibrillen 149.
— verschiedener Muskeln 208f.
— -Zahl und Kernzahl, Verhältnis 89f.
—, Zusammenfügen zu Muskeln 195.
Fasernetz s. a. Muskelnetz, Netz, Querfadennetz.
—, elastisches, der glatten Muskulatur 27.
— der Grundmembran 143.
—, lockeres, Umformung 186.
Faserzellen, contractile, Verbündelung 17.
—, muskulöse, nach KOELLIKER 2, 6.
Faserzellnetz s. Fasernetz.
Fettkörner in PURKINJE-Fasern 98.
Fetttropfen im Sarkoplasma 137.
Fibrillen s. a. Myofibrillen.
— im Atrioventrikularsystem 100.
— der Augenmuskeln, spiralförmiger Verlauf 149.
— -Bildung im Herzmuskelgewebe 85f.
—, Dichtigkeit, Gruppierung 132.
—, elastische, um glatte Muskelzellen 38.
— -Entwicklung im Skeletmuskel 168.
— -Felderung 133.
— -führende Schicht im M. dilatator pupillae 8, 10, 11.

Fibrillen im Fußteil der Muskelzelle 8.
— des Herzmuskels 57.
— und Herzmuskelkontraktion 81.
—, kollagene, Entwicklung im Muskelcytoplasma 44.
—, kollagene, im Mesenchymgewebe 43.
—, Längenwachstum 172f.
—, Leitungsvermögen der 164.
— des Mesoplasma der PURKINJE-Fasern 99.
— bei Muskelkontraktion 35.
—, Nachweismethoden 24.
—, Querstreifung 145f.
— -Richtung in Fascien 202.
—, Segmentierung 138.
— des Skeletmuskel-Mesoplasma 129.
Fibrillenbündel durch Längsspaltung 170.
Fibrillenröhrchen 86.
Fibroblasten aus Mesenchymgewebe 44.

Gefäße der Fascie 202.
— der glatten Muskulatur 194.
— der Muskeln des Bewegungsapparates 203f.
— der Sehnen und Aponeurosen 219.
Gewebelymphe 122.
Gitterfasern 84.
Glanzstreifen in der Herzmuskulatur 66, 68, 73.
— und Kontraktionswellen 82.
Gleitsehne, Bau 217.
Glykogen im Endoplasma des Skeletmuskels 128.
— in Herzmuskelgewebe 57, 59, 60.
— bei Herzmuskelwachstum 88.
— während Kontraktion 163.
— in PURKINJE-Fasern 98.
— im Sarkoplasma 137.
Grenzfibrillen 5, 10, 23, 38.
Grundmembran bei Herzmuskelkontraktion 82.
— im Herzmuskel-Mesoplasma 57.
— in der Herzmuskulatur 66.
— und interstitielles Bindegewebe, Zusammenhang 85.
—, kollagene Natur 142, 143.
—, kollagene, und kollagenes Sarkolemmanetz, Verbindungen 83.
— während Kontraktion 165.

Grundmembran bei Kraftübertragung 228.
—, KRAUSEsche 139, 141.
—, physiologische Bedeutung 143.
— und Querband, Beziehung 75.
— im Skeletmuskelgewebe, Geschichtliches 112.
— in Spiralmuskelfasern 149.

Hämoglobin im Herzmuskelgewebe 59.
— im Skeletmuskel 138.
HENSENscher Streifen 140, 144, 149.
Herz-Kontraktion, Beginn im Embryo 88.
Herzmuskel, Bau 53.
—, Kerne 54.
— -Kontraktion, Veränderungen bei 78.
—, Q-Körner im 157.
— im Ruhezustand 53.
Herzmuskelfaser, fakultatives Stadium 79.
—, Kontraktionsstadium 79.
— im Kontraktions- und im Regenerationsstadium 159.
—, postregeneratives Stadium 78.
—, Regenerationsstadium 79, 159.
Herzmuskelgewebe, Altersveränderungen 88.
—, Entwicklung 85.
—, Geschichtliches 48.
Hexosedi- und monophosphorsäure bei Muskelkontraktion 152.
Hissches Bündel 100.
Hyaline substance 144.

Inophragmen 140.
Inotagmen 114, 117, 131.
Intercellularsubstanz 28.
Interfibrilläre Substanz 25.
Interfilarsubstanz 25.
Isotrope Substanz 144.

J-Körner 137, 154.

Kälte- und Muskelkontraktion 30.
Kaumuskeln, Bau 210.
Kerne im Atrioventrikularsystem 100.
— contractiler Faserzellen 21.
— -Form bei Herzmuskelkontraktion 82.
— -haltige Schicht des M. dilatator pupillae 10.
— der Herzmuskelzellen 54.
— kontrahierter Zellen 35.

Kern-Länge, -masse, -volumen-, -index 92f.
— -Masse und Fasergröße, Beziehungen 176.
— der Muskelzelle 8.
— der PURKINJEschen Zellen 96f.
— des Skeletmuskelgewebes, Anzahl, Lage 127.
— -Teilung im Herzmuskelgewebe 85f.
— -Vermehrung in Skeletmuskelfasern 167f.
— verschiedener Muskeln 208f.
— -Zahl und Faserzahl, Verhältnis im Herzmuskel 89f.
Kinoplasma 36.
Kittlinien in der Herzmuskulatur 52, 66, 68, 73.
— in PURKINJE-Fasern 99.
Kittsubstanz 4, 16.
— zwischen Muskelfaser und Sehne 224, 226.
Knospung, Fibrillenneubildung durch 174.
Kohlensäure-Ausscheidung bei Muskelkontraktion 31.
Kollagen der Grundmembran 142, 143.
Kollagene Außenschicht der Herzmuskelfasern 64.
Kontiguitätstheorie 224.
Kontraktion glatter Muskulatur 30.
— des Herzmuskels, Veränderungen bei 78f.
Kontraktionswelle an der Muskelfaser 153.
Kraftübertragung in Herz- und Skeletmuskulatur 83, 84.
KRAUSE-Membran 139, 141.

Lactacidogen und Muskelkontraktion 152.
Länge des Muskels und Sperrung 32.
Längsmembranellen 17, 37, 38, 193.
Längsstützfibrillen 131.
LEALANDscher Streifen 139, 140, 141.
Licht und Muskelkontraktion 31.
Ligamentum suspensorium trochleae 223.
Linin der Kerne 21.
Lückensystem zwischen Fibrillen 136.
Lymphgefäße der Aponeurosen 220.
— der Sehnen 207, 220.
— der Skeletmuskeln 206f.

Membran, ein Bindegewebe 191.
— und cellulärer Aufbau des Dilatator pupillae 11.
— um Herzmuskelzellen, Begriff 65.
—, kollagen-elastische, Bedeutung für glatte Muskulatur 193.
—, kollagene, bei verschiedener Lagerung der glatten Zellen 186.
—, kollagene, für jede Muskelzelle 37.
— um Muskelzellen 11, 25, 184f.
—, Sarkolemma 26.
— um Skeletmuskelkerne 128.
—, Zell- 7.
Mesenchym und Entwicklung des Muskelgewebes 18.
Mesenchymzellen, sternförmige, Muskelzellenentwicklung aus 41, 42.
Mesophragma 140, 144.
Mesoplasma-Anastomosen in glatter Muskulatur 191.
— -Anastomosen im mesenchymalen Gewebe 44.
—, Begriff, Zusammensetzung, Eigenschaften 21, 22f.
— des Herzmuskelgewebes 57.
— der PURKINJE-Fasern 97, 99.
— des Skeletmuskelgewebes 129f.
Mesotenonium 221.
Milchsäure bei Muskelkontraktion 82, 150, 151.
Mitochondrien in embryonalen Muskelfasern 123.
— bei Fibrillenentwicklung 168, 169.
— in Herzmuskulatur 60.
— der PURKINJE-Fasern 98, 99.
Mittelmembran 66, 67, 144.
Mittelscheibe 112, 144.
Molekularfibrillen 168.
Mucosa des parietalen Blattes der Sehnenscheide 221.
Musculus arrectores pilorum, elastische Sehne im 38, 39.
— biceps brachii, Bau 212.
— deltoideus, Bau 212.
— dilatator pupillae 8f., 40.
— dilatator pupillae und Bindegewebe, Beziehungen 39.
— levator palpebrae superioris, Bau 210.
— masseter, Bau 209, 210, 211.
— pectoralis major, Bau 212.

Musculus pterygoideus, Bau 210, 211.
— rect. oculi, Bau 209.
— serratus ant., Bau 213.
— sphincter pupillae 6, 40.
— temporalis, Bau 210, 211.
Muskel s. a. Muskelgewebe.
—, Bau in verschiedenen Körpergegenden 208.
— des Bewegungsapparates, Gefäße der 203f.
— -Degeneration, physiologische 174.
—, glatter, Altersveränderungen 45.
—, glatter, und Bindegewebe, Beziehungen 37.
—, glatter, im Dilatator pupillae 10.
—, glatter, Entwicklung 40.
—, glatter epithelialer, Entwicklung 40.
—, glatter, Gefäße des 194.
—, glatter, Geschichtliches 1f.
—, glatte, Kontraktion 30.
—, glatter, morphologische Veränderung bei Kontraktion 32.
—, glatter, in Ruhe 6.
—, glatter, Sperrung 31f.
— mit J-Körnern 154.
— -Kontraktion, Zellverschiebung und Formveränderung bei 194.
—, mesenchymaler glatter 15, 41.
— mit Q-Körnern 157.
— und Sehnen, Verbindung von 223.
—, Zuwachs 173.
Muskelbrücken 186.
Muskelbündel, Aufbau 187, 188.
Muskelfach, Begriff 57.
—, contractiler Elementarteil der Muskelfaser 164.
—, Entwicklung 72.
—, funktionierendes, Spaltung 173.
Muskelfascien, Begriff, Morphologie 202.
Muskelfasern s. Fasern.
Muskelflüssigkeit 122.
Muskelgewebe s. a. Muskel.
—, Altersveränderungen 45, 175.
— und Bindegewebe, Beziehung 20, 37.
—, epitheliales glattes 6.
Muskelhämoglobin 138.
Muskelkästchen 112, 143, 144.
Muskelkörperchen 111, 128.
Muskelmembran s. Membran.
Muskelnetz s. a. Netz, Fasernetz, Querfadennetz.

Sachverzeichnis.

Muskelnetz, Aufbau 184.
Muskelpfeiler 173.
Muskelplatte, Muskelfaserentwicklung 167.
Muskelprisma 112.
Muskelrollen 223.
Muskelzellen, epitheliale, der Schweißdrüsen 7.
—, glatte, des Dilatator pupillae 15.
—, glatte, Entwicklung, Schrumpfungsbilder 28, 29.
—, Schrumpfungsbilder 5.
Mutterzellen glatter Muskelzellen 41.
Myoblasten 85, 167, 174.
Myochrom 59, 138.
Myocommata 143, 172.
Myofibrillen s. a. Fibrillen.
— des Dilatator pupillae 12.
— und Fasernetz der Grundmembran 143.
— in kontrahierten Muskeln 35.
—, Querstreifung an den Enden 83.
Myogliafibrillen 10, 23, 41.
Myoglobin im Sarkoplasma 138.
Myohämatin 59, 138, 148.
Myomer 169.
Myosin, Querscheibenaufbau 116.

Nebenscheibe 140, 141, 144.
Nervensystem, zentrales, und Muskelsperrung 31.
Netz s. a. Muskelnetz, Fasernetz, Querfadennetz.
—, kollagenes, der glatten Muskulatur 30, 37, 38.
—, kollagenes, Lage 84.
—, kollagenes, in Verstärkungsbändern des Dilatator pupillae 39.
Noniusperioden 173.
Nukleolen der Kerne im Skeletmuskel 128.
— des Kerns contractiler Faserzellen 21.

Oberflächensarkolemma 73.
Oxychromatin 21.

Paratenonium 220.
Parietales Blatt der Sehnenscheide 221.
Pellikula 120.
Perimysium s. a. Bindegewebe, interstitielles.
— externum 201.
— internum 200.

Perimysium, Lymphgefäße im 207.
Peritenonium internum und externum 213f.
Phosphorsäure-Bildung bei Muskelkontraktion 152.
Pigment im Herzmuskel-Endoplasma 56.
— in PURKINJE-Fasern 98.
Plasmophoren 143.
Postregenerationsstadium der Muskelkontraktion 154, 157, 161.
Primitivbündel des Skeletmuskelgewebes 125.
Primitivfasern des Skeletmuskelgewebes 125.
Primitivfibrillen 169.
Protomeren 173.
— -Reihen und Primitivfibrillen 131.
Protoplasma intercontractile 58.
— im Mesenchymgewebe 42, 43, 44.
— bei Muskelkontraktion 36.
— der PURKINJEschen Zellen 96.
Protoplasmabrücken 38.
Pseudosarkolemma 62, 65.
PURKINJEsche Fasern 95f.

Q-Körner 60, 80, 137, 157.
Quellungstheorie 121.
Querband im Fetalstadium und bei Tieren 72, 75.
—, Glanzstreifen 68.
—, regeneratives 160.
—, transverselles, in PURKINJE-Fasern 99.
—, treppenstufenartig geordnetes 74, 76.
Querfadennetz 66, 77, 116.
Quermembranellen 17, 193.
Quersarkolemma in der Herzmuskulatur 66, 77.
Querscheibe 58, 144.
— bei Kontraktion 115.
Querschnittsquotient zwischen Muskel und Sehne 217.
Querstreifung, chemische Natur der Streifen 146.
— der Fibrillen 145f.
— an glatten Muskelzellen 34, 37.
— des Herzmuskel-Mesoplasma 57.
— der Muskelfasern 138.
— der Myofibrillen an den Enden 83.
—, Umkehr der 165.
Querstrukturen im Herzmuskelgewebe 66.

Regenerationsstadium der Muskelkontraktion 154, 160.
Reizmittel, chemische, und Muskelkontraktion 31.
Retinazellen, Retinaepithel 12.
Ringfaserschicht des Darmes, Entwicklung 42, 43.

Säulchen der Herzmuskulatur, Säulchenmetameren 60.
— bei Netzflüglern 132.
— in Spiralmuskelfasern 149.
Salträume zwischen Herzmuskelzellen 85.
Sarcous substance 144.
Sarkolemma s. a. Exoplasma.
—, Begriff, Eigenschaften 26.
—, Entwicklung des primären und sekundären 173.
— der Herzmuskulatur, Geschichtliches, Begriff 60f.
— und Grundmembran, kollagene, Verbindungen 83.
— in Herzmuskelgewebe 52.
— bei Kraftübertragung 228.
—, primäres 148.
— der PURKINJE-Fasern 97.
— im Skeletmuskelgewebe 146f.
Sarkolyse, physiologische 174.
Sarkolyten 175.
Sarkomer, Muskelfach 121.
Sarkoplasma des Dilatator pupillae 12.
—, Endoplasma-Höfe 56.
— zwischen Fibrillen 8.
— im Herzmuskel-Mesoplasma 57, 58, 59.
— und Muskelkontraktion 163.
— der Muskelzelle 25.
— des Skeletmuskelgewebes, Begriff 135f.
Sarkoplasten 174.
Sarkosom und anhaltende Muskelarbeit 123.
—, Begriff 60.
—, Formänderung bei Herzmuskelkontraktion 81, 82.
— bei Querstreifung 145.
— im Skeletmuskelgewebe 128.
—, Vorkommen, Lagerung 120.
Sarkosomocyten 138, 166, 167, 200.
Sarkostyl 121.
Sauerstoff-Verbrauch bei Muskelkontraktion 31.
Schachtelsystem 133, 134, 170.
Schaltstücke in der Herzmuskulatur 66, 68, 71.
Schleimbeutel 222.

Schrumpfkontraktion 72.
Schweißdrüsen, contractile Elemente der 6.
Segment contractile 57.
—, isotropes, anisotropes 114, 115.
Segmentierung der Fibrillen 138.
Sehnen, Altersveränderungen 218.
—, Arbeitseinfluß 216, 217.
—, Bau 213f.
—, Begriff 202.
—, Gefäße der 219.
— glatter Muskeln 189.
—, Lymphgefäße der 220.
— und Muskeln, Verbindung von 223.
— und Skeletteile, Verbindung von 233.
— und Weichteile, Verbindung von 234.
Sehnenblatt 221.
Sehnenfasern 213, 218.
Sehnenscheiden 220f.
Seitenmembran im Skeletmuskelgewebe, Geschichtliches 112.
SHARPEYSche Fasern 233.
Skelet und Sehnen, Verbindung von 233.
Skeletmuskel, Altersveränderungen 175.
—, Bau und Struktur des Gewebes in Ruhe 125.
— -Degeneration, physiologische 174.
—, Farbstoffgehalt und Funktion 115, 121.
— mit J-Körnern 154.
—, Kontraktilitätsfähigkeit, Volumen 114f.
— -Kontraktion, Morphologie 152.
— -Kontraktion, Veränderungen bei 150.
—, Lymphgefäße der 206f.
— mit Q-Körnern 157.

Skeletmuskel, Übergangsformen zwischen glattem und quergestreiftem Gewebe 150.
Skeletmuskelfaser, Dicke 125.
—, Entwicklung 167.
—, Form 126, 127.
—, verzweigte 127.
Skeletmuskelgewebe, Geschichtliches 105.
Sperrung glatter Muskeln bei Reizung 31.
Sphenode 172, 173.
Sphincter pupillae, Lichtwirkung 31.
Spiralmuskelfasern 149f.
Stoffwechsel und Capillarenzahl, Beziehungen 206.
— und Färbbarkeit des Muskelgewebes 80.
Strie d'Amici 139, 141.
Syncytium glatter Muskulatur 185.
— der Muskeln und Zellbrücken 18, 20.
— der Zellen im vorderen Retinablatt 11.
Synovia 221.

Telophragmen 57, 58, 140, 141.
Tendinöses Blatt der Sehnenscheide 221.
Tochtersarkolemma 76.
Treppen, Schaltstücke 70.
Trochleae musculares, osseae, fibrosae 223.
Trophocyten 67, 143, 200.
Trophospongien in der Herzmuskulatur 66, 67.
— der Muskeln 123.
—, Trophocyten 143.
Trophospongiennetz 67.

Vagina fibrosa und V. mucosa s. synovialis 221.
— tendinum s. Sehnenscheiden.

Venen s. Gefäße.
Verdichtungsknoten 150, 175.
Verkürzung glatter Muskeln bei Reizung 31.
Verlängerung glatter Muskeln bei Reizung 31.
Verstärkungsbänder des Dilatator pupillae 12f.
Versteifung glatter Muskeln bei Reizung 31.
Vincula tendinea 221.

Wabenstruktur des membranösen Bindegewebes 189.
— des Sarkoplasma 120.
Wärme-Entwicklung in der Muskelfaser und Strukturveränderungen 163.
— und Muskelkontraktion 30, 150, 151.
Wasserstoffionenkonzentration in Muskelfasern bei Kontraktion 163.
Weichteile und Sehnen, Verbindung von 234.

Zellbrücken 8.
— und Schrumpfung der glatten Muskelzellen 30.
Zellkern s. Kern.
Zellmembran s. Membran.
Zellsaft 25, 27.
Zellverschiebung bei Muskelkontraktion 194.
Zentralkörper, Lage im Kern 22.
Zwerchfell, Bau 210, 211.
Zwischensarkolemma 53, 60, 62, 65, 71.
Zwischenscheibe 58, 141.
Zwischensehnen 234.
Zwischensubstanz und interfibrilläre Substanz 25.

VERLAG VON JULIUS SPRINGER / BERLIN

Pathologische Anatomie und Histologie der Knochen, Muskeln, Sehnen, Sehnenscheiden, Schleimbeutel. (Bildet Band IX vom „Handbuch der speziellen pathologischen Anatomie und Histologie".)
Erster Teil: Mit 195 zum Teil farbigen Abbildungen. VIII, 678 Seiten. 1929.
RM 146.—; gebunden RM 149.80

Rhachitis und Osteomalazie. Von Geh. Hofrat Professor Dr. M. B. Schmidt-Würzburg. — Die Entwicklungsstörungen der Knochen. Von Professor Dr. A. Dietrich-Tübingen: Die Knorpelverknöcherungsstörung (Chondrodystrophie). Angeborene Mangelhaftigkeit der Knochenbildung (Osteogenesis imperfecta). Anhang: Andere Knochenwachstumsstörungen. — Infantiler Skorbut (Möller-Barlowsche Krankheit). Von Professor Dr. E. Fraenkel †-Hamburg, unter Hinzufügung einiger Ergänzungen von Professor Dr. Fr. Wohlwill-Hamburg. — Angeborene Knochensyphilis. Von Professor Dr. L. Pick-Berlin: Einleitung. Die pathologische Anatomie der angeborenen Knochensyphilis. Die Spirochätenverbreitung bei den Knochenerkrankungen der angeborenen Frühsyphilis. — Die quergestreifte Muskulatur. Von Professor Dr. H. von Meyenburg-Zürich. — Spezielle Pathologie der Sehnen, Sehnenscheiden und Schleimbeutel. Von Dr. A. von Albertini-Zürich: Anatomische und entwicklungsgeschichtliche Vorbemerkungen: Entzündungen der Sehnen und Sehnenscheiden. Sehnenregeneration Sehnenverknöcherung. Degenerative Vorgänge an Sehnen und Sehnenscheiden. Geschwülste der Sehnen und Sehnenscheiden. Die sogenannte Dupuytrensche Palmarkontraktur. Schleimbeutel: Chronische Entzündungen der Schleimbeutel. Bursitis chronica calcarea — Periarthritis humero-scapularis (Maladie de Dupley). Gewächse der Schleimbeutel. Namen- und Sachverzeichnis.

Zweiter Teil: In Vorbereitung.

Energieumsatz. (Bildet Band VIII vom „Handbuch der normalen und pathologischen Physiologie").

Erster Teil: **Mechanische Energie (Protoplasmabewegung und Muskelphysiologie).** Mit 136 Abbildungen. X, 654 Seiten. 1925.
RM 45.—; gebunden RM 49.50

Aus dem Inhalt: Muskelphysiologie. Histologische Struktur und optische Eigenschaften der Muskeln. Von Geheimrat Professor Dr. K. Hürthle und Privatdozent Dr. K. Wachholder-Breslau. — Die physikalische Chemie des Muskels. Von Professor Dr. S. M. Neuschlosz-Rosario de Santa Fé. — Die mechanischen Eigenschaften des Muskels. Von Professor Dr. Wallace O. Fenn-Rochester N. Y., U.S.A. — Der zeitliche Verlauf der Muskelkontraktion. Von Professor Dr. Wallace O. Fenn-Rochester N.Y., U.S.A. — Der Muskeltonus. Von Professor Dr. O. Riesser-Greifswald. — Contractur und Starre. Von Professor Dr. O. Riesser-Greifswald. — Der Einfluß anorganischer Ionen auf die Tätigkeit des Muskels. Von Professor Dr. S. M. Neuschlosz-Rosario de Santa Fé. — Nerv und Muskel. Von Professor Dr. H. Führner-Bonn a. Rh. und Privatdozent Dr. F. Külz-Leipzig. — Allgemeine Pharmakologie des Muskels. Von Professor Dr. O. Riesser-Greifswald und Dr. E. Simonson-Greifswald. — Chemismus der Muskelkontraktion und Chemie der Muskulatur. Von Professor Dr. G. Embden-Frankfurt a. M. — Atmung und Anaerobiose des Muskels. Von Professor Dr. O. Meyerhof-Berlin-Dahlem. — Thermodynamik des Muskels. Von Professor Dr. O. Meyerhof-Berlin-Dahlem. — Theorie der Muskelarbeit. Von Professor Dr. O. Meyerhof-Berlin-Dahlem. — Degeneration und Regeneration. Transplantation. Hypertrophie und Atrophie. Myositis. Von Professor Dr. F. Jamin-Erlangen. — Elektrodiagnostik und Elektrotherapie der Muskeln. Von Professor Dr. F. Kramer-Berlin. — Allgemeine Physiologie der Wirkung der Muskeln im Körper. Von Dr. E. Fischer und Privatdozent Dr. W. Steinhausen-Frankfurt a. M.

Zweiter Teil: **Elektrische Energie. Lichtenergie.** Bearbeitet von M. Cremer, W. Einthoven †, M. Gildemeister, P. Hoffmann, G. Klein, E. Mangold, H. Rosenberg, K. Stern. Mit 207 Abbildungen. IX, 441 Seiten. 1928.
RM 42.—, gebunden RM 48.—

Die chemischen Vorgänge im Muskel und ihr Zusammenhang mit Arbeitsleistung und Wärmebildung. Von Professor **Otto Meyerhof**, Direktor des Instituts für Physiologie, Kaiser Wilhelm-Institut für Medizin. Forschung, Heidelberg. (Bildet Band XXII der „Monographien aus dem Gesamtgebiet der Physiologie der Pflanzen und der Tiere".) Mit 66 Abbildungen. XIV, 350 Seiten. 1930.
RM 28.—; gebunden RM 29.80

Elektrophysiologie menschlicher Muskeln. Von Dr. med. **H. Piper**, a. o. Professor der Physiologie, Abteilungsvorsteher am Physiologischen Institut der Friedrich Wilhelms-Universität zu Berlin. Mit 65 Abbildungen. IV, 163 Seiten. 1912.
RM 8.—

Untersuchungen über die Eigenreflexe (Sehnenreflexe) menschlicher Muskeln. Von a. o. Professor **Paul Hoffmann**, Privatdozent für Physiologie in Würzburg. Mit 38 Textabbildungen. IV, 106 Seiten. 1922.
RM 2.80

VERLAG VON JULIUS SPRINGER / BERLIN

Lehrbuch der Muskel- und Gelenkmechanik. Von Dr. **H. Strasser,** o. ö. Professor der Anatomie und Direktor des Anatomischen Instituts der Universität Bern.

Erster Band: **Allgemeiner Teil.** Mit 100 Textfiguren. XI, 212 Seiten. 1908.
RM 7.—

Zweiter Band: Spezieller Teil: **Der Stamm.** Mit 231 zum Teil farbigen Textfiguren. VIII, 538 Seiten. 1913. RM 28.—

Dritter Band: Spezieller Teil: **Die untere Extremität.** Mit 165 zum Teil farbigen Textfiguren. IX, 420 Seiten. 1917. RM 22.50

Vierter Band: Spezieller Teil: **Die obere Extremität.** Mit 139 zum Teil farbigen Textfiguren. VIII, 376 Seiten. 1917. RM 21.—

Lehrbuch der systematischen Anatomie. Von Professor Dr. **Julius Tandler,** Vorstand der I. Anatomischen Lehrkanzel, Wien.

Erster Band: **Knochen-, Gelenk- und Muskellehre.** Zweite Auflage. Mit 352 meist farbigen Abbildungen. VIII, 467 Seiten. 1926.

Zweiter Band: **Die Eingeweide.** Mit 285 meist farbigen Abbildungen. IV, 312 Seiten. 1923.

Dritter Band: **Das Gefäß-System.** Mit 186 meist farbigen Abbildungen. VIII, 381 Seiten. 1926.

Vierter Band: **Nervensystem und Sinnesorgane.** Mit 406 meist farbigen Abbildungen. XIII, 649 Seiten. 1929. In 2 Bände gebunden RM 100.—

Anatomie des Menschen. Ein Lehrbuch für Studierende und Ärzte. Von **Hermann Braus,** weil. o. ö. Professor an der Universität, Direktor der Anatomie Würzburg. In 3 Bänden.

Erster Band: **Bewegungsapparat.** Zweite Auflage. Bearbeitet von Curt Elze, o. ö. Professor an der Universität, Direktor der Anatomie Rostock. Mit 387 zum großen Teil farbigen Abbildungen. XI, 822 Seiten. 1929. Gebunden RM 36.—

Zweiter Band: **Eingeweide.** (Einschließlich periphere Leitungsbahnen. I. Teil.) Mit 329 zum großen Teil farbigen Abbildungen. VII, 697 Seiten. 1924.
Gebunden RM 24.—

Dritter (Schluß-) Band: **Periphere Leitungsbahnen.** (II. Spezieller Teil.) **Zentral- und Sinnesorgane.** Bearbeitet von Curt Elze, o. ö. Professor an der Universität, Direktor der Anatomie Rostock. Mit etwa 250 zum Teil farbigen Abbildungen. In Vorbereitung.

Histologie und mikroskopische Anatomie. Von Professor Dr. **Hans Petersen,** Gießen.

Erster und zweiter Abschnitt: **Das Mikroskop und allgemeine Histologie.** Mit 122 zum Teil farbigen Textabbildungen. III, 132 Seiten. 1922. RM 3.50

Dritter Abschnitt: **Spezielle Histologie und mikroskopische Anatomie des Menschen.** Mit 221 zum Teil farbigen Textabbildungen. V, 153 Seiten. 1924. RM 12.—

Vierter und fünfter Abschnitt: **Organe des Stoffverkehrs. Fortpflanzungsorgane.** Mit 447 zum Teil farbigen Abbildungen. VII, 385 Seiten. 1931.
RM 39.—

Sechster (Schluß-) Abschnitt: **Haut, Nervensystem, Sinnesorgane.**
In Vorbereitung.

MIX
Papier aus verantwortungsvollen Quellen
Paper from responsible sources
FSC® C105338

If you have any concerns about our products,
you can contact us on
ProductSafety@springernature.com

In case Publisher is established outside the EU,
the EU authorized representative is:
**Springer Nature Customer Service Center GmbH
Europaplatz 3, 69115 Heidelberg, Germany**

Printed by Libri Plureos GmbH
in Hamburg, Germany